生物质干式厌氧发酵技术及其应用

杨天学　张晨光　常燕青　席北斗 等　著

中国环境出版集团·北京

图书在版编目（CIP）数据

生物质干式厌氧发酵技术及其应用/杨天学等著. —北京：
中国环境出版集团，2021.12
ISBN 978-7-5111-4978-7

Ⅰ．①生… Ⅱ．①杨… Ⅲ．①有机固体—固体废物—
厌氧处理—发酵处理—研究 Ⅳ．①X705

中国版本图书馆 CIP 数据核字（2021）第 255978 号

内容简介

当前，我国有机固体废物年产量超 50 亿 t，占世界有机固体废物总量 50%以上。据统计，由于有机固体废物的高污染、低资源化利用等特性，其对环境污染的贡献占污染总量的 50%左右。本书基于 2007 年至今开展的干式厌氧发酵技术研究，从强化低质有机固体废物资源化着手，以生活垃圾分类产生的易腐组分，种植与养殖业废弃物、秸秆和畜禽粪便，以及餐厨垃圾、污泥等为研究对象，重点介绍了混合有机固体废物干式厌氧发酵能源转化特性，阐述了秸秆等难降解限速物质、中间体有机酸、腐殖酸等的变化规律，提出了利用零价铁控制有机酸的调控技术，列举了国内干式厌氧发酵典型工程案例。

本书可供从事固体废物处理处置、固体废物标准制修订、城乡规划、生物学研究等多个领域的科研和管理人员参考。

出 版 人	武德凯	
责任编辑	曹　玮	
责任校对	任　丽	
封面设计	宋　瑞	

出版发行　中国环境出版集团
　　　　　（100062　北京市东城区广渠门内大街 16 号）
　　　　　网　　　址：http://www.cesp.com.cn
　　　　　电子邮箱：bjgl@cesp.com.cn
　　　　　联系电话：010-67112765（编辑管理部）
　　　　　发行热线：010-67125803，010-67113405（传真）

印　　刷	北京中科印刷有限公司	
经　　销	各地新华书店	
版　　次	2021 年 12 月第 1 版	
印　　次	2021 年 12 月第 1 次印刷	
开　　本	787×1092　1/16	
印　　张	21.75	
字　　数	490 千字	
定　　价	108.00 元	

中国环境出版集团郑重承诺：
中国环境出版集团合作的印刷单位、材料单位均具有中国环境标志产品认证；
中国环境出版集团所有图书“禁塑”。

编 委 会

序

由于有机固体废物具有量大、面广等特征，其污染控制和资源化利用受到全球关注。在我国，秸秆、畜禽粪便、污泥、餐厨垃圾等有机固体废物年产量达 50 多亿 t，因此，有机固体废物的污染控制和资源化利用尤其需要重视。特别是在垃圾分类工作开展过程中，上海、深圳、北京等城市每天分出近万吨餐厨垃圾，有机固体废物的合理处置和高效资源化利用更加紧迫。干式厌氧发酵技术适用于总固体含量为 20%～40%的条件，与湿式厌氧发酵技术相比，该技术具有节水、沼液产生量小、增温/保温难度小、成本低等优点，成为有机固体废物资源化利用的重要技术之一。

本书的编著团队——中国环境科学研究院杨天学副研究员科研团队先后与武汉大学、兰州交通大学、东北农业大学、河南农业大学、太原理工大学等高校、科研院所，以及北京环境有限公司、维尔利环保科技集团股份有限公司等相关企业协同创新，基于多年来所开展的干式厌氧发酵机理研究、技术开发、工程实践等，对干式厌氧发酵处理有机固体废物的可行性、限制性影响因素的识别及去除、高效产气调控技术等进行了总结，相关成果具有较高的学术和工程应用价值。

本书内容丰富、结构完整、逻辑严密、图文并茂，机理与应用相结合，原理与工艺相匹配，具有学科的系统性、技术的实用性以及知识的前沿性，是干式厌氧发酵领域中有一定创新性的作品，可为我国有机固体废物的污染控制与高效资源化利用，尤其是对当前推行的生活垃圾分类、无废城市建设、碳达峰碳中和等提供一定的技术支撑。

前　言

当前我国有机固体废物年产生量达 50 多亿 t，利用模式局限于低质资源化，水—气—土复合污染严重，经济环境代价巨大，综合利用形势极为严峻。资源循环利用已经成为全球绿色发展、资源保障、碳达峰碳中和的战略制高点，是解决我国资源环境生态问题的基础之策，也是应长期坚持的国家重大战略。目前，我国亟须强化有机固体废物的资源循环利用，为根本解决有机固体废物污染问题提供新途径。

厌氧发酵技术分为湿式厌氧发酵技术和干式厌氧发酵技术两种，秸秆、餐厨垃圾等有机固体废物是厌氧发酵的原料。湿式厌氧发酵时需添加 10 倍于有机固体废物自身重量的水，从而将含水率调节到 90% 以上，造成水资源浪费、发酵设备/设施的使用效率低，且发酵过程中增温、保温成本高，产生的大量沼液易造成二次污染等问题。干式厌氧发酵又称固体厌氧发酵或高浓度厌氧发酵，其反应体系中的总固体含量为 20%～40%，与湿式厌氧发酵方式相比，具有很多明显优势，如节约用水、管理方便、容积产气率高、处理成本低等，且发酵后沼液产生量少、处理容易、无二次污染、设备/设施运行费用低、过程稳定等，因此日益受到研究与工程技术人员的重视，成为有机固体废物处理的重要适用技术之一。

本书基于团队 2007 年至今开展的干式厌氧发酵技术研究，从强化低质有机固体废物资源化着手，以餐厨垃圾的易腐组分、种植与养殖业废弃物、畜禽粪便、污泥等为研究对象，重点介绍了混合有机固体废物干式厌氧发酵能源转化特性，阐述了秸秆等难降解限速物质、中间体有机酸、腐殖酸等的变化规律，提出了利用零价铁控制有机酸的调控技术，列举了国内干式厌氧发酵典型工程案例。

由于时间紧迫，并限于编者水平，书中难免有不妥之处，恳请广大读者赐教。

目　录

第1章　干式厌氧发酵技术概述 1

1.1　干式厌氧发酵的技术过程及原理 2

1.2　干式厌氧发酵的主要影响参数 4

1.3　干式厌氧发酵的技术应用方向 7

1.4　干式厌氧发酵的研究及应用进展 8

1.5　干式厌氧发酵技术的条件控制 9

参考文献 13

第2章　混合物料干式厌氧发酵生物质能源转化特性 16

2.1　产气量变化规律 16

2.2　发酵物质变化规律 23

2.3　本章小结 44

参考文献 46

第3章　生物预处理对秸秆难降解组分的影响 48

3.1　秸秆利用现状及预处理技术 48

3.2　产气规律 58

3.3　木质纤维素变化规律 67

3.4　微生物动态变化 78

3.5　本章小结 83

参考文献 86

第4章　干式厌氧发酵过程有机酸产生规律及关键酸识别 91

4.1　有机酸产生原理及对厌氧发酵的影响 92

4.2　干式厌氧发酵过程VFA产生规律及关键有机酸识别 99

4.3　乙酸和丁酸的产生规律 104

4.4　乙酸和丁酸对发酵系统的影响 111

4.5　关键有机酸对系统微生物的影响 117

　　4.6　本章小结 125

　　参考文献 128

第5章　污泥干式厌氧发酵过程腐殖酸转化规律及对产甲烷的影响 132

　　5.1　污泥的产生现状和处置技术 133

　　5.2　腐殖酸对干式厌氧发酵产甲烷的影响规律 137

　　5.3　腐殖酸在干式厌氧发酵过程中的转化规律 151

　　5.4　腐殖酸对干式厌氧发酵产酸的影响规律 166

　　5.5　本章小结 176

　　参考文献 178

第6章　零价铁对餐厨垃圾干式厌氧发酵过程乙酸产生作用机制 183

　　6.1　餐厨垃圾的产生现状和处置技术 184

　　6.2　Fe^0 与干式厌氧发酵系统产气之间的响应关系 188

　　6.3　Fe^0 对干式厌氧发酵物料降解特性的影响 199

　　6.4　Fe^0 对干式厌氧发酵过程中产乙酸的作用机制 205

　　6.5　本章小结 216

　　参考文献 218

第7章　沼渣生物炭对餐厨垃圾干式厌氧发酵产气及有机酸的影响 222

　　7.1　生物炭特性及对厌氧发酵的影响效果 223

　　7.2　沼渣生物炭特性及其酸效应 225

　　7.3　沼渣生物炭对发酵效果影响 233

　　7.4　沼渣生物炭对干式厌氧发酵系统产酸的影响 247

　　7.5　沼渣生物炭对系统内微生物演替规律的影响 260

　　参考文献 275

第8章　干式厌氧发酵关键技术与实用装备 282

　　8.1　干式厌氧发酵关键技术 282

　　8.2　干式厌氧发酵关键装备 287

第9章　厌氧发酵技术典型工程案例 301

　　9.1　丰台区生活垃圾循环经济园餐厨厨余垃圾处理厂 301

　　9.2　常州市餐厨废弃物综合处置一期工程 317

　　9.3　绍兴市循环生态产业园餐厨垃圾资源化处理项目 323

　　9.4　重庆市洛碛餐厨垃圾处理厂工程 333

第1章
干式厌氧发酵技术概述

　　餐厨垃圾的易腐组分、种植业和养殖业废弃物、污泥等有机固体废物含有丰富的有机质，经过合理处置是有机肥料和生物能源的重要来源，是高价值的生物质资源。目前，国内外常用的有机固体废物处理技术（如焚烧、卫生填埋、生态饲料、好氧堆肥和蚯蚓堆肥等）通常存在资源化利用效率低、经济效益不理想等缺陷。厌氧发酵技术是在缺氧情况下，自然界固有的微生物厌氧菌（特别是产甲烷菌）将有机物作为它的营养源，经过新陈代谢等生理功能，将有机物转化为沼气和沼肥的整个生产工艺过程，同时伴有 CH_4 和 CO_2 产生，通称有机垃圾厌氧消化作用（赵云飞，2012）。厌氧发酵在实现有机固体废物无害化、减量化处理的同时，还能够实现资源的循环利用，因此受到研究人员和社会的广泛关注。厌氧发酵技术分为湿式厌氧发酵技术和干式厌氧发酵技术。干式厌氧发酵又称为高浓度厌氧发酵，是指总固体含量在 20% ~ 40% 的情况下，在厌氧菌的作用下，有控制地使固体废物中可降解的有机物转化为 CH_4、CO_2、H_2S 等气体的发酵工艺。该技术因具有节水、需热量少、产气率高、无二次污染、成本低等优点，成为处理有机固体废物的重要技术之一（杨天学，2014）。欧洲有机固体废物厌氧发酵方面的研究开展得比较早，并已在餐厨垃圾、食品加工废物处理等领域得到了比较广泛的工程应用。我国有关有机固体废物干式厌氧发酵的研究起步晚，相关研究总体不足，仅有部分学者开展了零星研究，且以实验室研究为主，进入工程应用的技术以引进为主，如 2000 年年初百玛士公司引进法国 VALORGA 公司的技术，分别在北京和上海建成了 2 个垃圾干式厌氧发酵工程，但由于中国的垃圾未做源头分类，其性质和国外的也有很大的区别，工程建成后无法投入正常运行。本章的主要目的是通过介绍干式厌氧发酵的原理，研究其主要影响参数及国内外应用进展，探讨该技术的应用现状，为深入研究干式厌氧发酵技术提供基础指导。

1.1　干式厌氧发酵的技术过程及原理

随着干式厌氧发酵技术的广泛应用，对其原理的研究也逐渐深入，先后有学者将干式厌氧发酵过程归纳总结为二阶段理论、三阶段理论和四阶段理论，其中，四阶段理论将干式厌氧发酵分为水解阶段、酸化阶段、产氢产乙酸阶段和产甲烷阶段（图 1.1）。

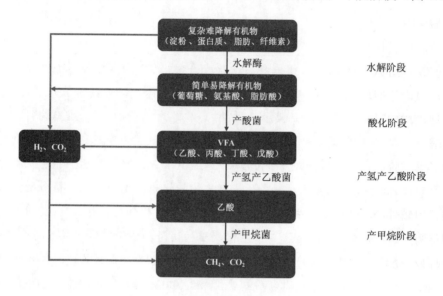

图 1.1　干式厌氧发酵四阶段理论

四阶段理论具体过程如下（Salminen 等，2002）。

（1）第一阶段：水解阶段

在水解酶的作用下，发酵底物中难降解的有机物转化为易降解、简单的小分子，这一过程即水解阶段。水解产物容易被微生物进一步利用，具体反应如下：

$$淀粉 \rightarrow 麦芽糖 \rightarrow 葡萄糖$$
$$蛋白质 \rightarrow 多肽 \rightarrow 氨基酸$$
$$脂肪 \rightarrow 长链脂肪酸 + 甘油$$
$$纤维素 \rightarrow 纤维二糖 \rightarrow 葡萄糖$$

（2）第二阶段：酸化阶段

在产酸菌的作用下，水解产物被进一步转化为挥发性短链脂肪酸和醇类物质等，同时产生大量的能量（ATP）和 CO_2，且伴随少量的 H_2、H_2S、NH_3 和 H_2O 产生，该过程称为酸化阶段；其中，在糖酵解反应中，产酸菌产生的多余的电子与 H^+ 结合，进而产生

H_2（任南琪等，2004）。具体反应如下：

$$葡萄糖 \rightarrow 丙酮酸 + ATP$$

$$甘油 \rightarrow 丙酮酸 + ATP$$

$$脂肪酸 \rightarrow 乙酸等小分子有机酸 + ATP$$

$$丙酮酸 \rightarrow 丙酸 + 丁酸 + 乳酸 + 乙醇等$$

在酸化阶段，主要有 4 种常见的发酵方式：丙酸型发酵、丁酸型发酵、乙醇型发酵和混合型发酵，其中丙酸型发酵的产物主要为丙酸、乙酸、CO_2 和少量 H_2；丁酸型发酵的产物主要为丁酸、乙酸、CO_2 和 H_2；乙醇型发酵的主要产物为乙醇和 H_2（Cohen A et al.，1984）。

在产氢产乙酸反应中，短链脂肪酸产乙酸的消耗顺序为：乙醇 > 乳酸 > 丁酸 > 丙酸，可以发现丙酸向乙酸的转化过程是最困难的，故应控制发酵条件，避免酸化阶段发生丙酸型发酵。

（3）第三阶段：产氢产乙酸阶段

在产氢产乙酸菌（hydrogen-producing acetogens，HPA）的作用下，酸化阶段产生的除甲酸、甲醇外的小分子有机酸和醇类物质被转化为乙酸，并生成 CO_2 和/或 H_2 等，这个过程称为产氢产乙酸阶段。

具体反应如下：

丙酸：$CH_3CH_2COOH + 2H_2O \longrightarrow CH_3COOH + 3H_2 + CO_2$，$G = +76.1 \ kJ/mol$

丁酸：$CH_3CH_2CH_2COOH + 2H_2O \longrightarrow 2CH_3COOH + 2H_2$，$G = +48.1 \ kJ/mol$

戊酸：$CH_3CH_2CH_2CH_2COOH + 2H_2O \longrightarrow CH_3COOH + CH_3CH_2COOH + 2H_2$，
$$G = +69.81 \ kJ/mol$$

乙醇：$CH_3CH_2OH + H_2O \longrightarrow CH_3COOH + 2H_2$，$G = +9.6 \ kJ/mol$

从上述反应可以看出，有机酸和醇类物质向乙酸转化的反应的吉布斯自由能皆为正值，说明产乙酸反应不是放热反应，需要外界提供能量，无法自发进行，故易造成挥发酸的积累，导致系统酸化，会对产甲烷菌及其他细菌产生毒害作用（吴燕，2011）。但是有研究表明，产乙酸反应的进行可通过降低系统中的氢分压来实现，故产氢产乙酸菌通常与嗜氢菌共同作用，这种现象也被称为种间氢传递；同型产乙酸反应是另一种产乙酸途径，该反应是将 H_2 和 CO_2 在同型产乙酸菌的作用下转化为乙酸（孟旭升，2013）。具体反应如下：

$$4H_2 + 2CO_2 \longrightarrow CH_3COOH + 2H_2O，G = -55.1 \ kJ/mol$$

该反应可消耗发酵系统中的 H_2，降低系统内的氢分压（Diekert G et al.，1994），这一现象有利于丙酸向乙酸的转化过程，为后续产甲烷菌利用乙酸产 CH_4 的反应提供营养物质，有利于厌氧发酵的进行（Kaspar H F et al.，1978；Fynn G et al.，1990）。

（4）第四阶段：产甲烷阶段

在产甲烷菌的作用下，系统内酸化阶段和产氢产乙酸阶段生成的代谢产物（H_2、CO_2、乙酸）被转化为 CH_4，并产生大量能量，该过程称为产甲烷阶段。厌氧发酵系统内主要的产甲烷菌有甲烷球菌、甲烷杆菌、甲烷螺旋菌和甲烷八叠球菌，一般有两种反应途径产生 CH_4，一是直接利用乙酸产 CH_4 和 CO_2，二是利用 H_2 和 CO_2 合成 CH_4（任南琪等，2004；孙岩斌，2013）。具体反应如下：

$$CH_3COOH \longrightarrow CH_4 + CO_2$$
$$4H_2 + CO_2 \longrightarrow CH_4 + 2H_2O$$

其中，利用乙酸直接产 CH_4 的方式占比为 72%，而通过 H_2 和 CO_2 合成 CH_4 的方式占比 28%（蒋建国等，2007）。在产甲烷阶段，主要前体物是乙酸，因此产甲烷过程与乙酸的产生和消耗有较大的关联性。

1.2　干式厌氧发酵的主要影响参数

1.2.1　基本理化参数

（1）pH

pH 是影响厌氧发酵的重要因素，pH 的变化直接影响产甲烷菌的活性，进而影响整个厌氧发酵过程。一般 pH 为 5.5～8.5 时产氢产乙酸菌生长良好，过高或过低的 pH 将降低产氢产乙酸菌的活性，甚至致其死亡。为防止因有机酸的严重积累导致系统酸化，当发酵液的 pH 降到 6.0 以下时，可向中试反应器中加入 $Ca(OH)_2$，调节反应器内的酸碱度环境。一般 pH 为 6.8～7.4 时产甲烷菌生长良好，低于 6.4 或者高于 7.6 都会对产气有抑制作用，由于累积产气量随 pH 的增大呈现先增加后减少的趋势，可通过调节 pH 来控制反应过程。

（2）温度

温度是影响厌氧发酵的最主要因素。温度通过影响厌氧微生物细胞内酶的活性进而影响微生物的生长速率和基质的代谢速率，乃至影响整个工艺系统的运行。厌氧发酵中的微生物对温度的变化非常敏感，温度的骤然变化会影响产气量的变化。温度变化幅度超过 5℃时，产气效果降低明显，变化过大还会导致产气停止（孙国朝等，1986），从而使有机酸大量积累而破坏厌氧发酵。与此同时，由于温度有助于有机物分解，在一定温度范围内，温度越高，原料中有机组分分解速度越快。厌氧发酵主要分为中温（30～35℃）与高温（50～55℃）两个阶段，在厌氧发酵过程中，中温所需热量少，且运行稳定，有利于产气过程的管理，因此被广泛应用。

1.2.2 物料特性

（1）总固体和挥发性固体

总固体（total solid，TS）是指试样在一定温度下蒸发烘干至恒重时所残留的固体物质，是溶解性固体和悬浮性固体（包括胶状体）的总称，包括有机化合物、无机化合物及各种生物体。挥发性固体（volatile solid，VS）是指总固体中能在 600℃高温下挥发的固体物质，其组成包括试样中的有机物、易挥发的无机盐等。

如固体含量太高，许多影响微生物活性的条件就更为严格，较高的固体含量增加了有机负荷，反应传质效果差，TS 含量和 VS 含量[①]的测定值是表征沼气发酵基质浓度的重要参数。干式厌氧发酵的 TS 含量一般为 20%～40%。TS 对有机物的降解有显著影响，借助对各个反应条件下 TS 含量和 VS 含量的测定，可以获得一系列有意义的发酵参数，如容积负荷、滞留时间、基质转化率以及 CH_4 产率等。这些参数是衡量发酵工艺条件优劣的标准，也是评价发酵经济效益高低的依据之一。

（2）碳氮比

碳氮比（C/N）是影响厌氧发酵效率的重要因素，众多研究表明，在发酵过程中，C/N以 20～30 为宜。由于 CH_4 的不断生成，反应器中物料 C/N 会不断下降。如 C/N 太高，细胞的氮量不足，发酵液的缓冲能力低，pH 容易降低；如 C/N 太低，细胞的氮量过多，增殖量降低，氮不能被充分利用，pH 可能上升，铵盐容易积累。当 NH_4^+-N 质量浓度增加到 2 000 mg/L 以上时，会抑制发酵进程，CH_4 产量明显降低。

（3）挥发性脂肪酸

挥发性脂肪酸（volatile fatty acid，VFA）是厌氧发酵过程的重要中间产物，VFA 经过进一步分解产生的乙酸可以被产甲烷菌直接利用，少部分 CH_4 由 CO_2 和 H_2 生成，但 CO_2 和 H_2 的生成也经过高分子有机物形成 VFA 的中间过程，VFA 跟 CH_4 的生成有着密切的关系。VFA 在厌氧反应器中的积累会导致产甲烷菌的活性受到抑制，较高的 VFA（如丙酸）含量对产甲烷菌有抑制作用。因此，在实验中对 VFA 进行监测可以反映厌氧反应器的运行情况和稳定性，也可以掌握产甲烷菌的状况和规律。

（4）发酵物料溶解性有机物和光谱特征

在发酵物料中，溶解性有机物（dissolved organic matter，DOM）是能被微生物利用的主要有机成分。在溶液环境中，腐殖质是 DOM 的主要组分。发射荧光光谱可较好地提

---

① 本书中 TS 含量和 VS 含量均指质量分数（%）。

供胡敏酸和富里酸的结构信息，一般在相同条件下，待测有机物不饱和结构（主要是含苯环结构的物质）的多聚化或联合程度越大，波峰强度越小。同时，三维荧光分析技术的快速发展使短时间内快速获取以发射波长为 x 轴、激发波长为 y 轴、荧光强度为 z 轴的 DOM 样品三维荧光光谱成为可能。三维荧光光谱可以检测到 DOM 中不同类型的荧光峰，如类腐殖酸荧光（humic-like）、类富里酸荧光（fulvie-like）以及类蛋白荧光（protein-like）等。经过厌氧发酵反应，DOM 的荧光特性会发生很大变化，荧光基团可从结构简单的类蛋白物质转变为结构简单的小分子物质。

1.2.3　发酵过程性能指标

（1）日产沼气量

厌氧发酵的目的是使物料中形成厌氧环境，在厌氧微生物的作用下产生沼气，因此厌氧发酵的日产沼气量是反映厌氧发酵效果的直观因素。厌氧发酵运行 60 d，每天读取湿式流量计的读数，并用气袋取气体样品，通过对发酵全过程的沼气成分做系统的测定分析，了解始末区段的产气规律，有助于对厌氧发酵过程进行更加全面的研究。

（2）沼气成分

沼气成分的测定是厌氧发酵效果的最直接的指标，其中 CH_4 含量[①]的高低决定了产生的沼气能否被用作能源燃料，有资料显示，CH_4 含量大于 60% 才可用来燃烧。通过对沼气成分的分析，还可以得出有效产气过程的周期及规律。

（3）化学需氧量

化学需氧量（chemical oxygen demand，COD）表示料液中有机物的含量。据分析，料液中的有机物可产生 CH_4，根据 COD 可以估算理论产气量，以及衡量系统是否稳定、反应是否遵循物料平衡、有机物的发酵是否彻底。所以料液中有机物的去除率高低是判断装置设计是否合理、物料利用率是否高效的重要指标。

（4）纤维素类物质利用率

农作物秸秆主要由纤维素、半纤维素和木质素组成，三者占秸秆总量的 80% 以上。纤维素彼此常通过氢键相连，以聚合态的形式存在，其化学组成分子式为 $(C_6H_{10}O_5)_n$，其中排列整齐的为结晶区，结构较为松弛的为无定形区，其中木质素由于其致密的结构难以降解。三种组分均为结构稳定的高聚物，彼此交联，难溶于有机溶剂、稀酸和稀碱等，因此原料的预处理是提高产气率的重要手段，通过预处理，微生物对纤维素类的利用率也会提高。

---

① 本书中 CH_4 含量指 CH_4 体积分数（%）。

1.3　干式厌氧发酵的技术应用方向

干式厌氧发酵技术可以广泛地利用各种生物质废弃物，如农业有机废弃物、工业有机废弃物、餐厨垃圾、城市固体有机废弃物等。同时，厌氧发酵技术的产物——沼气作为一种清洁、环保的可再生能源，可以用来缓解日益紧张的能源危机（刘建伟等，2015）。

其中，应用厌氧发酵技术获取秸秆中的生物能源具有如下优点（高礼安等，2009；杜静等，2008；刘战广等，2009）：

①秸秆厌氧发酵所产生的沼气为清洁能源；

②秸秆厌氧发酵后得到的沼渣可以用作土壤的改良剂和生物有机肥；

③在秸秆中的有机质转变成沼气的过程中实现了秸秆资源的减量化；

④秸秆厌氧发酵过程不需要供应氧气，降低了动力消耗，从而使处理成本降低；

⑤秸秆厌氧发酵能够减少温室气体排放。

唐向阳等（2010）对农业废弃物采取高温干式厌氧发酵处理，沼气中 CH_4 的最高含量为 70.80%，废弃物减量效果明显。宗慧捷（2020）利用干式厌氧发酵处理果蔬垃圾，最终的 CH_4 含量为 80.13%。李琦（2019）利用干式厌氧发酵技术处理市政污泥，研究腐殖酸的转化规律及其对 CH_4 含量的影响。

比利时 Dranco-farm 工艺是专门针对农业废弃物、能源植物而设计（图 1.2），沼气产率（标态）为 100～200 $m^3/$（t 物料），发电率为 220～440 $kW·h/$（t 物料）（De Baere L，2010）。

图 1.2　Dranco-farm 项目及反应器内部

法国 Valorga 工艺主要适用于生活垃圾、工业有机废弃物（图 1.3），采用中温（或高温）发酵，TS 含量可达 55%～58%，产气率为 158.5 m^3/（t 物料）（梁芳等，2013）。

图 1.3　法国 Valorga 项目及三座厌氧反应器

1.4　干式厌氧发酵的研究及应用进展

厌氧发酵处理固体废物已有很长的历史，1881 年，法国 *Cosmos* 杂志发表了介绍 Mouras 创造的处理生活污水和污泥的自动装置，标志着厌氧发酵处理技术的开始。1890 年，Moncrieff 建造了第一个厌氧滤池。1895 年，Donald 设计了世界上第一个厌氧化粪池。1896 年，英国出现了用于处理生活污水的厌氧发酵池，产生的沼气用于街道照明（曹先仲，2009）。1914 年，美国已拥有 14 座厌氧发酵池。20 世纪 20 年代，中国的罗国瑞创办了"罗国瑞瓦斯气灯公司"，建造了中国第一个较完备并且实用的水压式沼气池（曹国强，1985）。20 世纪 40 年代，澳大利亚出现了连续搅拌的厌氧发酵池，改善了厌氧污泥与污水的混合问题，提高了污泥处理效率（方少辉，2012）。以上是厌氧发酵处理技术发展的初始阶段，发展较为缓慢，其工艺简单，污泥在反应器里的时间与废水的停留时间相同，限制了污泥浓度与污染负荷，处理效率较低。

随着发达国家工业化与城市化的进程加快，20 世纪 50 年代中期出现了厌氧接触法工艺，该方法在增加连续搅拌反应器的基础上，增加了污泥回流的装置，从而有效地利用了污泥，延长了污泥的水力停留时间，提高了运行负荷和反应效率（贾传兴，2007）。1967

年，Young 和 McCarty 发明了第一个基于微生物固定化原理的高速厌氧滤池（罗岩，2005）。1974 年，荷兰瓦格宁根大学的 Lettinga 发明了上向流厌氧污泥流化床，该反应装置以提高污水和污泥的混合效率为基础，应用较为广泛（刘广青，2003）。之后逐渐出现了厌氧膨胀床、厌氧生物转盘、厌氧折板反应器和厌氧内循环反应器。

按反应级数的不同，厌氧发酵可分为单相厌氧发酵和两相厌氧发酵，单相厌氧发酵是指厌氧的几个阶段的反应都在同一个反应器中进行；两相厌氧发酵理论最早是由 Ghosh 于 1971 年提出的，两相厌氧发酵是指产酸阶段和产甲烷阶段分别在两个反应器中进行，以使两个阶段的微生物分别处于各自最适合的反应环境，达到最佳产气效率（曲静霞，2004）。单独设置产酸阶段反应器，可以控制产酸的速率，避免了反应过程中产生的有毒有害物质（如 VFA 和 NH_4^+-N）对系统的影响，增强了系统的稳定性。

干式厌氧发酵处理技术因其需水量小，无需动力能耗，反应器占地面积小，成本低，污染负荷低，可以回收沼气能源，而且产生的沼渣滤液可作为土壤的添加剂或肥料从而增加经济效益等优势，正逐渐成为世界各国处理有机固体废物及生产新能源的重要选择。

1.5　干式厌氧发酵技术的条件控制

1.5.1　发酵原料组成

发酵原料中 C/N 对厌氧发酵微生物的生长非常重要，张爱军等（2002）和张婷等（2008）都指出底物的组成对固体废物厌氧发酵产气量有一定的影响。不同原料的 C/N 不同，多种物料发酵可改善 C/N，使其更接近微生物所需比例。高礼安等（2009）研究发现，适当提高沼气发酵的 C/N 可以增大厌氧发酵的产气量。杜静等（2008）开展了不同发酵底物情况下，干式厌氧发酵启动阶段 VFA 累积原因研究，发现底物中半纤维素含量的高低可能是影响底物干式厌氧发酵启动阶段快速产酸的主要因素。刘战广等（2009）研究了不同猪粪和稻草混合比例下厌氧发酵的产气效果，结果表明调节粪草比可以促进发酵效率，但并不能提高原料的产气潜力。Astals 等（2011）的研究表明，猪粪添加比例为80%时的 CH_4 产气率达到 215 mL/g，较猪粪添加比例为 100%时提高了 125%。混合物料厌氧发酵由于改善了反应过程中所需的 C/N 等营养物质比例、酸碱度等条件，有利于产气量的提高和运行的稳定性。Weiland（2000）指出混合厌氧发酵将成为厌氧发酵的主要发展趋势。Li 等（2011）利用餐厨垃圾和油脂类物质与活性污泥进行混合厌氧发酵，结果表明二者与活性污泥混合发酵的产气效率以总挥发性固体（total volatile solids，TVS）计，分别为（324±4.11）mL/g 和（418±13.7）mL/g，远高于活性污泥单独发酵时的

（117±2.02）mL/g。Lo 等（2010）研究发现，添加粉煤灰有助于提高城市垃圾厌氧发酵产气量，其中粉煤灰添加量为 20 g/L 时的产气量最高。

1.5.2　发酵物料 TS

TS 含量对产气效果的影响非常明显，刘晓风等（1995）对城市有机垃圾进行干式发酵研究，得出 TS 含量在 30%～40% 时反应效果最佳，同时还能减少处理后脱水的困扰。张望等（2008）在研究 TS 含量为 30% 时的干式厌氧发酵中试试验时，发现反应出现了较长时间的酸化期，在后期又开始恢复产气，CH_4 产量也高，而 TS 含量为 20% 产气效果最好。Fernandez 等（2008）研究了 TS 对中温处理城市固体废物的影响，得出 TS 含量为 20% 时产气效果最好，启动器只有 14 d，溶解性有机碳（dissolved organic carbon，DOC）的去除率达到 67.53%。Hyaric 等（2011）研究了原料浓度和含水率对产甲烷菌活性的影响，结果表明原料质量浓度为 10 gCOD/kg、含水率为 82% 时，产甲烷菌活性最强，其活性随着含水率的降低直线下降。

1.5.3　接种物

接种物的类型和接种量直接影响了微生物对物料的利用效率，陈智远等（2009）通过对不同接种量底物的对比研究，确立了厌氧发酵产沼气量的最佳条件。井良霄等（2013）研究发现，加入 40% 的接种物的实验组产气效果良好，总产气量为 64.445 L。李东等（2006）研究发现，发酵前期 CH_4 含量长期处在较低水平，可以通过再接种的方法提高 CH_4 含量。Forster-Cameiro 等（2007）研究了不同接种物对干式厌氧发酵的产气效率，在温度为 55℃、TS 含量为 30% 的条件下，得出发酵污泥作为接种物时的产气效果最好。美国 BIOFERM 公司通过回收发酵渗滤液，并将其作为接种源喷洒到物料，优化发酵过程，加强产气。

1.5.4　温度和 pH

温度与酶和厌氧微生物的活性关系密切，间接影响了有机物的分解利用效率。厌氧发酵一般在中温条件下进行，这是由于中温条件下厌氧发酵所需的能耗更低。吴满昌等（2005）模拟发现，在城市生活垃圾厌氧消化过程中，将反应温度由 55℃ 降到 20℃，并在 20℃ 分别持续了 1 h、5 h、12 h 和 24 h，温度再次降低后产气停止，且低温持续时间越长，产 CH_4 恢复所需的时间也越长。梁越敢等（2011）在高温（55±1℃）条件下对互花米草进行了干式厌氧发酵的研究，并通过红外光谱和 X 射线等方法对互花米草的结构进行了分析，得到 TS 和 VS 的去除率分别为 68.2% 和 70.1%，经堆沤和发酵处理后原料结晶度降低。Hartmann 等（2005）报道了温度对干式厌氧发酵处理效果的影响，认为在不同的有机负荷条件下，高温（55℃）干式厌氧发酵均有较高的产气量。Fernandez

等（2008）在中温条件下研究了干式厌氧发酵处理城市有机固体废物与 TS 含量之间关系，发现 TS 含量为 20%时，14 d 就可完成启动，DOC 去除率达到 67.53%，CH_4 产量比 TS 含量为 30%时提高 26.76%。Angelidaki 等（1994）研究了不同 NH_4^+-N 质量浓度对牛粪厌氧发酵的影响，结果表明高温导致 NH_4^+-N（以 N 计）负荷高（6.0 g/L），此外温度在 55℃以下时，产气量随着温度的降低而上升，VFA 产量也较低，系统稳定性更好，得出高温对 NH_4^+-N 抑制效应有良好的抑制作用。

沼气产量受 pH 的影响较大。赵明星等（2008）研究发现不同 pH 下餐厨垃圾厌氧发酵产沼气量不同，当 pH 为 6 时产沼气量最大，反应瓶中 CH_4 的体积分数达到 75.58%。赵洪等（2008）以 0.5 为间距将 pH 5.5～8.5 分为七个等级，并分别对新鲜猪粪进行厌氧发酵处理，结果发现 pH 为 6.5 时发酵启动最快，且 CH_4 产量最高。

1.5.5　物料预处理

物料的预处理方法包括物理预处理法、化学预处理法和生物预处理法三种。

物理预处理法通过改变底物的物理特性促进厌氧发酵，主要有切碎、研磨、浸泡、冷冻、微波、超声波、蒸汽爆破、脉冲等（汪国刚等，2014）。Vogt 等（2002）用蒸汽加压爆破法预处理原料，产气量较对照组提高了 40%。高瑞丽等（2009）研究发现，剩余污泥经不同功率微波辐射后，剩余污泥的累积沼气产量比未经微波辐射时增加了 0.7～1.8 倍。Tiehm 等（2001）研究发现，对物料采用超声波处理 20～120 min，可使厌氧发酵时间降至 8 d，减少将近 2/3，同时沼气产量提高 2.2 倍。

化学预处理法可以促进复杂有机物转变为易于生物降解的小分子物质（如葡萄糖、乙酸等），从而提高产气量，通常使用酸法和碱法两种处理（汪国刚等，2014）。Zhu 等（2010）通过添加不同含量的 NaOH 对秸秆进行预处理，得出 NaOH 添加量为 5%时的秸秆的产气量最大，而 NaOH 添加量增大至 7.5%时由于 VFA 的快速积累导致产甲烷菌的活性受到抑制。马兴元等（2011）使用 H_2SO_4 进行酸性预处理秸秆，采用红外光谱扫描电镜等方法，分析了酸处理前后的秸秆纤维结构的变化，使纤维素从木质素中分解出来，提高了微生物对纤维素的利用。李亚新等（2000）研究了厌氧发酵过程微量元素 Fe、Co 和 Ni 对 NH_4^+-N 的拮抗作用，结果表明 NH_4^+-N 含量越高，Fe、Co 和 Ni 对其产生的拮抗作用也越显著。

生物预处理法主要是利用微生物产生胞外酶等物质预先水解底物，具有反应体系条件温和、对木质素的降解专一、反应过程能耗较低、对环境产生污染较少等优点（汪国刚等，2014）。Fdez.-Giielfo 等（2011）发现经堆沤生物预处理后，当接种量为 2.5%[①]、停留时间为 15 d 时，DOC 和 VS 的去除率分别达到 61.2%和 35.3%，均高于未处理组，

———————————
① 指体积分数，全书同。

沼气产量和 CH_4 产量分别为 178.6 L 和 82.6 L，较未处理组分别提高了 190.0%和 141.6%。高志坚（2004）利用生物和化学法对玉米进行预处理，结果得出经过 NaOH 化学预处理后，玉米秸秆进料负荷为 50 g/L 的累积产气量达 32 510 mL，产气量为所有处理组中最高。

1.5.6　搅拌

搅拌可以使发酵原料与微生物充分接触，增强发酵系统内的反应传质效果，避免物料的局部酸化。由于干式厌氧发酵反应系统内的流动性差，搅拌作用更为重要。搅拌方式分为机械搅拌、液体搅拌和气体搅拌。甘如海（2004）采用螺带式搅拌叶片进行干式厌氧发酵搅拌，满足了高黏度物料的传质和传热需求，也解决了发酵过程中产生的物料膨胀问题。徐霄等（2009）模拟研究了秸秆干式厌氧发酵过程中回流量和回流方式对产气性能的影响，回流较不回流、每天回流和产气趋势下降后回流等方式的产气量有显著提升，分别提升 9.53%、23.13%和 12.74%。

参考文献

曹国强．1985．水压式沼气池在中国的发展．太阳能，（4）：1-5.

曹先仲．2009．厌氧反应器快速启动方法试验研究．西安：长安大学．

陈智远，姚建刚．2009．不同接种量对玉米秸秆发酵的影响．科学研究，（12）：20-22.

杜静，常志州，王世梅，等．2008．不同底物沼气干式厌氧发酵启动阶段的产酸特征研究．江苏农业科学，（1）：225-227.

方少辉．2012．农村混合物斜干式厌氧发酵生物质能源转化的特性研究．兰州：兰州交通大学．

甘如海．2004．畜禽粪便干式厌氧发酵处理搅拌反应器的研究设计．武汉：华中农业大学．

高礼安，邓功成，赵洪．2009．不同 C/N 对沼气发酵均匀性影响的研究．现代农业科技，（4）：248-249.

高瑞丽，严群，邹华，等．2009．不同预处理方法对剩余污泥厌氧消化产沼气过程的影响．食品与生物技术学报，28（1）：107-112.

高志坚．2004．玉米秸秆厌氧消化试验研究．北京：北京化工大学，硕士学位论文．

贾传兴．2007．有机垃圾两相厌氧消化中氮素转化特性的试验研究．重庆：重庆大学．

蒋建国，赵振振，杜雪娟，等．2007．秸秆高固体厌氧消化预处理实验研究．环境科学，28（4）：886-890.

井良霄，邱凌，李自林，等．2013．接种物对秸秆猪粪混合干式厌氧发酵产沼气的影响．农机化研究，（7）：243-246.

李东，马隆龙，袁振宏，等．2006．华南地区稻秸常温干式厌氧发酵试验研究．农业工程学报，（12）：176-179.

李琦．2019．污泥干式厌氧发酵过程中腐殖酸的转化规律及其对产甲烷的影响．太原：太原理工大学．

李亚新，董养娟，徐明德．2000．厌氧消化过程中 Fe、Co、Ni 对 NH_4^+-N 的拮抗作用．城市环境与城市生态，13（4）：11-12.

梁芳，包先斌，王海洋，等．2013．国内外干式厌氧发酵技术与工程现状．中国沼气，31（3）：44-49+60.

梁越敢，郑止，罗兴章，等．2011．高温干式厌氧发酵对互花米草产气和结构的影响．环境工程学报，5（2）：462-466.

刘广青．2003．城市生活垃圾的厌氧消化处理．中国农业工程学会，74-79.

刘建伟，夏雪峰，葛振．2015．城市有机固体废弃物干式厌氧发酵技术研究和应用进展．中国沼气，33（4）：10-17.

刘晓风，廖银章，刘克鑫．1995．城市有机垃圾干法厌氧发酵研究．太阳能学报，16（2）：170-173.

刘战广，朱洪光，王彪，等．2009．粪草比对干式厌氧发酵产沼气效果的影响．农业工程学报，4（25）：196-200.

罗岩．2005．高温条件下 UASB 反应器对苯酚的降解研究．长沙：湖南大学．

马兴元，刘琪，马君．2011．酸性预处理对生物质秸秆干式厌氧发酵的影响．安徽农业科学，39（25）：15584-15585.

孟旭升．2013．零价铁强化厌氧丙酸转化乙酸过程的研究．大连：大连理工大学．

曲静霞．2004．农业废弃物干法厌氧发酵技术的研究．可再生能源，114：40-41.

任南琪，王爱杰．2004．厌氧生物技术原理与应用．北京：化学工业出版社．

孙国朝，沙土津，郭学敏，等．1986．干式厌氧发酵生产性试验．太阳能学报，7（1）：10-15.

孙岩斌．2013．不同预处理对餐厨垃圾厌氧联产氢气和甲烷的影响及其机理研究．北京：北京化工大学．

唐向阳，唐蓉，高国涛，等．2010．农业废弃物高温干式厌氧发酵的中试．中国资源综合利用，28（8）：41-44.

汪国刚，郑良灿，刘庆玉．2014．沼气干式厌氧发酵技术研究．环境保护与循环经济，34（12）：48-52.

吴满昌，孙可伟，李如燕，等．2005．温度对城市生活垃圾厌氧消化的影响．生态环境，5（14）：683-685.

吴燕．2011．半连续餐厨垃圾与猪粪混合厌氧消化性能及动力学研究．成都：西南交通大学，硕士学位论文．

徐霄，叶小梅，常志州，等．2009．秸秆干式厌氧发酵渗滤液回流技术研究．农业环境科学学报，28（6）：1273-1278.

闫志英，袁月祥，刘晓风，等．2009．复合菌剂预处理秸秆产沼气．四川农业大学学报，2（27）：176-179.

杨天学．2014．玉米秸秆干式厌氧发酵转化机理及微生物演替规律研究．武汉：武汉大学．

叶森，魏吉山，赵哈乐，等．1989．自动排料沼气干式厌氧发酵装置．中国沼气，（4）：19-21.

张爱军，陈洪章，李佐虎．2002．有机固体废物固态厌氧消化处理的研究现状进展．环境科学研究，15（5）：52-54.

张碧波，曾光明，张盼月．2006．高温厌氧消化处理城市有机垃圾的正交试验研究．环境污染与防治，28（2）：87-89，115.

张婷，杨立，王永泽，等．2008．不同接种物厌氧发酵产沼气效果的比较．能源工程，4：30-33.

张望，李秀金，庞云芝，等．2008．稻草中温干式厌氧发酵产甲烷的中试研究．农业环境科学学报，27（5）：2075-2079.

赵国明．2009．规模化干法沼气发酵技术及装备的研究与示范．长春：吉林大学．

赵洪，邓功成．2008.pH值对沼气产气量的影响．安徽农业科学，36（19）：8216-8217，8330.

赵明星，严群．2008.pH调控对厨余物厌氧发酵产沼气的影响．生物加工过程，6（4）：45-49.

赵云飞．2012．餐厨垃圾与污泥高固体浓度厌氧发酵产沼气研究．无锡：江南大学．

宗慧捷．2020．果蔬垃圾干式厌氧消化的产气规律及模型研究．青岛：青岛科技大学．

A.Tiehm，K.Nickel，M.Zellhorn，et al. 2001. Ultrasonic Waste Activated Sludge Disintegration for Improving Anaerobic Stabilization. Water Research，35（8）：2003-2009.

Angelidaki I，Ahring B K. 1994. Anaerobic thermophilic digestion of manure at different ammonia loads：effect of temperature . Water Research，28（3）：727-731.

Astals S，Ariso M，Gall A，et al. 2011. Co-digestion of pig manure and glycerine: Experimental and modelling study. Journal of Environmental Management，92（4）：1091-1096.

Cohen A，Van Gemert J M，Zoetemeyer R J. 1984. Main characteristics and stoichiometric aspects of acidogenesis of soluble carbohydrate containing wastewater. Process Biochemistry，19：228-237.

De Baere L. 2010. The DRANCO technology：a unique digestiontechnology for solid organic waste. Organic Waste Systems（OWS）Pub，(4)：75-77.

Diekert G，Wohlfarth G. 1994. Metabolism of homoacetogens. Antonie Van Leeuwenhoek，66（1-3）：209-221.

Fdez.-Giielfo L A，Alvarez-Gallego C，Marquez D S，et al. 2011. Biological pretreatment applied to industrial organic fraction of municipal solid wastes（OFMSW）：effect on anaerobic digestion. Chemical Engineering Journal，172（1）：321-325.

Fernandez J，Perez M，Romero L I. 2008. Effect of substrate concentration on dry mesophilic anaerobic digestion of fraction of municipal solid waste（OFMSW）. Bioresource Technology，99（14）：6075-6080.

Forster-Cameiro T，Perez M，RomeroL I，et al. 2007. Dry-thermophilic anaerobic digestion of organic fraction of the municipal solid waste：focusing on the inoculums sources. Bioresource Technology，98：3195-3203.

Fynn G，Syafila M. 1990. Hydrogen regulation of acetogenesis from glucose by freely suspended and immobilised acidogenic cells in continuous culture. Biotechnology Letters，12（8）：621-626.

Hartmann H，Ahring B K. 2006. Strategies for the anaerobic digestion of the organic fraction of municipal solid waste：an overview. Water Science and Technology，53（8）：7-22.

Hyaric R L，Chardin C，Benbelkacem H，et al. 2011. Influence of substrate concentration and moisture content on the specific methanogenic activity of dry mesophilic municipal solid waste digestate spiked with propionate. Bioresource Technology，102（2）：822-827.

Kaspar H F，Wuhrmann K. 1978. Kinetic parameters and relative turnovers of some important catabolic reactions in digesting sludge. Applied & Environmental Microbiology，36（1）：1-7.

Li Chenxi，Champagne P，Anderson B C. 2011. Evaluating and modeling biogas production from municipal fat，oil，and grease and synthetic kitchen waste in anaerobic co-digestions. Bioresource Technology，102（20）：9471-9480.

Lo H M，Kumiawan T A，Sillanpaa M E T，et al. 2010. Modeling biogas production from organic fraction of MSW co-digested with MSWI ashes in anaerobic bioreactors. Bioresource Technology，101（16）：6329-6335.

Salminen E，Rintala J. 2002. Anaerobic digestion of organic solid poultry slaughterhouse waste – a review. Bioresource Technology，83（1）：13-26.

Tiehm A，Nickel K，Zellhorn M，et al. 2001. Ultrasonic waste activated sludge disintegration for improving anaerobic stabilization. Water Research，35（8）：2003-2009.

Vogt G M，Liu H W，Kennedy K J，et al. 2002. Super blue box recycling（SUBBOR） enhanced two-stage anaerobic digestion process for recycling municipal solid waste：laboratory pilot studies. Bioresource Technology，85（3）：291-299.

Ward A J，Hobbs P J，Holliman P J，et al. 2008. Optimization of the anaerobic digestion of agricultural resources. Bioresource Technology，99（17）：7928-7940.

Weiland P. 2000. Anaerobic waste digestion in Germany-status and recent developments. Biodegradation，11（6）：415-421.

Zhu Jiying，Wan Caixia，Li Yebo. 2010. Enhanced solid-state anaerobic digestion of corn stover by alkaline pretreatment. Bioresource Technology，101（19）：7523-7528.

第2章
混合物料干式厌氧发酵生物质能源转化特性

　　研究团队以果蔬垃圾、畜禽粪便以及农作物秸秆等为原料，探寻了沼气干式厌氧发酵参数优化条件和中试物质变化规律，通过有效利用各种固体废物，满足了农户对燃料能源的需求，生产出的沼渣作为有机肥可供农户使用，经发酵还能消灭固体废物中的病菌，改善了村容村貌。当发酵温度为50℃、接种量为30%、TS含量为25%时的产气效率最高，产气量达到111.86 L，TS产气率为333.24 mL/g；影响累积产气量的因素作用从大到小为：温度＞接种量＞TS含量。高温（50℃）发酵时的产气量增幅明显，产气质量较好，原料利用率高；接种量为10%～20%时的产气量增幅更为明显；TS含量为25%时的产气量最大。不同物料配比、不同接种量和不同TS含量的发酵系统的pH大体呈"S"形变化趋势。表现为初期阶段逐渐下降，随后又开始缓慢上升，后期逐渐稳定仅有略微下降，这种变化也基本符合厌氧发酵四阶段理论。发酵液的有机组分COD随着淋溶作用在水解阶段和酸化阶段逐渐增加，有机组分DOC含量却降低，两者的变化表现为负相关；NH_4^+-N的产生对系统的酸碱环境起到了良好的调节作用，NH_4^+-N含量在反应过程中逐渐上升。

2.1　产气量变化规律

　　以畜禽粪便、果蔬垃圾和农作物秸秆为原料，考察温度、接种量和TS对干式厌氧发酵效果的影响，研究中共有9个不同的厌氧发酵系统（各系统条件列于表2.2中）。当发酵温度为50℃、接种量为30%、TS含量为25%时的产气效率最高，产气量达到111.86 L，TS产气率为 333.24 mL/g；影响累积产气量的因素作用大小顺序为：温度＞接种量＞TS含量。高温（50℃）发酵时的产气量增幅明显，产气质量较好，原料利用率高；接种量为10%～20%时的产气量增幅更为明显；TS含量为25%时的产气量最大。通过正交分析，得出发酵原料为1.65 kg时的线性回归方程 $y = 0.298 + 1.660x_1 + 123.700x_2 - 90.500x_3$，其

中 $x_1 \in [26, 50]$，$x_2 \in [10\%, 30\%]$，$x_3 \in [20\%, 30\%]$ [①]。

2.1.1　CH_4 含量的变化

9 个发酵系统（Z1～Z9）共计运行 46 d，CH_4 含量变化如图 2.1 所示。Z9（温度为50℃，接种量为30%，TS 含量为25%）在第 17 天 CH_4 含量即达到63.4%，Z8（温度为50℃，接种量为20%，TS 含量为20%）在第 19 天 CH_4 含量达到63.6%，其他系统在第 21 天及之后 CH_4 含量均超过 60%。在发酵周期内，Z8 的 CH_4 含量在第 29 天最高，达到74.8%。反应中止时，Z1～Z9 的 CH_4 含量都维持在60%左右，沼气质量良好。

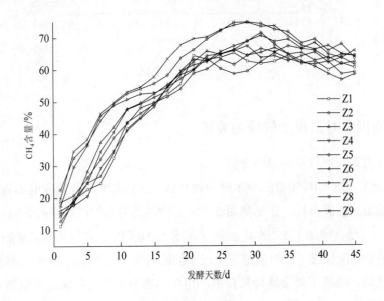

图 2.1　CH_4 含量变化

2.1.2　产气量的变化

发酵系统日产气量变化如图 2.2 所示，所有发酵系统在发酵过程中都产生了一个明显的产气高峰，大都处于第 20 天前后，仅 Z9 的高峰值出现较早（第 15 天）。Z1～Z9 在第45 天时仍在继续产气，但是日产量较低，与发酵开始时的产气水平相当，因此强行中止了反应。

---

① x_1 表示温度，x_2 表示接种量，x_3 表示 TS 含量。

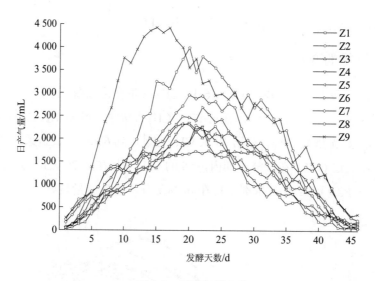

图2.2 日产气量变化

2.1.3 影响因素对累积产气量的关系

（1）温度对累积产气量的影响分析

以温度26℃、38℃和50℃三个水平为横坐标，三个水平各自对应的累积产气量（各水平下的平均值）为纵坐标，作出如图2.3所示的温度对累积产气量的影响。从26℃升至38℃时，产气量仅增加了5.26%，而从38℃升至50℃时，累积产气量增加了68.76%，增幅明显，说明高温促进了厌氧发酵各阶段中酶的活性（张翠丽，2008），增强了微生物的新陈代谢活动，提高了微生物对原料的利用率，影响了产气效果，产气量也最大。金杰等（2008）和吴满昌等（2005）的研究都表明高温发酵的效果最好，产气量也最大。

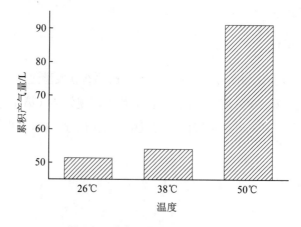

图2.3 温度对累积产气量的影响

（2）接种量对累积产气量的影响分析

以接种量 10%、20% 和 30% 三个水平为横坐标，三个水平各自对应的累积产气量（各水平下的平均值）为纵坐标，作出如图 2.4 所示的接种量对累积产气量的影响。接种量从 10% 升至 20% 时，累积产气量增加了 32.48%，从 20% 升至 30% 时，累积产气量增加了 11.65%。接种量的增大，增加了发酵系统中微生物的菌群数量，增大了微生物对原料的利用率，陈智远等（2010）、李艳宾等（2011）的研究也都表明，增大接种量能提高原料的产气效率。其中从 10% 升至 20% 的产气量增幅较从 20% 升至 30% 的更为显著，可能是由于微生物菌群之间的协同作用（赵洪等，2009）造成部分接种物过剩而未能有效分解原料，使产气量增长速率减小。

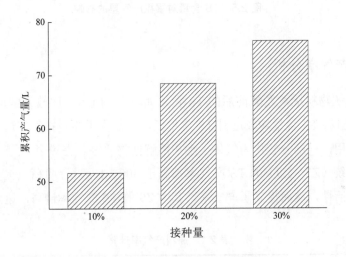

图 2.4　接种量对累积产气量的影响

（3）TS 含量对累积产气量的影响分析

以 TS 含量 20%、25% 和 30% 三个水平为横坐标，三个水平各自对应的累积产气量（各水平下的平均值）为纵坐标，作出如图 2.5 所示的 TS 对累积产气量的影响。TS 含量从 20% 升至 25% 时，累积产气量增加了 10.08%，而从 25% 升至 30% 时，累积产气量却降低了 21.56%。当 TS 含量为 30% 时，固体物质浓度较高，增加了有机负荷（李礼等，2011），反应传质效果较差，毒性物质浓度较高，影响了产气效果，导致产气效率较低，张望等（2008）对稻草的干式发酵研究也得出了 TS 含量过高时产气效果较差，微生物的活动受到抑制的结论。

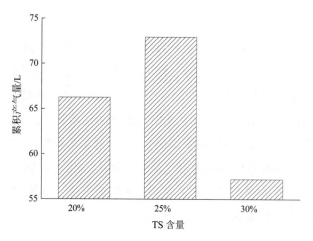

图 2.5 TS 含量对累积产气量的影响

2.1.4 TS 产气率分析

各发酵系统物料厌氧发酵前后的 TS 含量如表 2.1 所示，比较发酵前后的 TS 含量，9 组发酵系统出料 TS 含量均较进料 TS 含量低，这是由于原料在发酵过程中不断地被微生物分解和利用，一部分转化为气体、水和溶解性物质等。在 9 组发酵系统的 TS 产气率中，高温系统（Z7～Z9）的 TS 产气率都高于 300 mL/g，说明高温提高了发酵过程中微生物和酶的活性，从而提高了产气率，其中 Z9 的 TS 产气率最高，达到 333.24 mL/g。

表 2.1 原料产气率计算

处理组	进料		出料		TS 削减量/ g	TS 产气率/ （mL/g）
	物料/g	TS 含量/%	物料/g	TS 含量/%		
Z1	1 650	20	1 110	13.45	181	224.76
Z2	1 650	25	940	16.35	259	231.14
Z3	1 650	30	1 220	21.92	228	235.04
Z4	1 650	25	1 070	21.45	183	257.78
Z5	1 650	30	1 300	23.46	190	268.64
Z6	1 650	20	720	14.71	224	284.75
Z7	1 650	30	1 180	23.57	217	309.70
Z8	1 650	20	320	11.28	294	321.17
Z9	1 650	25	670	11.47	336	333.24

2.1.5 极差和方差分析

（1）极差分析

发酵系统共计发酵 46 d，研究对所有发酵累积产气量总和进行了极差分析，计算结果列于表 2.2。

表 2.2　正交试验极差分析

发酵系统	温度/℃	接种量/%	TS 含量/%	累积产气量/L
Z1	26	10	20	40.610
Z2	26	20	25	59.825
Z3	26	30	30	53.480
Z4	38	10	25	47.165
Z5	38	20	30	51.030
Z6	38	30	20	63.815
Z7	50	10	30	67.160
Z8	50	20	20	94.395
Z9	50	30	25	111.860
k_1	51.305	51.645	66.273	—
k_2	54.003	68.417	72.950	—
k_3	91.135	76.385	57.223	—
R	39.833	24.740	15.727	

注：k_1、k_2、k_3 表示在两种水平下累积产气量的平均值；R 表示极差，表示发酵过程中各因素对指标作用影响的显著性。

表中 k_1 行第二列表示温度为 26℃时的累积产气量的平均值，第三列表示接种量为 10%时的累积产气量的平均值，第四列表示 TS 含量为 20%时的累积产气量的平均值；k_2 行第二列表示温度为 38℃时的累积产气量的平均值，第三列表示接种量为 20%时的累积产气量的平均值，第四列表示 TS 含量为 25%时的累积产气量的平均值；k_3 行第二列表示温度为 50℃时的累积产气量的平均值，第三列表示接种量为 30%时的累积产气量的平均值，第四列表示 TS 含量为 30%时的累积产气量的平均值。温度、接种量和 TS 含量的极差分别为 39.833 L、24.740 L 和 15.727 L，因此三个因素的影响作用大小顺序为：温度>接种量>TS 含量。

（2）方差分析

假设温度、接种量、TS 含量之间没有交互作用，设因素 A（温度）在水平 26℃、38℃和 50℃上的效应分别为 a_1、a_2、a_3，类似地，因素 B（接种量）和因素 C（TS）的效应分别为 b_1、b_2、b_3 和 c_1、c_2、c_3。建立数学模型 $Yn=\mu+ai+bj+ck+\varepsilon$，其中 $n\in[1, 9]$，$i\in[1, 3]$，$j\in[1, 3]$，$k\in[1, 3]$，分别作如下假设：

H_{01}：$a_1=a_2=a_3=0$；

H_{02}：$b_1=b_2=b_3=0$；

H_{03}：$c_1=c_2=c_3=0$。

假设 H_{01} 成立，则表明温度对累积产气量无明显影响；反之，则表明温度对累积产气量的影响显著。同理，假设 H_{02} 和 H_{03} 成立，表明接种量和 TS 含量分别对累积产气量的影响不显著；反之，则影响显著。

因素 A、B、C 的约束条件均只有一个，自由度都为 2，Q_T 的自由度为 2，方差分析计算结果如表 2.3 所示，由表可得，温度的影响非常显著，接种量的影响显著，TS 含量的影响不显著，与之前的极差分析结果相同。

表 2.3　各因素对产气效果的方差分析

影响因素	离差平方和	自由度	均方离差	F 值	临界值	显著性
温度	2 972.98	2	1 486.49	106.67	$F_{0.01}$（2，2）=99.00	***
接种量	956.85	2	478.43	34.33	$F_{0.05}$（2，2）=19.00	**
TS 含量	373.81	2	186.90	13.41	$F_{0.10}$（2，2）=9.00	*
误差	27.87	2	13.94	—	—	—
总离差平方和	4 331.51	8	—	—	—	—

注：①总平均数：$\bar{Y} = \dfrac{1}{9}\sum\limits_{i=1}^{9} Y_i = 65.48$；

温度的离差平方和：$Q_A = 3\left[\left(k_1^{\wedge} - \bar{Y}\right)^2 + \left(k_2^{\wedge} - \bar{Y}\right)^2 + \left(k_3^{\wedge} - \bar{Y}\right)^2\right] = 2\,972.98$，其余因素的离差平方和以此类推；

温度的均方离差：$S_A^2 = Q_A / 2 = 1\,486.49$，其余因素的均方离差以此类推；

温度的 F 值：$F_A = \dfrac{S_A^2}{S_E^2} = 106.67$，其余因素的 F 值以此类推；

误差：$Q_E = Q_T - Q_A - Q_B - Q_C = 27.87$；

总离差平方和：$Q_T = \sum\limits_{i=1}^{9}\left(Y_i - \bar{Y}\right)^2 = 4\,331.51$。

②***、**、*分别表示 0.1、0.05、0.01 水平相关。

（3）三元线性回归分析

三元线性回归模型为 $y = \beta_0 + \beta_1 x_1 + \beta_2 x_2 + \beta_3 x_3 + \varepsilon$，其中 β_0、β_1、β_2 和 β_3 均为回归常数，x_1、x_2 和 x_3 为 3 个影响因素，利用 PASW Statistics 18 软件对 9 组发酵系统进行三元线性回归分析，计算结果如表 2.4 所示。

表 2.4　三元线性回归模型系数计算

	非标准化系数		标准化系数
	系数 β	标准差	系数 β
常数	0.298	34.709	—
温度（x_1）	1.660	0.459	0.741
接种量（x_2）	123.700	55.091	0.460
TS 含量（x_3）	−90.500	110.183	−0.168

因此，三元线性回归方程为：$y = 0.298 + 1.660x_1 + 123.700x_2 - 90.500x_3$，其中 $x_1 \in$ [26，50]，$x_2 \in$ [10%，30%]，$x_3 \in$ [20%，30%]。

经线性回归分析（表 2.5），F 检验的显著性水平 p 值为 0.038，小于 0.05，表明显著性明显，该回归模型成立。

表 2.5　线性回归分析

	离差	自由度	均方离差	F 值	p 值
回归	3 420.997	3	1 140.332		
剩余	910.517	5	182.103	6.262	0.038
总和	4 331.514	8	—		

2.2　发酵物质变化规律

在各干式厌氧发酵系统物质变化规律的研究中，分别分析了发酵全过程的 pH、产气量、COD、DOC 含量以及 NH_4^+-N 含量等指标，并从物质结构分析了发酵原料的荧光光谱、紫外光谱和红外光谱特性的变化，得出以下结论：

①不同物料配比、不同接种量和不同 TS 含量的 4 组发酵系统在发酵过程中 pH 大体呈"S"形变化趋势，即初期阶段逐渐下降，随后开始缓慢上升，后期逐渐稳定仅有略微下降，这种变化也基本符合厌氧发酵四阶段理论。

②各系统发酵液的 COD 都随着淋溶作用在水解阶段和酸化阶段逐渐增加，DOC 含量却降低，两者的变化表现为负相关。而在反应刚进入产甲烷阶段时，产甲烷菌的活性增加，导致 COD 和 DOC 的降解非常明显，随着反应继续进行，产气高峰期之后的 COD 和 DOC 的降解不明显。

③NH_4^+-N 的产生对系统酸碱环境起到了良好的调节作用，NH_4^+-N 含量在反应过程中逐渐上升。

④接种量为 50%、混合物料配比（猪粪：秸秆：垃圾）为 4∶1∶1、TS 含量为 35%的发酵系统累积产气量和 TS 削减量都最大，接种量为 30%、混合物料配比为 4∶1∶1、TS 含量为 25%的发酵系统 TS 产气率达到 248.25 L/kg，各因素中对产气效率影响作用大小顺序为：接种量＞物料配比＞TS 含量。

⑤荧光光谱分析结果显示，发酵的初期（1～7 d）为水解阶段和酸化阶段，发酵物料中类蛋白物质的荧光峰强度和复杂程度大，有机物以类蛋白物质为主；而产甲烷阶段，简单有机物逐渐增多，类蛋白物质的荧光吸收强度逐渐减弱，蛋白质类的物质逐渐被消耗，不饱和键的荧光强度也逐渐减弱。

⑥紫外光谱分析结果表明，在 280 nm 附近出现一个由 π-π*跃迁产生的共轭分子吸收平台，发酵第 1~7 天不饱和的共轭双键结构增加，导致红外吸光度增强；而第 7 天之后的吸光度则略微减弱，发酵原料中的芳香度和不饱和度有少量的增加，发酵结束时的变化趋于稳定。

⑦红外光谱分析结果表明，堆沤预处理主要是聚糖脱聚，纤维素结晶度降低，蛋白质逐渐增多；厌氧发酵过程主要是使脱聚糖降解，脂肪和蛋白质等有机物质剧烈降解。

2.2.1　pH 变化

图 2.6 为接种量为 30%、混合物料配比为 4∶1∶1、TS 含量为 25%的发酵系统（系统 1）运行全过程（共计运行 60 d）pH 的变化曲线。从图中可以看出，发酵初始时的 pH 处于 6.8，发酵开始后，pH 在第 9 天达到最低值 6.0，随后又逐渐升高至 7.0，从第 22 天起，pH 的变化逐渐稳定，直至第 47 天，在此稳定时期的 pH 一直在 7.0~7.5 波动。从第 48 天开始 pH 开始逐渐下降至 7 以下，发酵末期 pH 处于 6.5 左右。整个发酵过程的 pH 为 6.0~7.5，环境适宜 CH_4 的产生。发酵初期（第 1~9 天）pH 逐渐下降的主要原因是水解酶和产酸菌较快地适应了环境，并开始不断地产生小分子物质，小分子物质再被产酸菌利用生成可供产甲烷菌利用的乙酸、丙酸和丁酸。酸类物质的逐渐生成引起了 pH 的下降。第 9 天之后逐渐升高的原因是，产甲烷菌逐渐开始利用这些小分子物质，pH 又逐渐回升。

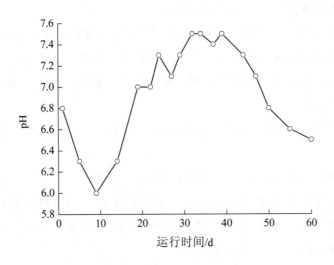

图 2.6　系统 1 中 pH 变化曲线

厌氧发酵过程中，产氢产酸阶段有机酸的生成会造成 pH 的下降，产甲烷阶段对有机酸的利用又会造成 pH 的升高，蛋白质类等含氮有机物的分解又造成 NH_4^+-N 生成，也会

造成 pH 的升高。一般认为，厌氧发酵的适宜 pH 范围为 6.5～7.8，低于 6.5 或高于 7.8 的
环境都会对发酵系统产生抑制作用（白洁瑞等，2009；李杰等，2007）。系统一般有自动
调节的功能，因为在发酵的最初阶段，物料充足，水解酶和产酸菌能够较快地适应环境，
并不断分解产生脂肪酸，脂肪酸的累积会导致 pH 的下降。随着产甲烷菌逐渐适应环境，
利用脂肪酸的速率逐渐增大，溶液的 pH 升高。

图 2.7 为接种量为 30%、混合物料配比为 4∶2∶0、TS 含量为 35%的发酵系统（系
统 2）发酵过程 pH 变化曲线。pH 从初始的 7.0 急剧降低，至第 14 天降低到最低值 5.8，
在第 20 天又逐渐升至 6.0，仍处于不适宜产甲烷菌生长的酸性环境，前 20 d 中约有 10 d
处于较低的 pH，表明由于酸的积累，抑制了产甲烷菌对酸和醇类等中间代谢产物的利用，
导致出现酸化。从第 20 天开始由于系统的自我调节作用，又逐渐恢复至适宜的 pH 环境。
在第 22 天时达到 6.5，之后的 pH 一直在 6.5～6.8 波动，发酵末期（第 50 天）pH 有略微
下降的趋势（pH=6.3）。

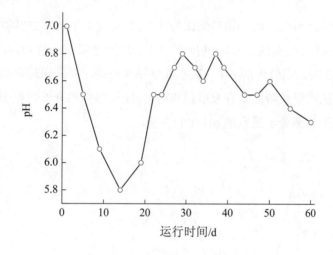

图 2.7　系统 2 中 pH 变化曲线

图 2.8 为接种量为 50%、混合物料配比为 4∶1∶1、TS 含量为 35%的发酵系统（系
统 3）发酵过程 pH 变化曲线。pH 从初始的 7.2 降至 6.5，第 12 天后逐渐上升，此时由于
进入了产甲烷阶段，产甲烷菌对产酸菌代谢产物的利用增强，导致 pH 升高，在第 25 天
时达到最大值，在发酵末期又降至 6.5。发酵全过程 pH 的变化均处于产甲烷菌适宜的波
动区间，并未出现系统 1 和系统 2 的酸化现象（酸中毒）。

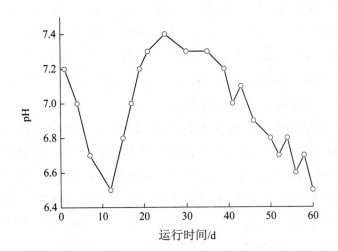

图 2.8　系统 3 中 pH 变化曲线

图 2.9 为接种量为 50%、混合物料配比为 4：2：0、TS 含量为 25% 的发酵系统（系统 4）发酵全过程 pH 变化曲线。pH 由初始的 7.1 急剧降至第 12 天的 6.3，第 19 天达到 6.7，直至发酵第 55 天，系统内的 pH 一直在 6.5～6.9 波动，并未出现明显的降低趋势，表明发酵处于稳定的产甲烷阶段。在发酵结束时，pH 有略微的降低，整个过程的 pH 变化波动并不大，产甲烷菌处于适宜的 pH 生长环境。

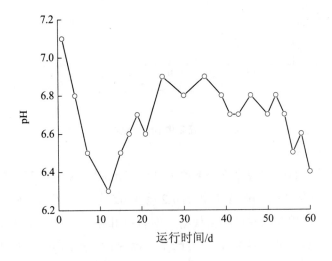

图 2.9　系统 4 中 pH 变化曲线

通过以上 4 组系统 pH 变化分析可知，仅系统 2 的 pH 出现了较为严重的酸化现象，经过系统调节，可恢复到正常的产气状况，表现了反应装置良好的稳定性。

4 组系统在发酵过程中 pH 的变化表现为初期阶段逐渐下降，这是由于水解酶和产酸菌的作用产生了较多的酸类物质；随后又开始缓慢上升，此过程由于脱氨基作用产生的氨中和了酸性环境；之后再逐渐稳定，经过酸碱中和后，酸类物质与 NH_4^+-N 的生成处于动态平衡，表现为 pH 的稳定变化，仅在末期阶段呈略微降低的趋势，大体呈先降后升最后趋于稳定的"S"形变化趋势。宁桂兴等（2009）在开展厌氧发酵研究时，也发现了相同的 pH 变化趋势，这种变化也基本符合厌氧发酵四阶段理论。

2.2.2　产气量变化

图 2.10 是系统 1 产气量变化曲线。系统发酵时间为 60 d，累积产气量为 4 149 L，TS 产气率为 248.25 L/kg，整个发酵过程中一共出现了两个产气高峰期，第一个高峰期处于第 4 天，日产气量达到了 202 L；第二个高峰期处于第 27 天，日产气量为 129 L。第一个产气高峰持续时间并不长，而此阶段的 CH_4 含量并不高，相反 CO_2 的含量却较高，说明该阶段产甲烷菌并不活跃，非产甲烷菌类的好氧微生物活动起了主导作用；而在第二个产气高峰期时，CH_4 的含量很高并一直持续，说明产甲烷菌开始活跃，反应进入稳定产甲烷阶段。王延昌等（2009）研究餐厨垃圾的厌氧发酵特性时也出现了两个产气高峰期。

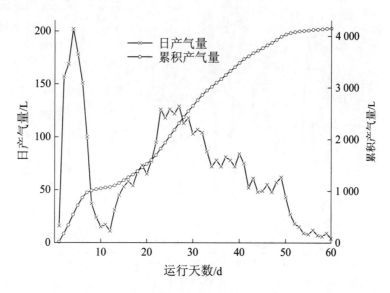

图 2.10　系统 1 产气量变化曲线

在系统 1 运行全过程中，出现了两个产气高峰期，第一个产气高峰期的出现是由于在产氢产乙酸阶段，小分子物质被分解，代谢产物中的 CO_2、H_2 及少量 H_2S、CH_4 等快速生成；第二个产气高峰期的出现是由于产氢产乙酸阶段的代谢产物乙酸、CO_2 和 H_2 被产甲烷菌利用而产生 CH_4。第 54 天之后产气量逐渐降低，日产气量低于 10 L，这可能是由于 NH_4^+-N 的累积，中间代谢产物酸类物质的利用率降低及物料中有机物质的减少等，使系统内的生存环境不利于产甲烷菌的生存，导致产气量的下降。第二次产气高峰期持续了较长一段时间的原因可能是在第一次产气高峰后的调整期（张光明，1998），非产甲烷菌进一步分解碳水化合物、脂类和蛋白质等，为产甲烷菌提供了更多可利用的底物，分解产物中 NH_4^+-N 的累积又中和了酸性环境，这也为产甲烷菌提供了更适宜的生长环境，张鸣等（2010）的研究也证实了这一观点。

图 2.11 是系统 2 产气量变化曲线。发酵时间为 60 d，累积产气量为 2 997 L，TS 单位产气率为 192.49 L/kg，发酵第 5 天日产气量就达到了 194 L，随后日产气量又逐渐下降至 15 L（第 11 天），在后续 10 d 内产气量一直在较低的产气量水平波动（波动范围为 5～25 L/d），并未出现系统 1 经过短暂的调整期后就进入了产气高峰期的现象，较长时间处于低产气量的状况表明，反应出现了酸化，这是由于发酵初期产酸菌繁殖快、产甲烷菌繁殖慢，物料的分解消化速度超过了产气速度，使大量有机酸累积，pH 急剧增大。经过 10 d 左右的调整，从第 20 天开始，日产气量略微提升，达到 46 L。第 20～52 天，日产气量并未出现明显的峰值，一直在 35～66 L 波动，表明由于反应受到酸化的影响，部分产甲烷菌的活性受到了抑制。第 52 天之后，日产气量开始逐渐降低，最终反应停止。

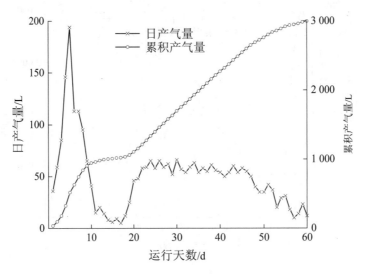

图 2.11　系统 2 产气量变化曲线

图 2.12 是系统 3 产气量变化曲线。发酵时间为 60 d，累积产气量为 4 934 L，TS 单位产气率为 234.48 L/kg。发酵运行至第 3 天产生了一个小的峰值，相较于第 16 天出现的产气峰值（232 L）并不是很明显。第 46 天时，日产气量降低至 25 L，一直持续到反应

结束，产气量并未再出现明显的升高，一直维持在较低的水平至反应结束。

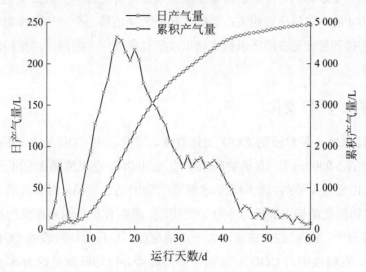

图 2.12　系统 3 产气量变化曲线

图 2.13 是系统 4 产气量变化曲线。发酵时间为 60 d，累积产气量为 4 454 L，TS 单位产气率为 226.60 L/kg。发酵至第 2 天时，日产气量达到第一个峰值（94 L），随后又逐渐降低（最低值为第 9 天，11 L）。第 9 天之后开始缓慢上升，日产气量在第 15 天趋于稳定，一直持续至第 42 天，此期间的日产气量在 85～112 L 波动，并未有系统 3 所出现的明显的峰值。从第 42 天起，产气量开始逐渐下降。

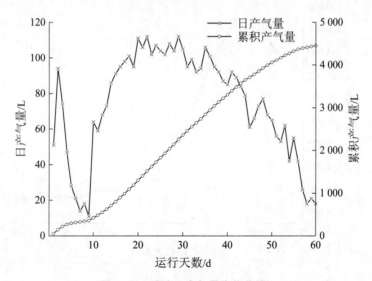

图 2.13　系统 4 产气量变化曲线

　　4 组发酵系统的日产气量均出现了 2 个产气阶段，但变化趋势有所差异，系统 1 出现了两个明显的产气高峰期；系统 2 出现了酸化现象，并没有产生第二个明显的产气高峰期，其间有 30 d 的产气量比较稳定；系统 3 和系统 4 的第一个产气高峰期不明显，原因可能是 50%的接种量使更多的厌氧微生物形成了竞争效应，缩短了调整期，微生物对物料的利用提前。

2.2.3　发酵液 COD 变化

　　图 2.14 是系统 1 发酵液的 COD 变化曲线。发酵液中 COD 由初始的 16 640 mg/L 降低到结束时的 5 000 mg/L，有机物削减率约达 70.0%。在发酵第 1～14 天，COD 逐渐上升，可能是由于在发酵的起始阶段，水解微生物的活性较强，对有机成分的分解率较高，大分子类物质逐渐被水解成为小分子类物质，淋溶作用使水解产生的小分子类物质逐渐融入发酵液中，DOC 的生成速度大于产酸速度，导致起始阶段的 COD 升高。发酵第 14～24 天，发酵液中的 COD 呈急剧下降的趋势，日均降解量约为 826 mg/L，有机物降解率达 42.9%。这段时间产气量逐渐升高，表明产甲烷菌的活性增强，对有机物的利用增强，导致 COD 逐渐降低。在第 29 天，COD 出现短暂上升的趋势，这可能是由于 pH 的变化使微生物的生长恢复至中性环境，而碳水化合物和蛋白质类物质在中性环境时的水解效率更高，进入发酵液中的 COD 也随之增加。第 44 天后，COD 的变化趋于稳定。

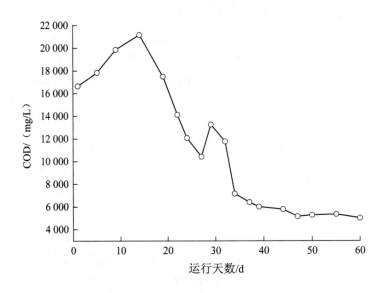

图 2.14　系统 1 发酵液 COD 变化曲线

　　图 2.15 是系统 2 发酵液的 COD 变化曲线。发酵液中 COD 由初始的 14 920 mg/L 降低到结束时的 10 300 mg/L，有机物削减量仅为 30.8%。在发酵初期，COD 变化同发酵系统 1，即先逐渐上升，随后又下降至初始水平。直至反应第 39 天，COD 的变化都仅是在初始水平波动，结合日产气量也比较低，可以判断产甲烷菌的活性受到了抑制。之后由于系统 pH 的回升，抑制作用有所缓解，第 39～47 天，COD 呈现逐步下降的趋势。之后又由于 pH 和 NH_4^+-N 等环境条件的变化，不再适宜产甲烷菌的生长，微生物对有机物的利用基本停滞。

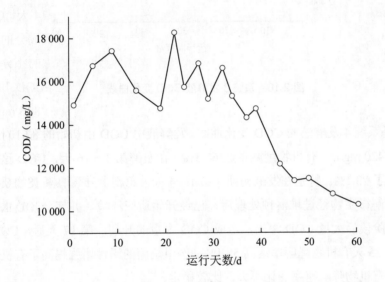

图 2.15　系统 2 发酵液 COD 变化曲线

　　图 2.16 是系统 3 发酵液的 COD 变化曲线。发酵液中 COD 由初始的 11 700 mg/L 降低到结束时的 3 030 mg/L，有机物削减量达 74.1%，这与李礼等（2010）的研究结论（反应前后 COD 变化并不明显）不一致。在发酵初期（第 1～7 天），COD 的变化与系统 1 相似。发酵第 7～41 天，发酵液中的 COD 呈稳步下降的趋势，日均降解量为 471 mg/L，此阶段的降解率达 83.5%。这段时间的产气量逐渐升高，表明产甲烷菌的活性增强，对有机物的利用增强，导致 COD 逐渐降低。第 41 天后，COD 的变化趋于稳定。

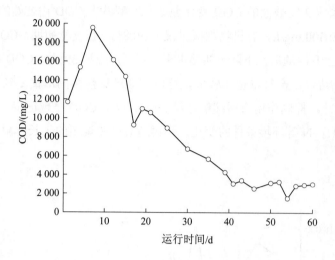

图 2.16 系统 3 发酵液 COD 变化曲线

图 2.17 是系统 4 发酵液的 COD 变化曲线。发酵液中 COD 由初始的 8 610 mg/L 降低到结束时的 3 420 mg/L，有机物削减量达 60.3%。在发酵第 1～16 天，COD 呈逐渐上升的趋势，增加了 23.1%。特别在发酵初期（第 1～4 天）急剧上升（增幅 18.8%），这是因为这一阶段水解微生物经过堆沤预处理后，已经开始适应环境，并部分开始水解，进入厌氧发酵初期阶段后大量 COD 溶出，造成 COD 含量的升高。第 17 天后，COD 开始急剧下降，到第 25 天有机物降解率达到 58.1%，产甲烷菌的活性增强提高了有机物的降解速率，之后的有机物降解速率变化不大，比较稳定。

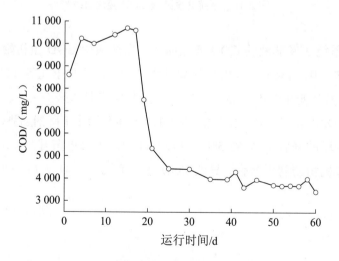

图 2.17 系统 4 发酵液 COD 含量变化曲线

4 组系统发酵液的 COD 在水解酸化阶段都随着淋溶作用而逐渐增加，而在反应刚进入产甲烷阶段时，产甲烷菌的活性增加，导致 COD 的降解非常明显，随着反应的继续进行，产气高峰期之后的 COD 的降解不明显，4 组系统中除系统 2 因酸化影响了微生物对有机物质的利用（降解率仅为 30.8%），其他 3 组的有机物去除率都大于 60%，降解效果比较明显。

2.2.4 发酵物料 DOC 含量变化

图 2.18 是系统 1 物料中 DOC 含量变化曲线。DOC 是微生物所能利用的重要碳源之一，随着发酵反应的进行，发酵物料中的 DOC 含量呈现逐渐下降的趋势，DOC 含量由 16 060 mg/kg 降低到 9 390 mg/kg，降解率为 41.5%。发酵第 1～5 天，下降程度最为剧烈，降解率达到 13%，之后的降解过程较为平稳。在第 50 天后，DOC 含量又出现了急剧降低的趋势，而此时的日产气量已经逐渐降低，表明产甲烷菌对有机物质的利用也开始降低，这可能是由于水解微生物的活性减弱，导致 DOC 的溶出减少直至反应停滞。

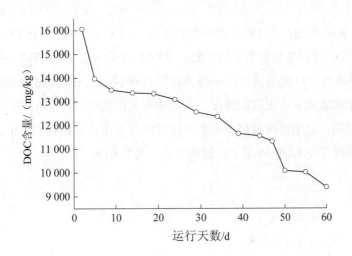

图 2.18 系统 1 发酵物料 DOC 含量变化曲线

图 2.19 是系统 2 物料中 DOC 含量变化曲线。DOC 含量呈现逐渐降低的趋势，DOC 含量由 15 540 mg/kg 降低到 11 280 mg/kg，降解率为 27.4%。发酵第 1～9 天，降解率为 10.88%，第 9～24 天，DOC 的变化趋于平稳，此时 pH 过低，日产气量也不高，这是由于产甲烷菌活性受到抑制，其对 DOC 的利用率降低，溶出的 DOC 不断积累。直至第 34 天，DOC 才逐渐开始降低，第 44 天前后，对 DOC 的利用出现停滞，之后的含量变化不大。

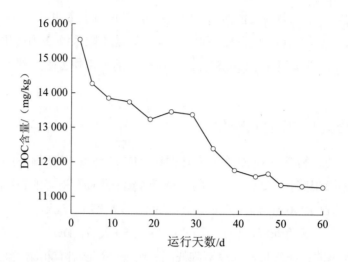

图 2.19　系统 2 发酵物料 DOC 含量变化曲线

图 2.20 是系统 3 物料中 DOC 含量变化曲线。DOC 的含量由 11 280 mg/kg 降低到 6 265 mg/kg，DOC 含量呈明显的下降趋势，降解率为 44.5%，发酵第 1～17 天，物料中 DOC 含量急剧降低，可能是由于产甲烷菌的活性增强，其利用有机酸的速度大于产酸菌将大分子类物质转化为有机酸的速度。之后随着发酵的进行，DOC 的下降较为平稳，直至发酵运行结束。起始阶段发酵液受重力作用致使大量的有机物质溶出，DOC 含量降低，这与发酵系统 3 中 COD 逐渐上升的趋势表现为负相关。

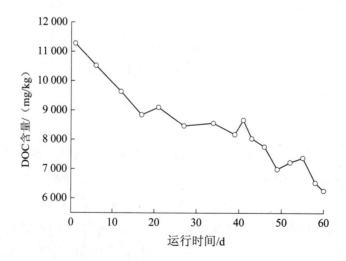

图 2.20　系统 3 发酵物料 DOC 含量变化曲线

图 2.21 为系统 4 物料中 DOC 含量变化曲线。运行全过程 DOC 含量呈现逐渐下降的趋势，由 12 300 mg/kg 降低到 8 669 mg/kg，降解率为 29.5%。第 12～21 天的下降程度最为剧烈，说明这段时间产甲烷菌对 DOC 的利用率较高，第 21 天之后的变化趋势较为平缓，说明反应运行至结束时系统对 DOC 仍有较好的利用率。

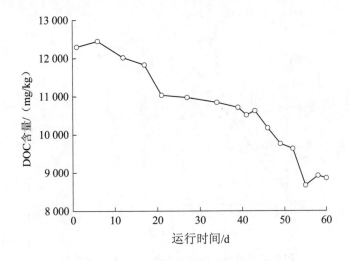

图 2.21　系统 4 发酵物料 DOC 含量变化曲线

4 组发酵系统物料在水解阶段和酸化阶段由于有机物质的溶出而使得其中 DOC 含量降低，与发酵液 COD 逐渐上升的趋势表现为负相关关系，进入稳定产气阶段之后，微生物对 DOC 的消耗趋于稳定。

2.2.5　NH_4^+-N 含量[①]变化

图 2.22 是系统 1 运行过程中发酵液的 NH_4^+-N 含量变化曲线。从图 2.22 中可以看出，初始含量为 279 mg/L，NH_4^+-N 累积含量从第 22 天起变化比较缓慢，第 22 天后 NH_4^+-N 含量略微升高，但是总体变化幅度不大，整个过程中 NH_4^+-N 的最大累积含量为 952 mg/L。厌氧发酵中 NH_4^+-N 含量的升高主要来自蛋白质类等含氮有机物的分解，因此，发酵液中的 NH_4^+-N 含量都高于进料时 NH_4^+-N 含量。氨基酸分解产生氨基和小分子酸，小分子酸不断被产甲烷菌利用，NH_4^+-N 也逐渐增加，因此 NH_4^+-N 的升高同时也伴随着 CH_4 不断的产生。第 22 天起 NH_4^+-N 含量变化较为缓慢的原因主要是这段时间产气逐渐稳定，产生的 NH_4^+-N 也随之变化不大。NH_4^+-N 虽然是微生物生长所必需的营养元素，但过高的 NH_4^+-N 含量也会抑制微生物的生长，当 NH_4^+-N 含量达到 3 000 mg/L 时，游离氨仅为

① 本书中 NH_4^+-N 含量指 NH_4^+-N 质量浓度（mg/L）。

100 mg/L，产甲烷菌活性会受到抑制（文湘华等，2004）。Lay 等（1997）的研究表明，当 NH_4^+-N 含量为 1 670～3 720 mg/L 时，产甲烷菌活性下降 10%；含量为 4 090～5 550 mg/L 时，下降 50%；含量为 5 880～6 600 mg/L 时，完全失去活性。本发酵系统运行中未出现产 NH_4^+-N 抑制作用。

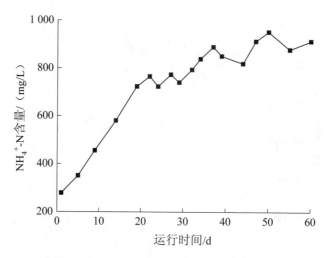

图 2.22　系统 1 发酵液 NH_4^+-N 含量变化情况

图 2.23 是系统 2 运行过程中发酵液的 NH_4^+-N 含量变化曲线。从图中可以看出，初始含量为 326 mg/L，反应在运行初期（第 1～9 天）NH_4^+-N 含量也出现逐渐上升的趋势，但是在第 9 天后，NH_4^+-N 含量变化不大，并出现略微下降的趋势，一直持续到第 22 天才逐渐升高，整个过程中 NH_4^+-N 的最大累积含量为 746 mg/L。相较于其他系统的 NH_4^+-N 含量，之后运行过程中 NH_4^+-N 含量较低，这是由于出现了酸化现象，导致产甲烷菌的活性被抑制，对含氮有机物的利用率也降低。

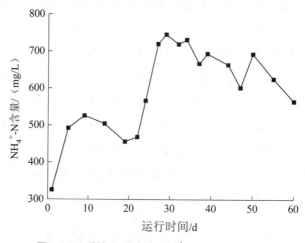

图 2.23　系统 2 发酵液 NH_4^+-N 含量变化情况

图 2.24 是系统 3 运行过程中发酵液的 NH_4^+-N 含量变化曲线。从图中可以看出，初始含量为 355 mg/L，整个过程中 NH_4^+-N 的最大累积含量为 1 201 mg/L，整体变化趋势呈现先上升后稳定的态势。NH_4^+-N 在厌氧发酵系统中的变化主要是微生物生长代谢和氨基酸等有机物质的分解转化两方面共同作用的结果。由于厌氧微生物细胞增殖很少，NH_4^+-N 的产生主要是由于氨基酸等有机氮被还原，因此在运行过程中，后一阶段发酵液中 NH_4^+-N 含量会高于前一阶段 NH_4^+-N 含量。系统运行后期，NH_4^+-N 含量较稳定的原因是厌氧微生物处于稳定期，微生物的增殖处于动态平衡过程，表现出对氮源的利用稳定。

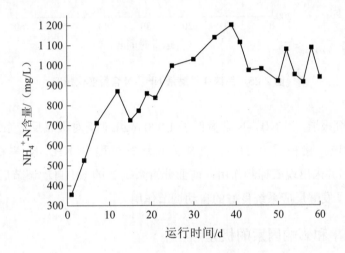

图 2.24　系统 3 发酵液 NH_4^+-N 含量变化情况

图 2.25 是系统 4 运行过程中 NH_4^+-N 含量变化曲线。从图中可以看出，NH_4^+-N 初始含量为 294 mg/L，第 12~17 天出现短暂下降的趋势，第 17 天后又急剧升高，整个过程中 NH_4^+-N 的最大累积含量为 1 061 mg/L。出现短暂下降的原因可能是 pH 在此阶段逐渐升高，使部分 NH_4^+ 逐渐向产生 NH_3 的方向移动，产生的 NH_3 随之溢出系统。之后 NH_4^+-N 含量又急剧上升的原因可能是产甲烷菌的活性逐渐增强，对含氮有机物的利用率增大，而分解此类物质时伴随着更多的 NH_4^+-N 的生成。在第 21 天后，系统的 NH_4^+-N 含量变化不大。

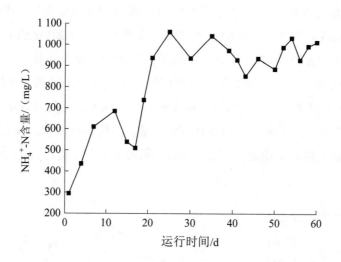

图 2.25　系统 4 发酵液 NH_4^+-N 含量变化情况

据有关研究报道，当 NH_4^+-N 含量低于 1 000 mg/L 时，对厌氧反应系统中的微生物不会产生不利影响，接种量为 50%的两组系统运行过程中 NH_4^+-N 累积含量均超过了 1 000 mg/L，但并未出现氨抑制作用；前面分析系统 2 的 pH 自动调节后在第 20 天恢复产气，都表明了发酵反应系统良好的自动调节作用。

2.2.6　产气率和影响因素的极差

（1）单位 TS 产气率分析

表 2.6 为单位 TS 产气率的计算，可以看出，系统 3 的累积产气量最大，为 4 934 L；发酵前后，物料减重最为明显的也是系统 3；而单位 TS 产气率最高的是系统 1，产气率达到 248.25 L/kg，为最优产气率组。

表 2.6　单位 TS 产气率的计算

| | 累积产气量/L | 进料 | | 出料 | | TS 削减量/kg | 单位 TS 产气率/（L/kg） |
		TS 含量/%	物料总重/kg	TS 含量/%	物料总重/kg		
系统 1	4 149	25.00	90	21.41%	78.05	5.79	248.25
系统 2	2 997	25.00	90	18.47%	84.30	6.93	192.49
系统 3	4 934	35.00	90	27.54%	76.40	10.46	234.48
系统 4	4 454	35.00	90	24.66%	79.72	11.84	226.60

（2）极差的计算和分析

表 2.7 中 k_1 行第二列表示因素 A 为 30%时累积产气量的平均值，第三列表示因素 B

为 4∶1∶1 时累积产气量的平均值，第四列表示因素 C 为 25%时累积产气量的平均值，k_2 行第二列表示因素 A 为 50%时累积产气量的平均值，第三列表示因素 B 为 4∶2∶0 时累积产气量的平均值，第四列表示因素 C 为 35%时累积产气量的平均值。接种量因素极差为 1 121.0L，类似地，其混合物料配比因素和 TS 含量因素的极差分别为 816.0L 和 336.0L，列于表格最后一行。极差越大，即累积产气量受因素影响波动越大，该因素对累积产气量的贡献值也越大，表明因素对产气量的影响更为显著。因此，影响作用大小顺序为：接种量＞混合物料配比＞TS 含量。

表 2.7　四组系统极差分析

发酵系统	因素 A（接种量）	因素 B（混合物料配比）	因素 C（TS 含量）	累积产气量/L
系统 1	30%	4∶1∶1	25%	4 149
系统 2	30%	4∶2∶0	35%	2 997
系统 3	50%	4∶1∶1	35%	4 934
系统 4	50%	4∶2∶0	25%	4 454
k_1	3 573.0	4 541.5	4 301.5	—
k_2	4 694.0	3 725.5	3 965.5	—
R	1 121.0	816.0	336.0	—

注：k_1、k_2 分别表示在两种水平下累积产气量的平均值；R 表示极差，表示发酵系统中各因素对指标作用影响的显著性。

2.2.7　物料光谱特性变化规律

基于以上研究，选择厌氧发酵系统最优组进行光谱学分析。通过前面几节的分析和计算，可以看出四组系统的常规指标在厌氧发酵全过程中的差异性并不明显，系统 1 的单位 TS 产气率最高。因此，确定对系统 1 厌氧发酵过程中的光谱特性进行分析。

（1）发酵物料中 DOM 荧光光谱分析

图 2.26 是系统 1 发酵过程中不同运行时间同步荧光光谱特性，同步荧光可以用于分析水溶性有机质的结构和组分（Chen W et al.，2003；Hur J et al.，2009），如图所示，不同运行时间均出现了两个荧光峰，即 Peak A 和 Peak B。根据相关研究，波长在 200～300 nm 范围内的波峰与蛋白质类物质有关，波长在 300～550 nm 范围内的波峰与腐殖质类物质有关，即在较短波长范围内有较强的荧光强度，该波段的波峰物质是由分子量较低、结构较为简单的有机物质构成（Lombardi A T et al.，1999）。Ahmad 等（1995）在研究氨基酸和下水道污水的同步荧光时，发现在 280 nm 处存在一个主要由可生物降解的芳香族氨基酸形成的强荧光峰，在 340 nm 处产生的荧光峰是由溶解态的腐殖质形成的。第 1～7 天，Peak A 处的波长变短，荧光强度急剧增强，溶解质中产生了极强的类蛋白质；而随

着发酵的继续，第 7～60 天，波长又逐渐变长，荧光强度也随之减弱。在发酵第 1～7 天，荧光强度急剧增强的原因可能是这段时间水解细菌开始适应环境并活跃起来，对物料不断进行分解，将大分子的物质逐渐水解出来，形成了更多蛋白质类物质；而第 7 天之后荧光强度逐渐减弱，这是由于产甲烷菌逐渐开始活跃，对小分子酸类物质的利用效率增强，导致更多被水解出来的蛋白质类物质继续分解，造成蛋白质含量的降低。Peak A 处蛋白质含量不断降低的趋势与前面关于有机质含量逐渐降低的推论相一致。Peak B 处荧光强度在水解酸化后期出现类腐殖酸，但荧光强度一直较低，表明有机物质被不断分解为小分子简单物质时，同时有少量难降解的类腐殖酸生成。

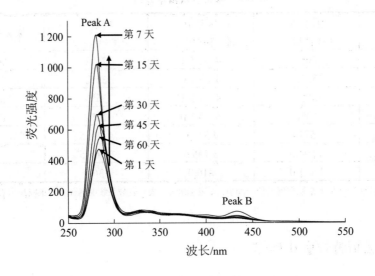

图 2.26　发酵过程中不同运行时间同步荧光光谱特性

图 2.27 是系统 1 发酵过程中不同运行时间的三维荧光光谱，采用三维荧光技术是由于 DOM 中含有大量 π-π^* 跃迁的芳香结构、共轭生色基团或不饱和共轭键。DOM 中一般含有氨基酸、有机酸、碳水化合物和腐殖质等。发酵开始时（第 1 天），出现 2 个荧光光谱峰——Peak A 和 Peak B，Peak A 和 Peak B 的激发和发射波长分别为 Ex/Em=280 nm/335 nm、Ex/Em=225 nm/340 nm，反应运行至第 7 天，波长分别为 Ex/Em=275 nm/340 nm、Ex/Em=220 nm/340 nm，都属于类蛋白荧光峰。不同时间的荧光峰强度不同，随着发酵时间的延续，类蛋白荧光峰强度增强，表明蛋白质类物质逐渐增多。

在第 15 天、第 30 天、第 45 天和第 60 天的各个时期，只出现了两个荧光峰，分别为 Ex/Em=275～280 nm/335～340 nm、Ex/Em=220～225 nm/330～340 nm。在此时间段两个峰的强度有不同程度的降低，在 280 nm 附近的极强荧光峰表明，水溶性有机物质中类蛋白物质较多。随着发酵时间的延续，蛋白质类物质的荧光强度逐渐减弱，表明类蛋白物质逐渐被分解利用，小分子物质不断生成。以往的研究显示（张军政等，2008；席北斗等，2008），较大荧光波长的特征吸收峰往往代表分子量较大、复杂程度较高的有机物质，故在 220 nm 处出现的类蛋白物质峰较 280 nm 处的分子结构简单，表明干式厌氧发酵对有机物质的降解更为彻底，产物中产生的复杂成分较少。

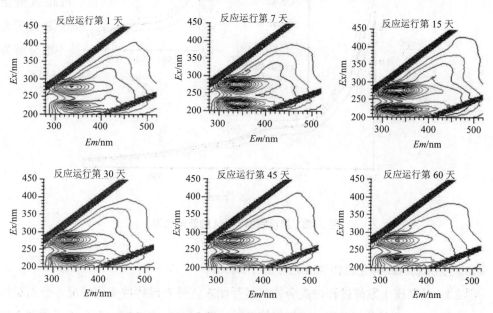

图 2.27　发酵过程中不同运行时间的三维荧光光谱

（2）发酵物料中 DOM 紫外光谱分析

图 2.28 是系统 1 发酵过程中混合物料 DOM 的紫外光谱，DOM 的紫外光谱吸收主要是由不饱和共轭键引起的（Chin Yu Ping et al.，1994），从图中可以看出，不同时间段 DOM 的吸收曲线差别不大。从整体趋势看，吸光度都随着波长的增加而逐渐减小；就单个趋势比较来看，吸光度随着发酵时间段的延续呈先增大后逐渐减小的趋势，这主要是发酵物料 DOM 中发色基团和助色基团的增加所致（魏自民等，2007）。在波长 280 nm 附近出现一个吸收平台（陶澍等，1990），为共轭分子的特征吸收带，由共轭体系分子中的电子 π-π* 跃迁产生，这主要是腐殖质中的木质素磺酸及其衍生物所形成的吸收峰（张甲等，2003）。对比第 1 天与第 7 天的紫外吸收光谱曲线可以看出，红外吸光度有较为明显的增加，这是由于紫外光谱吸收主要与有机物质中不饱和共轭双键结构有关，大分子的芳香度和不饱和共轭键具有更高的摩尔吸收强度（郭瑾等，2005），因此吸光度也随之增强；而对比第 7 天、第 21 天、第 39 天和第 58 天的紫外吸收曲线，其吸光度却正好相反，有略微减弱的趋势，但是变化并不大。这可能是由于羧酸和其他双键物质随着酸化反应和 CH_4 合成过程的继续进行，不饱和键逐渐断裂，共轭作用减弱，吸光度也随之减弱，直

至反应结束。随着反应时间的延长，发酵物质的芳香度和不饱和度有少量的增加。在发酵结束时的变化减弱，趋于稳定。

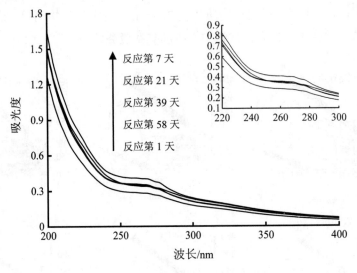

图 2.28　混合物料 DOM 的紫外光谱

（3）发酵物料红外光谱特性变化分析

图 2.29 是系统 1 发酵过程中混合物料运行始末红外光谱特性变化情况。分别对原混合物料，堆沤 7 d 后的物料，以及发酵至第 7 天、第 21 天、第 39 天和第 60 天的混合物料进行红外光谱分析，可以看出，堆沤和发酵反应前后具有相似的红外光谱特性，表明主体成分的变化并不大，只是吸收强度有所变化，说明发酵反应前后的官能团发生了变化。

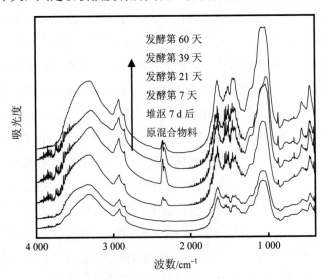

图 2.29　混合物料运行始末红外光谱特性变化情况

根据文献资料（Krishnakumar N et al., 2009; Lammers K et al., 2009; Tseng D Y et al., 1996）得出了如表 2.8 所示的各吸收峰归属情况。3 280～3 334 cm^{-1} 处是纤维素、淀粉、糖类等中—OH 的氢键以及蛋白质和酰胺化合物中—NH 的氢键伸缩振动产生的吸收峰，经复合菌剂堆沤预处理之后的波数段吸收强度增强，表明厌氧微生物分解了纤维素聚合体，破坏了其晶体结构，导致氢键活动减弱，糖类和蛋白质物质增多；经过厌氧发酵后的物料，随着发酵时间的延续，在此处的峰强度逐渐减弱，这是由于连接在苯环上的羟基和苯环形成了 p-π 共轭，而羟基中的氧原子的电子云偏向苯环（詹怀宇，2005），氢键因氢氧间作用力减弱而断裂，导致氢键的吸收强度减弱，纤维素、碳水化合物和蛋白质类物质因结构被破坏而逐渐分解，含量随之降低；2 920～2 921 cm^{-1} 处是—CH$_2$ 中的氢键反对称伸缩振动产生的吸收峰，堆沤预处理和发酵过程均使纤维素聚糖类物质脱聚和降解（梁越敢等，2011），吸收峰强度增大，表明大量小分子物质（如酸和醇类）不断生成，增强了该处的吸收峰；2 850～2 851 cm^{-1} 处是—CH$_2$ 中的氢键对称伸缩振动，此处吸收峰强度变化不明显；2 359 cm^{-1} 处在厌氧发酵开始后出现吸收振动，可能是木质素中的 C 与 N 以 C≡N 基团形式结合产生的振动，经过厌氧发酵，吸光度先增后减对应 C≡N 基团产生后又被分解；1 652 cm^{-1} 处是酰胺羰基中 C=O 伸缩振动产生的吸收峰，此处的吸收强度增大，表明羧基由于分解而导致 C=O 增多；1 540 cm^{-1} 和 1 507～1 514 cm^{-1} 处是酰胺Ⅱ带中 N—H 平面振动和木质素芳环骨架的 C—C 伸缩振动吸收峰，堆沤期间在此处的吸收强度增大，表明含氨类物质增多，即蛋白质的含量增多，发酵反应开始后，吸收强度又逐渐开始降低，表明蛋白质物质被逐渐分解利用；1 455～1 456 cm^{-1} 处是聚糖 C—H 键产生的不对称弯曲振动峰，吸收峰强度减弱，表明聚糖逐步被微生物分解，含量降低；1 029～1 076 cm^{-1} 处是糖类的 C=O 键伸缩振动产生的吸收峰，堆沤和发酵后该处的吸收强度增强，表明了纤维素聚合体分解产生的更多低分子糖类，厌氧发酵中后期变化不大，表明糖类产生和利用达到平衡。堆沤和发酵后，872 cm^{-1} 处出现了新的吸收峰，属于纤维素中的 C—H 弯曲振动，表明纤维素的降解和小分子的新物质的产生。

表 2.8　厌氧发酵反应运行始末的红外特征峰及归属情况

波数/cm^{-1}						归属
原混合物料	堆沤7 d 后	发酵第 7 天	发酵第 21 天	发酵第 39 天	发酵第 60 天	
3 321	3 334	3 308	3 291	3 280	3 306	分子内羟基 O—H 键伸缩振动
2 920	2 920	2 920	2 920	2 921	2 921	脂肪族亚甲基 C—H 键伸缩振动
2 851	2 851	2 851	2 851	2 851	2 851	脂肪族—CH$_2$ 对称伸缩振动
—	—	2 359	2 359	2 359	2 359	C≡N 的伸缩振动（蛋白质和氨基酸、铵盐类吸收带）

波数/cm^{-1}						归属
原混合物料	堆沤7 d 后	发酵第 7 天	发酵第 21 天	发酵第 39 天	发酵第 60 天	
1 652	1 652	1 652	1 652	1 652	1 652	芳族 C—C 伸缩振动和 C=O 伸缩振动
1 540	1 540	1 540	1 540	1 540	1 540	N—H 键弯曲（酰胺 II 带）
1 510	1 510	1 507	1 506	1 514	1 507	芳环 C—C 伸缩振动
1 456	1 456	1 456	1 456	1 455	1 456	木质素和多糖的 C—H 平面弯曲振动
1 048	1 076	1 074	1 036	1 029	1 037	多糖 C=O 伸缩振动（纤维、半纤维素）
872	872	872	872	872	872	纤维素中的 C—H 弯曲振动

2.3 本章小结

本章以农村有机固体废物畜禽粪便、果蔬垃圾和农作物秸秆为原料，以温度、接种量、TS 含量为影响因素，采用三因素三水平的正交设计，探究了干式厌氧发酵的产气情况，分析了三种因素的影响大小，得出最优发酵参数，建立了三因素线性回归模型；另选取畜禽粪便、秸秆和果蔬垃圾按 4：1：1 和 4：2：0（质量比）两种配比，TS 含量为 25%、35% 两种水平，接种量为 20%、50% 两种水平，按照正交法进行研究，开展了干式厌氧发酵全过程的 pH、日产气量、发酵液 COD、发酵物料 DOC 含量以及 NH$_4^+$-N 含量等指标的测定，并结合发酵原料的荧光、紫外和红外光谱特性分析了厌氧发酵过程中物质变化规律，主要结论如下：

①三因素三水平正交结果表明，发酵温度为 50℃、接种量为 30%、TS 含量为 25% 时的产气率最高，产气量达到 111.86 L，单位 TS 产气率为 333.24 mL/g；

②影响累积产气量的因素作用大小顺序为：温度＞接种量＞TS 含量。高温（50℃）发酵时的产气量增幅明显，产气质量较好，原料利用率较高；接种量为 10%～20% 时的产气量增幅更为明显；TS 含量为 25% 时的产气量最大。

③通过正交结果分析，得出了发酵原料为 1.65 kg 时的线性回归方程 $y = 0.298 + 1.660x_1 + 123.700x_2 - 90.500x_3$，其中 $x_1 \in [26, 50]$，$x_2 \in [10\%, 30\%]$，$x_3 \in [20\%, 30\%]$。

④4 组发酵系统在干式厌氧发酵过程中的 pH 变化大体一致，表现为初期阶段逐渐下降，随后又开始缓慢上升，后期再逐渐稳定仅有略微下降，变化趋势符合四阶段理论。DOC 含量和 COD 在初期阶段由于淋溶作用分别呈下降和上升的负相关关系，NH$_4^+$-N 含量的变化与累积产气率的变化则呈正相关。

⑤3 种物料混合发酵时的产气量和 TS 产气量均高于 2 种物料混合发酵时，显示出 3 种物料混合发酵的优势。在接种率为 30%、混合物料配比为 4：1：1、TS 含量为 25% 时（系统 1）的产气率最高，达到 248.25 L/kg；在接种率为 50%、混合物料配比为 4：1：1、

TS 含量为 35%时（系统 4）的累积产气量最大，达到 4 934 L，接种量对产气效率影响最大。

⑥荧光光谱分析结果显示，在发酵系统运行的初期（第 1～7 天）为水解阶段和酸化阶段，发酵物料中类蛋白物质的荧光峰强度增大，蛋白质大量生成；而产甲烷阶段，简单有机物逐渐增多，类蛋白物质的荧光吸收强度逐渐减弱，类蛋白物质逐渐被消耗，不饱和键的荧光强度也逐渐减弱。

⑦紫外光谱分析结果表明，在 280 nm 附近出现一个由 π-π*跃迁产生的共轭分子吸收平台，发酵第 1～7 天不饱和共轭双键结构的红外吸光度增加；而第 7 天之后的吸光度略微减弱，发酵原料中的芳香度和不饱和度有少量的增加，发酵结束时的变化趋于稳定。

⑧红外光谱分析结果表明，堆沤预处理使聚糖脱聚成单糖等小分子糖类，纤维素结晶度降低，蛋白质逐渐增多，厌氧发酵过程主要是使单糖降解为产甲烷菌可利用的底物，脂肪和蛋白质等有机物质则剧烈降解。

参考文献

白洁瑞，李轶冰，郭欧燕，等. 2009. 不同温度条件粪秆结构配比及尿素、纤维素酶对沼气产量的影响. 农业工程学报，25（2）：188-193.

陈智远，田硕，谭婧，等. 2010. 接种量对醋渣干式厌氧发酵的影响. 中国农学通报，26（16）：76-79.

郭瑾，马军. 2005. 松花江水中天然有机物的提取分离与特性表征. 环境科学，26（5）：77-84.

金杰，俞志敏，吴克，等. 2008. 城市生物废弃物干式厌氧消化温度实验研究. 生物学杂志，25（6）：31-33.

李杰，李文哲，许洪伟，等. 2007. 牛粪湿法厌氧消化规律及载体影响的研究. 农业工程学报，23（3）：186-191.

李礼，徐龙君. 2010. 含固率对牛粪常温厌氧消化的影响. 环境工程学报，4（6）：1413-1416.

李礼，徐龙君，陈魏. 2011. 料液浓度对鸭粪中温厌氧消化的影响. 环境工程学报，5（3）：667-670.

李艳宾，张琴，李为，等. 2011. 接种量及物料配比对棉秆沼气发酵的影响. 西北农业学报，20（1）：194-199.

梁越敢，郑正，汪龙眠，等. 2011. 干式厌氧发酵对稻草结构及产沼气的影响. 中国环境科学，31（3）：417-422.

宁桂兴，申欢，文一波，等. 2009. 农作物秸秆干式厌氧发酵实验研究. 环境工程学报，3（6）：1131-1134.

陶澍，崔军，张朝生. 1990. 水生腐殖酸的可见-紫外光谱特征. 地理学报，45（4）：484-489.

王延昌，袁巧霞，谢景欢. 2009. 餐厨垃圾厌氧发酵特性的研究. 环境工程学报，3（9）：1677-1682.

魏自民，席北斗，赵越，等. 2007. 生活垃圾微生物堆肥水溶性有机物光谱特性研究. 光谱学与光谱分析，27（4）：735-738.

吴满昌，孙可伟，李如燕，等. 2005. 温度对城市生活垃圾厌氧消化的影响. 生态环境，5（14）：683-685.

席北斗，魏自民，赵越，等. 2008. 垃圾渗滤液水溶性有机物荧光谱特性研究. 光谱学与光谱分析，28（11）：2605-2608.

詹怀宇. 2005. 纤维化学与物理. 北京：科学出版社.

张翠丽. 2008. 温度对厌氧消化产气特性影响研究. 西安：西北农林科技大学，硕士学位论文.

张光明. 1998. 城市垃圾厌氧消化产酸阶段研究. 重庆环境科学，1（20）：35-37.

张甲，曹军，陶澍. 2003. 土壤水溶性有机物的紫外光谱特征及地域分异. 土壤学报，40（1）：118-122.

张军政，杨谦，席北斗，等. 2008. 垃圾填埋渗滤液溶解性有机物组分的光谱学特性研究. 光谱学与光谱分析，28（11）：2583-2587.

张鸣，高天鹏，常国华，等. 2010. 猪粪和羊粪与麦秆不同配比中温厌氧发酵研究. 环境工程学报，4（9）：2131-2134.

张望，李秀金，庞云芝，等. 2008. 稻草中温干式厌氧发酵产甲烷的中试研究. 农业环境科学学报，27（5）：2075-2079.

赵洪，邓功成，高礼安，等. 2009. 接种物数量对沼气产气量的影响. 安徽农业科学，37（13）：6278-6280.

赵由才，龙燕，张华. 2004. 生活垃圾填埋技术. 北京：化学工业出版社.

Ahmad S R，Reynolds D M. 1995. Synchronous fluorescence spectroscopy of wastewater and some potential constituents . Water Research，29（6）：1599-1602.

Chen W，Westerhoff P，Leenheer J A，et al. 2003. Fluorescence excitation-emission matrix regional integration to quantify spectra for dissolved organic matter. Environmental Science and Technology，37（24）：5701-5710.

Chin Yu Ping，Aiken G，O'Loughlin E. 1994. Molecular weight，polydispersity，and spectroscopic properties of aquatic humic substances . Environmental Science and Technology，28（11）：1853-1858.

Hur J，Kim G. 2009. Comparisons of the heterogeneity within bulk sediment humic substances from a stream and reservoir via selected operational descriptors . Chemosphere，75（4）：483-490.

Krishnakumar N，Manoharan S，Palaniappan P R，et al. 2009. Chemopreventive efficacy of piperine in7，12-dimethyl benz [a] anthracene（DMBA）-induced hamster buccal pouch carcinogenesis：an FT-IR study . Food and Chemical Toxicology，47（11）：2813-2820.

Lammers K，Arbuckle-Keil G，Dighton J. 2009. FT-IR study of the changes in carbohydrate chemistry of three New Jersey Pine Barrens leaf litters during simulated control burning . Soil Biology and Biochemistry，41（2）：340-347.

Lay J J，Li. 1997. Analysis of environmental factors affecting methane production from high-solid organic waste . Water Science and Technology，36（6）：493-500.

Lombardi A T，Jardim W F. 1999. Fluorescence spectroscopy of high performance liquid chromatography fractionated marine and terrestrial organic materials . Water Research，33（2）：512-520.

Rittmann B E，McCarty P L. 2004. 环境生物技术：原理与应用. 文湘华，王建龙，等，译. 北京：清华大学出版社.

Tseng D Y，Vir R，Traina S J，et al. 1996. A fourier-transform infrared spectroscopic analysis of organic matter degradation in a bench-scale solid substrate fermentation（composting）system. Biotechnology and Bioengineering，52（6）：661-667.

第3章
生物预处理对秸秆难降解组分的影响

木质素是公认的难降解物质，由于其特殊的高分子空间结构，不易与酶接触，对酶的水解呈抗性，也难以被酸水解（Daniel Cullen，1997；Blanchette R A，2000）。生物方法脱木质素成为常用技术之一（杨玉楠，2007）。生物法预处理是好氧微生物菌群通过自身的生物质降解能力，将秸秆类物质的木质素分解，从而使得秸秆更容易被厌氧发酵菌群利用和分解。本章以玉米秸秆为研究对象，进行了预处理工艺的优化，阐明了预处理过程中纤维素、半纤维素和木质素及其特征官能团、秸秆晶区和无定形区的变化规律，并结合PCR-DGGE技术对预处理过程中的细菌群落结构变化进行了分析，进一步证实了纤维素、半纤维素和木质素的变化趋势，为进一步提高木质纤维素的降解效率、秸秆资源化和能源化利用率提供了理论和技术支撑。结果表明，发酵反应终止时 CH_4 含量均能维持在 60%左右，达到沼气作为能源燃料燃烧的要求，且质量良好。正交系统结果表明，预处理时间为 7 d、粗纤维降解菌含量为 10%、沼渣与秸秆 TS 含量比为 6∶8 时产气效果最好，产气量可达到 7 703 mL。纤维素、半纤维素与木质素在预处理过程中均不断被降解，且降解菌浓度越高，各组分的降解率越大；半纤维素和纤维素的降解率分别达 33.09%和 32.3%。在预处理过程中，红外光谱吸收峰形状变化不大，但吸收峰强度变化较大，说明预处理促使秸秆组分结构发生改变，研究显示总体各官能团呈周期性变化规律；菌浓度越高，结晶区的降解效果越显著。在预处理过程中各处理组的优势菌群表现出时间差异性，各优势菌群的演替规律与纤维素、半纤维素和木质素的变化规律相符。

3.1 秸秆利用现状及预处理技术

3.1.1 秸秆利用现状

农作物秸秆是一种重要的生物质资源，全世界各类秸秆年产出量巨大，秸秆的科学利用有利于实现农业可持续发展及生态环境改善（牛文娟，2015）。目前我国农作物秸秆比较有效的处置处理方法有：秸秆还田、秸秆饲料化、秸秆作为生产原料、秸秆能源化等（杨懂艳，2004）。

我国作为农业大国，秸秆年产量达 7 亿多 t（李淑兰等，2011），位居世界之首，主要以玉米、稻谷和小麦秸秆为主，占全世界秸秆总产量的 4/5（Ralph，1985）。随着人口的不断增加和农作物单产的不断提高，秸秆产量逐年上升，以每年 6% 的速度增长（周富春，2009）。大量的农业秸秆如果不被妥善处理，将会对周围的环境造成严重影响。虽然近年来我国农业废弃物资源化利用技术呈多元化发展态势，但仍有 50% 以上的秸秆被废弃或就地焚烧，造成了环境污染和资源浪费（李想等，2006）。王丽等（2008）估算出了 2004 年秸秆焚烧造成的生物资源损失为 113.4 亿元，同时大气污染造成的损失高达 196.5 亿元（数据未统计港澳台地区）。如果能有效利用 2 亿 t 秸秆和 10 亿 t 禽畜粪便，按 0.5 m^3/kg 的产气率估算，每年可生产 6 亿 m^3 沼气，折合成标准煤可达 42.8 万 t（张妍等，2009），由此可见，对秸秆进行资源化利用具有重要的经济效益。

（1）秸秆还田

秸秆还田是秸秆利用的主要方法之一，也是最原始的一种方法，其操作简单易行，可为农田土壤增加氮、磷、钾等养分，并能够有效改善土壤结构，因而被广泛采用。但是农作物秸秆还田会造成资源大量流失，降低秸秆的资源利用率。

（2）秸秆饲料化

农作物秸秆直接作为牲畜饲料的营养价值比较低，且不易被牲畜胃瘤微生物消化。目前常对秸秆进行处理加工以提高其营养价值及消化率。具体处理方法很多，大体可分为物理处理、化学处理和生物处理。其中，农作物秸秆的生物处理方法发展前景较广，主要包括青贮、微生物分解等。生物处理方法主要是在秸秆中加入如白腐真菌、乳酸杆菌等发酵菌种，通过微生物的作用分解秸秆中的纤维素、半纤维素和木质素，以促使秸秆湿润膨胀，易于消化，提高其作为饲料的营养价值（李日强等，2002）。

（3）秸秆作为生产原料

农作物秸秆作为生产原料可应用于编织、造纸等行业。此外，秸秆经过揉碎和改性处理，还可用于制造秸秆碎料板、秸秆中密度纤维板、建筑用墙体内衬材料等，其密度、强度并不比木板低，不但可以节约大量木材，提高资源利用率，而且节约成本，是农村工业的理想项目（武少菁，2009）。

（4）秸秆能源化

生物质能是绿色可再生能源，农作物秸秆是生物质能的重要组成部分，将秸秆转化为高效、绿色的能源既能缓解我国能源短缺的问题，又能解决由于秸秆随意丢弃、焚烧等带来的环境污染和资源浪费问题。目前秸秆能源化的有效途径主要有秸秆气化、秸秆生产乙醇和秸秆厌氧发酵产沼气等（方少辉，2012）。

1）秸秆气化

秸秆气化是以农作物秸秆为原材料，经热解和还原反应后将秸秆中的有机碳氢化合物转化为 CO、H_2 和 CH_4 等可燃性气体的过程。作为气化原料，秸秆具有碳活性高、挥发性高和含硫量低等特点（许敏，2008），但该技术后期的管理和维护费用比较高，受限于农村经济水平，推广进程缓慢。

2）秸秆生产乙醇

秸秆制取乙醇是将秸秆中的纤维素水解成还原糖，再由还原糖发酵生成乙醇的过程。众所周知，乙醇是重要的工业原料，具有可再生、安全和清洁的特点。乙醇可部分或全部代替汽油，广泛应用于医药、食品和化工等领域。利用秸秆生产乙醇，不但有利于缓解能源危机和环境污染等问题，而且解决了大量秸秆的处置问题（董宇等，2010）。

3）秸秆厌氧发酵产沼气

厌氧发酵也称厌氧消化、沼气发酵，是在无氧条件下利用厌氧微生物将复杂有机物降解生成无机化合物和 CH_4、CO_2 等气体的过程。其最大的优点是能够回收沼气能源，且利用厌氧发酵产生的沼渣生产的有机肥料有机质含量高，利用后不仅有显著的增产效果，还有减少病害、改善土壤结构等优势。Moller（2003）研究表明，厌氧发酵工艺中氮的利用（76.4 kg/hm^2）是好氧堆肥工艺中氮循环利用（36.4 kg/hm^2）的 2 倍多，而且沼气是一种清洁、安全的能源，可用来燃烧、发电等。在严峻的能源环境危机下，厌氧发酵技术易于广泛推广，因此日趋得到大家的关注。

3.1.2　秸秆利用存在的问题

秸秆是由细胞壁和细胞内容物组成，通常细胞壁占 4/5 以上（王佳堃，2006）。秸秆细胞壁主要由纤维素、木质素和半纤维素组成，其余是蛋白质、角质、蜡质和单宁等（刘琪等，2011）。纤维素在秸秆中含量丰富，占 40%～50% 的比例，是 β-1,4 糖苷键与吡喃葡萄糖分子结合而成的直链多糖（计红果等，2008）；半纤维素主要成分是戊聚糖，分别通过共价键和氢键与木质素和纤维素相结合，仅能溶于稀碱溶液（计红果等，2008；郁红艳，2007）；木质素为一类酚酸多聚体的混合物，化学性质非常稳定，常与纤维素和半纤维素等紧密结合，极难被一般微生物降解利用（郁红艳，2007）。此外，蜡质和角质也附着在秸秆的表皮细胞壁上，又构成一道屏障，阻止厌氧微生物的发酵（荣辉等，2010）。

研究表明，底物水解速率是限制厌氧发酵过程的关键因素（叶小梅等，2008），由于秸秆结构组成复杂，厌氧微生物对纤维素、半纤维素和木质素的发酵能力也比较弱，导致水解过程减慢、水解化程度较低，随后的酸化和产气过程也受到严重影响（Daniel Cullen，1997；Blanchette R A，2000），表现出厌氧发酵时间长、发酵效率低和产气量少等问题，限制了秸秆能源化利用及相关技术的大规模应用和推广。

3.1.3　秸秆预处理技术

目前秸秆作为原料进行厌氧发酵产生绿色可再生能源日趋得到大家的关注，但由于秸秆本身复杂的组成结构造成处理效率较低，通常采用不同的预处理方法进行秸秆预处理以达到改变其结构或降解的目的来促进后续厌氧发酵产气。由于秸秆的预处理在秸秆实际转化过程中起到了关键性作用，研究和优化预处理工艺对生物质秸秆的资源化再利用和发展具有重要的意义。目前秸秆的预处理方法较多，主要包括物理预处理、化学预处理和生物预处理，不同的处理方法具有不同的优缺点。传统的物理预处理和化学预处理能耗较大，可能造成环境二次污染；生物预处理成本较低、反应条件温和，且环保无污染，但处理效率较低。如何优化组合以上预处理方法，实现秸秆预处理成本低、效率高，是今后秸秆预处理技术研究发展方向（叶小梅等，2008）。目前秸秆预处理研究主要集中在预处理前后秸秆组分、结构变化、工艺优化及对后续厌氧发酵产气的影响等方面，而对预处理过程中秸秆组分的降解特征等了解尚浅，特别是对纤维素、木质素和半纤维素的特征基团的变化规律未进行深入研究，无法为进一步提高木质纤维素的降解效率提供理论和技术支撑。

（1）物理预处理

物理预处理方法是通过减小秸秆粒径、改变秸秆的晶体结构等方式增加厌氧微生物或酶与底物的有效接触面积，加速消化进程（叶小梅等，2008）。物理预处理主要有粉碎、研磨、浸泡、微波处理和高温液态水技术等。

许多研究集中于使用物理预处理方法改变颗粒粒径来探究秸秆的产气率等资源化利用效果。在颗粒大小对剑麻纤维废弃物厌氧发酵产气的研究中，Mshandete 等（2006）发现将粒径从 100 mm 减小到 2 mm，总纤维降解量提高了 125.8%，单位 VS 产甲烷量提高了 22.2%。Menardo 等（2012）研究了小麦、大麦、稻草和玉米茎秆在粒径分别为 5.0 cm、2.0 cm、0.5 cm 和 0.2 cm 时的产气量，结果表明机械预处理物料使 CH_4 产量提高了 80%，且大麦、小麦秸秆粒径分别为 0.5 cm 和 0.2 cm 时产气效果最好，但其对稻草和玉米茎秆的产气效果则不明显。Izumi 等（2010）采用珠磨法处理食品垃圾，当颗粒直径从 0.843 mm 减小到 0.391 mm 时，有机物溶出率比对照组提高了 30%，当颗粒直径为 0.718 mm 时 CH_4 产量最高，而且发现过分减小颗粒直径会造成挥发酸的积累，抑制产甲烷菌的活性，这与许多学者的研究结论一致，有机质溶出率高时，CH_4 产量不一定高。上述研究均表明，通过减小粒径的方法可以在一定程度上提高秸秆厌氧发酵的产气率。

其他的物理预处理方法也被广泛利用。侯丽丽等（2010）研究了不同预处理方法对秸秆固态发酵产纤维素酶的影响，发现微波预处理 5 min 得到最高单位能耗酶活增加量，且羧甲基纤维素酶活和纤维蛋白肽 A 酶活分别比对照组提高了 135.6%和 82.7%。Tiehm 等（2001）研究表明，采用超声波处理物料可使发酵时间从 22 d 缩短到 8 d，且沼气产量提高 2.2 倍。Ma 等（2009）发现微波预处理方法可增强稻草的降解，且在微波辐射为 680 W，处理时间为 24 min，稻草固体质量浓度为 75 g/L 时纤维素和半纤维素的降解效果最好。但由于微波预处理耗能较高，制约了该法在实际生产中的大规模应用。Kim 等（2006）对粉碎的玉米秸秆采用高温液态水技术进行预处理，结果表明木质素的去除效率可达到 75%～81%，但是此技术要求生物质秸秆的固体含量不得超过 20%，并且耗能较高，生产效率低（李日强等，2002），限制了其大规模的推广应用。

（2）化学预处理

化学预处理方法主要是促使复杂的有机质转变成易降解的小分子物质。特别是对于秸秆类物质，化学预处理能破坏其木质素与纤维素、半纤维素的交联，将纤维素释放出来，从而使其被微生物或酶利用，提高降解效率，缩短后续发酵反应时间，此外该方法还可以防止底物在发酵过程中出现酸中毒的现象。化学预处理方法主要有酸水解法、碱水解法和湿氧化法等（易锦琼等，2010）。

1）酸水解法

酸水解可以破坏纤维素晶体结构，使秸秆变得疏松。陈尚钘等（2011）研究了稀酸预处理对玉米秸秆纤维组分及结构的影响，发现玉米秸秆纤维表面和细胞壁受到不同程度的破坏，且表面积增大，孔洞增加，纤维素的结晶度降低，有利于纤维素酶水解作用的进行。覃国栋等（2011）分别采用质量分数为 2%、4%、6%、8%和 10%的酸对水稻秸秆进行处理，并对处理后的水稻秸秆进行厌氧沼气发酵，发现酸处理能明显改变秸秆厌氧发酵产甲烷的性质，提高产气效率，且酸处理浓度为 6%时效果最好。

有学者对酸预处理的水解参数进行了优化，闫志英等（2012）做了稀硫酸预处理玉米秸秆条件的优化研究，并得到最佳预处理条件为水解温度 120℃、水解时间为 75 min、稀硫酸质量分数为 1.0%、固液质量比为 1∶15、玉米秸秆颗粒为 40 目，此时戊糖得率为 64.37%。李岩等（2008）在稀酸水解玉米秸秆与水解液发酵的试验研究中，发现在硫酸质量分数为 1.0%、水解时间 1 h、物料质量浓度为 50～80 g/L 的情况下，秸秆的水解得率 24.6%，木糖得率为 77.1%，处理后的秸秆可直接用于发酵。

2）碱水解法

碱水解常用的试剂主要有氢氧化钠（NaOH）、氢氧化钙 [Ca(OH)$_2$] 和尿素等（Sun R C et al.，1995），主要通过改变秸秆的木质素、纤维素结构等来达到预处理效果。

①NaOH 处理：NaOH 是所有碱预处理试剂中利用率最高的试剂（常娟等，2012）。Kumar 等（2009）研究发现，采用 1.5%的 NaOH 在温度为 20℃的条件下处理 144 h，秸秆中半纤维素和木质素的降解率最高，分别达到 80%和 60%，且 NaOH 处理能够提高秸

秆的营养价值；UmaRani 等（2012）则是通过添加 NaOH 使物料的 pH 分别达到 10、11、12，发现温度为 60℃、pH 为 12 时处理效果最好，COD 溶出率、悬浮固体的去除率和产气量分别比对照高出 23%、22% 和 51%。在陈广银等（2010）的研究中发现，秸秆经 5% 的 NaOH 处理 48 h 后，细胞中的有机物大量溶出，COD、TN、NO_3^--N、NH_4^+-N 含量分别增加了 8 177.78 mg/L、242.44 mg/L、243.62 mg/L 和 23.62 mg/L，表明 NaOH 处理在破坏木质纤维结构的同时，还破坏了含氮化合物的结构，将其中的氮以 NH_4^+ 和 NO_3^- 的形式释放出来，同时通过 X 衍射技术发现，碱处理破坏了秸秆的木质素结构，木质素含量降低，但纤维素的相对结晶度增加了 11.8%。

②Ca(OH)$_2$ 处理：Ca(OH)$_2$ 在碱预处理中应用也比较广泛，Kim 等（2006）在 85～150℃的温度下利用 Ca(OH)$_2$ 处理 3～13 h，发现可显著提高秸秆的预处理效果。程旺开等（2009）用 Ca(OH)$_2$ 预处理麦秸秆并进行酶解试验，酶解效果较显著，并表明碱预处理能够脱除小麦秸秆中部分木质素，增加纤维素的表面积，并提高酶的可及性。但实际生产研究发现，经 Ca(OH)$_2$ 预处理过的秸秆随着时间的增加易受到霉菌的污染（Owen et al.，1984）。

③尿素处理：尿素也常被用来处理秸秆。吕贞龙等（2007）研究了小麦秸秆氨化中尿素氮水平对其品质的影响，结果表明，尿素水平为 5% 时，秸秆氨化处理的效果最好，使秸秆中粗蛋白含量提高 4%～6%。Zaman 等（1995）在麦秸中添加分别为 0%、3% 和 6% 的尿素，每千克干物质中添加 0.8 L 水，麦秸的主要组分变化研究表明，麦秸中的纤维素得到显著降解，但木质素变化不明显。

综上所述，虽然化学预处理时采用的试剂各不相同，但相关学者的研究表明，采用 NaOH 预处理比其他碱性试剂更有效（Hoon K S，2004；Kim T H et al.，2003；Lin J G et al.，1997）。

3）湿氧化法

湿氧化处理是指在加温加压条件下，O_2 与 H_2O 共同作用于底物的反应。刘娇等（2008）采用不同预处理方法处理玉米秸秆，研究其对秸秆水解糖化效果的影响，研究发现，秸秆经湿氧化法处理后，纤维素含量增加 4.5%，半纤维素和木质素含量则分别减少 17.5% 和 1.9%。虽然湿氧化法使纤维素与木质素较易分离，并得到较高纯度的纤维素，且反应过程中副产物产生量较少，但其对木质素的破坏作用会直接影响秸秆的高效能源化利用。

（3）生物预处理

生物预处理主要是通过微生物所分泌的胞外酶等物质预先水解转化底物，将复杂的有机物降解为微生物容易利用的物质，从而缩短厌氧发酵的时间、提高干物质的发酵率和产气率，李长生（1999）指出，由于微生物降解秸秆的效率较高，如果能将其应用于实际工程将会给人们带来无法估量的益处。目前生物预处理的接种物主要是腐熟堆肥、活性污泥、各种菌剂、沼气池底部污泥及各种酶类等。

1）腐熟堆肥为接种物处理

Fdezgelfo 等（2011）用腐熟的干草料堆肥作为预处理的接种物，研究其对工业有机固体废物厌氧发酵的影响，结果表明：2.5%的接种量处理 24 h 效果最好，与对照组相比，DOC 和 VS 的去除量分别提高了 61.2%和 35.3%，生物气和 CH_4 产量分别提高了 60.0%和 73.3%；在其另一项研究中，通过采用热化学和生物预处理的方法提高有机固体垃圾的水解和有机物的溶出。其中，生物预处理采用腐熟堆肥、泡盛曲霉和污水处理厂的活性污泥作为接种物，结果表明腐熟堆肥的预处理效果最显著，在接种量为 2.5%（体积分数）时，COD 增加了 50.81%。研究指出，相对于热化学预处理方法来讲，生物法预处理耗能少，更加经济，适于工业化应用。

2）木质纤维素降解菌处理

菌剂预处理的研究目前集中于各自试验室筛选出的高效纤维素分解菌，包括细菌、真菌和放线菌。

白腐菌是降解秸秆木质纤维素能力最强的微生物，也是目前研究最广的木质素降解菌种（Andre et al.，2001）。A. Ghost 等（2000）用白腐菌 *Phanerochaete chrysisporium*（Pc）和褐腐菌 *Polyporus ostreiformis*（Po）处理稻草秸秆，结果表明 Pc、Po 菌丝体分别于 4 d 和 8 d 后表现出木质素降解性，且 Pc 菌丝体的降解性能更为显著，3 周后 Pc 菌丝体处理组的木质素降解率为 47.51%，是 Po 菌丝体处理组的 2.4 倍。处理后的稻草用于厌氧发酵生产生物气，Pc、Po 处理后秸秆的生物气产量分别提高了 34.73%和 46.19%，CH_4 产量分别提高了 21.12%和 31.94%。杨玉楠等（2007）发现秸秆经白腐菌预处理后，木质素含量降低，CH_4 转化率为 47.63%，当继续发酵时 CH_4 转化率提高 11.09%，大大缩短了厌氧发酵周期，提高了 CH_4 转化效率。白腐菌处理秸秆时，在其生长活动过程中能分泌木质素降解酶、纤维素降解酶及半纤维素降解酶等多种酶类，可以降解细胞壁物质中的木质素、纤维素及半纤维素（王赛月等，2010）。但由于白腐菌是好氧菌，应用于秸秆发酵产 CH_4 也必须在曝气池内完成，反而增加了沼气发酵过程中的工作量（张麟凤等，2012）。

此外，一些细菌和放线菌也能产生纤维素酶，其中枯草杆菌、芽孢杆菌、梭菌和地衣球菌等细菌具有分解纤维素能力。孙凯等（2009）从青藏高原牛粪中分离到一株黄杆菌属菌株，该菌株可产胞外纤维素酶，其酶活最高达 12 U/mL。放线菌较易利用半纤维素，很少利用纤维素，并在一定程度上改变木质素分子结构，继而将木质素分解溶出（Sun et al.，1995）。放线菌降解木质素和纤维素的能力不及真菌，但与真菌相比，放线菌可在不利环境中形成芽孢，因此能耐各种酸碱度及高温，可见放线菌在高温阶段对木质素和纤维素的降解起重要作用。

3）酶水解处理

添加各种水解酶进行预处理可以解决常规厌氧发酵中存在的发酵速率滞后问题。张无敌等（2001）研究了鸡粪厌氧发酵过程中水解酶与产气量的关系，指出纤维素酶、脂肪酶和淀粉酶活的变化与沼气产量有一定相关性，酶活性越高产气量越大。何娟等（2011）利用纤维素酶对城市生活垃圾进行水解，研究了纤维素酶预处理城市生活垃圾的最适宜条件，结果表明，在最适宜的条件下，水解率可达 35.2%，将预处理后的垃圾用于中温厌氧发酵与不经过纤维素酶预处理直接进行厌氧发酵相比较，平均日产气率、单位 VS 产气量和单位 VS 产 CH_4 量等均有显著提高，且累积产气量提高 62.38%，累积产 CH_4 量提高 87.94%。李建昌（2011）则采用 5 种不同水解酶（脂肪酶、蛋白酶、纤维素酶、淀粉酶和木聚糖酶）及混合水解酶处理城市有机生活垃圾，研究了各处理对其水解度的影响，结果表明各处理均比对照提高了产气量和产气速率。

（4）联合预处理

为提高秸秆的预处理效果，有关学者将不同的预处理方法相互结合，来探究最优预处理组合。李荣斌等（2009）采用微波预处理—超声辅助酶解方法处理大豆秸秆，并采用正交系统优化条件，优化后，水解 7 h 酶解率达 11.06%，酶解效率显著提高。此外，还有物理法与化学法相联合的预处理技术，如蒸汽爆破、氨纤维爆破和超临界处理等。一些学者也做过相关研究，取得一定的效果（宁欣强等，2010；杨盛茹等，2010；Ming et al.，2009；阳金龙等，2010）。但这些方法耗能较高，如蒸汽爆破需要将物料加热至 200～240℃，在 0.69～4.83 MPa 的压力下进行，对于农村地区，不适于大规模推广应用。

3.1.4　秸秆预处理工艺参数研究

不同预处理方式会使秸秆的化学组分、结构等发生不同程度的改变，影响后续处理效果，因而对预处理后的秸秆进行对比探究十分必要。目前预处理效果主要是从物料理化性质、结构变化、后续厌氧发酵产气、木质纤维素降解菌等方面进行表征（杨玉楠等，2007）。

（1）理化指标

农作物秸秆的理化性质中主要包括 TS，总碳（TC），总氮（TN），纤维素、木质素及半纤维素利用率，COD，DOC，VFA 等指标。下面就预处理过程中常采用的指标进行详述：

1）TS

TS 是指在一定温度下烘干样品至恒重时余留下的固体物质，组成包括有机化合物、无机化合物及各种生物体。通常在化学预处理或生物预处理中，由于各种化学试剂及微生物的作用，物料组分会被降解转化小分子物质，通过对 TS 变化的衡量可以在一定程度上判断该预处理方法的效果，也是提高厌氧发酵产气的重要因素。相关研究表明（Zhang et al.，1999；Detroy et al.，1981；Hamilton et al.，1984）：在化学预处理中采用 NaOH 处理含水率为 48% 的玉米秸秆时，当 NaOH 添加量为 8%（相对 TS）时，干物质发酵率最高；当 NaOH 添加量超过 8% 时，干物质发酵率变化不显著。

2）TC 和 TN

TC 是总有机碳和总无机碳之和；TN 是总有机氮和总无机氮之和。在预处理过程中 TC 含量和 TN 含量发生变化会影响厌氧发酵物料的 C/N，C/N 是影响厌氧发酵效率的重要因素之一，在厌氧发酵过程中，C/N 以 20～30 为宜。杨懂艳（2004）研究表明，经 NaOH、氨水和尿素预处理玉米秸秆 30 d 后，TN 含量分别增加 0.16%、0.79% 和 1.01%，由于尿素本身的氮源，可见尿素预处理组的增幅最大，而 TN 增加可为厌氧发酵提供必要的氮源，从而影响厌氧发酵产气。

3）纤维素、木质素和半纤维素利用率

农作物秸秆主要由纤维素、木质素和半纤维素构成，三种物质相互交联、结构致密，难以被微生物降解，降低了发酵效率。且预处理是影响干式厌氧发酵的限速步骤，对于预处理过程，木质素、纤维素和半纤维素的降解情况可直接反映预处理效果的好坏。覃国栋等（2011）采用 NaOH 预处理水稻秸秆后，秸秆中的木质素、纤维素和半纤维素的质量分数均下降，并指出木质素、纤维素和半纤维素等在预处理过程中被转化成易于厌氧微生物利用的可溶性物质，促进后续发酵过程的进行。

4）COD

COD 表示料液中的有机物含量。在预处理的作用下，秸秆细胞壁被破坏，细胞内容物溶出，纤维素、半纤维素等大分子物质被降解为利于微生物利用的可溶性小分子物质，相应的料液中 COD 发生改变。王小韦等（2009）用 4% NaOH 溶液浸泡小麦秸秆 48 h 后，COD 溶出值近 12 000 mg/L。COD 的大幅增加表示料液中有机物含量的增加，从而有利于后续厌氧发酵微生物的利用。

5）DOC

DOC 是微生物所能利用的碳源的重要来源之一，物料中 DOC 含量在化学或生物预处理过程中的变化可反映该预处理方法对物料结构的破坏程度及农作物秸秆组分的降解转化情况。DOC 含量的大幅增加，表明料液中微生物所能利用的碳源含量增加，可促进厌氧发酵微生物的利用。

6）VFA

VFA 是厌氧发酵过程中的重要中间代谢物，进一步分解产生的乙酸可被产甲烷菌直接利用，梁越敢等（2011）将稻草堆沤预处理后进行干式厌氧发酵，由于稻草在堆沤预处理时易降解部分被产酸菌快速降解，促使乙酸、丙酸和丁酸在发酵第 2 天时达到最大值。因此，适宜的预处理可以增加厌氧发酵前的 VFA 含量，增加厌氧微生物对物料的利用，提高产气量。

（2）分子结构指标

秸秆的结构变化主要包括官能团、纤维素结晶度、表面特征、热重分析、表面亲水性等指标的变化。

1）官能团

官能团变化一般通过物料基团红外光谱特性进行表征。红外光谱法（FTIR）是用连续红外光照射物质，当物质中分子的转动频率或振动频率和红外光的频率一样时，偶极矩会发生变化，发生转动和振动能级跃迁，形成分子的吸收光谱，由于各个基团转动或振动频率的差异，可用来鉴定有机官能团、无机物和分子结构的推导及定量分析等（朱德生，2013）。对于木质纤维原料，FTIR 可用于对主要组分纤维素、木质素和半纤维素作定性和定量分析。

2）纤维素结晶度

结晶度通过 X 射线衍射图谱反映。纤维素主要是由葡萄糖单元构成的长链线性高分子聚合物，它由结晶区和不定形区组成。结晶区分子排列整齐，具有高度水不溶性；不定形区分子排列不整齐，较容易被纤维素酶和化学物质降解。纤维素结晶度可以反映纤维素聚集时形成结晶的程度，即纤维素结晶区占纤维素总量的比值（王赛月等，2010）。降低纤维素的结晶度，可增加生物质秸秆的比表面积，提高微生物或酶的可及性，以利于微生物分解利用。所以纤维素结晶度可以反映纤维素类物质的降解情况，特别是对于预处理过程，可以反映预处理方法的效果。

3）表面特征

一般通过扫描电镜（scanning electron microscope，SEM）来表征秸秆表面形态的变化，通过不同的放大倍数可以清楚地观察微纤维等结构的具体改变（张红霞等，2009）。通常未经预处理的秸秆表面结构致密，呈有规律排列；预处理后的秸秆表面出现大量裂痕，呈条纹锯齿状，断面开裂分层。

4）热重分析

对于秸秆类物质，人们对比预处理前后物料的变化时会做热重分析，通过热重分析可得到程序控温下的物质质量与温度关系的曲线，即热重曲线（TG 曲线），热重分析是测量样品质量变化与温度关系的一种技术。预处理后秸秆类物质的结构和组分发生变化，通常会导致吸水能力增强，需要更高的温度才能蒸发出来。所以预处理后样品的高温热分解曲线相比对照组会向高温侧移动，表明热稳定性提高。

5）表面亲水性

秸秆的外表面为角质蜡硅层，为不亲水性物质，若不做处理，水分不易通过蜡质层，纤维素很难分解，从而阻碍微生物对秸秆的水解转化，限制秸秆厌氧发酵的产气速率，所以预处理后秸秆表面亲水性的变化也可以用来表征预处理的效果。马兴元等（2011）通过接触角度量了秸秆经过氨化预处理的亲水程度，表明氨化反应可以在一定程度上破坏秸秆硅质细胞表层，从而利于生物质秸秆后续的厌氧发酵反应。

（3）产气指标

发酵过程中产气指标主要包括日产气量、累积产气量、产气率、沼气成分等。厌氧发酵是物料在厌氧条件下通过微生物的发酵作用产生沼气的过程，所以日产气量、产气率等是反映厌氧发酵效率的直观因素。沼气是多种气体的混合物，一般 CH_4 含量为 50%～70%，其余为 CO_2 和少量的氮、氢和硫化氢等。资料显示，CH_4 含量大于 60% 才可用来燃烧（方少辉，2012），所以 CH_4 含量的高低不但决定了沼气能否用于燃烧，还直接反映发酵系统中产甲烷菌的活性。秸秆是通过微生物厌氧发酵产生氧气，在预处理过程中，物料结构和组分的变化对厌氧发酵微生物有直接的影响，因此，通过发酵过程中产气量指标的变化可直接反映该预处理方法的效果。

（4）微生物指标

目前对木质纤维素降解菌的研究主要集中在降解菌的驯化、筛选与构建，探讨降解菌的生长特性及产酶特性等，在预处理工艺中较多集中在对不同木质素纤维素降解菌浓度、预处理时间等条件的优化。倪启亮（2008）从田间腐烂的秸秆及沼渣中筛选出一株木质素降解菌 ZHJ-1 和一株纤维素降解菌 XJ-1，XJ-1 生长最适宜的 pH 和温度分别为 7.0 和 35℃，接种 ZHJ-1 30 d 后木质素和纤维素的降解率分别达到 16.6% 和 30.47%。袁旭峰等（2011）采用木质纤维素分解复合菌系 MC1（地衣芽孢杆菌、假单胞菌等）降解玉米秸秆，通过预处理过程中理化指标的变化确定预处理时间为 4 d 时最适合 CH_4 发酵。于洁（2010）从农田秸秆堆积处土壤中筛选出降解纤维素的菌群，并采用 PCR-DGGE 方法对筛选出的降解菌进行群落稳定性分析。综上所述，可知目前对预处理过程中微生物动态变化的研究尚浅。

3.2　产气规律

以秸秆为原料，选取预处理时间、粗纤维降解菌含量[①]及沼渣与秸秆 TS 含量比三因素五水平正交进行预处理，处理结束后进行干式厌氧发酵，得出以下结论：

①正交系统 25 组处理中除 Z2 系统、Z4 系统和 Z21 系统，其他 22 组处理在发酵反应终止时 CH_4 含量均维持在 60% 左右，达到沼气作为能源燃料燃烧的要求，沼气质量良好。

②三因素五水平正交结果表明，预处理时间为 7 d，粗纤维降解菌含量为 10%，沼渣

---

① 指质量分数（%）。

与秸秆 TS 含量比为 6∶8 时产气效果最好，产气量达到 7 703 mL。

③影响累积产气量的因素作用大小顺序为：预处理时间＞粗纤维降解菌含量＞TS 含量比。预处理时间为 0～3 d 厌氧发酵时产气量增幅更为明显；高含量纤维素降解菌（10%）处理秸秆时，厌氧发酵时的产气量增幅显著，产气质量较好；TS 含量比为 6∶8 时产气量最大。

3.2.1　CH_4 含量变化

厌氧发酵反应共计运行了 35 d。由于正交系统数较多，研究将 25 组按正交表（表 3.1）中系统顺序每 5 个为一组。由图 3.1 可知，各处理组的 CH_4 含量均呈先增加后趋于稳定的趋势。这主要是因为在发酵的起始阶段厌氧发酵罐内含有 O_2，产甲烷菌活性较低，主要以产酸菌的水解酸化为主，发酵初期产酸菌将发酵底物分解成小分子物质，产生的气体以 CO_2 为主，CH_4 含量则相对较低；随着发酵的进行，产甲烷菌可利用的底物浓度逐渐增加，产甲烷作用开始增强，所以 CH_4 含量逐渐增加；到了发酵中期，产酸菌和产甲烷菌的生长代谢趋于稳定，CH_4 的产生趋于平稳；但随着可利用的发酵底物不断减少，厌氧发酵体系内厌氧微生物在发酵后期活性下降，CH_4 含量也呈下降的趋势。

表 3.1　正交系统极差分析

系统	预处理时间/d	粗纤维降解菌含量/%	TS 含量比	累积产气量/mL
Z1	0	0	0∶8	497.5
Z2	0	2.5	2∶8	430.0
Z3	0	5.0	4∶8	736.5
Z4	0	7.5	6∶8	662.5
Z5	0	10.0	8∶8	450.5
Z6	3	0	6∶8	1 275.0
Z7	3	2.5	8∶8	672.0
Z8	3	5.0	0∶8	805.0
Z9	3	7.5	2∶8	959.0
Z10	3	10.0	4∶8	4 238.0
Z11	5	0	2∶8	1 580.0
Z12	5	2.5	4∶8	1 347.5
Z13	5	5.0	6∶8	3 847.0
Z14	5	7.5	8∶8	2 615.0
Z15	5	10.0	0∶8	4 827.5
Z16	7	0	8∶8	1 686.0
Z17	7	2.5	0∶8	3 184.0
Z18	7	5.0	2∶8	1 300.5
Z19	7	7.5	4∶8	3 689.0
Z20	7	10.0	6∶8	7 703.0

系统	预处理时间/d	粗纤维降解菌含量/%	TS 含量比	累积产气量/mL
Z21	15	0	4∶8	375.0
Z22	15	2.5	6∶8	1 086.5
Z23	15	5.0	8∶8	1 208.5
Z24	15	7.5	0∶8	2 221.0
Z25	15	10.0	2∶8	1 325.0
k_1	555.4	1 082.7	2 307.0	—
k_2	1 589.8	1 344.0	1 118.9	—
k_3	2 843.4	1 579.5	2 077.0	—
k_4	3 512.5	2 029.3	2 914.8	—
k_5	1 243.2	3 708.8	1 326.4	—
R	2 957.1	2 626.1	1 795.9	—

注：k_1、k_2、k_3、k_4、k_5 表示在两种因素下累积产气量的平均值；R 为极差，表示各因素对指标作用影响的显著性。

表中 k_1 行第二列表示处理时间为 0 d 时的累积产气量的平均值，第三列表示菌含量为 0%时的累积产气量的平均值，第四列表示 TS 含量比为 0∶8 时的累积产气量的平均值；k_2 行第二列表示处理时间为 3 d 时的累积产气量的平均值，第三列表示菌含量为 2.5%时的累积产气量的平均值，第四列表示 TS 含量比为 2∶8 时的累积产气量的平均值；k_3 行第二列表示处理时间为 5 d 时的累积产气量的平均值，第三列表示菌含量为 5%时的累积产气量的平均值，第四列表示 TS 含量比为 4∶8 时的累积产气量的平均值；k_4 行第二列表示处理时间为 7 d 时的累积产气量的平均值，第三列表示菌含量为 7.5%时的累积产气量的平均值，第四列表示 TS 含量比为 6∶8 时的累积产气量的平均值；k_5 行第二列表示处理时间为 15 d 时的累积产气量的平均值，第三列表示菌含量为 10%时的累积产气量的平均值，第四列表示 TS 含量比为 8∶8 时的累积产气量的平均值。

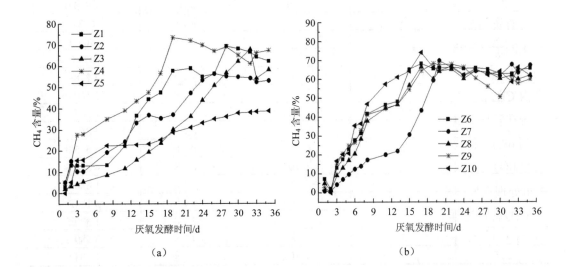

（a） 　　　　　　　　　　　　　　（b）

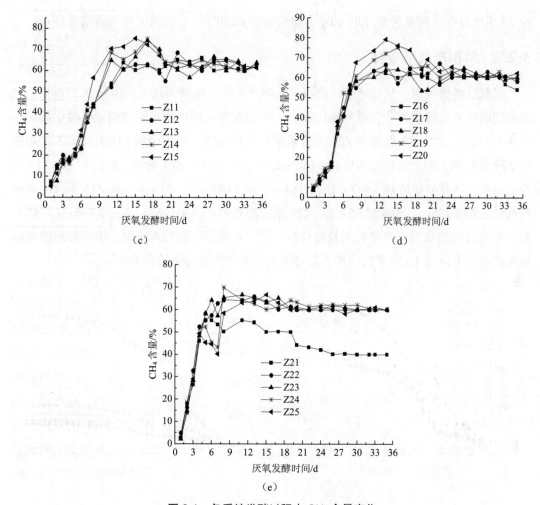

图 3.1 各系统发酵过程中 CH_4 含量变化

有资料显示，CH_4 含量高于 60%时才可用来燃烧，CH_4 含量的高低决定了厌氧发酵产生的沼气能否用作能源燃料。由图 3.1 可知，Z2 系统、Z5 系统和 Z21 系统在发酵周期内 CH_4 含量均低于 60%，产生的沼气未能达到作为燃料的要求，其他 23 组处理在发酵周期内 CH_4 含量均达到 60%以上。其中，Z23 系统在发酵第 6 天 CH_4 含量达到 63.4%，Z22系统在发酵第 7 天 CH_4 含量达 62.8%，Z20 系统和 Z24 系统分别在发酵第 8 天 CH_4 含量达 67.7%和 69.9%，Z13～Z15 系统、Z16～Z18 系统和 Z25 系统则在发酵第 11 天 CH_4含量超过 60%，其他处理组均在发酵 13 d 之后 CH_4 含量达到 60%以上。且所有系统中有7 组处理在发酵周期内 CH_4 含量峰值最为显著，均达到 70%以上。Z20 系统在发酵第 13天 CH_4 含量达到 79.3%，Z10 系统、Z13 系统和 Z14 系统在发酵第 17 天 CH_4 含量分别达到 74.2%、74.4%和 75.1%，Z15 系统和 Z19 系统在发酵第 15 天 CH_4 含量均达到 75.3%，Z4 系统在发酵第 19 天 CH_4 含量达到 75.3%。除 Z2 系统、Z4 系统和 Z21 系统外，其他 23 组处理在发酵反应终止时 CH$_4$ 含量均维持在 60%左右，说明沼气质量良好。

3.2.2 累积产气量变化

厌氧发酵的累积产气量越高，表明其发酵产生沼气的潜力越大。由图 3.2 可知，25 组处理的厌氧发酵累积产气量差别比较大，但在发酵周期内均不断增加最后趋于稳定。Z1~Z5 系统、Z7~Z8 系统和 Z21 系统累积产气量较低，均未达到 1 000 mL。Z14 系统和 Z24 系统的累积产气量分别达到 2 615 mL 和 2 225 mL，Z13 系统、Z17 系统和 Z19 系统的累积产气量分别达到 3 847 mL、3 184 mL 和 3 685 mL，Z10 系统和 Z15 系统的累积产气量达到 4 238 mL 和 4 827.5 mL，Z20 系统的累积产气量最高，达到 7 706 mL，这与 Z20 系统持续较高日产气量的天数较长相一致。表明不同的处理时间、不同的纤维素降解菌含量及不同的 TS 含量比的预处理对厌氧发酵产气有显著的影响作用。

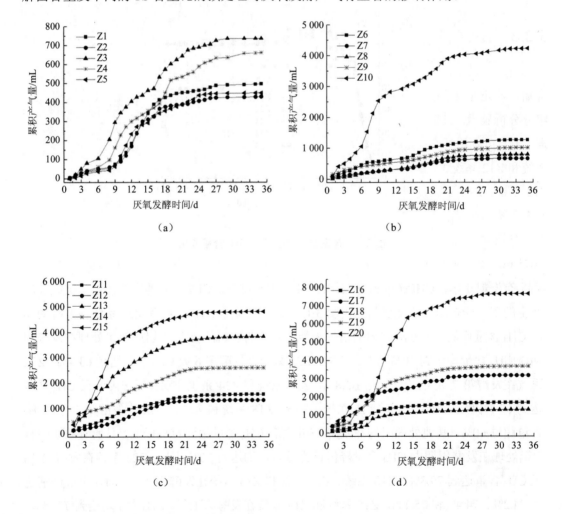

（a）

（b）

（c）

（d）

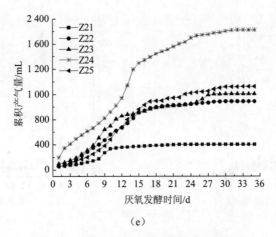

（e）

图 3.2　各系统发酵过程中累积产气量变化

3.2.3　日产气量变化

日产气量变化可反映不同处理组的沼气产量在厌氧发酵时间内的平均状况。由图 3.3 可知，各处理组的产气变化波动较大，在发酵初期（第 1～2 天）产气量显著较高，气体组分分析显示，此时，气体主要以 CO_2 为主。在发酵的第 3 天产气量下降，之后开始逐渐上升，分别达到不同的产气高峰，到发酵后期日产气量逐渐下降。除 Z6～Z9 系统、Z11 系统和 Z12 系统，其他处理组在厌氧发酵中期都有一个大的产气高峰。其中 Z10 系统、Z13 系统、Z15 系统、Z17 系统和 Z20 系统日产气峰值较为显著，Z10 系统、Z13 系统和 Z15 系统均在发酵第 8 天日产气量分别达到了 600 mL、390 mL 和 650 mL，Z17 系统则在发酵第 4 天日产气量就达到了 730 mL，Z20 系统在发酵第 9 天和第 10 天日产气量达到 1 075 mL 和 1 000 mL，且 Z20 系统在发酵的第 7～14 天日产气量均在 300 mL 以上，持续高产气量的天数相对较长。

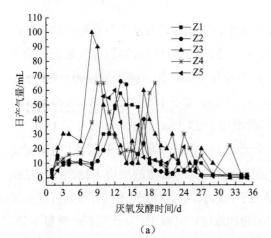

（a）

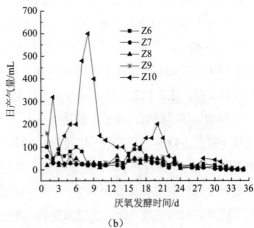

（b）

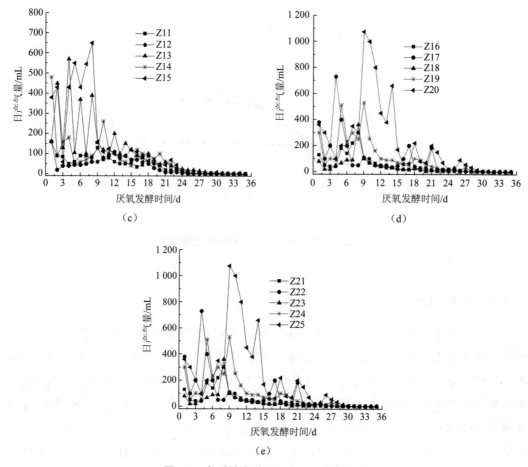

图3.3　各系统发酵过程中日产气量变化

3.2.4　各因素对累积产气量的影响

（1）预处理时间对累积产气量的影响

以预处理时间0 d、3 d、5 d、7 d和15 d五水平为横坐标，五水平各自对应的平均产气量（各水平的五组产气量的平均数）为纵坐标，作预处理时间对累积产气量的影响图（图 3.4）。可见随着预处理时间的增加，累积产气量呈逐渐增加后减小的趋势，7 d 累积产气量最高，达 3 512.5 mL。从 0 d 上升至 3 d，产气量增加了 186.2%；从 3 d 上升至 5 d，产气量增加了 78.9%；从 5 d 上升至 7 d，产气量增加了 23.5%；而从 7 d 上升至 15 d，产气量下降了 64.6%。可见在一定范围内增加预处理时间有利于纤维素降解菌的作用，促使物料由大分子物质转变成小分子物质，以增强厌氧菌对发酵底物的利用来提高产气量；但是预处理时间过长反而不利于产气，可能是由于在较长的处理时间内，纤维素降解菌消耗了过多的发酵底物，厌氧发酵微生物可利用的底物浓度相对减少，从而累积产气量下降。

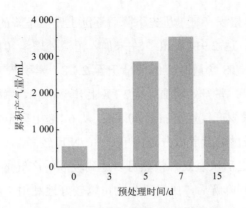

图 3.4　预处理时间对累积产气量的影响

（2）粗纤维降解菌含量（简称菌含量）对累积产气量的影响

以菌含量为 0%、2.5%、5%、7.5% 和 10% 五水平为横坐标，各自对应的平均累积产气量为纵坐标，作菌含量对累积产气量的影响图（图 3.5）。由图可知，随着菌含量增加，累积产气量呈不断增加的趋势。菌含量从 0% 上升至 2.5%，累积产气量增加了 24.1%；从 2.5% 上升至 5%，累积产气量增加了 17.5%；从 5% 上升至 7.5%，累积产气量增加了 28.5%；从 7.5% 上升至 10% 的累积产气量增加幅度最为显著，达到 32.8%。木质纤维素降解率的提高是促进秸秆产气量增加的重要因素。菌含量增大，增加了预处理过程中降解纤维素等微生物菌群数量，从而能更充分地对秸秆中的木质纤维素致密结构进行破坏，并将其转化为有利于厌氧微生物利用的小分子物质，促进产气量的增加。

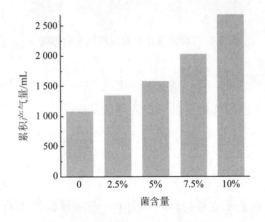

图 3.5　菌含量对累积产气量的影响

（3）TS 含量比对累积产气量的影响

以 TS 含量比 0∶8、2∶8、4∶8、6∶8 和 8∶8 五水平为横坐标，各自对应的累积产气量为纵坐标，作 TS 含量比对累积产气量的影响图（图 3.6）。可以看出，随着沼渣与秸秆的 TS 含量比的增加，累积产气量呈先下降后逐渐上升再下降的趋势，6∶8 的 TS 含量比时的累积产气量最高，达 2 914.8 mL。在未加入沼渣处理组（TS 含量比为 0∶8），累积产气量达到 2 307 mL。TS 含量比从 0∶8 上升至 2∶8，累积产气量反而下降了 51.5%，之后随着比例增加累积产气量开始增加；从 2∶8 上升至 4∶8，累积产气量增加了 85.6%；从 4∶8 上升至 6∶8，累积产气量增加了 40.3%；从 6∶8 上升至 8∶8，累积产气量下降了 54.5%。虽然单秸秆发酵的营养成分较为单一，C/N 比较高，不能满足厌氧微生物生长繁殖所需，但在预处理之后厌氧发酵依然可以达到较高的产气量，说明秸秆结构在被充分破坏，大分子物质得到降解后，厌氧微生物可以较好地利用，而加入沼渣后，C/N 得到调节，反而对产气量有较显著的影响，这可能是由于 C/N 影响了粗纤维降解菌的生长代谢造成的。

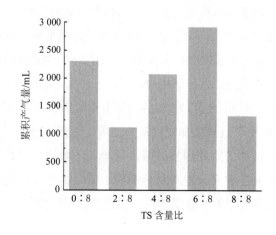

图 3.6　TS 含量比对累积产气量的影响

各个因素对产气量的影响，可以通过极差和方差分析进一步判断，了解各个因素的影响程度，可对预处理工艺的优化提供一定的理论基础。

3.2.5　极差和方差

（1）极差分析

表 3.1 第一列中的 k_1 表示在预处理时间为 0 d 时的累积产气量平均值为 555.4 mL，类似地，其他行和列的平均值分别列于表中；其他因素的极差也分别列于表中。预处理时间、菌含量和 TS 含量比的极差分别为 2 957.1、2 626.1 和 1 795.9，因此各因素的影响作用大小顺序为：预处理时间＞菌含量＞TS 含量比。

（2）方差分析

通过 SPSS 软件进行正交系统的方差分析，结果如表 3.2 所示。从表中可知，处理时间的影响显著性非常明显，而菌含量的影响显著性明显，TS 含量比的影响显著性不明显，与之前的极差分析结果相同。

表 3.2　各因素对产气效果的方差分析

影响因素	离差	自由度	均方离差	F	p
校正模型	66 090 000	12	5 507 150.58	2.592	0.006
预处理时间	5 541 923.39	4	2 770 961.69	6.713	0.004
菌含量	765 524.17	4	382 762.09	5.030	0.013
TS 含量比	301 133.13	4	150 566.57	2.487	0.09
误差	65 736 754.96	12	32 868 377.48	—	—

注：$p < 0.01$ 为极显著性差异；$p < 0.05$ 为显著差异。

3.3　木质纤维素变化规律

3.3.1　秸秆主要组分变化

（1）纤维素含量变化

预处理过程中菌含量为 0%、2.5%、5%、7.5% 和 10% 处理组纤维素含量变化如图 3.7 所示。由图可知，在复合降解菌的作用下，各处理组的纤维素随预处理进行不断被降解，且菌浓度越高，纤维素降解越彻底。0%、2.5%、5%、7.5% 和 10% 处理组纤维素含量从起始的 35.95% 分别降至预处理结束时的 30.65%、27.39%、26.83%、26.71% 和 24.34%，10% 处理组的纤维素降解率最大，达 32.3%。在预处理初期，0%、2.5%、5% 和 7.5% 处理组的纤维素降解速率较小，第 3 天时仅分别降解了 0.89%、2.1%、3.03% 和 7.18%；10% 处理组由于菌浓度较高，在第 3 天时纤维素显著降解了 17.64%。经过一段时间的生长繁殖，菌浓度较低处理组的降解菌对纤维素的降解作用增强。在预处理第 3～7 天，2.5%、5% 和 7.5% 处理组的纤维素降解率开始增加，相对于第 3 天，第 7 天时 2.5%、5% 和 7.5% 处理组的纤维素分别降解了 18.06%、17.64% 和 18.75%。到了预处理后期（第 7～15 天），粗纤维降解菌的活性开始下降，各处理组的纤维素降解率开始下降，预处理结束时，相对于第 7 天，2.5%、5%、7.5% 和 10% 处理组的纤维素仅分别降解了 4.84%、6.69%、1.50% 和 5.01%。可见在降解菌及酶的作用下，可将纤维素的大分子物质分解转化为易于厌氧微生物利用的可溶性小分子物质，从而有利于后续厌氧发酵过程的进行。

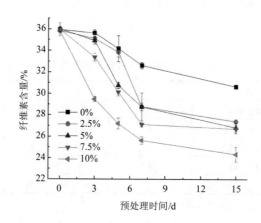

图 3.7   预处理过程中各处理组的纤维素含量变化

（2）半纤维素含量变化

预处理过程中 0%、2.5%、5%、7.5%和 10%处理组半纤维素含量的变化如图 3.8 所示，由图可知，在粗纤维降解菌的作用下，各处理组的半纤维素随着预处理进行不断被降解，半纤维素的降解程度随菌含量的增加而增大。0%、2.5%、5%、7.5%和 10%处理组半纤维素含量从起始的 26.87%分别降至预处理结束时的 23.34%、22.29%、21.97%、20.08%和 17.98%，10%处理组的半纤维素的降解率最大，达到 33.09%。在预处理的初期，0%、2.5%、5%和 7.5%处理组的半纤维素降解较慢，第 3 天时仅分别降解了 3.29%、4.09%、5.94%和 7.91%。10%处理组在高浓度降解菌作用下，在第 3 天时半纤维素显著降解了 19.98%，降解程度高于纤维素的降解。与纤维素降解相同，在预处理第 3～7 天，2.5%、5%和 7.5%处理组的半纤维素降解率开始增加，与第 3 天的半纤维素含量相比，第 7 天时 2.5%、5%和 7.5%处理组的半纤维素分别降解了 6.35%、12.25%和 13.77%，降解程度低于纤维素。到了预处理后期（第 7～15 天），各处理组的半纤维素的降解率基本开始下降，预处理结束时，相对于第 7 天，2.5%、5%、7.5%和 10%处理组的半纤维素分别降解了 7.63%、0.91%、5.88%和 8.33%，但总体上降解程度要高于纤维素的降解。可见在降解菌及酶的作用下，半纤维素也逐渐被降解转化，产生利于厌氧微生物利用的可溶性小分子物质，促进后续厌氧发酵产气。

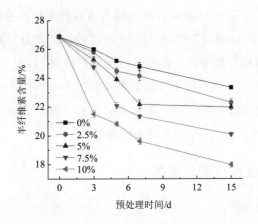

图 3.8　预处理过程中各处理组的半纤维素含量变化

（3）木质素变化

预处理过程中 0%、2.5%、5%、7.5%和 10%处理组木质素含量的变化如图 3.9 所示，由图可知，木质素与纤维素和半纤维素的总体降解趋势相同，各处理组的木质素含量随着预处理时间延长而逐渐下降，且木质素的降解程度随菌浓度的增加而增大。0%、2.5%、5%、7.5%和 10%处理组木质素含量从起始的 16.44%分别降至预处理结束时的 14.89%、14.10%、13.19%、12.6%和 9.3%，10%处理组的木质素降解率最为显著，达 43.43%。在预处理的初期（0～3 d），0%、2.5%和 5%处理组的木质素几乎没有被降解，仅 7.5%和 10%处理组在第 3 天时分别降解了 1.47%和 6.36%，降解程度远低于纤维素和半纤维素，这与木质素是难降解的高分子化合物有关。在预处理第 3～7 天，2.5%、5%和 7.5%处理组木质素的降解率开始增加，但降解程度仍较低，与第 3 天的木质素含量相比，第 7 天时 2.5%、5%和 7.5%处理组的木质素分别降解了 6.81%、8.51%和 9.34%，而 10%处理组的木质素得到显著降解，降解率达 31.07%，表明高浓度的降解菌可有效对木质素进行分解转化。

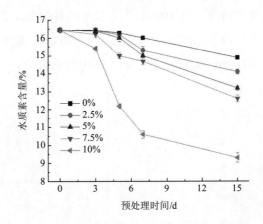

图 3.9　预处理过程中各处理组的木质素含量变化

到了预处理后期（第 7～15 天），各处理组木质素的降解率总体开始上升，预处理结束时，相对于第 7 天，2.5%、5%、7.5%和 10%处理组的木质素分别降解了 6.20%、12.09%、14.21%和 12.33%，降解程度高于纤维素和半纤维素的降解。可见在降解菌及酶的作用下，木质素也逐渐被降解转化，产生利于厌氧微生物利用的可溶性小分子物质，促进后续厌氧发酵产气。但在预处理过程中，由于木质素属于难降解的大分子物质，首先以纤维素和半纤维素的降解为主，之后才开始木质素的降解。

3.3.2　物料红外光谱特征变化规律

（1）红外光谱变化规律

0%、2.5%、5%、7.5%和 10%处理组物料在预处理过程中红外光谱特性变化（图 3.10）。在预处理的第 0 天、第 3 天、第 5 天、第 7 天和第 15 天，分别对 5 组不同菌浓度处理条件下的物料进行红外光谱分析，可知 5 组不同处理条件下的物料在预处理过程中红外光谱吸收峰形状变化不大，但吸收峰强度发生了较大的变化，图中吸收峰主要代表纤维素、半纤维素和木质素官能团的吸收，这表明在预处理过程中秸秆组分的官能团含量发生了变化，预处理促使秸秆组分结构发生改变。

根据有关资料和相关文献（Stark N M et al.，2007；Pandey K K et al.，2003；Schultz T P et al.，1986）：3 351 cm^{-1} 是纤维素分子内羟基—OH 伸缩振动吸收峰；2 920 cm^{-1} 属于纤维素中—CH_2 和—CH 官能团的伸缩振动吸收峰；2 851 cm^{-1} 为芳香族化合物的—CH_2 的—C—H—振动；1 730 cm^{-1} 和 1 735 cm^{-1} 处分别为 C=O 伸缩振动吸收峰和聚木糖的 C=O 伸缩振动峰，均为半纤维素的特征吸收峰；1 646 cm^{-1} 处是纤维素吸附水 H—O—H 弯曲振动的吸收峰，1 545 cm^{-1} 是芳香族 NO_2 反对称伸缩峰，1 512 cm^{-1} 是木质素中苯环骨架的伸缩振动峰，1 455 cm^{-1} 是木质素和碳水化合物中 C—H 的弯曲振动峰；1 383 cm^{-1} 是纤维素和半纤维素中 C—H 的变形振动吸收峰；1 164 cm^{-1} 是 C—O 振动吸收，是纤维素结构的特征吸收峰；1 109 cm^{-1} 是苯环的骨架振动和 C-O 的伸缩振动峰；1 050 cm^{-1} 是纤维素和半纤维素中 C—O 伸缩振动；898 cm^{-1} 是 β-D-葡萄糖苷吸收峰，为纤维素特征吸收峰；873 cm^{-1} 是纤维素中的 C—H 弯曲振动。

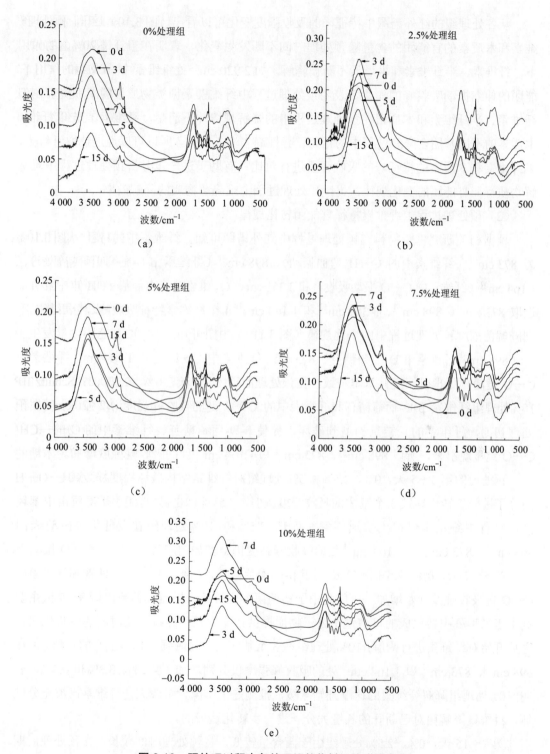

图 3.10　预处理过程中各处理组的物料红外谱图变化

从各处理组的红外谱图中特征峰的吸收强度变化可以看出（图 3.10），纤维素、半纤维素和木质素的官能团的含量随预处理时间不断发生变化，表明在粗纤维降解菌的作用下，纤维素、半纤维素和木质素不断被降解，如 2 920 cm^{-1} 处纤维素中—CH$_2$ 和—CH 官能团的伸缩振动吸收峰的变化，表明预处理过程中纤维素聚糖类物质被脱聚和降解，但纤维素、半纤维素和木质素在预处理过程中的降解规律并不清楚，纤维素、半纤维素和木质素的不同基团在降解过程中的行为差异性尚未深入研究，所以可以通过选取纤维素、半纤维素和木质素的特征峰的吸收强度进行对比，有助于进一步分析预处理过程中难降解物质特征官能团的变化规律，提高预处理过程中难降解物质的降解效率。

（2）预处理过程中纤维素特征官能团转化规律

根据相关研究以及物料在预处理过程中红外谱图可知，纤维素中的特征功能团主要为 873 cm^{-1}（纤维素中的 C—H 弯曲振动）、898 cm^{-1}（纤维素 β-D-葡萄糖苷特征峰）、1 164 cm^{-1}（纤维素中 C—O 振动吸收）和 3 351 cm^{-1}（纤维素分子内羟基—OH 伸缩振动）。选取 873 cm^{-1}、898 cm^{-1}、3 351 cm^{-1} 和 1 164 cm^{-1} 4 个纤维素特征吸收峰，分析其在不同降解菌浓度预处理过程中的变化规律（图 3.11），由图可知：

898 cm^{-1} 纤维素 β-D-葡萄糖苷、873 cm^{-1} 纤维素中 C—H 键和 1 164 cm^{-1} 纤维素中 C—O 键随预处理时间变化基本一致。在预处理的第 0～3 天，0%、2.5%、5%、7.5% 和 10%处理组纤维素 β-D-葡萄糖苷和纤维素中的 C—H 键的吸收峰强度均增强。表明在预处理初期，纤维素的长链结构遭到破坏，促使 β-D-葡萄糖苷、纤维素中的 C—H 键和 C—O 键显现出来，所以 898 cm^{-1}、873 cm^{-1} 和 1 164 cm^{-1} 处的吸收峰强度增加。

预处理的第 3～5 天，0%、2.5% 和 5%处理组对纤维素结构破坏程度减缓或是对断裂的分子进一步转化导致 3 个基团的吸收强度减弱，7.5% 和 10%处理组由于降解菌浓度较高，秸秆中纤维素仍得到快速降解，促使 7.5% 和 10%处理组在发酵第 3～5 天内 898 cm^{-1}、873 cm^{-1} 和 1 164 cm^{-1} 处的吸收峰强度仍呈增加的趋势。

第 5～7 天，0%、2.5% 和 5%处理组 β-D-葡萄糖苷、纤维素中的 C—H 键和纤维素中 C—O 键吸收强度开始增加，可能是由于初期菌浓度较低，推测降解菌在第 3～5 天主要利用玉米秸秆中转化成的可溶性小分子物质提供自身生长，经过一定时间的生长代谢，之后开始对纤维素进行降解；10%处理组在 3 个基团处吸收峰强度也呈上升的趋势，但在 898 cm^{-1}、873 cm^{-1} 和 1 164 cm^{-1} 处的吸收峰强度仅分别增加了 4.2%、3.3% 和 6.4%，表明 10%处理组降解纤维素的速度开始减缓，推测是由于菌含量较大，纤维素已被充分破坏，纤维素降解菌对已断开的长链大分子进一步转化造成的。

第 7～15 天，0%、2.5%处理组由于菌含量较低，且预处理时间较长，在预处理后期不能有效降解纤维素，在 898 cm^{-1}、873 cm^{-1} 和 1 164 cm^{-1} 处的吸收峰强度开始下降，而 10%处理组的吸收强度也出现了下降，这是由于前期菌含量较高，纤维素长链已经得到了较充分的降解，以及在预处理后期降解的活性开始下降，所以吸收峰的强度同样开始下降；但 5%和 7.5%处理组在发酵后期的吸收强度均呈上升趋势，对纤维素进一步降解。

3 351 cm^{-1} 处纤维素分子内羟基—OH 伸缩振动与上文中纤维素的 3 个基团变化不同，在预处理第 0～3 天，0%、5%和 10%处理组的吸收强度呈下降趋势，2.5%和 7.5%处理组则呈上升趋势，之后 0%、2.5%、5%和 7.5%均呈下降（第 3～5 天）—上升（第 5～7 天）—下降（第 7～15 天）的趋势，表明纤维素降解菌对纤维素分子内羟基—OH 的降解呈周期性变化规律，10%处理组由于菌含量较高，纤维素的结构得到充分破坏，大分子的长键烃被断裂成小分子的短键烃，促使分子内羟基—OH 暴露出来且数量不断增加，在第 3～7 天吸收强度不断增强，进入发酵后期吸收强度开始下降。

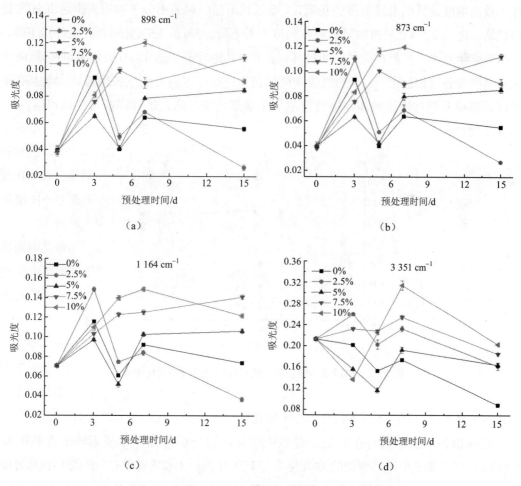

图 3.11　纤维素特征官能团在预处理过程中的变化

（3）预处理过程中半纤维素特征官能团变化规律

根据相关研究可知，半纤维素中的特征官能团为 1 730 cm^{-1}（木聚糖的 C=O 伸缩振动峰）、1 048 cm⁻¹（糖单元中的羟基吸收峰）等，根据物料在预处理过程中红外谱图分析可见，1 730 cm⁻¹ 处吸收峰已经消失，这是由于在纤维素、半纤维素和木质素中，半纤维素是唯一一类可溶于碱溶液的大分子物质，在前期碱处理过程中，碱对半纤维素已在一定程度上被破坏。半纤维素的成分以木糖为主，1 000～1 170 cm⁻¹ 是木聚糖的典型吸收峰，所以选取 1 048 cm⁻¹ 糖单元中的羟基吸收峰，分析其在不同降解菌浓度预处理过程中的变化规律（图 3.12）。由图可知，0%、2.5%、5% 和 7.5% 处理组在预处理的 0～3 d，1 048 cm⁻¹ 糖单元中的羟基吸收强度均呈上升趋势，2.5% 处理组上升幅度最为显著，达 101.4%，而 0%、5% 和 7.5% 处理组则上升幅度不明显，特别是 10% 处理组，反而下降了 53.4%，由于在碱处理时半纤维素结构已遭到一定破坏，接入较高浓度的纤维素降解菌的初期，主要以利用已降解的小分子物质来满足自身的生长代谢。之后 2.5% 处理组的羟基吸收强度不断下降，5% 和 7.5% 处理组先上升后下降，表明降解菌对半纤维结构先进一步破坏，之后对其进行降解转化；10% 处理组在第 3～7 天羟基吸收强度快速上升，表明纤维素降解菌在进行一定程度的生长繁殖后，对秸秆中半纤维糖单元进行快速破坏，促使羟基大量暴露出来，随之进行降解转化成可溶性的小分子物质。

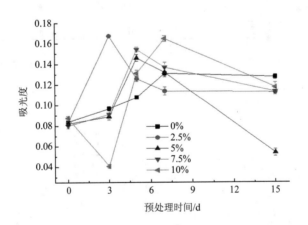

图 3.12　半纤维素特征官能团在预处理过程中变化规律

（4）预处理过程中木质素特征官能团变化规律

根据相关文献及物料在预处理过程中红外谱图分析可知，木质素特征官能团为 1 512 cm⁻¹（木质素中苯环骨架的伸缩振动）和 2 851 cm⁻¹（木质素中 C—H 的伸缩振动）。选取二者的吸收峰，分析其在不同降解菌含量预处理过程中的变化规律。在较低菌含量条件下，木质素结构中苯环骨架的伸缩振动呈先上升后下降再上升最后下降的周期性变化规律，在高菌含量的条件下，可以更有效地对木质素进行降解（图 3.13）。从图中可知，7.5% 和 10% 处理组在预处理的第 0～7 天，1 512 cm⁻¹ 处苯环骨架的伸缩振动吸收强度不断上升，特别是 10%处理组增加幅度最为显著，达 85.7%，这与木质素是一种难生物降解的大分子化合物有关。

对于 2 851 cm^{-1} 木质素中 C—H 的伸缩振动吸收峰，从图 3.13 可以看出，0%、2.5%、5%、7.5%和 10%浓度处理组在预处理的第 0~3 天均呈下降趋势，这表明木质素中的部分甲基（—CH$_3$）或亚甲基（—CH$_2$）被降解或发生变化，与 1 512 cm^{-1} 处木质素中苯环骨架的伸缩振动相反，木质素的结构以苯环单元为主，表明相对于苯环结构，降解菌对木质素降解首先从侧链中甲基和亚甲基等官能团开始，可见木质素苯环相对于其他官能团更难降解。7.5%和 10%处理组在预处理的第 3~7 天木质素中 C—H 的伸缩振动吸收峰吸收强度不断上升，表明随着木质素长链分子不断被切断，甲基和亚甲基等官能团逐渐增多，吸收强度开始上升，而 0%、2.5%和 5%处理组则呈先下降后上升的趋势，与 1 512 cm^{-1} 处木质素中苯环骨架的伸缩振动相同，此时主要以断裂木质素苯环单元之间的连接键为主，且甲基、亚甲基等官能团逐渐增多。在预处理的第 7~15 天，各处理组均呈下降趋势，被断裂的支链或苯环单元被降解或发生变化。

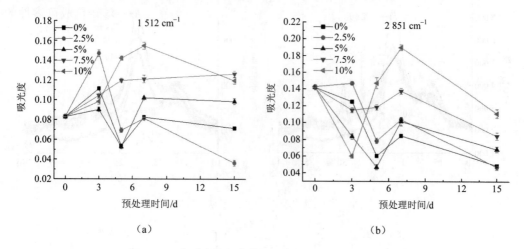

（a）　　　　　　　　　　　　　（b）

图 3.13　木质素特征官能团在预处理过程中变化规律

3.3.3　秸秆 XRD 衍射特性

（1）XRD 衍射谱图变化规律

秸秆中含有一定的结晶区，特别是纤维素，它是由结晶区和无定形区交错结合的复杂体系，利用 X 射线照射样品，具有结晶结构的物质会发生衍射并形成具有一定特性的 X 射线衍射图，可由此来研究纤维素的内部微观结构。

由不同含量降解菌处理的玉米秸秆的 X 射线衍射图谱可知（图 3.14），不同处理组各处理阶段的秸秆 X 射线衍射图基本一致，分别在 22°左右出现一主要峰，这是 002 晶面衍射强度峰；在 18°和 26°左右分别出现一次要峰，为无定形区的衍射强度峰和 SiO_2 衍射峰，这与 Bansal 等（2010）的研究一致。与他人研究不同的是，除第 0 天秸秆样品，各处理阶段的秸秆在 29°左右出现一个钙盐衍射峰。钙盐物质与硅酸盐是维持秸秆细胞壁结构的重要物质，从各衍射谱峰的相对衍射强度变化可知，在微生物预处理的作用下，秸秆结晶区和无定形区均遭到破坏，且维持细胞壁结构的钙盐物质与硅酸盐物质同时遭到破坏。

从图 3.14 中可看出，7.5%和 10%处理组在预处理的第 7 天和第 15 天的 18°附近代表无定形区的波谷显著减弱，特别是 10%处理组在预处理第 15 天无定形区的波谷几乎消失，He 等（2010）研究发现秸秆无定形区的物质主要是木质素和半纤维素，表明在预处理的第 15 天，10%处理组中秸秆的半纤维素被充分降解，与陈广银等（2010）的研究一致。此外，其他各处理的谱图仍然保持晶区和非晶区共存的状态，表明纤维素晶体类型未发生变化。

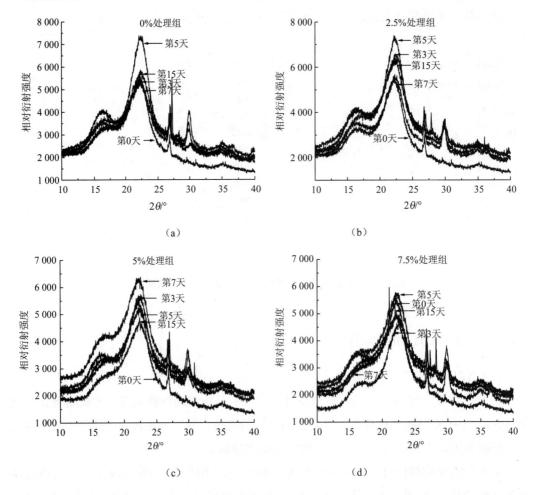

（a）　　　　　　　　　　（b）

（c）　　　　　　　　　　（d）

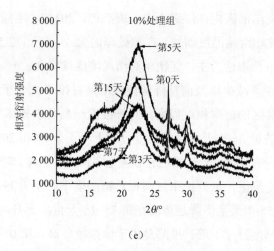

图 3.14　预处理过程中各处理组的秸秆 XRD 衍射谱图变化

（2）秸秆相对结晶度变化规律

相对结晶度（CrI）是描述纤维素超分子结构的重要参数，其大小可以反映木质素的脱出和纤维素的溶出程度（孙永刚，2013）。预处理过程中各处理组的秸秆相对结晶度变化情况见图 3.15，从图中可知，对照 0%处理组，在预处理过程中呈下降—上升—下降—上升的振荡趋势，表明在之前碱的作用下，秸秆的结晶区和非结晶区呈周期性变化规律。

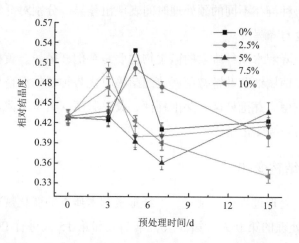

图 3.15　预处理过程中各处理组的秸秆相对结晶度变化

在接入粗纤维降解菌的第 0～3 天，2.5%、5%、7.5%和 10%处理组的秸秆相对结晶度均呈上升趋势，特别是 7.5%和 10%处理组的相对结晶度增幅较为显著，分别达 17.1%和 10.1%，表明纤维素降解菌对无定形区的作用速率高于对结晶区的作用速率，这个阶段以无定形区的水解及向结晶区内部渗透为主（唐杰等，2011），木质素和半纤维素的溶出率得以提高，从而促使相对结晶度增加。在预处理的第 3～5 天，2.5%处理组仍以无定形区的破坏和向结晶区内部渗透为主，促使相对结晶度继续增加；5%、7.5%和 10%处理组则是由于无定形区域逐渐减少以及前期降解菌或酶向纤维素大分子的渗透，使得降解菌及纤维素酶作用于结晶区的速率相对提高，对纤维素结晶区的破坏作用逐渐增强，5%和7.5%处理组在预处理的第 3～5 天相对结晶度分别下降了 8.8%和 20%。在预处理的第 5～15 天，2.5%处理组由于在第 3～5 天时无定形区无序物质的去除，降解菌或酶对结晶区的破坏速率始终高于无定形区，处理结束时其相对结晶度下降至 0.399。5%和 7.5%处理组的相对结晶度则在第 5～7 天呈下降趋势后在第 7～15 天再次上升，10%处理组在预处理的第 3～15 天相对结晶度持续下降，推测是由于菌浓度较高，第 0～3 天时降解菌或酶对结晶区渗透强度较大，所以对结晶区进行了有效的破坏。

3.4 微生物动态变化

本节通过采用 PCR-DGGE 方法，对 5 组不同含量的复合粗纤维降解菌预处理过程中的细菌进行检测，分析了预处理过程中细菌的演替规律、细菌多样性及群落结构相似性，并对预处理过程中的优势细菌进行测序分析，得出以下结论：

①所有预处理组样品均显示出较复杂的多样性，每个处理样品图谱中均显示有明显的优势种群，且优势种群在不同的预处理时间表现出差异，分别对纤维素、半纤维素和木质素进行不同程度的降解。

②预处理过程中降解木质纤维素的微生物主要是芽孢杆菌属、黄杆菌属、黄单胞菌属、假单胞菌属、梭菌属细菌及链霉菌属放线菌等。优势种群的演替规律主要为假单胞菌、变形菌—假单胞菌、芽孢杆菌—芽孢杆菌、黄单胞菌—黄单胞菌、鞘氨醇单胞菌和梭菌，木质纤维素的降解变化相符。

3.4.1 细菌群落结构变化

为进一步验证预处理过程中纤维素、半纤维素和木质素的变化规律，将各浓度处理组的秸秆分别在预处理的第 0 天、第 3 天、第 7 天和第 15 天进行 PCR-DGGE 分析。图 3.16 是各处理组的 DGGE 图谱，可以看出指纹图谱差异较大，图谱中呈现的电泳条带数目不同，而且各个条带的相对信号强弱程度不同。这表明不同菌浓度处理组在预处理过程中的 DGGE 图谱所显示的细菌群落结构和细菌多样性信息是不同的（林海龙等，2011）。其中分离得到条带的多少反映样品中细菌种群的多样性，而条带信号强弱程度可反映细菌群落结构中每一种群的相对数量（邢德峰等，2006；魏利等，2008）。所以，可以根据图谱的指纹信息确定不同预处理样品中细菌的种类及其相对数量关系，从而获得样品的细菌群落结构和细菌种群多样性信息。

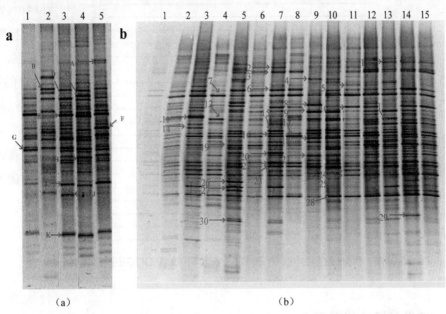

注：（a）中 1、2、3、4、5 分别代表第 0 天时 0%、2.5%、5%、7.5%和 10%处理组样品。（b）中 1、2、3、4、5 分别代表预处理第 3 天时 0%、2.5%、5%、7.5%和 10%处理组样品；6、7、8、9、10 分别代表预处理第 7 天时 0%、2.5%、5%、7.5%和 10%处理组样品；11、12、13、14、15 分别代表预处理第 15 天时 0%、2.5%、5%、7.5%和 10%处理组样品。

图 3.16　预处理第 0 天、第 3 天、第 7 天、第 15 天各浓度处理组的 DGGE 图谱

从图 3.16 中可以看出，所有预处理组样品均显示出了较复杂的多样性，0%处理组虽然未接入降解菌，由于秸秆样品在收集时已在地里干枯，自身携带有较丰富的细菌，加上沼渣中含有的微生物，所以 0%处理组同样在 DGGE 图谱中显示出相对丰富的细菌种类，但与接入降解菌的各处理组相比，细菌多样性则相对较低。虽然细菌种类较多，每个处理样品图谱中均有几条明显颜色较深的条带，即优势条带，说明预处理过程中尽管细菌种类较多，但有明显的优势种群，且优势种群在不同的预处理时间表现出差异，分别对纤维素、半纤维素和木质素进行不同程度的降解。

图 3.17 是预处理过程中 DGGE 图谱聚类分析，不同菌浓度处理组在不同的预处理时间细菌组成相似性差别较大，说明不同处理时间细菌种类发生变化，这与前文研究中纤维素、半纤维素和木质素在不同的预处理时间降解程度的变化相符。

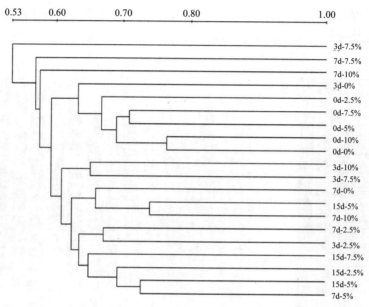

图 3.17　预处理过程中第 3 天、第 7 天和第 15 天 DGGE 图谱聚类分析

3.4.2　细菌多样性指数分析

表 3.3 为预处理过程中细菌群落多样性指数，DGGE 图谱中条带数可直观地反映样品中细菌种群的遗传多样性，而多样性指数是研究群落物种数和个体数的综合指标。从表 3.3 中可看出，随着预处理时间的增加，2.5%处理组 Shannon-Wiener 多样性指数整体呈增加的趋势，5%、7.5%和10%处理组 Shannon-Wiener 多样性指数整体呈上升—降低—上升的趋势。多样性指数是反映均匀度和物种丰富度的综合指标，预处理过程中细菌分布不均匀，Shannon-Wiener 多样性指数会下降，从表中可发现 Pielou 均匀度指数随预处理时间整体呈降低—上升—降低的振动变化趋势。

表 3.3　细菌群落多样性指数

预处理菌含量/%	预处理时间/d	丰富度（S）	Shannon-Wiener 多样性指数（H）	Simpson 指数	Pielou 均匀度指数（E）
0	0	15	2.66	0.073	0.177
	3	33	2.97	0.052	0.103
	7	31	3.37	0.036	0.109
	15	29	3.31	0.038	0.114
2.5	0	15	2.67	0.071	0.178
	3	20	3.41	0.036	0.149
	7	33	3.43	0.034	0.104
	15	38	3.59	0.029	0.094

预处理菌含量/%	预处理时间/d	丰富度（S）	Shannon-Wiener多样性指数（H）	Simpson指数	Pielou均匀度指数（E）
5	0	26	3.21	0.042	0.123
	3	42	3.66	0.027	0.087
	7	30	3.33	0.038	0.111
	15	36	3.52	0.031	0.098
7.5	0	31	3.37	0.037	0.109
	3	34	3.45	0.034	0.101
	7	28	3.25	0.042	0.116
	15	40	3.61	0.029	0.090
10	0	25	3.13	0.049	0.125
	3	46	3.76	0.025	0.082
	7	38	3.56	0.03	0.094
	15	41	3.65	0.027	0.089

3.4.3　DGGE 条带测序分析

表 3.4 和表 3.5 是对 DGGE 优势条带测序分析结果，从表中可知，预处理过程中降解木质纤维素的微生物主要是芽孢杆菌属、黄杆菌属、黄单胞菌属、假单胞菌属、梭菌属细菌及链霉菌属放线菌等。结果表明，属于链霉菌的丝状放线菌降解木质素最高可达20%，且链霉菌属放线菌也具有较强的降解纤维素的能力。黄杆菌属、黄单胞菌属和假单胞菌属细菌可以降解木质素的降解产物或木质素低分子量部分，其中假单胞菌属是最有效的降解者（林海龙，2011；邢德峰，2006；魏利，2008），因此，它们可能在木质素降解的最后阶段起作用。此外，芽孢杆菌和梭菌在降解纤维素和半纤维素过程中也起到了关键作用。值得注意的是在预处理过程中还检测到了梭菌门、变形菌纲和鞘氨醇单胞菌，其中，鞘氨醇单胞菌与生物质聚合体等的降解相关，可以将己糖、戊糖及二糖转变成酸。

在预处理第 0 天，各处理组的优势种群是假单胞菌、变形菌和链孢囊菌，到了预处理第 3 天，细菌多样性增加，优势种群是假单胞菌，其次是芽孢杆菌、黄单孢菌。链孢囊菌只有在 10%处理组相对数量较高。到了预处理第 7 天，优势种群变为芽孢杆菌、黄单孢菌和梭菌，其次是假单胞菌，预处理第 15 天时，细菌种类显著增多，黄单孢菌成为主要的优势菌，并且鞘氨醇单胞菌和梭菌的指示条带变亮。根据预处理过程中优势种群的变化，可见在前期以降解纤维素和半纤维素为主，随着预处理的进行，纤维素和半纤维素的逐渐被降解成小分子物质，木质素部分被降解，到了预处理后期，降解糖类及木质素降解产物的微生物增加，这与木质纤维素的变化规律相符。

表 3.4　第 0 天样品 DGGE 优势条带测序分析结果

条带	编号	菌株	相似性
A	KF437548.1	*Alpha proteobacterium* NL8	99%
B	HE586563.1	*Clostridium akagii* DSM 12554	100%
C	JQ723717.1	*Pseudomonas* sp. B-5-1	99%
D	NR_043990.1	*Pseudomonas tuomuerensis* 78-123	99%
E	HM159265.1	*Pseudomonas tuomuerensis* TSK1	100%
F	KF931641.1	*Clostridiales bacterium* P3M-3	100%
H	KF717081.1	*Paenibacillus polymyxa* L13	95%
I	AY162123.1	*Delta proteobacterium* GMD14H09	92%
J	KF717081.1	*Paenibacillus polymyxa* L13	95%
K	JX467533.1	*Nonomuraea* sp. ex1	100%

表 3.5　第 3 天、第 7 天和第 15 天样品 DGGE 优势条带测序分析结果

条带	编号	菌株	相似性
1	KF437548.1	*Alpha proteobacterium* NL8	99%
2	HE586563.1	*Clostridium akagii* DSM 12554	100%
3	JQ723717.1	*Pseudomonas* sp. B-5-1	99%
4	KC765086.1	*Sphingopyxis* sp. QXT-31B	99%
5	NR_043990.1	*Pseudomonas tuomuerensis* 78-123	99%
6	KJ000832.1	*Pseudoxanthomonas* sp. SCU-B203	97%
7	HM159265.1	*Pseudomonas tuomuerensis* TSK1	100%
8	JX442225.1	*Firmicutes bacterium* Mecdtt	100%
9	HF678374.1	*Xanthomonas* sp. RP9	99%
10	KF931641.1	*Clostridiales bacterium* P3M-3	100%
11	HM854543.1	*Salinimicrobium* sp. DFM77	97%
12	HF570153.1	*Lathyrus sativus microsatellite locus* P2B9	100%
13	KC920989.	*Comamonas terrigena*　SQ105-2	99%
14	KC854349.1	*Clostridia bacterium* TSAR48	95%
15	JN036546.1	*Virgibacillus* sp. CAU 9813	98%
16	AB375754.1	*Bacillus* sp. 50LAy-1	99%
17	JN375524.1	*Lysobacter* sp. RM：20	100%
18	KF717081.1	*Paenibacillus polymyxa* L13	95%
19	AY162123.1	*Delta proteobacterium* GMD14H09	92%
20	HE660065.1	*Torulaspora delbrueckii*	100%
21	KF826885.1	*Pseudoxanthomonas* sp. B14	98%
22	JN791289.1	*Bacteroidetes* sp. BG31	97%
23	KF387535.1	*Firmicutes bacterium* MLFW-2	92%
24	KF931641.1	*Clostridiales bacterium* P3M-3	100%
25	HE660065.1	*Torulaspora delbrueckii*	100%
26	DQ491075.1	*Polyangium thaxteri* BICC 8959	97%

条带	编号	菌株	相似性
27	DQ517072.1	*Bacterium* SL3.7	98%
28	JQ963326.1	*Xanthomonadaceae bacterium* K-1-9	97%
29	JF345296.1	*Gemmatimonadetes bacterium*	91%
30	JX467533.1	*Nonomuraea* sp. ex1	100%

3.5　本章小结

3.5.1　主要结论

本章以玉米秸秆为原料，进行生物预处理，并通过在预处理时添加沼渣提高后续产气效果，在进行复合粗纤维降解菌的生物预处理时选取预处理时间、粗纤维降解菌含量、沼渣与秸秆 TS 含量比的三因素五水平进行正交系统，预处理结束后进行干式厌氧发酵，根据累积产气量分析了三种因素的影响大小，优化了预处理参数。此外，研究了 5 组不同浓度的复合降解菌预处理过程中的木质纤维素变化规律，分析了纤维素、半纤维素和木质素含量的变化；通过 FTIR、X 衍射分析技术对秸秆颗粒红外光谱特性和特征官能团变化以及秸秆颗粒衍射特性和结晶度变化进行分析；并结合 PCR-DGGE 技术对预处理过程中微生物演替规律进行分析，进一步阐述预处理过程中木质纤维素变化与微生物之间的作用关系，得出主要结论如下：

①三因素五水平正交系统结果表明：预处理时间为 7 d，菌含量为 10%，沼渣与秸秆 TS 含量比为 6∶8 时产气效果最好，累积产气量达到 7 703 mL。影响累积产气量的因素作用大小顺序为：预处理时间＞菌含量＞TS 含量比。

②预处理过程中的木质纤维素含量变化表明：纤维素、半纤维素与木质素在预处理过程中均不断被降解。降解菌浓度越高，各组分的降解率越大；相比木质素，半纤维素和更易降解，降解率可高达 33.09% 和 32.3%。

③5 组不同处理条件下的物料红外光谱特性分析表明：在预处理过程中红外光谱吸收峰形状变化不大，但吸收峰强度发生了较大的变化；纤维素中 898 cm^{-1}、873 cm^{-1} 和 1 164 cm^{-1} 处基团在预处理过程中变化基本一致；3 351 cm^{-1} 基团降解在预处理 0～3 d 与以上 3 个官能团的变化不同，但总体各官能团呈周期性变化规律。半纤维素中 1 048 cm^{-1} 处糖单元之间的连接键在预处理 0～7 d 不断被破坏；木质素中 2 851 cm^{-1} C—H 的伸缩振动吸收峰与 1 512 cm^{-1} 处苯环骨架的伸缩振动的趋势在预处理 0～3 d 相反，苯环相对于其他官能团更难降解。

④5 组不同处理条件下的秸秆 X 射线衍射特性分析表明，不同处理组各处理阶段的

秸秆 X 射线衍射谱图基本一致，秸秆结晶区、无定形区及维持细胞壁结构的钙盐物质与硅酸盐物质均遭到破坏。预处理初期，各处理组的纤维素降解菌以无定形区的水解和向结晶区内部渗透为主，菌含量越高，对结晶区破坏越显著。

⑤所有预处理组样品均显示出了较复杂细菌多样性，预处理过程中降解菌群落结构之间相似性和动态性存在明显时间差异性；优势菌群主要是芽孢杆菌属、黄杆菌属、黄单胞菌属、假单胞菌属、梭菌属细菌及链霉菌属放线菌等，各优势菌群的演替规律与纤维素、半纤维素和木质素的变化规律相符。

3.5.2　讨论

（1）预处理的工艺优化

优化组合各种预处理方法，实现低成本、高效，是今后秸秆预处理技术研究发展方向。碱处理是比较简单、有效的预处理方法，目前使用最多且已被规模化应用（陈广银等，2010），而且许多研究表明采用 NaOH 预处理比其他碱性试剂更有效（Kim S et al.，2006；Kim J et al.，2003；Lin et al.，1997）。本研究首先采用操作简单、无废碱液的湿式碱预处理方法，避免了碱液浸泡带来的弊端，然后结合复合纤维素降解菌进一步对秸秆预处理。刘荣厚等（2012）采用氨-生物联合预处理小麦秸秆进行厌氧发酵，菌的接种量为 108 处理组的产气率最高，达 119.7 mL/g，CH_4 最高体积分数为 51.33%。本正交系统 25 组处理中除 Z2、Z4 和 Z21 系外，其他 23 组处理在发酵反应终止时 CH_4 含量均维持在 60%左右，达到沼气作为能源燃料燃烧的要求，沼气质量良好。

（2）预处理过程中秸秆组分变化规律

纤维素、半纤维素和木质素相互交联，为难降解有机物，但三者在预处理过程中的降解难易程度是不同的，且其分子内的不同基团降解难易程度也是不一样的，因此清楚了解纤维素、半纤维素和木质素在预处理过程中的变化规律对我们调整预处理方案有着重要的指导意义。

Xu 等（2010）在利用 Irpex lacteus CD2 降解玉米秸秆时发现半纤维素最先被破坏，其次是木质素，然后将纤维素暴露出来，促使相对结晶度增加。Gao 等（2012）利用 Gloeophyllum trabeum KU-41 预处理玉米秸秆后发现与对照组相比纤维素被暴露，结晶度上升了 2%，并表明相对于纤维素，半纤维素等物质被优先降解。这与本研究相一致，在不同菌浓度处理条件下半纤维素的降解效率最高，半纤维素属于无定形区的物质，随着无定形区物质的去除，秸秆的相对结晶度呈上升趋势，特别是降解菌浓度较高的 7.5%和 10%处理组，其相对结晶度增幅较为显著，分别达 17.1%和 10.1%。从预处理秸秆的红外光谱特性也发现，半纤维素中的特征官能团 1 730 cm^{-1} 处木聚糖的 $C=O$ 伸缩振动峰消失，1 048 cm^{-1} 处糖单元之间的连接键不断被破坏。但相对木质素来讲，本研究发现纤维素的降解要优于木质素，这与木质素是难降解的大分子化合物有关。

从秸秆预处理过程中纤维素、半纤维素和木质素特征吸收峰的官能团来分析，不同预处理阶段分子内的不同基团降解难易程度不同，目前研究主要集中在预处理前后秸秆官能团的变化。根据本研究，在预处理 $0\sim3$ d，相对难降解的基团纤维素中 898 cm^{-1} 处 β-D-葡萄糖苷、873 cm^{-1} 处 C—H 键和 1 164 cm^{-1} 处 C—O 键及木质素中 1 512 cm^{-1} 处苯环骨架以键的破坏为主，之后呈降解物的转化分解—再破坏的趋势，因此可以在预处理前期增加相关微生物或酶以加快键的断裂，提高处理效率。

（3）预处理过程中微生物的动态变化

对于预处理过程中微生物的动态变化，限于预处理机理和微生物演替规律方面的研究较少，且由于时间有限和系统条件，尚待进一步研究。但从中可以发现，降解木质纤维素的优势菌群随预处理时间表现出时间差异性，优势菌群的演替与木质纤维素降解的变化规律相符，分别对纤维素、半纤维素和木质素产生不同程度的降解。

参考文献

常娟，卢敏，尹清强，等．2012．秸秆资源预处理研究进展．中国农学通报，28（11）：1-8.

陈广银，郑正，罗艳，等．2010．碱处理对秸秆厌氧消化的影响．环境科学，31（9）：2208-2213.

陈尚钘，勇强，徐勇，等．2011．稀酸预处理对玉米秸秆纤维组分及结构的影响．中国粮油学报，26（6）：13-19.

程旺开，汤斌，张庆庆，等．2009．麦秸秆的氢氧化钙预处理及酶解试验研究．纤维素科学与技术，17（1）：41-46.

董宇，马晶，张涛，等．2010．秸秆利用途径的分析比较．中国农学通报，19：327-332.

方少辉．2012．农村混合物斜干式厌氧发酵生物质能源转化的特性研究．兰州：兰州交通大学．

何娟，孙可伟，李建昌，等．2011．城市生活垃圾厌氧发酵中纤维素酶预处理的应用研究．上海环境科学，30（5）：201-206.

侯丽丽，车程川，杨革，等．2010．不同预处理方法对秸秆固态发酵产纤维素酶的影响．曲阜师范大学学报，36（1）：100-103.

计红果，庞浩，张容丽，等．2008．木质纤维素的预处理及其酶解．化学通报，5：329-335.

焦翔翔，靳红燕，王明明．2011．我国秸秆沼气预处理技术的研究及应用进展．中国沼气，29（01）：29-33+39.

李建昌．2011．水解酶预处理对城市有机生活垃圾厌氧消化的影响．昆明：昆明理工大学．

李日强，席玉英，曹志亮，等．2002．纤维素类废弃物的综合利用．中国环境科学，22（1）：24-27.

李荣斌，董绪燕，魏芳，等．2009．微波预处理超声辅助酶解大豆秸秆条件优化．中国农学通报，（19）：314-318.

李淑兰，梅自力，张国治，等．2011．秸秆厌氧消化预处理技术综述．中国沼气，29（5）：29-33.

李想，赵立欣，韩捷，等．2006．农业废弃物资源化利用新方向——沼气干式厌氧发酵技术．中国沼气，26（4）：23-27.

李岩，张晓东，孟祥梅，等．2008．玉米秸秆稀酸水解与水解液发酵的实验研究．现代化工，28（2）：352-356.

李长生．1999．农村沼气实用技术．北京：金盾出版社．

梁越敢，郑正，汪龙眠，等．2011．干式厌氧发酵对稻草结构及产沼气的影响．中国环境科学，31（3）：417-422.

林海龙，李伟光，闫险峰，等．2011．中药废水污泥群落结构解析中 PCR-DGGE 引物的选择与评价．环境科学，32（5）：1505-1510.

刘娇，宋公明，马丽娟，等．2008．不同预处理方法对玉米秸秆水解糖化效果的影响．饲料工业，29（1）：31-32.

刘琪，马兴元，马君．2011．生物质能源干式厌氧发酵预处理的研究进展．能源环境保护，25（4）：5-9.

刘荣厚，吴晋锴，武丽娟．2012．菌种添加量对生物预处理小麦秸秆厌氧发酵的影响．农业机械学报，43（011）：147-151.

吕贞龙，陈后庆，尹召华．2007．小麦秸秆氨化中尿素氮水平对其品质的影响．饲料工业，28（23）：26-28.

马兴元，刘琪，马君．2011．氨化预处理对生物质秸秆厌氧发酵的影响．生态环境学报，20（10）：1503-1506.

倪启亮．2008．木质纤维素降解菌的筛选及对秸秆降解的研究．桂林：桂林工学院.

宁欣强，王远亮，曾国明，等．2010．蒸汽爆破玉米秸秆提高酶解还原糖产率的研究．精细化工，27（9）：862-865.

牛文娟．2015．主要农作物秸秆组成成分和能源利用潜力．北京：中国农业大学.

荣辉，余成群，孙维，等．2010．瘤胃微生物对结构性碳水化合物的降解机制研究进展．草业科学，27（9）：134-143.

孙凯，孟宁，冯琳，等．2009．产纤维素酶细菌的分离鉴定及产酶特性研究．兰州交通大学学报，28（4）：159-162.

孙然，冷云伟，赵兰，任恒星，王心强．2010．秸秆原料预处理方法研究进展．江苏农业科学，（6）：453-455.

孙永刚，马玉龙，麻晓霞，等．2013．酸碱解聚玉米秸秆分子结构的实验研究．化学通报，76（7）：645-649.

覃国栋，刘荣厚，孙辰．2011．酸预处理对水稻秸秆沼气发酵的影响．上海交通大学学报（农业科学版），29（1）：58-61.

唐杰，徐青锐，王立明，等．2011．若尔盖高原湿地不同退化阶段的土壤细菌群落多样性．微生物学通报，38（5）：677-686.

王佳堃．2006．稻草预处理后超微结构及其理化特性变化规律研究．杭州：浙江大学.

王丽，李雪铭，许妍．2008．中国大陆秸秆露天焚烧的经济损失研究．干旱地区资源与环境，22（2）：170-175.

王赛月，牛明芬，庞小平．2010．生物菌剂对秸秆厌氧发酵的影响．科技创新与产业发展（A 卷），：404-307.

王小韦，李秀金，刘新春，等．2009．高温 NaOH 预处理对秸秆高固体厌氧消化的影响．现代化工，29（增刊 2）：200-203.

魏利，马放，王欣宇，等．2008．基于 16S rDNA 不同靶序列对厌氧 ABR 反应器微生物多样性分析的影响．环境科学，29（3）：776-780.

武少菁．2009．玉米秸秆干式厌氧发酵产沼气工艺试验研究．郑州：河南农业大学.

邢德峰，任南琪，宋佳秀，等．不同 16S rDNA 靶序列对 DGGE 分析活性污泥群落的影响．环境科学，2006.27（7）：1424-1428.

许敏．2008．生物质热解气化特性分析与试验研究．天津：天津大学.

闫志英，姚梦吟，李旭东，等．2012．稀硫酸预处理玉米秸秆条件的优化研究．可再生能源，30（7）：104-110.

阳金龙，赵岩，陆文静，等．2010．玉米秸秆超临界预处理与水解．清华大学学报（自然科学版），50（9）：1408-1411.

杨懂艳．2004．生物与化学预处理对玉米秸秆生物气产量的影响研究．北京：北京化工大学.

杨盛茹，丁长河，王罗琳，等．2010．氨纤维爆破法预处理木质纤维生物质原料．酿酒，37（5）：16-18.

杨玉楠，陈亚松，杨敏．2007．利用白腐菌生物预处理强化秸秆发酵产甲烷研究．农业环境科学学报，

（5）：1968-1972.

叶小梅，常志州. 2008. 有机固体废物干法厌氧发酵技术研究综述. 生态与农村环境学报，24（2）：76-79.

易锦琼，熊兴耀. 2010. 木质纤维素预处理技术. 农产品加工（学刊），（6）：4-7.

于洁. 2010. 可降解纤维素的微生物菌群筛选及其性质初探. 天津：天津理工大学.

郁红艳. 2007. 农业废物堆肥化中木质素的降解及其微生物特性研究. 湖南：湖南大学.

袁旭峰，高瑞芳，李培培，等. 2011. 复合菌系 MC1 预处理对玉米秸秆厌氧发酵产甲烷效率的提高. 农业工程学报，27（9）：266-270.

张红霞，陈雪善，刘芙蓉，等. 2009. 蜂窝状微孔结构纤维表面形态观察及其统计分析. 纺织学报，30（2）：13-17.

张麟凤，崔俊涛. 2012. 纤维素分解复合菌生物预处理秸秆优越性研究. 科技信息，11：69-70.

张无敌，宋洪川，李建昌，等. 2001. 鸡粪厌氧消化过程中水解酶与沼气产量的关系研究. 环保与生活，（4）：16-18.

张妍，邓舟，夏洲，等. 2009. 农村生物质废物厌氧消化技术背景及现状及展望. 环境卫生工程，17（5）：1-3.

周富春. 2009. 固体废物的处理现状及研究进展. 山西建筑，35（10）：352-353.

朱德生. 2013. 多原子分子光谱实验手段分析与探讨. 甘肃科技，29（8）：74-76.

A.Ghost，B.C. Bhattacharyya. 2000. Biomethanation of white rotted and brown rotted rice straw. Fuel and Energy Abstracts，41（5）：297-302.

Andre Ferraz，Jaime Rodriguez，Juanita Freer，et al. 2001. Biodegradation of Pinus radiata softwood by white-and brown-rot fungi. World Journal of Microbiology &Biotechnology，17（1）：31-34.

Bansal P，Hall M，Realff M J，et al. 2010. Multivariate statistical analysis of X-ray data from cellulose：a new method to determine degree of crystallinity and predict hydrolysis rates. Bioresource technology，101（12）：4461-4471.

Blanchette R A. 2000. Areviewofmicrobial deterioration found in archaeo-logical wood from different environments.International Biodeteriora-tion and Biodegradation，46（3）：189-214.

Daniel Cullen. 1997. Recent advances on the molecular genetic fungi. Journal of Biotechnology，53（2-3）：273-289.

Detroy R W，Lindenfelser L A，Sommer S，et al. 1981. Bioconversion of wheat straw to ethanol：chemical modification，enzymatic hydrolysis，and fermentation. Biotechnology and bioengineering，23（7）：1527-1535.

Fdezgelfo L A，Alvarezgallego C，Sales D，et al. 2011. The use of thermochemical and biological pretreatments to enhance organic matter hydrolysis and solubilization from organic fraction of municipal solid waste（OFMSW）. Chemical Engineering Journal，168（1）：249-254.

Gao Z，Mori T，Kondo R. 2012. The pretreatment of corn stover with Gloeophyllum trabeum KU-41 for enzymatic hydrolysis. Biotechnol Biofuels，5（1）：1-11.

Hamilton T J，Dale B E，Ladisch M R，et al. 1984. Effect of ferric tartrate/sodium hydroxide solvent pretreatment on enzyme hydrolysis of cellulose in corn residue. Biotechnology and bioengineering，26

（7）：781-787.

He Y，Pang Y，Liu Y，et al. 2008. Physicochemical characterization of rice straw pretreated with sodium hydroxide in the solid state for enhancing biogas production. Energy & Fuels，22（4）：2775-2781.

Hoon K S. 2004. Lime pretreatment and enzymatic hydrolysis of corn stover. Dissertation for the Degree of Doctor of Philosophy. Texas A&M University.

Izumi K，Okishio Y，Nagao N，et al. 2010. Effects of particle size on anaerobic digestion of food waste. International biodeterioration & biodegradation，64（7）：601-608.

Kim J，Park C，Kim T H，et al. 2003. Effects of various pretreatments for enhanced anaerobic digestion with waste activated sludge. Journal of bioscience and bioengineering，95（3）：271-275.

Kim S，Holtzapple M T. 2006. Delignification kinetics of corn stover in lime pretreatment. Bioresource Technology，97（5）：778-785.

Kim T H，Lee Y Y. 2006. Fractionation of corn stover by hot-water and aqueous ammonia treatment. Bioresource Technology，97（2）：224-232.

Kumar P，Barrett D M，Delwiche M J，et al. 2009. Methods for pretreatment of lignocellulosic biomass for efficient hydrolysis and biofuel production. Industrial and Engineering Chemistry Research，48：3713-3729.

Lin J G，Chang C N，Chang S C. 1997. Enhancement of anaerobic digestion of waste activated sludge by alkaline solubilization. Bioresource Technology，62（3）：85-90.

Ma H，Liu W W，Chen X，et al. 2009. Enhanced enzymatic saccharification of rice straw by microwave pretreatment. Bioresource Technology，100（3）：1279-1284.

Menardo S，Airoldi G，Balsari P. 2012. The effect of particle size and thermal pre-treatment on the methane yield of four agricultural by-products. Bioresource technology，104：708-714.

Ming W Lau，Christa Gunawan，Bruce E Dale. 2009. The impact of pretreatment on the fermentability of pretreated lignocellulose biomass：a comparative evaluation between ammonia fiber expansion and dilute acid pretreatment . Biotechnol Biofuels，2：30.

Moller K. 2003. System wirkungen Einer "Biogas wirtschaft" im Okologischen Landbau：Pflanzenbauliche A spekte，Auswirkungen auf den N-Haushalt und auf die Spuren gas emissionen . Biogas Journal，1（5）：20-29.

Mshandete A，Björnsson L，Kivaisi A K，et al. 2006. Effect of particle size on biogas yield from sisal fibre waste. Renewable energy，31（14）：2385-2392.

Owen E，Klopfenstein T，Urio N A. 1984. Treatment with other chemicals，straw and other fibrous by-products as feed. Bioresource technology，8：248-275.

Pandey K K，Pitman A J. 2003. FTIR studies of the changes in wood chemistry following decay by brown-rot and white-rot fungi. International Biodeterioration & Biodegradation，52（3）：151-160.

Ralph P Overend. 1985. Biomass，bio-energy and biotechnology：a futuristic perspective. Bi omass Energy New York and Landon. Development plenum press：1-16.

Schultz T P，Glasser W G. 1986. Quantitative structural analysis of lignin by diffuse reflectance Fourier transform infrared spectrometry. Holzforschung，40：37-44.

Stark N M，Matuana L M. 2007. Characterization of weathered wood-plastic composite surfaces using FTIR spectroscopy，contact angle，and XPS. Polymer Degradation and Stability，92（10）：1883-1890.

Sun R C，Mark L J，Banks W B. 1995. Influence of alkaline pre-treatments on the cell wall components wheat straw. Industrial Crops and Products，4：127-145.

Tianxue Y，Li Y，Haobo H，et al. 2014. Spatial structure characteristics analysis of corn stover during alkali and biological co-pretreatment using XRD. Bioresource technology，163：356-359.

Tiehm A，Nickel K，Zellhorn M，et al. 2001. Ultrasonic waste activated sludge disintegration for improving anaerobic stabilization. Water Research，35（8）：2003-2009.

UmaRani R，Adish Kumar S，Kaliappan S，et al. 2012. Low temperature thermo-chemical pretreatment of dairy waste activated sludge for anaerobic digestion process. Bioresource technology，103（1）：415-424.

Van Soest P J. Analytical systems for evaluation of feeds. 1982. Nutritional ecology of the ruminant. O and B Books，Corvallis，OR：75-94.

Xu C，Ma F，Zhang X，et al. 2010. Biological pretreatment of corn stover by Irpex lacteus for enzy- matic hydrolysis. Journal of agricultural and food chemistry，58（20）：10893-10898.

Sun Y，Cheng J Y. 2002. Hydrolysis of lignocellulosic materials for ethanol production：a review. Bioresource Technology，83（1）：1-11.

Zaman M S，Owen E. 1995. The effect of calcium hydroxide and urea treatment of barley straw on chemical composition and digestibility in vitro. Animal Feed Science and Technology，51（1）：165-171.

Zhang R，Zhang Z. 1999. Biogasification of rice straw with an anaerobic-phased solids digester system. Bioresource technology，68（3）：235-245.

第 4 章
干式厌氧发酵过程有机酸产生规律及关键酸识别

干式厌氧发酵技术在处理农作物秸秆的过程中无二次污染物的产生，但是由于其发酵过程复杂，固含率较高，有机酸类物质产生速度较快，易造成酸积累，使发酵过程中物质的转化、中间代谢产物的迁移、微生物的演替均受到抑制（Micolucci et al.，2018），导致秸秆的稳定化速率、资源转化效率均呈现不同程度的下降，制约了干式厌氧发酵技术的工程化应用水平。通过优化发酵工艺参数控制关键有机酸产生来提高 CH_4 产量，可为后续酸调控提供理论和技术支撑，达到变废为宝和以废治废的目的，推动经济发展、环境改善和社会进步。本章通过对玉米秸秆干式厌氧发酵过程中关键有机酸的识别，研究了干式厌氧发酵过程中发酵底物浓度对关键有机酸产生的影响，分析了关键有机酸对发酵系统的影响，最后通过 PCR-DGGE 方法分析发酵微生物动态变化规律及优势微生物种属，为后续发酵系统中有机酸的调控、关键有机酸和特征微生物的作用机制研究提供了理论和技术支撑。结果表明，玉米秸秆干式厌氧发酵过程中 TS 含量对 VFA 含量增加的持续时间有显著影响，随着 TS 含量的增加，VFA 含量增加的持续时间延长，VFA 主要由乙酸、丙酸、丁酸、戊酸和己酸组成，其中乙酸为关键有机酸。随着乙酸、丁酸含量的增加，TS 和 VS 降解率总体上呈先上升后下降的趋势，底物 CH_4 产率呈波动性变化，依次为上升、稳定、下降后再稳定和下降 4 个阶段，微生物的群落结构变化较大，整个过程中均发生着演替，主要发生在发酵的第 0~5 天，一般演替度达到 40% 左右；玉米秸秆干式厌氧发酵系统中优势微生物主要为兼性厌氧产丁醇芽孢杆菌（*Bacillus* sp.）、假单胞菌属（*Pseudomonas* sp.），还存在大量尚未进行人工培养的优势微生物群落。

4.1　有机酸产生原理及对厌氧发酵的影响

4.1.1　有机酸产生原理及存在问题

（1）有机酸产生原理

在厌氧发酵系统中，不同的发酵微生物之间相互制约、相互影响，形成了一个有机复杂的微生态系统。在微生态系统中的各种微生物作用将大分子有机质转化为小分子的 CH_4、CO_2、H_2O 和 NH_3 等。通常认为有机固体废物的厌氧发酵过程可以划分为 4 个阶段，即水解阶段、产酸阶段、产氢产乙酸阶段、产甲烷阶段。

玉米秸秆中的可溶性有机质在产酸反应中被许许多多的发酵细菌群转化成以 VFA 为主的中间产物，主要包括乙酸（CH_3COOH）、丙酸（CH_3CH_2COOH）、丁酸（$CH_3CH_2CH_2COOH$）、乳酸（$CH_3CHOHCOOH$）及乙醇（CH_3CH_2OH）等；这些产物在产氢产乙酸反应中被 OHPA 菌（专性厌氧产氢产乙酸菌）作用转化为乙酸（CH_3COOH）、H_2 和 CO_2；在产 CH_4 反应中，上一阶段所生成的乙酸（CH_3COOH）和 H_2 最终被产甲烷菌利用制成 CH_4。

对于单相发酵罐而言，上述 4 个反应阶段是瞬时连续发生的，且维持着特定的动态平衡，该平衡比较容易受 TS、温度和 pH 等工艺条件的影响而被打破。假如该平衡被打破，最先产生的影响是抑制产甲烷反应阶段，阻碍了产甲烷菌利用 VFA，从而导致 VFA 积累，更严重地还会使整个发酵系统崩溃停滞，即出现酸化现象。由于干式厌氧发酵系统内 TS 含量高，根据 TS 质量的计算，TS 质量浓度可达 120～320 g/L，远高于湿式厌氧发酵系统内 12～19 g/L 的 TS 质量浓度，单位体积内有机物含量增加了 10～16 倍，因此干式厌氧发酵过程中间代谢产物在基质中的传递、扩散比较困难，微生物的迁移转化受到的阻碍程度增大，易使发酵系统局部中间产物积累过量、从而抑制了发酵反应的进行（李强等，2010；陈闯等，2012）。因此在厌氧发酵过程中，VFA 的产生对产气效率及发酵过程的稳定运行起着重要作用。

（2）存在问题

1）干式厌氧发酵过程中的有机酸与发酵过程的成败相关，而目前尚未开展干式厌氧发酵系统内有机酸的研究，不明确其最适有机酸浓度，无法为过程酸的调控提供支撑。

2）不同的发酵底物浓度对有机酸的产生是有影响的，但是目前尚不明确不同底物浓度对有机酸产生的影响机制，亟须开展不同底物浓度干式厌氧发酵过程产酸规律研究，探索不同发酵底物浓度与有机酸产生的关系。

3）目前研究发现，乙酸、丙酸、丁酸在发酵过程中起着关键作用，其中水解产物组成中乙酸＞丁酸＞丙酸，产甲烷相中被去除组分呈乙酸＞丙酸＞丁酸，抑制效果呈乙酸＞丙酸＞丁酸，但是不确定哪一种或哪几种有机酸是发酵过程中的关键有机酸，可以通过分析来识别发酵过程中的关键有机酸，进而提出是否可以通过某些关键因子的调控，促进（正相关的有机酸）或抑制（负相关的有机酸）这些关键有机酸产生的设想。

4）目前干式厌氧发酵系统内微生物与酸类的作用机制研究不明，制约了干式厌氧发酵生物强化效率的提高，亟须开展干式厌氧发酵过程中有机酸与微生物作用机制的研究。

在厌氧发酵过程中，随着微生物菌群密度的逐渐提高，有机酸的积累量也会不断增加，同时，有机酸的积累对菌体生长和产气效率都有比较明显的抑制作用（施建伟等，2013；康黎东等，2005）。因此，充分认识微生物在厌氧发酵过程中的作用和影响，对发酵过程的酸控制具有重要的指导意义。

任南琪等（2003）对两相厌氧系统中产甲烷相有机酸的转化规律进行了研究，结果表明，发酵系统中以乙醇为原料产乙酸的微生物所需的环境 pH 与产甲烷菌相似，乙醇和乙酸最易被微生物降解转化，两相厌氧系统的最佳发酵类型为乙醇型发酵；发酵反应器内相同部位微生物对混合有机酸降解转化速率依次为：乙酸＞乙醇＞丁酸＞丙酸；孙付保等（2005）研究啤酒酵母发酵产有机酸的生理代谢机制，结果表明酵母细胞对部分有机酸具有高亲缘性的生理机制和代谢途径，柠檬酸等有机酸在酵母细胞衰老凋亡时作为碳底物代谢，有着严格的精确保守性以及经济效能性调控机制。

刘双江等（1990）研究了啤酒废水中厌氧颗粒污泥代谢有机酸产甲烷的特征，研究发现颗粒污泥代谢乙酸盐、丙酸盐、丁酸盐的最大产甲烷速率分别为 0.216 mmol/（h·g）、0.132 mmol/（h·g）、0.083 mmol/（h·g），其起始抑制浓度分别为 42 mmol/L、15 mmol/L、20 mmol/L，厌氧污泥颗粒化提高了厌氧污泥耐乙酸能力，丙酸对颗粒污泥代谢的抑制作用最为强烈；单斌等（2009）研究了酿造工艺对啤酒中有机酸的影响，研究结果表明酵母菌种、菌体接种量以及啤酒原麦汁浓度是影响有机酸组成和含量的主要因素。

4.1.2　厌氧发酵酸积累的影响因素

VFA 是厌氧发酵反应中有机质降解所产生的重要中间代谢产物，且 72% 以上的 CH_4 来自 VFA 的进一步分解。由厌氧发酵最终排泥中有机酸的含量可以大致判定厌氧操作过程的好坏，因此它是厌氧发酵过程的重要指标之一。研究表明，发酵工艺和发酵底物浓度对有机酸的产生、有机酸的组成等均具有显著影响。

4.1.2.1　发酵工艺对酸积累的影响

（1）发酵方式

研究表明（陈庆今等，2004），连续流发酵过程中，有机酸中的乙酸较单项中的要低，乙酸占 VFA 含量的 46.3%～80.4%，这主要是因为在该发酵过程中持续产生 CH_4，即有机酸类物质持续被产甲烷细菌利用，相对丙酸来说，产甲烷细菌能更好地利用乙酸、丁酸，因此乙酸在总有机酸中占的比例较小。同样，该研究还发现厌氧发酵系统可以促进/抑制VFA 的产生。

相对传统厌氧发酵而言，Ghosh（1983）设计出分解有机固体废物的两相厌氧发酵系统，该厌氧发酵系统提高了反应器的处理能力和运行的稳定性。该发酵系统包括两个部分：第一部分是专门进行水解酸化的反应器，第二部分为专门进行产甲烷的反应器，其中第一个反应器中发酵产生大量的 VFA，然后通过渗滤进入装有许多产乙酸细菌和产甲烷细菌的第二个反应器中。这样，两个反应器分别为水解产酸和产甲烷菌群提供各自最适合的生存环境，从而使厌氧发酵的效率提高；Ghosh 等（1995）开展中式和大型试验研究单相发酵过程和两相发酵系统发现，两相发酵系统能够增加挥发性固体（volatile solid，VS）的降解率，提高沼气的产量；Zhang 等（1999）采用一个产甲烷反应器与多个水解反应器相连的发酵系统处理稻草干式发酵产甲烷，发现效果非常好。

两相厌氧发酵过程中的水解反应器主要是为了改善发酵底物的可生化降解性，从而为产甲烷反应器提供所需的前体底物（李建政等，1998；张仁江等，2000；Zhang et al.，2011）。该工艺基于有机酸可以作用与反作用厌氧发酵系统的原理，通过调控酸化液，避免发酵系统内出现酸中毒，为产酸菌和产甲烷菌分别提供最优条件，对充分发挥产酸菌和产甲烷菌的活性比较有利，能够提高厌氧发酵效率（Cohen A et al.，1984；Oles J，1997；Solera R et al.，2002；Li R P et al.，2010）。Demirer 等（2005）通过两相厌氧发酵系统处理牛粪研究发现，该系统可以使水力停留时间（hydraulic retention time，HRT）缩短，使有机负荷率（organic loading rates，OLR）提高，在牛粪高 TS 含率厌氧发酵酸化系统中，TS、温度等工艺参数对主要的各酸化反应产物含量影响比较小，但是能够显著地影响日平均 VFA 产率的 COD；采用高温/中温的两相发酵反应器分别降解污泥和其他高 TS 的有机废弃物发现，高温相的主要目的在于水解产酸，中温相的目的在于各脂肪酸被分解去除而产生沼气，气相色谱-质谱联用仪（GC-MS）检测结果还表明，进料混合基质与经高温发酵后的基质中以乙酸、丙酸、丁酸和戊酸为主要的有机酸种类，具有 $10^4 \sim 10^5$ 数量级 [以 mg/（kg TS）表示]，而其他酸的含量相对较小（赵庆良等，1996）。

由此说明，单相厌氧发酵方式由于容易产生酸积累中毒等而研究较少，两相厌氧发酵方式虽然能够解决酸积累中毒的问题，但是它提高了对设备的要求，增加了经济的投入，很难推广使用，所以有必要研究单相的厌氧发酵产酸机理。

（2）温度

温度作为微生物代谢活动的重要影响因素，对发酵系统的影响如下（刘晓玲，2008）：①影响微生物的生长速度和群落结构；②影响酶活性的高低；③影响生物化学反应速率和底物的分解速度。厌氧发酵反应主要是由微生物完成的。水解产酸菌对温度有较好的适应性，在低、中、高各个温度区间范围甚至 100℃以上的环境中都能很好地生存（任南琪等，2004）。温度主要是通过影响酶活性来影响水解产酸菌的代谢活动（王琴，1998），因此，可以把厌氧发酵按温度适应范围分为以下 3 种类型（贺延龄，1998）。

1）低温厌氧发酵

发酵的温度范围为 15～20℃，此温度范围利于低温细菌的代谢，能耗较低，运行管理简便；主要缺点为反应速率较慢，发酵所需时间较长。

2）中温厌氧发酵

发酵的温度范围为 30～35℃，相比低温发酵，中温发酵对运行管理的要求较高，运行期间需连续供给能量。但中温发酵的反应速度较低温发酵快，所需的发酵时间比低温少，是目前厌氧处理中应用较多的发酵方式（Mahmoud et al.，2004）。

3）高温厌氧发酵

发酵的温度范围为 50～55℃，其突出特点是耗热量大，运行管理要求也比上述两种发酵类型高。目前很少有这种发酵法的应用实例。

相关研究（Banerjee et al.，1998）表明，初沉污泥和工业废水的混合物在 22～35℃温度范围内进行厌氧发酵水解产酸反应时，VFA 含量在 22～30℃范围内随着温度的升高而逐渐升高，在温度继续上升至 35℃时，VFA 含量不再升高并有下降趋势。Elefdiniotis 等（1994）采用污泥进行产酸研究，发现 20℃条件下底物的水解速率（Kh）为 10℃时的 2～3 倍，说明适当增加温度有利于污泥厌氧发酵产酸过程的进行。

由此说明中温厌氧发酵在目前的研究中比较成熟，是众多学者常采用的发酵温度，因此在中温厌氧发酵的基础上研究发酵的其他指标比较有优势。

（3）pH

环境 pH 是影响厌氧发酵酸积累的重要因素之一，环境 pH 的改变会影响微生物酶的活性，从而间接影响到微生物的代谢活动。由于生物酶有各自生长的最适 pH 范围，因此相应的微生物也会有各自最适的 pH 范围，太高或者太低的 pH 对于微生物的代谢都会产生不利的影响。产酸菌若超出其生长所需的最适 pH 范围将导致其活性的丧失，同一产酸菌在发酵系统不同 pH 的情况下，其生长繁殖的速率和代谢途径都有可能发生改变，因而影响系统内代谢产物的积累。厌氧发酵产酸阶段适合的环境 pH 为 3.0～10.0，但不同的 pH 条件能够导致发酵过程中酸化产物的种类以及含量的不同（刘晓玲，2008）。

苑宏英等（2008）对 pH 对污泥厌氧发酵的影响进行研究，结果表明，pH 在 8.0～10.0 时可促进 VFA 的产生；Banerjee 等（1999）通过对污泥与土豆加工废水混合后的厌氧发酵过程进行研究发现，在 pH 低于 6 时会对污泥发酵的产甲烷过程产生抑制作用；Yu 等（2003）通过研究 pH 范围在 4.0～6.5 污泥厌氧发酵产酸规律发现，发酵系统内有机质的去除率以及 VFA 的产量均会随着 pH 的升高而增高。有相关研究（任南琪等，2005）表明，可通过对 pH 的调节控制厌氧发酵系统的产酸类型。根据发酵末端产物有机酸的组分不同可以把产酸发酵分为以下 4 种类型：①丁酸型发酵；②丙酸型发酵；③乙醇型发酵；④混合酸发酵。

VFA 的累积可以导致发酵系统 pH 的升高，从而影响整个厌氧发酵过程，所以控制 pH 应首先控制 VFA 的产生，而目前干式厌氧发酵中 VFA 的产生机理规律尚不清楚，因此有必要研究厌氧发酵中 VFA 的产生机理。

（4）营养元素

不同的有机物，由于组分的差异其各自的可生化降解性也有明显差异。发酵末端产物的组成、产酸相的稳定性以及系统内累积产物的含量均会影响产甲烷过程的进行。Hills 等（1981）在研究以不同组成的有机固体废物为发酵底物的厌氧发酵过程中发现，底物组成的改变会导致发酵过程中对营养需求与调控的改变，对于以秸秆类物质为主的底物，需补充氮源，这是因为秸秆类物质的碳氮比较高（高达 75∶1），而一般条件下厌氧发酵反应所需的碳氮比为 25∶1 左右，因此在秸秆类物质的发酵过程中需加入尿素、粪便等进行氮源物质的补充。

1）纤维素类

纤维素的水解速率常数是影响酸化进程最重要的参数之一（任南琪等，2004）。任洪艳等（2011）研究了提高太湖蓝藻厌氧发酵产丁酸的预处理方法，研究结果表明，在 4 种预处理方法中，蓝藻厌氧发酵过程中丁酸产量由大到小的顺序依次为：碱处理＞热处理＞微波处理＞酸处理＞空白样，其中碱法预处理对应的丁酸和有机酸产量最高，分别为 4 400 mg/L 和 6 000 mg/L 左右。

2）畜禽粪便

史金才等通过对 4 种畜禽粪便的厌氧发酵进行研究发现，以牛粪为原料进行的两相厌氧发酵过程，可以在保证产甲烷菌活性的情况下对产酸相进行调控，促进最佳末端发酵产物的形成，提高发酵酸化速率，并使产甲烷相的处理能力有所提高。相比其他几种畜禽粪便，牛粪中含有大量的纤维素，其所占干物质量将近 40%，底物中可发酵成分比例较低，水解酸化速率相对较慢，因此如何提高水解酸化阶段的反应速率成为牛粪两相厌氧发酵过程的关键限制因素（林聪，2007；Park et al.，2008；李文哲等，2008；史金才等，2010）。

3）蛋白质、脂肪类

张光明等（1996）研究发现，在生活垃圾厌氧发酵的过程中存在着一个明显的产酸阶段，并且这一阶段在中温条件下的持续时间约为一个月，在高温条件下可持续 20 d 左右，其中 VFA 质量浓度高达 2 000 mg/L，一定条件下甚至可达到 4 500 mg/L，远远高于普通废水厌氧发酵处理过程中 VFA 的质量浓度；Zhang 等（2011）在研究猪粪两相厌氧发酵处理工艺时发现酸化时间的长短会影响料液中小分子有机酸、可溶解性化学需氧量（SCOD）、TN、TP 以及全钾（TK）的含量。

4）VFA

Jiang 等（2013）在研究餐厨垃圾厌氧发酵产有机酸的影响中发现当 pH 为 6.0 时，VFA 质量浓度达到 39.46 g/L，并且浓度随着 OLR 的增加而增加；李亚新等（2007）在研究生活垃圾酸性发酵特性的试验中发现，VFA 增加速度与反应器中固体浓度有关，随着固体底物所占比重的增加，VFA 增加速率逐渐变大，在生物量一定的情况下，反应器中固体浓度越高，产酸速率就越大，最终 VFA 的累积值也越大。

以上研究均能说明不同的有机物种类对有机酸的产生的影响是不同的，尤其含蛋白质、脂肪等易分解的物质更容易快速产酸导致酸积累中毒，但是不明确不同底物中纤维素、蛋白质、脂肪类的物质组成对有机酸产生的影响机理，所以亟须开展不同底物干式厌氧发酵过程中产酸规律研究，探索不同的有机物形态与有机酸产生关系。

4.1.2.2　TS 含量对酸积累的影响

厌氧发酵过程实际上是厌氧微生物与有机物之间的相互作用过程，固含率影响到微生物及其次生代谢产物的迁移以及微生物对其降解转化的时间，料液浓度的增高会阻碍传热传质过程的进行，间接影响发酵微生物的生长代谢，降低基质有效利用率，同时由于发酵系统中水分的不足会造成产酸菌代谢速率变小，导致 VFA 在系统内过量积累，引起酸中毒，不利于发酵过程的正常进行（李礼等，2010）。因此在水解酸化阶段，固含率对厌氧发酵系统内有机酸的产生具有较为显著的影响。

在 TS 含量为 6%～30%时，随着 TS 含量的不断增加，水解酸化阶段有机酸产生速率也会逐渐增加（Vavilin et al.，2005），这就容易造成酸积累，影响发酵系统的稳定性，不利于有机物的降解和 CH_4 的产生。李亚新等（2000）对 TS 分别为 6%、9%、12%、15% 和 20%的生活垃圾进行厌氧发酵实验，研究发现，一定范围内 TS 含量的增加，会引起 VFA 增加速度的变大。张光明等（1997）研究了 TS 对厌氧发酵过程的影响，将 TS 含量由 15.5%增加至 21.8%时，系统处理效果会变差，且固含率与处理时间对有机酸的产生具有相互叠加的影响，如水力停留时间由 15 d 缩短到 10 d 时，在 TS 为 15.5%的情况下，出现 VFA 积累而中止反应；孙国朝等（1988）以草和粪的混合物为发酵底物进行研究，发现系统 pH 为 5.5～5.6、TS 含量为 35%左右时，会出现有机酸过量积累，沼气发酵过程受到抑制的现象。

乔玮等（2004）研究了 TS、C/N 比和温度等因素对厌氧发酵过程的影响，研究发现，反应温度对厌氧发酵过程的影响最大，其次是 TS，影响最小的是 C/N 比，在相同的发酵条件下，TS 含量较高时发酵产气量大，产酸速率快于酸消耗速率，VFA 质量浓度升高，会对发酵过程产生抑制作用。发酵反应中 VFA 的质量浓度呈现先升高后下降的变化趋势，研究表明，进料浓度的升高虽然可以在很大程度上提高产气量，但同时容易引起酸的过量积累，导致反应体系受到酸的抑制，并且这种抑制很难恢复。

由以上结论可以看出，TS 的改变对发酵体系内酸碱环境的改变有着明显的影响，TS 较高的情况下通常伴有较高的 VFA 质量浓度以及较强的酸度。由此可以看出固含率对有机酸的产生有一定的影响，尤其在干式厌氧发酵过程中 TS 含量比较高，很容易产生酸积累。以上研究只是发现有影响，并没有深入地研究干式厌氧发酵过程中的产酸机理，因此对干式厌氧发酵过程中产酸机理的研究是非常必要的。

4.1.3 有机酸对厌氧发酵的影响及抑制效果

厌氧发酵过程产甲烷的前提步骤是厌氧发酵的酸化过程，酸化的效果以及发酵产酸相的产物组成会直接影响产甲烷相运行的稳定性，进而影响到厌氧发酵系统的反应效率（卞永存等，2009；李建政等，1998）。因此，对产酸过程中酸化液的成分对产甲烷过程的影响进行研究，探究产甲烷菌对不同有机酸的利用规律，对于优化厌氧过程中酸化液组成成分、精确调控发酵反应过程、提高厌氧发酵的产气量和发酵率具有极其重要的意义。

（1）VFA 对厌氧发酵的影响

VFA 是厌氧发酵过程中的重点监控指标，Killilea 等（2000）曾研究报道当 VFA 的质量浓度在 100～200 mg/L 时就需要对厌氧过程严格监控，尤其是可溶性有机物含量较高的底物，VFA 的产生速率远大于 CH_4 的产生速率，容易造成 VFA 积累，抑制后续的产甲烷过程。

董保成等（2011）在对不同 VFA 条件下产沼气效果的模拟实验研究中发现，以单一有机酸作发酵底物时，会出现一个浓度阈值，高出此值会抑制系统 CH_4 产生效率，但低于此值时，产气效果又随着酸浓度的增大而不断提高，在有机酸共同存在的条件下，会产生协同优势作用，各酸中乙酸的产气优势要高于丁酸，丙酸对产气具有一定的抑制作用，在 4 种单一酸中，模拟实验结果为单位浓度下乙酸的产气效果最好，甲酸的产气量最大，甲酸积累不易抑制发酵过程，而丙酸累积最易于造成抑制；左鹏等（2009）在研究琥珀酸放线杆菌（*Actinobacillus Succinogenes*）厌氧发酵过程中有机酸的抑制作用时发现，在葡萄糖初始质量浓度为 40 g/L 的条件下，甲酸对系统的抑制作用最强，其次是乙酸，而丁二酸对系统没有明显的抑制作用。

（2）酸组分对厌氧发酵的影响

赵丹等（2003）发现，在厌氧发酵过程中，乙酸作为厌氧发酵过程中产甲烷最重要的底物，大约有 72% 的 CH_4 来自乙酸的分解，丙酸、丁酸的主要来源是复杂有机物在厌氧分解过程中的中间代谢物，同时也是乙酸的前体，通过互营联合作用，丙酸、丁酸在转化为乙酸、H_2/CO_2 中间代谢物后最终分解转化为 CH_4 和 CO_2。酸组分对发酵过程的影响随着有机酸种类的不同也是有差异的，在大量有机酸积累协同作用下发酵物料被酸化，其实质是可溶性物质（如可溶性糖类、氨基酸、肽和脂肪酸等）在发酵性细菌的作用下分解转化为乙酸、丙酸、丁酸等酸类物质，发生的反应与这些酸被甲烷菌利用的反应之间的平衡被破坏，即被分解利用的有机酸小于分解产生的酸，因而造成酸积累，导致发酵物料的酸化（任南琪等，2004；高祥照等，2002）。

于宏兵等（2006）针对合成有机物对固定化酶酸化 UASB 两相厌氧有机酸的代谢特征进行了研究，研究结果表明酸化相的酸化率可达到 28.2%，水解产物的成分中各含量大小为：乙醇＞乙酸＞丁酸＞丙酸，其含量分别为 44.8%、38.4%、6.9%、9.8%，为乙醇型发酵类型。在产甲烷相中 99.8% 的乙醇被去除，乙酸去除率为 92.0%，丙酸去除率为 59.1%，丁酸去除率为 46.2%，各相酸含量比重大小顺序为：乙醇＞乙酸＞丙酸＞丁酸。

目前，研究者普遍认为，有机酸对发酵过程的抑制作用是与有机酸的浓度和其解离常数（pKa）相关（Narendranath et al.，2001；Vasseur et al.，1999），由于各种有机酸的物理化学性质不同，因而它们对发酵过程的抑制作用也会有所不同；翟芳芳等（2010）在研究酒精沼气双发酵偶联工艺中沼液有机酸对于酒精发酵的作用时发现，乙酸和丙酸是抑制酒精发酵的主要小分子有机酸，乙酸质量浓度为 1.4 g/L 时即对酒精发酵产生抑制作用，丙酸有效质量浓度为 1 g/L 时即对酒精发酵产生抑制作用；Samson 等（1955）研究了甲酸和乙酸对菌体生长的抑制作用，研究结果认为两者的作用机制是相似的，主要通过对糖酵解途径的控制实现对菌体的抑制；Neal 等（1965）的研究表明，酵母均质体中糖酵解途径对丁二酸较为敏感，但对于完整细胞，丁二酸的抑制性又会明显减弱；Lin 等（2008）的研究结果表明，产丁酸放线菌（*Actinobacillus Succinogenes*）可以耐受 104 g/L 丁二酸盐，相当于 44.69 g/L 丁二酸。

乙酸、丙酸之间存在相互阻抑的情况（Marek and Hans-Joachim，1999），并采用各种分析模型对试验数据进行了拟合，研究结果表明，游离酸和 pH 阻抑模型更好地拟合了降解阻抑的情况，虽然丙酸的阻抑在实际浓度范围内较小，但丙酸降解菌对低 pH 尤其敏感，产物阻抑拟合的最佳模型是竞争模型，丙酸/乙酸达到 1 以上时，阻抑实际上已经发生了。

由此可见，乙醇、乙酸、丙酸、丁酸在发酵过程中都起着关键作用，其中水解产物组成中乙醇＞乙酸＞丁酸＞丙酸，产甲烷相中被去除组分呈乙醇＞乙酸＞丙酸＞丁酸，抑制效果呈乙酸＞丙酸＞丁酸。

4.2 干式厌氧发酵过程 VFA 产生规律及关键有机酸识别

在厌氧发酵过程中，玉米秸秆干式厌氧发酵过程与湿式厌氧发酵系统的机理一致，VFA 的产生呈先增加、后下降的动态变化规律；随着 TS 的增加，基质中 VFA 含量变化的稳定期更短。TS 含量在 20%~30%时，基质中 VFA 含量变化和湿式厌氧发酵过程中变化趋势一致，表现为前期上升、中期稳定和后期下降 3 个阶段，而当 TS 含量>30%时，VFA 的变化趋势缺少稳定期。此外，发酵 TS 对产 VFA 是有影响的，随着 TS 含量的增加，起始产 VFA 的持续时间变长，产 VFA 速率呈减小趋势。

在 5 个 TS 系统中乙酸的含量最大，其次是丁酸含量，丙酸的含量最小。

乙酸和丁酸是玉米秸秆干式厌氧发酵过程中的关键有机酸，在同一 TS 条件下的干式厌氧发酵系统内，随着发酵时间的变化，各 VFA 的构成比并未发生变化，基本保持稳定，说明发酵体系内各有机酸的产生菌活性基本保持平衡。

4.2.1　VFA 产生规律

通过对玉米秸秆干式厌氧发酵过程中 VFA 含量①的检测，分析 VFA 产生的总体趋势和不同 TS 下 VFA 趋势的差异性。不同 TS 的玉米秸秆干式厌氧发酵过程中 VFA 的变化曲线如图 4.1 所示。其中 T1 表示 TS 含量为 20%时的处理；T2 表示 TS 含量为 25%时的处理；T3 表示 TS 含量为 30%时的处理；T4 表示 TS 含量为 35%时的处理；T5 表示 TS 含量为 40%时的处理。

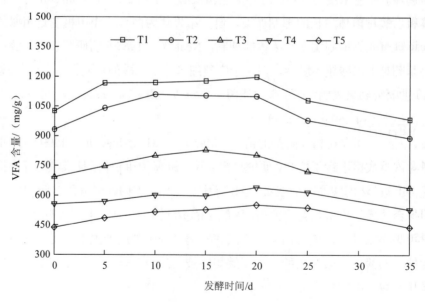

图 4.1　不同 TS 发酵液中 VFA 含量的变化

从图 4.1 可知，玉米秸秆干式厌氧发酵基质中的 VFA 含量总体呈先升高后下降的趋势，说明发酵系统内的 VFA 产生经历了前期增加、后期降低的动态过程。可能是由于发

---

① 本章中 VFA 含量是指单位质量 VS 中 VFA 的质量（mg/g）。

酵起始阶段以产酸菌为主，VFA 的产生速率大于 VFA 的消耗速率，表现为 VFA 含量增加；后期由于产甲烷菌活性的增加，VFA 的消耗速率大于产生速率，因此呈现下降趋势（Zhao et al.，2008）。说明玉米秸秆干式厌氧发酵过程与湿式厌氧发酵系统的机理一致，VFA 的产生经历先增加、后下降的动态变化规律（刘和等，2009）。

同时，从图 4.1 也可以看出，T1、T2 和 T3 处理基质中 VFA 含量总体表现为前期上升、中期稳定和后期下降 3 个阶段，其中稳定期的持续时间分别为 15 d、10 d 和 5 d；而 T4 和 T5 处理基质中 VFA 含量只表现为前期上升和后期下降 2 个阶段，缺少中间的稳定期。这可能是由于随着 TS 的增大，发酵系统内水分逐渐减小，微生物对底物的亲和力逐渐变差，导致微生物的活性逐渐减小，从而导致 VFA 的产生速率和消耗速率之间不能达到动态平衡。说明玉米秸秆干式厌氧发酵中，TS 越高，基质中 VFA 含量变化的稳定期越短。TS 在 20%～30%时，基质中 VFA 含量变化和湿式厌氧发酵过程中变化趋势一致（刘和等，2009），表现为前期上升、中期稳定和后期下降 3 个阶段，而当 TS＞30%时，VFA 的变化趋势缺少稳定期。

另外，在 T1～T5 各处理中起始产 VFA 的持续时间不同，其中 T1、T2 和 T3 起始产 VFA 的持续时间分别为第 0～5 天、第 0～10 天和第 0～15 天，而 T4 和 T5 起始产 VFA 的持续时间最长，均为第 0～25 天。这可能是由于随着 TS 的增加，料液逐渐变得黏稠，阻碍了水解产物向产酸菌体内扩散，从而抑制了产酸活动，导致前期产 VFA 速率逐渐减小（Hyaric et al.，2012；Motte et al.，2013）。这与李文哲等（2008）在 TS 为 6%～10% 的研究结果相似。说明在玉米秸秆干式厌氧发酵过程中，发酵 TS 对产 VFA 是有影响的，随着 TS 的增加，起始产 VFA 的持续时间变长，产 VFA 速率呈减小趋势。

4.2.2　VFA 的组成特征

图 4.2 为 5 个 TS 系统（T1～T5 处理）发酵过程中 VFA 的组成，玉米秸秆干式厌氧发酵中 VFA 在发酵过程中主要由乙酸、丙酸、丁酸、戊酸和己酸组成，可以看出，在 5 个 TS 系统中，乙酸的含量均最大，发酵过程中乙酸含量[1]的范围 T1～T5 分别为 367.8～450.8 mg/g、323.8～416.1 mg/g、259.4～340.5 mg/g、213.1～244.5 mg/g 和 159.3～205.9 mg/g。其次是丁酸含量，T1～T5 分别为 252.8～315.1 mg/g、235.7～286.3 mg/g、166.1～201.8 mg/g、138.0～174.3 mg/g 和 114.3～150.9 mg/g。丙酸的含量最小，T1～T5 分别为 64.9～81.2 mg/g、58.7～74.8 mg/g、42.9～61.9 mg/g、33.8～45.5 mg/g 和 25.9～38.7 mg/g。

---

[1] 本章中乙酸含量指单位质量的 TS 中乙酸的质量（mg/g）；丙酸、丁酸、戊酸、己酸含量同理。

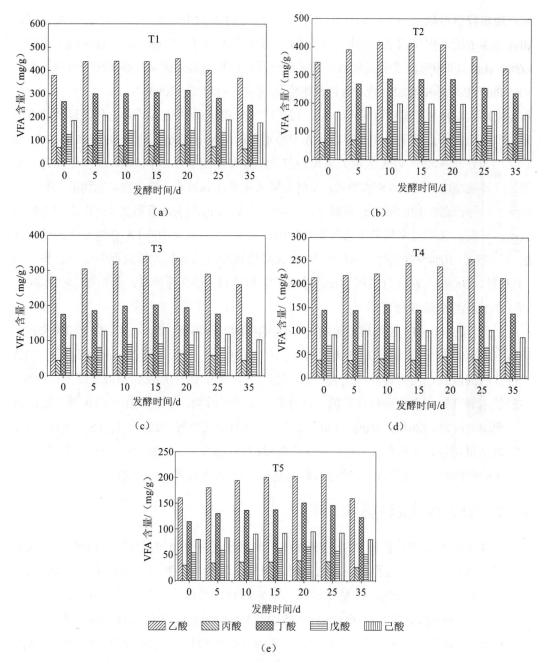

图 4.2 不同 TS 发酵液中 VFA 的组成

4.2.3 关键有机酸的识别

图 4.3 为 5 个 TS 系统发酵过程中各 VFA 的构成比，可以明显看出，乙酸为其中的优势有机酸，占 VFA 总量的 36.3%～41.7%，这与 Banerjee 等（1998）以污泥为底物厌氧发

酵产酸研究结果相似，乙酸为占总酸的百分比最高的挥发性短链脂肪酸。其次为丁酸，占 VFA 总量的 24.2%～28.0%，戊酸的占比为 10.5%～12.5%，丙酸的占比最低，仅为 5.9%～8.0%，由此说明乙酸和丁酸是玉米秸秆干式厌氧发酵过程中的关键有机酸。

同时也可看出，在同一 TS 条件下的发酵系统内，随着发酵时间的延长，各 VFA 的构成比基本保持稳定，说明发酵体系内各有机酸的产生菌活性基本保持平衡。

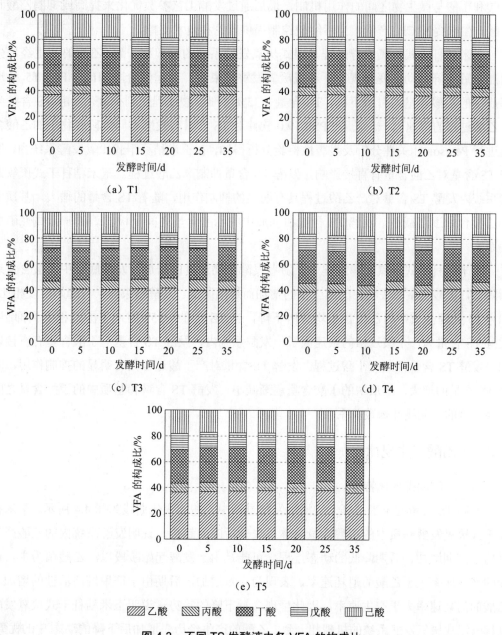

图 4.3　不同 TS 发酵液中各 VFA 的构成比

4.3　乙酸和丁酸的产生规律

由于乙酸和丁酸是玉米秸秆干式厌氧发酵过程中的关键有机酸。因此，有机酸的研究可以简化为分析关键有机酸（乙酸和丁酸）的产生规律及其对发酵系统的影响，分析乙酸和丁酸与微生物之间的作用机制，最后通过发酵工艺参数优化来提高或抑制乙酸和丁酸产生来提高 CH_4 产量，为后续酸控制提供理论和技术支撑。

玉米秸秆干式厌氧发酵过程与湿式厌氧发酵系统的机理相一致，乙酸的产生经历先增加、后下降的动态变化规律，干式厌氧发酵结束后，与起始阶段相比，T1～T5 处理基质中的乙酸含量均有所下降，TS 含量＞35%时产乙酸过程受到抑制，发酵 TS 含量为产乙酸过程的限速因子。采用 SPSS 19.0 软件对 TS 含量与发酵不同阶段底物中的乙酸含量进行 Pearson 相关性分析及显著性检验分析得知，在玉米秸秆干式厌氧发酵系统内，发酵 TS 含量对乙酸含量有直接影响，发酵 TS 含量抑制产乙酸过程。玉米秸秆干式厌氧发酵系统内发酵 TS 含量对产乙酸过程具有明显的抑制作用，随着 TS 含量的增大，基质中的乙酸含量逐渐减小，发酵 TS 含量和基质中的乙酸含量之间呈极显著的一元线性函数关系。

玉米秸秆干式厌氧发酵过程中，随着发酵底物浓度的增加，发酵底物中丁酸含量逐渐降低，丁酸含量随底物中的固含量的增加而逐渐降低。发酵结束后，与起始阶段相比，T1～T5 处理基质中的乙酸含量均有所下降，当 TS 含量＞35%时产丁酸过程受到抑制，发酵 TS 含量为产丁酸过程的限速因子。发酵系统内，发酵 TS 含量对丁酸含量有直接影响，发酵 TS 含量抑制产丁酸过程。发酵 TS 含量对产丁酸过程具有明显的抑制作用，随着 TS 含量的增大，基质中的丁酸含量逐渐减小，发酵 TS 含量和基质中的丁酸含量之间呈极显著的一元线性函数关系。

4.3.1　乙酸产生规律

（1）乙酸动态变化特征

不同 TS 含量的玉米秸秆干式厌氧发酵过程中乙酸的变化曲线如图 4.4 所示。玉米秸秆干式厌氧发酵基质中的乙酸含量总体呈先升后降的趋势，说明发酵系统内的乙酸产生经历了前期增加、后期降低的动态过程。可能是由于发酵起始阶段以产乙酸菌为主，乙酸的产生速率大于乙酸的消耗速率，表现为含量增加，后期由于产甲烷菌活性的增加，乙酸的消耗速率大于产生速率，因此呈现含量下降的趋势。说明玉米秸秆干式厌氧发酵过程与湿式厌氧发酵系统的机理相一致，乙酸的产生经历先增加后下降的动态变化规律。

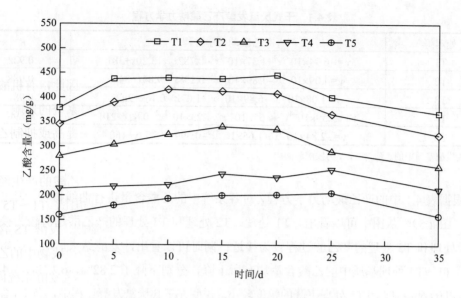

图 4.4　不同 TS 发酵液中乙酸含量的变化

同时，从图 4.4 也可以看出，T1、T2 和 T3 处理基质中乙酸含量总体表现为前期上升、中期稳定和后期下降 3 个阶段，其中稳定期的持续时间分别为 15 d、10 d 和 5 d；而 T4 和 T5 处理基质中乙酸含量只表现为前期上升和后期下降 2 个阶段，缺少中间的稳定期。这可能是由于随着 TS 含量的增大，发酵系统内水分逐渐减小，微生物对底物的亲和力逐渐变差，导致微生物的活性逐渐减小，从而导致乙酸的产生速率和消耗速率之间不能达到动态平衡。说明玉米秸秆干式厌氧发酵中，随着 TS 含量的增加，基质中乙酸含量变化的稳定期越短。TS 含量在 20%～30% 时，基质中乙酸含量变化和湿式厌氧发酵过程中变化趋势一致，表现为前期上升、中期稳定和后期下降 3 个阶段；而当 TS 含量 >30% 时，乙酸的变化趋势缺少稳定期。

另外，在 T1～T5 各处理中起始产乙酸的持续时间不同，其中 T1、T2 和 T3 起始产乙酸的持续时间分别为第 0～5 天、第 0～10 天和第 0～15 天，而 T4 和 T5 起始产乙酸的持续时间最长，均为第 0～25 天。这可能是由于随着 TS 的增加，料液逐渐变得黏稠，阻碍了水解产物向产酸菌体内扩散，从而抑制了产酸活动，导致前期产乙酸速率逐渐减小。这与李文哲等（2008）在 TS 含量为 6%～10% 的研究结果相同。说明玉米秸秆干式厌氧发酵过程中，TS 对产乙酸是有影响的，随着 TS 含量的增加，起始产乙酸的持续时间越长，产乙酸速率呈减小趋势。

（2）产乙酸动力学方程构建

采用 Origin 8.5 软件对不同发酵底物浓度下的乙酸含量进行多项式拟合分析，得出表 4.1 中的产乙酸 4 次多项式拟合方程。

表 4.1　干式厌氧发酵产乙酸动力学方程

处理组	产乙酸动力学方程	R^2
T1	$y=-6.94\times10^{-5}x^4+1.37\times10^{-2}x^3-0.782x^2+13.20x+381$	0.922
T2	$y=4.09\times10^{-4}x^4-1.89\times10^{-2}x^3-0.138x^2+9.84x+345$	0.988
T3	$y=1.08\times10^{-3}x^4-6.89\times10^{-2}x^3+1.07x^2-0.16x+282$	0.981
T4	$y=-1.59\times10^{-4}x^4+4.55\times10^{-3}x^3+1.23\times10^{-2}x^2+0.82x+214$	0.896
T5	$y=-2.84\times10^{-4}x^4+1.65\times10^{-2}x^3-0.399x^2+5.78x+160$	0.995

注：y 为发酵基质中的乙酸含量，x 为发酵时间。

　　根据表 4.1 中的产乙酸动力学方程，对各系统中的乙酸含量进行曲线拟合，得出拟合曲线（图 4.5），从图中可以看出，T1 处理、T2 处理和 T3 处理的产乙酸趋势较为接近，而 T4 处理和 T5 处理的产乙酸过程较为接近；同时可以看出，发酵结束后，与起始阶段相比，T1～T5 处理基质中的乙酸含量均有所下降，分别下降了 2.82%、6.12%、7.47%、0.33% 和 0.66%，T4 和 T5 处理下降的幅度较小。说明在干式厌氧发酵过程中，当 TS 含量>35% 时产乙酸过程受到抑制，发酵液中 TS 为产乙酸过程的限速因子。

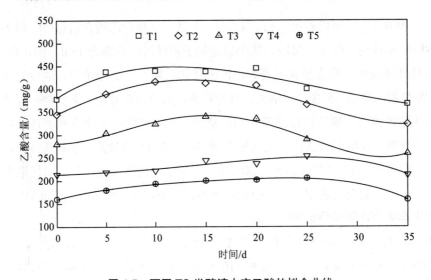

图 4.5　不同 TS 发酵液中产乙酸的拟合曲线

（3）乙酸产生与 TS 的作用机制

1）基于 Pearson 相关性分析方法的作用机制

Pearson 的相关系数可用于衡量两变量间的相互关系及其相关方向，采用 SPSS 19.0 软件对 TS 与发酵不同阶段底物中的乙酸含量进行 Pearson 相关性分析及显著性检验（双侧检验），可以得出 TS 含量与底物中乙酸含量的相互作用关系，结果见表 4.2。

表 4.2　TS 含量与发酵不同阶段乙酸含量的相关性

	TS	第 0 天	第 5 天	第 10 天	第 15 天	第 20 天	第 25 天
第 0 天	−0.995[**]	1					
第 5 天	−0.992[**]	0.995[**]	1				
第 10 天	−0.979[**]	0.991[**]	0.996[**]	1			
第 15 天	−0.985[**]	0.996[**]	0.994[**]	0.997[**]	1		
第 20 天	−0.988[**]	0.996[**]	0.998[**]	0.998[**]	0.999[**]	1	
第 25 天	−0.991[**]	0.989[**]	0.985[**]	0.972[**]	0.975[**]	0.976[**]	1
第 35 天	−0.997[**]	0.993[**]	0.987[**]	0.972[**]	0.979[**]	0.980[**]	0.997[**]

注：[**] 表示在 0.01 水平（双侧）上显著相关。

从表 4.2 可以看出，TS 含量与发酵不同阶段底物中乙酸含量的 Pearson 相关系数的绝对值均大于 0.979，且都为负值（$p < 0.01$），说明 TS 含量与乙酸含量呈极显著的负相关关系。这可能是由于 TS 决定发酵系统的环境，随着 TS 含量的增加，发酵系统内含水量减小，料液逐渐变得黏稠，阻碍了水解产物向产酸菌体内扩散，从而抑制产酸活动（Hyaric et al.，2012；Motte et al.，2013）。说明在玉米秸秆干式厌氧发酵系统内，TS 对乙酸含量有直接影响，TS 抑制产乙酸过程。

2）基于线性回归分析方法的作用机制

采用 Origin 8.5 软件对试验结果进行一元线性回归分析，得出乙酸含量（y）和 TS 含量（x）的函数表达式：

$$y = -1214.8x + 668.2, \quad R^2 = 0.9829 \tag{4.1}$$

底物中乙酸含量和 TS 含量间的线性回归方程的斜率为 −1 214.8，方程模型中的常数项均达到极显著水平（$p < 0.01$），如图 4.6 所示。TS 含量和乙酸含量之间呈显著的负相关关系，TS 对产乙酸过程具有明显的抑制作用。乙酸含量和 TS 含量的负相关关系也是 TS 对乙酸含量起到抑制作用的有力佐证，这与相关研究结果相似（Hyaric et al.，2012）。说明玉米秸秆干式厌氧发酵系统内 TS 对产乙酸过程具有明显的抑制作用，随着 TS 含量的增大，基质中的乙酸含量逐渐减小。

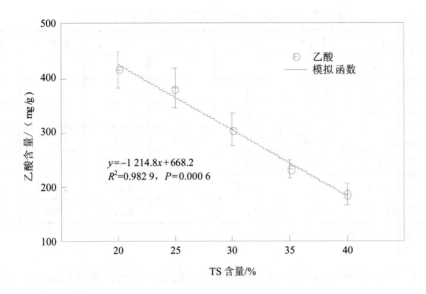

$$y=-1\,214.8x+668.2$$
$$R^2=0.982\,9, \quad P=0.000\,6$$

图 4.6   TS 含量与乙酸含量间的线性回归关系

4.3.2   丁酸的产生规律

（1）丁酸动态变化特征

不同 TS 的玉米秸秆干式厌氧发酵过程中丁酸的变化曲线如图 4.7 所示，T1、T2 和 T3 的丁酸含量均经历了 3 个阶段，即前期快速增加、中期平稳和后期缓慢下降，这可能是由于前期丁酸的消耗速率小于其生产的速率，丁酸开始迅速地积累，随着产甲烷菌活性的恢复，对丁酸的降解速度加快，产丁酸的速度跟代谢丁酸的速度达到平衡，直到后期底物减少，丁酸的浓度开始逐渐地降低。

T1 前期为第 0～5 天，而 T2 和 T3 的前期为第 0～10 天，T4 和 T5 均缺少前期的快速上升阶段，说明在干式厌氧发酵过程中，随着底物浓度的不断增加，厌氧发酵的产酸阶段逐渐缩短，特别是当底物浓度达到 35%后，干式厌氧发酵过程中不再存在起始产酸阶段。这可能是由于随着发酵底物 TS 含量的增加，料液过于黏稠，阻碍了水解产物向微生物体内的扩散从而抑制了产酸活动。

图 4.7 显示，随着发酵底物浓度的增加，发酵底物中丁酸含量逐渐降低，说明底物中的固含率对丁酸的含量是有影响的，丁酸含量随固含率的增加而逐渐降低。

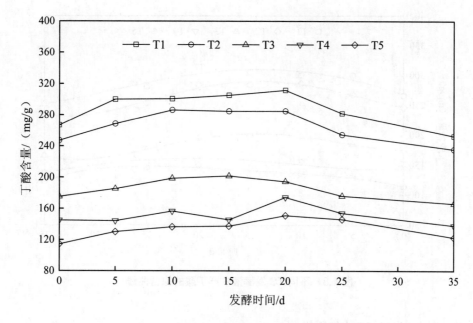

图 4.7　不同 TS 发酵液中丁酸含量的变化

（2）产丁酸动力学方程构建

采用 Origin 8.5 软件对不同发酵底物浓度下的丁酸含量进行多项式拟合分析，得出表 4.3 中的产丁酸 4 次多项式拟合方程。

表 4.3　干式厌氧发酵产丁酸动力学方程

处理组	产丁酸动力学方程	R^2
T1	$y=1.13\times10^{-4}x^4-0.47\times10^{-2}x^3-0.15x^2+5.71x+269$	0.702
T2	$y=4.91\times10^{-4}x^4-2.82\times10^{-2}x^3+0.28x^2+3.28x+247$	0.919
T3	$y=5.07\times10^{-4}x^4-3.06\times10^{-2}x^3+0.43x^2+0.16x+175$	0.997
T4	$y=1.51\times10^{-4}x^4-1.35\times10^{-2}x^3+0.32x^2-1.41x+145$	0.896
T5	$y=-2.24\times10^{-4}x^4+1.34\times10^{2}x^3-0.30x^2+4.08x+115$	0.859

注：y 为发酵基质中的丁酸含量，x 为发酵时间。

根据图 4.8 中的产丁酸动力学方程，对各系统中的丁酸含量进行曲线拟合，得出拟合曲线（图 4.8），从图中可以看出，T1 处理、T2 处理和 T3 处理的产丁酸趋势较为接近，而 T4 处理和 T5 处理的产丁酸过程较为接近，同时可以看出，发酵结束后，与起始阶段相比，T1～T5 处理基质中的丁酸含量均有所下降，分别下降了 2.82%、6.12%、7.47%、0.33% 和 0.66%，T4 处理和 T5 处理下降的幅度很小。说明在干式厌氧发酵过程中，TS 含量＞35% 时产丁酸过程受到抑制，发酵液中 TS 为产丁酸过程的限速因子。

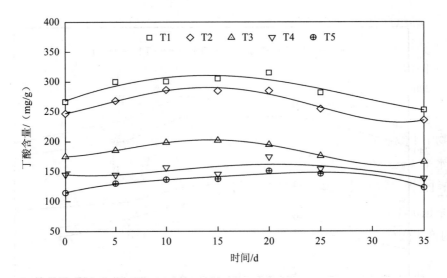

图 4.8　不同 TS 发酵液中产丁酸的拟合曲线

（3）丁酸产生与 TS 的作用机制

1）基于 Pearson 相关性分析方法的作用机制

Pearson 相关系数可用于衡量两个变量之间的相互关系及其相关方向，采用 SPSS 19.0 软件对 TS 含量与发酵不同阶段底物中的丁酸含量进行 Pearson 相关性分析及显著性检验（双侧检验），可以得出 TS 含量与底物中丁酸含量的相互作用关系，结果见表 4.4。

从表中可以看出，TS 含量与发酵不同阶段底物中丁酸含量的 Pearson 相关系数的绝对值均大于 0.953，且都为负值（$p<0.05$），说明 TS 含量与丁酸含量呈显著的负相关关系。这可能是由于 TS 决定发酵系统的环境，随着 TS 含量的增加，发酵系统内含水量减小，料液逐渐变得黏稠阻碍了水解产物向产酸菌体内扩散，从而抑制产酸活动。说明在玉米秸秆干式厌氧发酵系统内，TS 对丁酸含量有直接影响，TS 抑制产丁酸过程。

表 4.4　TS 与发酵不同阶段丁酸含量的相关分析

	TS	第 0 天	第 5 天	第 10 天	第 15 天	第 20 天	第 25 天
第 0 天	−0.983**	1					
第 5 天	−0.973**	0.994**	1				
第 10 天	−0.971**	0.997**	0.996**	1			
第 15 天	−0.969**	0.991**	0.996**	0.997**	1		
第 20 天	−0.965**	0.992**	0.996**	0.991**	0.986**	1	
第 25 天	−0.953*	0.985**	0.996**	0.988**	0.987**	0.998**	1
第 35 天	−0.970**	0.997**	0.999**	0.999**	0.996**	0.996**	0.994**

注：**表示在 0.01 水平（双侧）上显著相关；*表示在 0.05 水平（双侧）上显著相关。

2）基于线性回归分析方法的作用机制分析

采用 Origin 8.5 软件对试验结果进行一元线性回归分析，得出丁酸含量（y）和 TS 含量（x）的函数表达式：

$$y = -849.2x + 459.8，R^2 = 0.926\ 3 \qquad (4.2)$$

底物中丁酸含量和 TS 的线性回归方程的斜率为 -849.2，方程模型中的常数项均达到极显著水平（$p < 0.01$），如图 4.9 所示。TS 含量和丁酸含量之间呈显著的线性函数负相关关系，TS 含量对产丁酸过程具有明显的抑制作用。丁酸含量和 TS 含量的线性函数负相关关系也是 TS 对丁酸含量起到抑制作用的有力佐证。说明玉米秸秆干式厌氧发酵系统内 TS 对产丁酸过程具有明显的抑制作用，随着 TS 含量的增大，基质中的丁酸含量逐渐减小。

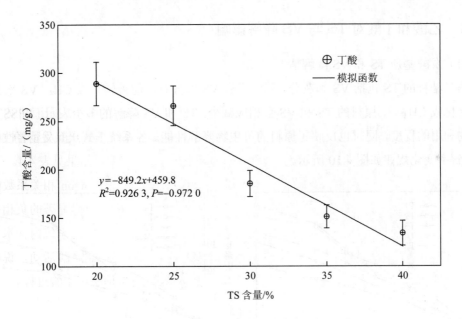

图 4.9 TS 含量与丁酸含量间的线性回归关系

4.4 乙酸和丁酸对发酵系统的影响

在研究发酵基质 TS、VS 的降解率变化规律时，发酵过程中 TS 和 VS 降解率均呈上升的趋势，且随着 TS 含量由 20%到 40%的增加，TS 和 VS 降解率均呈下降的趋势；在研究乙酸对 TS、VS 的降解率变化规律时，玉米秸秆干式厌氧发酵基质中的乙酸含量为 179～270 mg/g 和 405～450 mg/g 时，TS 和 VS 降解过程受到限制、抑制；而乙酸含量在

270～405 mg/g 时，TS 和 VS 降解过程达到最佳状态，其最大值可以达到 32%（TS）和 44%（VS）；在研究乙酸对 TS、VS 的降解率变化规律时，丁酸含量在 130～182 mg/g 和 283～315 mg/g 时，TS 和 VS 降解过程受到限制、抑制；而丁酸含量在 182～283 mg/g 时，TS 和 VS 降解过程达到最佳状态，其最大值可以达到 32%（TS）和 44%（VS）。

在厌氧发酵过程中，TS 对发酵过程中的日 CH_4 产量影响比较大。研究乙酸含量对 CH_4 产率的影响时，玉米秸秆干式厌氧发酵基质中乙酸的含量在 160～212 mg/g 和 410～451 mg/g 时，产 CH_4 过程受到限制、抑制，底物 CH_4 产率均低于 80 m^3/t；而乙酸含量在 212～312 mg/g 时，产 CH_4 过程达到最佳状态，底物 CH_4 产率最高，大于 120 m^3/t；在研究丁酸含量对 CH_4 产率的影响时，丁酸含量在 116～139 mg/g 和 304～316 mg/g 时，产 CH_4 过程受到限制、抑制，底物 CH_4 产率均低于 80 m^3/t；而丁酸含量在 139～188 mg/g 时，产 CH_4 过程达到最佳状态，底物 CH_4 产率最高，大于 120 m^3/t。

4.4.1 乙酸和丁酸对 TS 与 VS 降解影响

（1）发酵基质 TS 和 VS 降解情况

玉米秸秆的 TS 包括 VS 和灰分，其中只有 VS 部分有可能被转化成 CH_4。VS 部分被分解转化成 CH_4 后，原料的 TS 和 VS 会相应减少。TS 和 VS 降解的多少表示原料被厌氧微生物利用的程度，同时也反映了原料的可生物降解性能。各系统干式厌氧发酵的 TS 和 VS 降解率变化规律如图 4.10 所示。

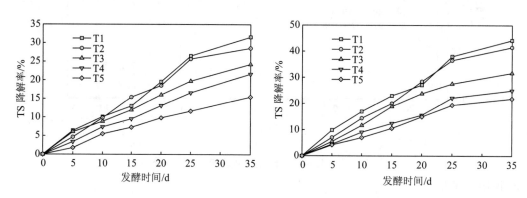

图 4.10　不同 TS 发酵过程中 TS 和 VS 降解率的变化

在整个发酵过程中 TS 和 VS 降解率均呈上升的趋势，其中 TS 含量从 20%～40%，其降解率分别为 31.6%、28.6%、24.3%、21.7% 和 15.5%，相对应的 VS 降解率分别为 44.2%（T1）、43.5%（T2）、31.7%（T3）、25.0%（T4）和 21.9%（T5）。随着 TS 含量由 20% 增加到 40%，TS 和 VS 降解率均呈下降的趋势，其中在发酵第 15 天时，T2 处理比 T1 的 TS 降解快，随着发酵的进行，到第 20 天后 T1 处理的 TS 降解率恢复最快，而 VS 降解率则出现一定程度的滞后，在发酵第 20 天时，T2 处理比 T1 处理的 VS 降解得快，发酵过程中，第 25 天后 T1 处理的 VS 降解率恢复最快。

（2）乙酸对 TS、VS 降解率的影响

玉米秸秆干式厌氧发酵过程中 TS 和 VS 降解率随乙酸含量的变化曲线如图 4.11 所示。由图可知，随着乙酸含量的增加，TS 和 VS 降解率均呈先上升后下降、上升后稳定、再次下降后稳定 3 个阶段，对应的乙酸含量分别为 S1（179～270 mg/g）、S2（270～405 mg/g）和 S3（405～450 mg/g），其中乙酸含量在 S2 阶段时，TS 和 VS 降解率最大，分别大于 20% 和 30%。这可能是在 S1 阶段乙酸含量较低，发酵尚处于初始阶段，发酵微生物的活性还没达到最大；在 S2 阶段乙酸含量升高，发酵微生物活性达到最大，微生物降解 TS 和 VS 也达到最大；S3 阶段乙酸含量较高，开始出现积累，逐渐反馈抑制 TS 和 VS 的降解。

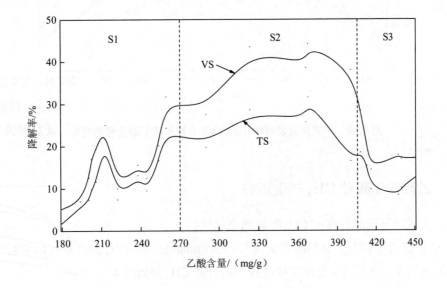

图 4.11　干式厌氧发酵中 TS 和 VS 降解率随乙酸含量的变化

说明玉米秸秆干式厌氧发酵基质中的乙酸含量在 179～270 mg/g 和 405～450 mg/g 时，TS 和 VS 降解过程受到限制、抑制；而乙酸含量在 270～405 mg/g 时，TS 和 VS 降解过程达到最佳状态，其最大值可以达到 32%（TS）和 44%（VS）。

（3）丁酸对 TS、VS 降解率的影响

玉米秸秆干式厌氧发酵过程中 TS 和 VS 去除率随丁酸含量的变化曲线如图 4.12 所示。由图可知，随着丁酸含量的增加，TS 和 VS 降解率呈先上升后下降的趋势，按 TS 和 VS 降解率的大小可将其分为 3 个区间，对应的丁酸含量分别为 S1（130～182 mg/g）、S2（182～283 mg/g）和 S3（283～315 mg/g），其中丁酸含量在 S2 阶段时，TS 和 VS 降解率最大，分别大于 20% 和 30%。其机理同 4.4.1（2）节中乙酸对 TS、VS 降解率的影响。

说明玉米秸秆干式厌氧发酵基质中的丁酸含量在 130～182 mg/g 和 283～315 mg/g 时，TS 和 VS 降解过程受到限制、抑制；而丁酸含量在 182～283 mg/g 时，TS 和 VS 降解过程达到最佳状态，其最大值可以达到 32%（TS）和 44%（VS）。

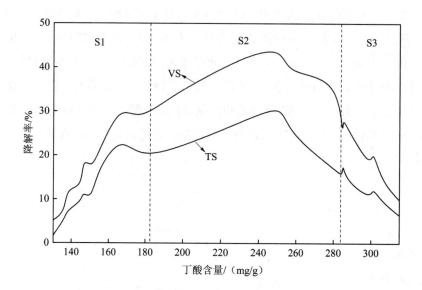

图 4.12　干式厌氧发酵中 TS 和 VS 去除率随丁酸含量的变化

4.4.2　乙酸和丁酸对 CH_4 产生影响

（1）干式厌氧发酵过程中 CH_4 产量的变化规律

产 CH_4 能力可以表征原料的有机成分和生物降解能力，CH_4 的产量可以表明有机固体废物的利用率。不同 TS 处理发酵过程中的日产 CH_4 量如图 4.13 所示。

显示各 TS 处理的日产 CH_4 量是不同的，发酵前 3 天，各系统的产 CH_4 量逐渐缓慢上升，说明发酵起始阶段主要是产酸作用占优势。到发酵第 5 天时，T1 和 T3 处理的日 CH_4 产量达到最大值，分别为 352.4 mL 和 479.0 mL；而 T2 处理和 T4 处理在发酵第 10 天时日 CH_4 产量达到最大值，分别为 378.0 mL 和 601.3 mL，随后 T1～T4 处理中的日 CH_4 产量逐渐开始下降，到发酵第 35 天停止产气。T5 处理中的日 CH_4 产量最低，最大值出现在发酵第 25 天，为 104 mL。说明 TS 对发酵过程中的日 CH_4 产量影响比较大。

VS 产气率（m^3/t）用来表示发酵原料的产气能力，其大小与原料性质和发酵条件等有关。由各实验组产气数据可以计算得到 T1、T2、T3、T4 和 T5 处理的累积产 CH_4 率分别为 149.4 m^3/t、158.5 m^3/t、194.4 m^3/t、151.2 m^3/t 和 24.7 m^3/t。

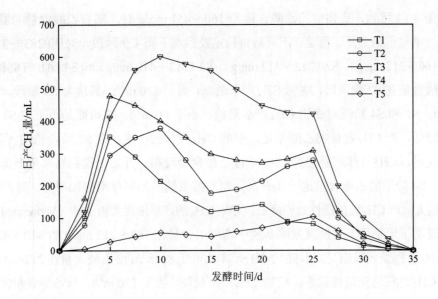

图 4.13　不同 TS 发酵过程中日产 CH₄ 量的变化

（2）乙酸含量对 CH₄ 产率的影响

厌氧发酵产 CH₄ 的反应是在厌氧条件由多种微生物共同作用完成对底物的降解，因此厌氧发酵符合单一菌群发酵的一般规律，但又会受到其他相关菌群的制约，主要表现为发酵底物和底物的浓度有关，一定底物浓度范围内底物的降解量与底物浓度呈正相关，底物浓度越高降解量越大，底物浓度低时反应会产生反馈抑制，导致部分菌体休眠，降解量也随之减小。玉米秸秆干式厌氧发酵过程中 CH₄ 产率随乙酸含量的变化曲线如图 4.14 所示。

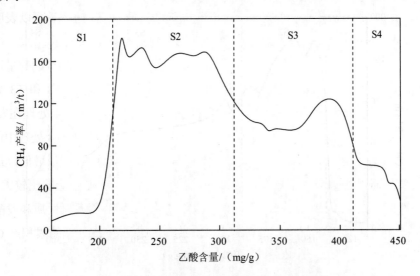

图 4.14　干式厌氧发酵中 CH₄ 产率随乙酸含量的变化

由图 4.14 可知，底物中的乙酸含量为 160～451 mg/g 时，随着乙酸含量的增加，底物 CH_4 产率呈前期上升、稳定、下降后再稳定及后期下降 4 个阶段，对应的乙酸含量分别为 S1（160～212 mg/g）、S2（212～312 mg/g）、S3（312～410 mg/g）和 S4（410～451 mg/g），其中乙酸含量在 S2 阶段时，底物 CH_4 产率最高，大于 120 m^3/t，其次为 S3 阶段，为 80～120 m^3/t，S1 和 S4 阶段时底物 CH_4 产率最低，小于 80 m^3/t。这可能是由于在 S1 阶段乙酸含量较低，产 CH_4 前体物乙酸不足，限制 CH_4 气体的产生；在 S2 阶段乙酸含量升高，前体物充足，CH_4 气体产量较高；S3 阶段乙酸含量较高，开始出现积累，逐渐抑制 CH_4 的产生；S4 阶段的乙酸含量进一步升高，对发酵系统的抑制作用更加明显，对产 CH_4 的作用也越大，产 CH_4 菌的活性急剧降低，导致 CH_4 的产率出现大幅下降（Vedrenne F et al.，2008）。说明玉米秸秆干式厌氧发酵基质中乙酸的含量在 160～212 mg/g 和 410～451 mg/g 时，产 CH_4 过程受到限制、抑制，底物 CH_4 产率均低于 80 m^3/t；而乙酸含量在 212～312 mg/g 时，产 CH_4 过程达到最佳状态，底物 CH_4 产率最高，大于 120 m^3/t，该乙酸含量区间可以作为干式厌氧发酵乙酸调控的理论依据。

（3）丁酸含量对 CH_4 产率的影响

玉米秸秆干式厌氧发酵过程中 CH_4 产率随丁酸含量的变化曲线如图 4.15 所示。由图可知，底物中的丁酸含量在 116～316 mg/g，随着丁酸含量的增加，底物 CH_4 产率呈前期上升、稳定、下降后再稳定及后期下降 4 个阶段，对应的丁酸含量分别为 S1（116～139 mg/g）、S2（139～188 mg/g）、S3（188～304 mg/g）和 S4（304～316 mg/g），其中丁酸含量在 S2 阶段时，底物 CH_4 产率最高，大于 120 m^3/t，其次为 S3 阶段，为 80～120 m^3/t，S1 和 S4 阶段时底物 CH_4 产率最低，小于 80 m^3/t。其机理同乙酸含量对 CH_4 产率的作用机制相似。

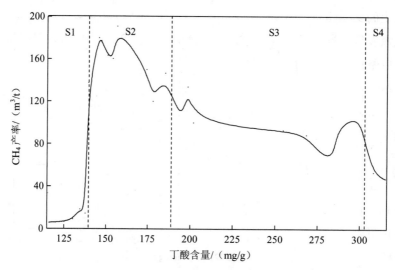

图 4.15　干式厌氧发酵中 CH_4 产率随丁酸含量的变化

说明玉米秸秆干式厌氧发酵基质中的丁酸含量在 116～139 mg/g 和 304～316 mg/g 时，产 CH_4 过程受到限制、抑制，底物 CH_4 产率均低于 80 m^3/t；而丁酸含量在 139～188 mg/g 时，产 CH_4 过程达到最佳状态，底物 CH_4 产率最高，大于 120 m^3/t，该丁酸含量区间可以作为干式厌氧发酵丁酸调控的理论依据。

4.5　关键有机酸对系统微生物的影响

微生物的动态变化规律分析，TS 为 20%系统的 PCR-DGGE 图像，发酵开始时，微生物菌群较多，从第 5 天开始，显示出微生物菌群结构发生变化，并出现阶段性优势菌群。说明发酵过程中，由于受发酵微环境的影响，微生物的群落结构变化较大；随着发酵的进行，不同种类微生物在适应环境变化的此消彼长，最后趋于稳定的变化趋势。从发酵第 10 天开始，出现优势菌群，从发酵第 15 天开始，部分优势菌群变弱或消失，从发酵第 20～30 天，微生物菌群基本无明显差异，说明微生物菌群基本趋于稳定。

在 TS 含量为 25%的干式厌氧发酵系统内，从发酵第 5 天开始，微生物菌群结构的变化，5 d 后出现优势菌群，从第 5～35 天的样品与之的相似度一直在降低，发酵第 35 天之后样品的菌群结构变化最大，从发酵开始，发酵作用对菌群一直在持续作用，不同种类微生物在适应环境变化的此消彼长，最后趋于稳定的变化趋势。

在 TS 含量为 30%的干式厌氧发酵系统内，发酵 5 d 后，出现优势菌群；发酵第 10～15 天后，伴随其他的菌群减弱，出现新的优势菌群；还有一些菌种自始至终均为优势菌群。发酵第 5 天后，样品的菌群结构变化趋于平缓，但并没有明显的降低或上升，微生物种群变化无明显规律，随着发酵的进行，不同种类微生物在适应环境变化的此消彼长，最后趋于稳定的变化趋势。

干式厌氧发酵过程中优势微生物主要为兼性厌氧产丁醇芽孢杆菌（*Bacillus* sp.，a11 和 a15）、假单胞菌（*Pseudomonas* sp.，a6、c1 和 c3）和根瘤菌（*Rhizobium* sp.，a8 和 a18）。干式厌氧发酵过程中存在大量尚未进行人工培养的优势微生物群落，说明干式厌氧发酵系统内存在与湿式厌氧发酵系统不同的微生物系统，随着发酵时间的推移，导致微生物菌群结构的变化以及可能的优势种群的变化。

4.5.1　微生物的动态变化规律

由图 4.16（a）可知，在 TS 含量为 20%的干式厌氧发酵系统内，发酵开始（第 0 天）时，微生物菌群较多，存在条带 4、6、8、13、15、17、19、21、22 和 23。随后随着系统发酵时间的延长，从系统第 5 天开始，微生物条带总数、种类及亮度都发生了较大变化，显示出微生物菌群结构发生变化，并出现阶段性优势菌群。具体表现为，从发酵第 5

天开始，出现优势条带 1、2、3、7、11、14、18、23、25，对照中为优势条带的 21 条带亮度逐渐减弱；条带 23 逐渐变亮，并成为发酵 30 d 内的优势菌群；从系统第 10 天开始，出现优势条带 5、9 和 12；从系统第 15 天开始，条带 9 变弱，条带 12 消失，从发酵第 20 天开始到发酵第 30 天，微生物菌群基本无明显差异，说明微生物菌群基本趋于稳定。还有一些条带自始至终均为优势条带，如 17、19。

由图 4.16（b）可知，相较开始（第 0 天）时微生物结构，系统第 20 天后样品的菌群结构变化最大，与第 0 天的相似度降至最低的 46.9%；从系统第 5 天后的所有样品与第 0 天的样品的相似度骤降至 60%，说明发酵过程中，由于受发酵微环境的影响，微生物的群落结构变化较大；发酵第 5 天后，样品的菌群结构变化趋于平缓，但并没有明显的降低或上升，微生物种群变化无明显规律，与第 0 天样品的相似度维持在 40%~60%，显示出随着发酵系统的进行，不同种类微生物在适应环境变化的此消彼长，最后趋于稳定的变化趋势。

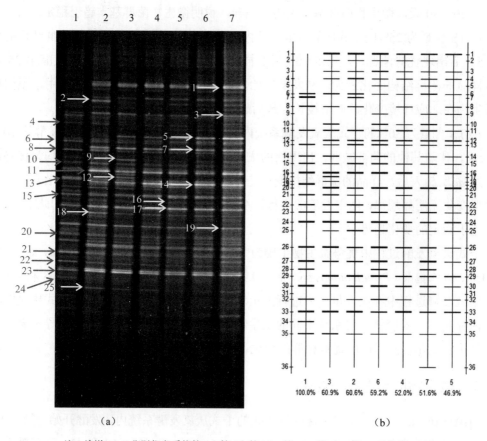

（a）　　　　　　　　　　　　（b）

注：泳道 1~7 分别代表系统第 0、第 5、第 10、第 15、第 20、第 25 天及第 35 天

图 4.16　TS 含量为 20%系统的 PCR-DGGE 图像

由图 4.17（a）可知，在 TS 含量为 25%的干式厌氧发酵系统内，随着系统时间的推移，从发酵第 5 天开始，条带总数、种类及亮度都发生了较大变化，显示出微生物菌群结构的变化，以及可能的优势种群的变化。具体表现为：发酵第 5 天后，出现优势条带 1、3；发酵第 10 天后出现优势条带 11、21；还有一些条带自始至终均为优势条带，如 17、19、22、23。由图 4.17（b）知，相较第 0 天时微生物结构，从第 5～35 天的样品与之的相似度一直在降低，发酵第 35 天后样品的菌群结构变化最大，与第 0 天的相似度降至最低的 59.9%，说明从发酵开始，发酵作用对菌群一直在持续作用。这都显示出随着发酵的进行，不同种类微生物在适应环境变化的此消彼长，最后趋于稳定的变化趋势。

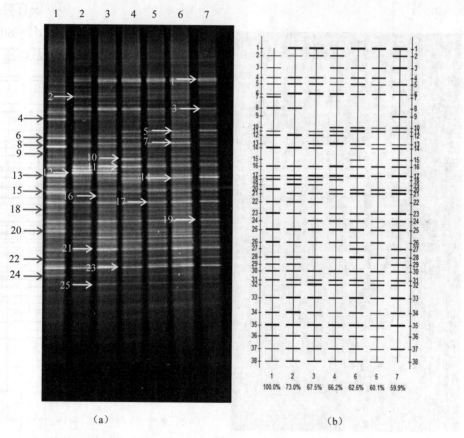

（a）　　　　　　　　　　（b）

注：泳道 1～7 分别代表系统第 0、第 5、第 10、第 15、第 20、第 25 天及第 35 天。

图 4.17　TS 含量为 25%系统的 PCR-DGGE 图像

由图 4.18（a）可知，在 TS 为 30%的干式厌氧发酵系统内，随着发酵时间的推移，从第二个样品开始，条带总数、种类及亮度都发生了较大变化，显示出微生物菌群结构的变化，以及可能的优势种群的变化。具体表现：发酵第 5 天后，出现优势条带 1、10、20、21，并伴随 2 号条带的减弱；发酵第 10 天后，出现优势条带 18、23；发酵第 15 天后，出现优势条带 3，并伴随 15 条带的逐渐减弱；还有一些条带自始至终均为优势条带，如 9、11、14。由图 4.18（b）可知，相较第 0 天时微生物结构，发酵第 20 天后样品的菌群结构变化最大，与第 0 天的相似度降至最低的 48.7%，说明菌群结构超过近半数的剧烈变化；从发酵第 5 天后的所有样品与第 0 天的样品的相似度骤降至 65% 及以下，说明发酵作用对样品中微生物菌群结构影响巨大；发酵第 5 天后，样品的菌群结构变化趋于平缓，但并没有明显的降低或上升，微生物种群变化无明显规律，与第 0 天样品的相似度维持在 48%～65%，显示出随着发酵的进行，不同种类微生物在适应环境变化的此消彼长，最后趋于稳定的变化趋势。

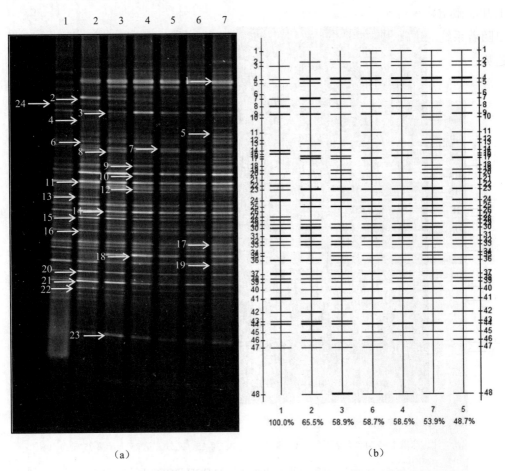

（a）   （b）

注：泳道 1～7 分别代表系统第 0、第 5、第 10、第 15、第 20、第 25 天及第 35 天。

图 4.18　TS 含量为 30% 系统的 PCR-DGGE 图像

由图 4.19（a）可知，在 TS 含量为 20% 的干式厌氧发酵系统内，随着发酵时间的延长，从第二个泳道开始，条带总数、种类及亮度都发生了较大变化，显示出微生物菌群结构的变化，以及可能的优势种群的变化。具体表现：发酵第 5 天后，出现优势条带 1、3、9，并伴随 4、13 号条带的消失；发酵第 10 天后，出现优势条带 12，并伴随 22 号条带的消失；发酵第 15 天后，出现优势条带 9；还有一些条带自始至终均为优势条带，如 3、7、10、11、14、17、19、20、21。由图 4.19（b）可知，相较第 0 天时微生物结构，发酵第 15 天后样品的菌群结构变化最大，与第 0 天的相似度降至最低的 51.2%，说明菌群结构有接近半数的剧烈变化；从发酵第 5 天后的所有样品与第 0 天的样品的相似度降至 73.9%，从第 10 天后骤降至 65% 及以下，说明系统作用对样品中微生物菌群结构影响巨大；发酵第 10 天后，样品的菌群结构变化趋于平缓，但并没有明显的降低或上升，微生物种群变化无明显规律，与第 0 天样品的相似度维持在 51%～65%，显示出随着系统的进行，不同种类微生物在适应环境变化的此消彼长，最后趋于稳定的变化趋势。

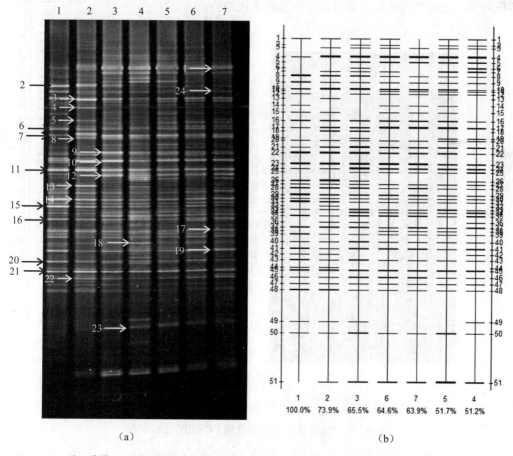

（a）　　　　　　　　　　（b）

注：泳道 1～7 分别代表系统第 0、第 5、第 10、第 15、第 20、第 25 天及第 35 天。

图 4.19　TS 含量为 35% 系统的 PCR-DGGE 图像

由图 4.20（a）可知，在 TS 含量为 20%的干式厌氧发酵系统内，随着发酵时间的推移，从发酵第 5 天开始，条带总数、种类及亮度都发生了较大变化，显示出微生物菌群结构的变化，以及可能的优势种群的变化。具体表现：发酵 5 天后，出现优势条带 1、2、3、7，并伴随 1、3、16 号条带的消失或减弱；发酵第 10 天后，出现优势条带 4、10、11；发酵第 20 天后，条带数又呈现上升态势，出现优势条带 2、4、6、9、14、15；还有一些条带自始至终均为优势条带，如 16。由图 4.20（b）可知，相较第 0 天时微生物结构，发酵第 35 天后样品的菌群结构变化最大，与第 0 天的相似度降至最低的 43.4%，说明菌群结构有超过半数的剧烈变化；从发酵第 5 天后的所有样品与第 0 天的样品的相似度骤降至 58%及以下，说明发酵作用对样品中微生物菌群结构影响巨大；发酵第 5 天后，样品的菌群结构变化趋于平缓，但并没有明显的降低或上升，微生物种群变化无明显规律，与第 0 天样品的相似度维持在 58%～43%，显示出随着发酵的进行，不同种类微生物在适应环境变化的此消彼长，最后趋于稳定的变化趋势。

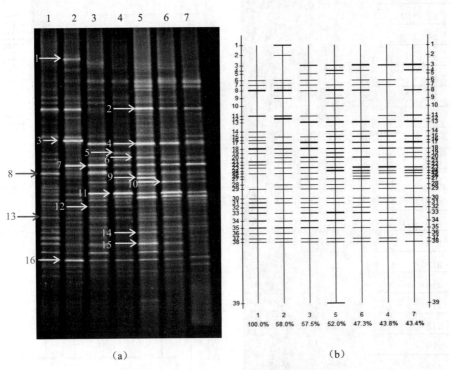

注：泳道 1～7 分别代表系统第 0、第 5、第 10、第 15、第 20、第 25 天及第 35 天。

图 4.20　TS 含量为 40%系统的 PCR-DGGE 图像

4.5.2 优势微生物种属识别

表 4.5、表 4.6、表 4.7 是对发酵过程中的优势条带测序并将测序结果提交到 Genebank 中进行比对后获得的比对结果。由表中的内容可知，干式厌氧发酵过程中优势微生物主要为兼性厌氧产丁醇芽孢杆菌（*Bacillus* sp.，a11 和 a15）、假单胞菌（*Pseudomonas* sp.，a6、c1 和 c3）和根瘤菌（*Rhizobium* sp.，a8 和 a18）。同时，从表中也可看出，干式厌氧发酵过程中存在着大量尚未进行人工培养的优势微生物群落，说明干式厌氧发酵系统内存在与湿式厌氧发酵系统不同的微生物系统。

表 4.5 测序对比结果

编号	登录号	相似性最大的种属	相似性/%
a1	GQ228540.1	*Uncultured bacterium*	99
a2	KJ131495.1	*Bacillus cereus strain*	99
a3	EU775913.1	*Uncultured bacterium*	100
a4	HQ121011.1	*Uncultured bacterium*	100
a5	GQ132585.1	*Uncultured bacterium*	100
a6	KF870434.1	*Pseudomonas* sp.	99
a7	FJ680110.1	*Uncultured bacterium*	99
a8	KF922663.1	*Rhizobium* sp.	100
a9	KF865734.1	*Uncultured bacterium*	100
a10	KF843232.1	*Uncultured bacterium*	100
a11	KC832326.1	*Bacillus* sp.	100
a12	JQ369542.2	*Uncultured bacterium*	99
a13	JQ088349.1	*Uncultured bacterium*	100
a14	HQ750097.1	*Uncultured bacterium*	100
a15	KF021779.1	*Bacillus* sp.	99
a16	FR682706.1	*Sphingomonas* sp.	99
a17	KJ128394.1	*Mesorhizobium* sp.	100
a18	KF551177.1	*Rhizobium* sp.	100
a19	AB889842.1	*Uncultured bacterium*	99
a20	KF911163.1	*Uncultured bacterium*	100
a21	KF911242.1	*Uncultured bacterium*	100
a22	FR696024.1	*Uncultured bacterium*	98
a23	JQ818395.1	*Bacillus infantis strain*	97
a24	KJ194586.1	*Azospirillum brasilense strain*	100

表 4.6　测序对比结果

编号	登录号	相似性最大的种属	相似性/%
b1	KF911274.1	*Uncultured bacterium*	100
b2	KJ124182.1	*Enterococcus* sp.	100
b3	JX922565.1	*Uncultured bacterium*	99
b4	EU464504.1	*Uncultured bacterium*	100
b5	KJ126923.1	*Bacillus circulans strain*	100
b6	JX945787.1	*Alkalibacterium* sp.	100
b7	JN860159.1	*Uncultured Pseudomonas sp.*	100
b8	GQ133177.1	*Uncultured bacterium*	100
b9	KF865734.1	*Uncultured bacterium*	100
b10	GQ139113.1	*Uncultured bacterium*	99
b11	EU464872.1	*Uncultured bacterium*	100
b12	HQ121011.1	*Uncultured bacterium*	99
b13	JX509244.1	*Uncultured bacterium*	100
b14	JX426209.1	*Uncultured bacterium*	100
b15	JX426209.1	*Uncultured bacterium*	100
b16	KJ135638.1	*Uncultured bacterium*	100
b17	JQ159065.1	*Uncultured bacterium*	96
b18	KC307427.1	*Uncultured bacterium*	100
b19	KF911163.1	*Uncultured bacterium*	100
b20	KF911161.1	*Uncultured bacterium*	100
b21	HQ741733.1	*Uncultured bacterium*	100
b22	GQ133228.1	*Uncultured bacterium*	100

表 4.7　测序对比结果

编号	登录号	相似性最大的种属	相似性/%
c1	JF708185.1	*Pseudomonas* sp.	99
c2	GQ132344.1	*Uncultured bacterium*	100
c3	FJ981896.1	*Pseudomonas* sp.	100
c4	GQ137984.1	*Uncultured bacterium*	100
c5	AB837928.1	*Uncultured bacterium*	100
c6	GQ137984.1	*Uncultured bacterium*	100
c7	GU098267.1	*Uncultured bacterium*	100
c8	JN610682.1	*Uncultured bacterium*	99
c9	JX198629.1	*Uncultured bacterium*	100
c10	HQ797449.1	*Uncultured bacterium*	100
c11	AB627579.1	*Uncultured bacterium*	99
c12	EU148838.1	*Uncultured bacterium*	100
c13	JQ191905.1	*Uncultured bacterium*	100
c14	AB627628.1	*Uncultured bacterium*	99
c15	HQ797449.1	*Uncultured bacterium*	99
c16	KC961605.1	*Uncultured bacterium*	100

4.6　本章小结

4.6.1　主要结论

本章以玉米秸秆干式厌氧发酵系统为研究对象,对发酵过程中 VFA 及其组分的含量进行测定,分析识别对发酵系统起关键作用的有机酸,干式厌氧发酵过程中发酵底物浓度对关键有机酸产生的影响,关键有机酸对发酵系统的影响,并结合 PCR-DGGE 技术对发酵系统内的微生物演替规律进行分析,阐述玉米秸秆干式厌氧发酵过程内关键有机酸与微生物间的作用机制。主要结论如下:

①玉米秸秆干式厌氧发酵过程中,TS 含量在 20%～30% 时,基质中 VFA 含量变化和湿式厌氧发酵过程中变化趋势相似,表现为前期上升、中期稳定和后期下降,并且随着 TS 含量的增大,稳定期时间缩短;TS 含量对 VFA 含量增加的持续时间也有显著影响,随着 TS 含量的增加,VFA 含量增加的持续时间延长,由 20% 时的第 5 天增加到 35% 和 40% 时的第 25 天;VFA 主要由乙酸、丙酸、丁酸、戊酸和己酸组成,其中乙酸为关键有机酸,含量达 36.3%～41.7%,其次为丁酸,含量为 24.2%～28.0%。

②发酵过程中乙酸与丁酸含量的变化和 VFA 含量的变化基本相似,在 TS 含量为 20%～30% 时呈前期上升、中期稳定和后期下降趋势,随着 TS 含量由 20% 增加到 30%,起始产乙酸的持续时间越长,由 0～5 d 延长为 0～15 d;Pearson 相关性(p)分析结果表明,TS 含量与乙酸含量的相关系数均小于 -0.979($p<0.01$),说明 TS 含量与乙酸含量呈极显著的负相关关系。一元线性回归分析得到的方程斜率为 $-1\,214.8$,说明 TS 对产乙酸过程具有抑制作用,且抑制效果较为明显;TS 含量与丁酸含量的相关系数均小于 -0.953($p<0.05$),说明 TS 含量与丁酸含量呈显著的负相关关系。一元线性回归分析得到的方程斜率为 -849.2,说明 TS 对产丁酸过程同样具有明显的抑制作用。

③玉米秸秆干式厌氧发酵过程,随着乙酸、丁酸含量的增加,TS 和 VS 降解率总体上呈先上升后下降的趋势,乙酸含量为 270～405 mg/g、丁酸含量为 182～283 mg/g 时,TS 和 VS 降解过程达到最佳状态,其最大值可以达到 32%(TS)和 44%(VS);随着乙酸、丁酸含量的增加,底物 CH_4 产率呈波动性变化,依次为上升、稳定、下降后再稳定和下降 4 个阶段,其中乙酸含量为 212～312 mg/g、丁酸含量为 139～188 mg/g 时,底物 CH_4 产率最高(大于 120 m^3/t),其次为乙酸含量为 312～410 mg/g、丁酸含量为 188～304 mg/g 时的 80～120 m^3/t。

④采用 PCR-DGGE 方法,分析玉米秸秆干式厌氧发酵系统中微生物的多样性、演替规律及群落结构的相似性,并对发酵系统中的优势条带进行测序分析,分析结果表明:

玉米秸秆干式厌氧发酵过程中，由于发酵微环境的影响，微生物的群落结构变化较大，且整个过程中均发生着演变，其中，微生物结构演替主要发生在发酵的 0～5 d 内，一般演替度达到 40%左右；玉米秸秆干式厌氧发酵系统中优势微生物主要为兼性厌氧产丁醇芽孢杆菌（*Bacillus* sp.）、假单胞菌属（*Pseudomonas* sp.），还存在大量尚未进行人工培养的优势微生物群落。

4.6.2　讨论

（1）VFA 含量变化

VFA 是厌氧发酵过程中有机物降解时产生的重要中间产物，且约 72%的 CH_4 是源于 VFA 的进一步分解而产生的（Björnsson et al.，2000）。玉米秸秆干式厌氧发酵中的 VFA 主要包括乙酸、丙酸、丁酸、戊酸和己酸等，总体呈先上升后下降的趋势。但发酵过程中 VFA 的含量不易控制，当 VFA 含量小于甲烷菌的活性需求时，会降低产甲烷的速率（董保成等，2011）；当 VFA 含量大于甲烷菌的消耗速率时，会造成系统内 pH 的下降，又将反抑制对 pH 敏感的产甲烷菌活性，导致产甲烷速率降低，甚至发酵失败（Killilea et al.，2000）。因此，大量学者开展了厌氧发酵过程中 VFA 含量的产生规律研究。Jiang 等（2013）通过 pH、温度、OLR 等工艺参数对食品废物酸化的影响研究，发现 VFA 含量和产量在 pH 为 6.0、温度为 45℃时最高，且随着 OLR 的增加而增加。说明厌氧发酵系统产 VFA 出现在发酵前期，这样就可以在发酵初期快速产 VFA 时有针对性地控制其含量。

（2）发酵底物浓度对 VFA 含量的影响

发酵底物浓度影响到厌氧发酵系统中微生物及其次生代谢产物的迁移及微生物对发酵基质降解转化的时间，发酵底物浓度过高不利于传热传质过程的进行，抑制微生物的生长，降低基质利用率，同时会因水的缺乏而造成产酸菌代谢速率减缓，使得 VFA 过量积累，导致发酵系统酸中毒，进而影响发酵过程。玉米秸秆干式厌氧发酵过程 VFA 含量随着发酵底物浓度的增加而减小，Pearson 相关性分析发酵发现发酵底物浓度与 VFA 含量具有显著的负相关关系，抑制厌氧发酵系统产 VFA。这是由于发酵底物浓度决定发酵系统的环境，随着发酵底物浓度的增加，发酵系统内含水量减小，料液逐渐变得黏稠阻碍了水解产物向产酸菌体内扩散，从而抑制产酸活动。这与李文哲等（2008）在发酵底物浓度为 6%～10%的研究结果相似。Motte 等（2013）通过对 TS 含量为 10%～14%的小麦秸秆厌氧发酵系统内乙酸的研究也发现，随着发酵底物浓度的增加，乙酸浓度逐渐减小。

（3）发酵系统 VFA 含量的控制

玉米秸秆的 TS 和 VS 的降解率表示原料被发酵微生物利用的程度，同时，也反映了原料的可生物降解性能。通过研究 VFA 含量与 TS、VS 降解率的相关变化可以发现，VFA

在某一范围内 TS、VS 降解率最大，这样该 VFA 的含量范围就可以作为后期有机酸控制的目的范围，在发酵过程中可以通过添加某种添加剂或控制其他发酵条件使有机酸含量控制在该范围以内。本研究发现乙酸含量在 270～405 mg/g 时，TS 和 VS 降解过程达到最佳状态，其最大值可以达到 32%（TS）和 44%（VS）；丁酸含量在 182～283 mg/g 时，TS 和 VS 降解过程达到最佳状态，其最大值可以达到 32%（TS）和 44%（VS）。

产 CH_4 能力可以表明原料的有机成分和生物降解能力，CH_4 的产量可以表明有机固体废物的利用率。通过研究 VFA 含量与 CH_4 产率的相关变化可以发现，VFA 在某一范围内 CH_4 产率最高，这就可以把该 VFA 的含量范围当作后期有机酸控制的目的范围，在厌氧发酵过程中通过添加某种添加剂或控制其他发酵条件把有机酸含量控制在这一范围以内。本研究发现，乙酸含量在 212～312 mg/g 时，产 CH_4 过程达到最佳状态，底物 CH_4 产率最高，大于 120 m^3/t；丁酸含量在 139～188 mg/g 时，产 CH_4 过程达到最佳状态，底物 CH_4 产率最高，大于 120 m^3/t。

参考文献

卞永存，寇巍，李世密，等．2009．农作物秸秆两相厌氧发酵工艺研究进展．可再生能源，27（5）：61-65.

陈闯，邓良伟，信欣等．2012．上推流厌氧反应器连续发酵猪粪产沼气试验研究．环境科学，33（3）：1033-1040.

陈庆今，刘焕彬，胡勇有．2004．连续流新型厌氧反应器处理固体有机废物研究．环境科学与技术，27（3）：57-58.

单斌，李红，陈志刚，等．2009．酿造工艺对啤酒中有机酸的影响．中国酿造，（2）：40-42.

董保成，赵立欣，万小春，等．2011．挥发性有机酸对产沼气效果的模拟试验．农业工程学报，27（10）：249-254.

高祥照，马文奇，马常宝，等．2002．中国作物秸秆资源利用现状分析．华中农业大学学报，21（3）：242-247.

贺延龄．1998．废水的生物处理．北京：中国轻工业出版社.

康黎东，郭瑞涵．2005．啤酒工业中的有机酸及其检测方法．啤酒科技，（4）：25-30.

李建政，任南琪，王爱杰，等．1998．二相厌氧生物工艺相分离优越性的探讨．哈尔滨建筑大学学报，31（2）：50-56.

李建政，任南琪，王爱杰，等．1998．二相厌氧生物工艺相分离优越性的探讨．哈尔滨建筑大学学报，31（2）：50-56.

李礼，徐龙君．2010．含固率对牛粪常温厌氧消化的影响．环境工程学报，4（6）：1413-1416.

李强，曲浩丽，承磊，等．2010．沼气干式厌氧发酵技术研究进展．中国沼气，28（5）：10-14.

李文哲，王忠江，王丽丽，等．2008．影响牛粪高浓度水解酸化过程中乙酸含量的因素研究．农业工程学报，24（4）：204-208.

李亚新，储江林．2000．生活垃圾酸性发酵的特性研究．中国沼气，18（1）：12-15.

李亚新．2007．活性污泥法理论与技术．北京：中国建筑工业出版社，511-526.

林聪．2007．沼气技术理论与工程．北京：化学工业出版社，31-43.

刘和，刘晓玲，张晶晶，等．2009．酸碱调控污泥厌氧发酵实现乙酸累积及微生物种群变化．微生物学报，49（12）：1643-1649.

刘双江，胡纪萃，顾夏声，等．1990．啤酒废水厌氧颗粒污泥代谢有机酸产甲烷特征的研究．中国沼气，8（4）：10-12.

刘晓玲．2008．城市污泥厌氧发酵产酸条件优化及其机理研究．江南大学，博士学位论文.

乔玮，曾光明，袁兴中，等．2004．厌氧消化处理城市垃圾多因素研究．环境科学与技术，3（27）：3-4.

任洪艳，吕娴，阮文权．2011．提高太湖蓝藻厌氧发酵产丁酸的预处理方法．食品与生物技术学报，30（5）：734-739.

任南琪，刘敏，王爱杰，等．2003．两相厌氧系统中产甲烷相有机酸转化规律．环境科学，24（4）：89-93.

任南琪，王爱杰．2004．厌氧生物技术原理与应用．北京：化学工业出版社.

任南琪，王爱杰，马放．2005．产酸发酵微生物生理生态学．北京：科学出版社．

任南琪．1999．产酸发酵细菌演替规律研究——pH≤5 条件下 ORP 的影响．哈尔滨建筑大学学报，32
　　（2）：29-34．

施建伟，雷国明，李玉英，等．2013．发酵底物和发酵工艺对沼液中挥发性有机酸的影响．河南农业科
　　学，42（3）：55-58．

史金才，廖新俤，吴银宝．2010．4 种畜禽粪便厌氧发酵产甲烷特性研究．中国生态农业学报，18（3）：
　　632-636．

孙付保，任洪艳，赵长新．2005．啤酒酵母发酵产有机酸的生理代谢机制．食品工业科技，（5）：70-72．

孙国朝，邵廷杰，郭学敏．1988．沼气干式厌氧发酵工艺必须的条件：沼气新技术应用研究．成都：四
　　川科学技术出版社，47-58．

王琴．1998．污泥停留时间及温度对剩余污泥连续生产短链脂肪酸的影响．上海：同济大学．

于宏兵，吴睿，段宁，等．2006．合成有机物对固定化酶酸化/UASB 两相厌氧有机酸代谢特征．环境科
　　学，27（3）：483-487．

苑宏英，员建，徐娟，等．2008．碱性 pH 条件下增强剩余污泥厌氧产酸的研究．中国给水排水，24（9）：
　　26-29．

翟芳芳，张静，张建华，等．2010．酒精沼气双发酵偶联工艺中沼液有机酸对酒精发酵的影响．食品与
　　生物技术学报，29（3）：432-436．

张光明，王伟．1997．厌氧消化处理生活垃圾工艺研究．中国沼气，15（2）：14-16．

张光明．1996．城市垃圾厌氧消化产酸阶段研究．中国沼气，14（2）：11-14．

张仁江，张振家，谷城，等．2000．糖蜜酒精废水两相 UASB 处理有机物去除特征．城市环境与城市生
　　态，13（4）：23-25．

赵丹，任南琪，王爱杰．2003．pH、ORP 制约的产酸相发酵类型及顶级群落．重庆环境科学，25（2）：
　　33-35．

赵庆良，王宝贞，G·库格尔．1996．厌氧消化中的重要中间产物——有机酸．哈尔滨建筑大学学报，
　　29（5）：32-38．

左鹏，吴昊，李建，等．2009．有机酸对 Actinobacillus succinogenes 厌氧发酵过程的抑制作用．食品与
　　发酵工业，35（2）：12-16．

Banerjee A，E P，T D. 1999. The effect of addition of potato-processing wastewater on the acidgenesis of
　　primary sludge under varied hudraulic retention time and temperature. Journal of Biotechnology，72（3）：
　　203-212.

Banerjee A，Elefsiniotis P，Tuhtar D. 1998. Effect of HRT and temperature on the acidogenesis of municipal
　　promary sludge and industrial wastewater. Water Science and Technology，38（8-9）：417-423.

Björnsson L，Murto M，attiasson B. 2000. Evaluation of parameters for monitoring anaerobic co-digestion
　　process. Applied Microbiology and Biotechnology，（54）：844-849.

Chen Y G，Jiang S，Yuan H Y，et al. 2007. Hydrolysis and acidification of waste activated sludge at different
　　pHs. Water Res，41：683-689.

Cohen A，Van Gemert J M，Zoetemeyer R J. 1984. Main characteristics and stoichiometric aspects of acidogenesis of soluble carbohydrate containing wastewater. Process Biochemistry，19：228-237.

Demirer G N，Chen S. 2005. Two-phase anaerobic digestion of unscreened dairy manure. Process Biochemistry，40（11）：3542-3549.

Elefdiniotis P，Oldham W K. 1994. Effect of HRT on acidogenic digestion of primary sludge. JEnviron. Eng.，120（3）：645-660.

Ghosh S，Buoy K，Dressell L，et al. 1995. Pilot-scall two-phase anaerobic digestion of municipal sludge. Wat Environ Res，67（2）：206-214.

Ghosh S. 1983. Gas production by accelerated bioleaching of organic materials. U S Patent，4：396-402.

Hills D J，Roberts D W. 1981. Anaerobic digestion of dairy manure and field crop residues. Agricultural Wastes，3：179-189.

HQ Yu，XH Zh，G W. 2003. High-rate anaerobic hydrolysis and acidogenesis of sewage sludge in a modified upflow reactor. Water Sci Tech，48（4）：69-75.

Hyaric R L，Benbelkacem H，Bollon J，et al. 2012. Influence of moisture content on the specific methanogenic activity of dry mesophilic municipal solid waste digestate. Journal of Chemical Technology and Biotechnology，87（7）：1032-1035.

Jianguo Jiang，Yujing Zhang，Kaimin Li. 2013. Volatile fatty acids production from food waste：Effects of pH，temperature，and organic loading rate. Bioresource Technology，（143）：525-530.

Killilea J E，Colleran E，Scahill C. 2000. Establishing procedure for design，operation and maintenance of sewage sludge anaerobic treatment plants. Water Science and Technology，41（3）：305-312.

Li R P，Chen S L，Li X J. 2010. Biogas production from anaerobic co-digestion of food waste with dairy manure in a two-phase digestion system. Appl Biochem Biotechnol，160（2）：643-654.

Lin SKC，Du C，Koutinas A，et al. 2008. Subst rate and product inhibition kinetics in succinic acid production by A ctinobacillus succinogenes. Biochemical Engineering Journal，41：128-135.

Marek Mosche，Hans-Joachim J. 1999. Comparison of different models of substrate and product inhibition in anaerobic digestion . Wat Res，33（11）：2545-2554.

Micolucci F，Uellendhal H. 2018. Two-stage dry anaerobic digestion process control of biowaste for hydrolysis and biogas optimization. Chemical Engineering & amp；Technology，41（4）：717-726.

Motte J C，Trably E，Escudie R，et al. 2013. Total solids content：a key parameter of metabolic pathways in dry anaerobic digestion. Biotechnology for Biofuels，6（164）：1-9.

N Mahmoud，G Zeeman，H G，et al. 2004. Anaerobic stabilization and corversion of biolymers in primary sluge-effct of temperature and sludge retention time. Water Res，38（4）：983-991.

Narendranath N V，Thomas K C，Ingledew W M. 2001. Acetic acid and lactic acid inhibition of growth of S accharomyces cerevisiae by different mechanisms. J Am Soc Brew Chem，59：187-194.

Neal A L，Weinstock J，Oliver Lampen J. 1965. Mechanisms of fatty acid toxicity for yeast. Journal of Bacteriology，90：126-131.

Oles J，Dichtl N，Niehoff H. 1997. Full sale experience of two stage thermophilie/mesophilic sludge digestlon. Proceedings of the 8 th International Conference on Anaerobic Digestion，：224-231.

Park Y J，Feng H，Cheon J H，et al. 2008. Comparison of thermophilic anaerobic digestion characteristics between single phase and two-phase systems for kitchen garbage treatment. Journal of Bioscience and Bioengineering，105（1）：48-54.

Samson FE，Katz AM，Harris DL. 1955. Effect s of acetate and other short-chain fatty acids on yeast metabolism. Arch Biochem Biophys，54：406-423.

Solera R，Romero L I，Sales D. 2002. The evolution of biomass in a two phase anaerobic treatment process during start-up. Chemical and Biochemical Engineering Quarterly，16（1）：25-29.

Vasseur C，Baverel L，Hébraud M，et al. 1999. Effect of osmotic，alkaline，acid or thermal stresses on the growth and inhibition of Listeria monocy togenes. J Appl Microbiol，86：469-476.

Vavilin V A，Angelidaki I. 2005. Anaerobic degradation of solid material：Importance of initiation centers for methanogenesis，mixing intensity，and 2D distributed model. Biotechnology and Bioengineering，89（1）：113-122.

Vedrenne F，Beline F，Dabert P，et al. 2008. The effect of incubation conditions on the laboratory measurement of the methane producing capacity of livestock wastes. Bioresource Technology，99（1）：146-155.

Zhang D D，Yuan X F，Guo P，et al. 2011. Microbial population dynamics and changes in main nutrients during the acidification process of pig manures. Journal of Environmental Sciences，23（3）：497-505.

Zhang Ruihong，Zhang Zhiqin. 1999. Biogasification of rice straw with an anaerobic-phased solids digester system. Bioresource Technology，68：235-245.

Zhao Quanbao，Yu Hanqing. 2008. Fermentative H_2 production in an upflow anaerobic sludge blanket reactor at various pH values. Bioresource Technology，99（5）：1353-1358.

第 5 章

污泥干式厌氧发酵过程腐殖酸转化规律及
对产甲烷影响

污泥干式厌氧发酵技术是当前污泥处理处置的有效技术之一。腐殖酸（humic acid，HA）是污泥中有机物的主要组成部分，占剩余污泥 6%～20%。HA 是一类具有羧基结构的高分子芳香族聚合物，含有酚羟基、羧基、醇羟基、烯醇基、磺酸基、取代氨基、醌基、羰基、甲氧基等多种基团，具有氧化还原性、离子交换性、热稳定性、吸附性和络合性等化学性质。水解反应是厌氧发酵的限速步骤，污泥中的 HA 会影响蛋白酶、脂肪酶和纤维素酶的活性，进而使厌氧发酵的水解效率下降，影响后续的产酸和产甲烷过程。HA 含量范围为 0.5～5 g/L 时，都能不同程度地抑制酶催化与微生物催化水解反应（Fernandes et al., 2015）；并且 HA 对木质素水解的抑制程度远高于半纤维素和纤维素，在投加 HA 含量（以 VSS 计）为 250 mg/g[①] 时，CH_4 产率下降了 15.2%（任冰倩，2015）。

目前关于 HA 对污泥干式厌氧发酵产甲烷过程的影响机理还未有人开展过相关研究，大部分研究集中在以其他不同物质为发酵原料开展厌氧发酵研究，探讨 HA 或醌类物质对厌氧发酵产气过程的影响，而有关 HA 含量对污泥干式厌氧发酵 CH_4 产生量及其动力学特征鲜见报道。为探究污泥干式厌氧发酵过程中 HA 对产酸产甲烷途径的影响机理，本研究团队开展了 HA 对污泥干式厌氧发酵影响研究，重点分析污泥干式厌氧发酵过程产甲烷规律，腐殖酸含量与化学结构特征变化，腐殖酸对产酸产甲烷的作用机制。结果表明，添加 HA 对污泥干式厌氧发酵 CH_4 产量总体呈现抑制作用，添加 HA 在发酵初期与发酵末期对干式厌氧发酵产气的抑制程度较高，在发酵中期对产气量具有一定的促进作用；HA 在干式厌氧发酵过程中化学结构特征变化主要为芳香族碳含量上升，脂肪族碳、羧基和羟基碳含量相对减少，HA 结构的聚合度提高。在发酵后期，HA 的芳构化程度明显增加，并且发酵过程中含氮化合物被降解，产生了酚、酯、醇以及多糖类化合物；添加 HA 提高了发酵系统内 VFA 浓度，HA 能促进污泥干式厌氧发酵产酸，乙酸为主要的发酵酸化产物，HA 通过影响 VFA 产生途径从而影响干式厌氧发酵 CH_4 产量。在污泥厌氧发酵应用中，可以调控污泥中 HA 含量实现对污泥厌氧产沼的调控。

---

① 本章中 HA 含量指单位质量的 VSS 中 HA 的质量（mg/g 或%）。

5.1 污泥的产生现状和处置技术

5.1.1 污泥的产生现状

日本污泥年均产生量总体上呈上升趋势。2015—2016 年有所下降，2017 年再次上升，到 2019 年日本污泥产生量仍高达 233.6 万 t 如图 5.1 所示。德国年均污泥产生量呈下降趋势，已由 2009 年的 1 949.9 万 t 降至 2016 年的 1 794.443 万 t（Eurostat，2018），如图 5.2 所示。美国《城镇污水处理厂污泥处理处置技术指南》中指出，美国共有约 16 000 座污水处理厂，每年大约可产生 710 万 t 污泥（干重）（曹凯，2017）。

图 5.1 2010—2019 年日本污泥年均产生量变化及趋势

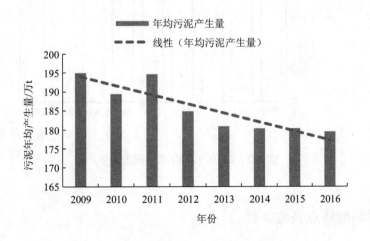

图 5.2 2009—2016 年德国污泥年均产生量变化及趋势

伴随我国经济的高速发展和城市化进程的不断推进，城市污水产量大幅度增加，导致城市市政污水的排污与处理等基础措施逐渐增多。目前，我国城市污水处理厂正以每年 8%的速率快速增长，住房和城乡建设部 2018 年 7 月公布的《2018 年第二季度全国城镇污水处理设施建设运行情况》数据显示，截至 2018 年 6 月，我国城镇累计建成污水处理厂 3 802 座，污水处理能力达 1.61 亿 m³/d（中华人民共和国住房和城乡建设部，2018）。

随着现阶段我国城市生活废水排放量的增加，相应的城市生活污泥产量逐年递增，据数据显示，污水处理厂处理 1 万 t 市政污水产生剩余污泥 180 t（含水率约 99%）（戴晓虎，2012）。图 5.3 为 2010—2018 年我国污泥产量变化图（李琦，2019）。2010 年我国污泥产量达到 3 000 万 t 以上，2018 年我国污泥产量超过 3 900 万 t，预计到 2020 年，污泥产量将突破 6 000 万 t（杨春雪，2015）。我国大约有 80%的污水处理厂配套有污泥浓缩脱水设施，剩余污泥经脱水后含水率降至约 80%（张静刚，2017）。据估计，我国处理生活污水产生的干污泥量在未来数年内预计将达到 840 万 t，占我国总固体废物的比重超过 3%，但是约 80%的脱水污泥未经稳定化处理（卜凡等，2016；戴晓虎，2012）。因此，我国城市生活污泥产量的增加，存在较大的环境问题、经济压力和安全隐患。

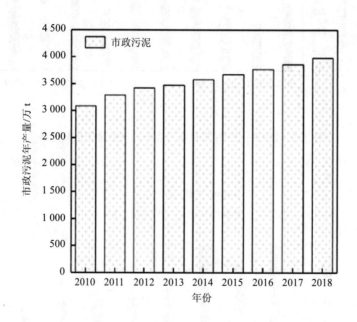

图 5.3　2010—2018 年我国污泥年产量

5.1.2　污泥的特点及危害性

污水处理产生的污泥主要包括初沉污泥、活性污泥和厌氧发酵污泥等，污泥含有大量污水中的沉淀物质，其成分十分复杂，包括泥沙、纤维等固体颗粒，各种胶体、有机质及吸附的金属元素、微生物等（张冬等，2015）。污泥的形态是一种介于液体和固体之间的黏稠状物质，沉降性较差，污泥颗粒的粒径大小为 0.02~0.2 mm，比表面积为 20~100 cm^2/mL，含水率高达 95%~99%（赵影等，2015）。污泥是由 65% 的有机物和 35% 的无机物构成的复杂絮状体，其化学组分主要包括蛋白质、脂肪和多糖等有机化合物，以及 N、P、K、Ca 等微量元素为主的无机物，同时含有重金属、病原菌和持久性有机污染物等（王社平等，2015）。

污泥的重要特性有以下几个方面：①含碳化合物及其衍生物的持久性有机污染物多，有些成分的化学性质不稳定，易挥发、易变质、易腐化，伴有刺激性恶臭；②有毒有害污染物的含量高，如毒害性有机物 PCBs、PAHs 等；③含水率高，呈胶状结构，或发生污泥膨胀，大颗粒物质难以降解、絮凝体及胶体物质不易脱水；④含较多氮、磷、钾等植物营养元素，有促进植物生长的显著肥效；⑤含病原菌及寄生虫卵，如丝状菌、菌胶团细菌、蛔虫卵，还含有麦地那丝虫、血吸虫、肝吸虫病原体等。城市污泥的组成和性质对污泥资源化利用有着重要影响（曹斌，2020）。

未经安全处理的污泥随意排放，将污染生态环境与人类健康，主要表现在以下几个方面（麻红磊，2012；高红莉等，2008）：①污泥脱水后含水率仍然较高（一般为 78%~82%），造成堆放面积大，易产生大量的渗滤液，装卸与运输困难，需要大量的运输成本和处理费用；②污泥含有病原微生物（细菌、病毒、寄生虫卵等）、重金属（Pb、Al、Sb、Cr、Cu、Zn、Mn、Hg、Cd、Ni 等）以及难降解有毒有机物（邻苯二甲酯、多环芳烃、氯酚等），如果没有经过适当的处理，直接排放或利用会造成饮用水水源和土壤的污染，汞、铬、铅等对人体健康有着直接危害的重金属通过食物链在人体内积累，具有潜在毒性，容易引发多种病症，对人体健康造成极大威胁；③污泥中含有大量的有机物，不经处理或处理不当的污泥会在长期堆置后易腐烂变质，产生各种有毒有害的气体，如温室气体、恶臭气体，并且污泥表层经过风化作用风干后会形成轻质颗粒物质，易随风飘散至空气中，对空气造成严重的危害。造成大气污染（路思佳，2020）。

5.1.3　污泥处理处置技术

污泥的处理处置包括污泥的初步处理与储存、运输、污泥处理中心的接收、处理以及最终处置（李强，2013）。污泥处理处置的原则为减量化、稳定化、无害化和资源化（Raheem A et al.，2018）。据统计，目前我国污泥的最终处置方式中，填埋约占 60%~65%、露天堆放和外运占 15%~20%、发酵堆肥加绿化或改良土壤占 10%~15%、自然干化综合利用占 4%~6%、焚烧占 2%~3%（安顺乐等，2013）。

污泥的最终处置与利用，与污泥处理技术密切相关，目前我国常用的污泥处理技术有浓缩脱水、卫生填埋、焚烧、好氧堆肥及厌氧发酵。

（1）浓缩脱水

污泥的浓缩脱水技术是将污泥颗粒与水分离，降低污泥的含水率，主要包括重力浓缩和机械浓缩。重力浓缩占地面积较大，易产生磷的释放，机械浓缩的脱水效果较好，但能耗高，通常投加混凝剂提高脱水效果（吴雪茜等，2017）。

（2）卫生填埋

卫生填埋是在传统填埋的基础上经过科学选址和必要的场地防护处理的一种处置方式，优点是无须预处理、处理容量大、工艺简单、运行成本低；缺点是占地面积大、容易滋生蚊虫、产生臭气与垃圾渗滤液污泥大气、土壤和地下水环境，形成不可逆的二次污染，并且我国垃圾填埋场的选址难度越来越大（李志斌等，2005）。

（3）焚烧

焚烧法是指利用密闭焚烧炉中 980℃左右的高温将固体废物彻底氧化分解，焚烧过程可以有效杀菌，消除有害物质，使固体废物减容 90%，减重 70%，同时产生的热量可以用来发电（李辉等，2014），但污泥焚烧过程会产生恶臭气体、烟气、灰渣、飞灰等二次污染物质，并且污泥焚烧技术工艺流程较长，运行管理水平及系统安全要求高，工程投资及运行成本很高（Donatello et al.，2013）。

（4）好氧堆肥

好氧堆肥是利用好氧菌的生化作用将污泥中的有机部分发酵分解为稳定的腐殖质的过程，污泥好氧堆肥产生的高温可以有效杀死病原微生物以及各种寄生虫卵，改善污泥的胶团结构，降低含水率，使污泥腐殖化（Hosseini et al.，2013），可以减容 60%，但好氧堆肥技术适于易腐有机生活垃圾的处理，存在占地面积大、处理时间长、污染周围环境等问题（陈玲等，2005）。

（5）厌氧发酵

厌氧发酵技术是在无氧条件下，依靠兼性菌和厌氧菌进行厌氧生化反应，在这个过程中，污泥中的高分子有机物转换为简单的有机化合物及 CO_2、水、CH_4 和 H_2 等（赵云飞，2012）。污泥厌氧发酵技术的优点主要包括：①减小污泥体积：减少幅度达到 1/2～1/3；②产出沼气：污泥厌氧发酵产出沼气等清洁能源，可用于发电、供暖；③提高污泥脱水性能：厌氧发酵破坏了污泥黏性胶状结构，所含胶体物质被气化、液化或分解，使水分与固体易分离；④稳定污泥性质：污泥中易分解、易腐化的不稳定物质减少；⑤消除恶臭：污泥厌氧发酵过程，硫化氢分离出硫分子或与铁结合成为硫化铁，使污泥的恶臭状况减轻；⑥杀灭病原菌：厌氧发酵形成的较高温度，可以灭活大部分病原菌等有害微生物，同时产甲烷菌具有很强的抗菌作用（Li et al.，2019；张晨光等，2015；周富春，2006）。

基于厌氧发酵的诸多优势，目前厌氧发酵技术是国际上最常用的污泥生物处理方法，也是大型污水处理厂最为经济的污泥处理方法（Zhang et al，2017），同时有效避免二次污染，在资源利用和环境保护方面具有突出的优势，也是未来污泥处理的发展方向。

污泥厌氧发酵技术仍存在的一些问题和不足：①厌氧系统形成困难，调试时间长，产甲烷菌和专性厌氧菌群对氧以及其他环境条件的微小变化较敏感，使厌氧发酵的启动时间较长；②厌氧发酵系统在运行过程中需要监测系统的 pH、碱度、氨氮等指标是否符合正常发酵产气的要求，维护和管理较复杂；③中温厌氧发酵获得的污泥能源转化率一般为 30%～45%，污泥发酵效率还需要提升，发酵物料中有机质的利用率有待提高（裴晓梅等，2008；费新东等，2009）。

5.2　腐殖酸对干式厌氧发酵产甲烷的影响规律

通过研究不同 HA 含量的污泥和餐厨垃圾干式厌氧发酵，分析厌氧发酵过程的沼气产量、CH_4 含量、累积 CH_4 产量、物料 COD、NH_4^+-N、TS 与 VS 变化，探究 HA 对干式厌氧发酵产 CH_4 效率的影响以及对发酵系统的理化指标的影响，对污泥干式厌氧发酵的工程应用提供理论基础，主要结论如下：

①HA 对各发酵系统的 CH_4 含量的变化趋势没有明显改变，各发酵系统的 CH_4 含量稳定后均达到 65% 以上，发酵产气效果较好。

②适当含量的 HA 可以提高厌氧发酵的日产 CH_4 量峰值，但当 HA 含量为 15% 与 20% 时，日产 CH_4 量峰值转为下降。添加 HA 对干式厌氧发酵的累积 CH_4 产量总体呈现抑制作用，当 HA 含量为 10% 时，较不添加 HA 的发酵系统累积 CH_4 产量略上升。但当 HA 含量为 20% 时，累积 CH_4 产量下降显著。Gompertz 方程拟合结果表明，HA 对厌氧发酵产 CH_4 潜能呈现抑制作用，HA 含量为 20% 的最大累积产 CH_4 量下降最显著，但当 HA 含量为 10%，最大产 CH_4 速率有所提高。

③随发酵系统内 HA 含量的增加，发酵液的 NH_4^+-N 含量逐渐减少，表明 HA 对蛋白质水解产生 NH_4^+-N 具有一定程度的抑制作用，而不同系统的发酵液 COD 变化无明显区别；由于 HA 具有亲水性、吸附性和络合性，HA 含量越高，发酵物料的 TS 含量越高，但是发酵过程中物料的 VS 去除率随 HA 含量升高而下降，进一步说明 HA 对发酵的 CH_4 生成起抑制作用。

④Pearson 相关性分析结果表明，HA 对厌氧发酵产 CH_4 的抑制作用主要发生在发酵初期与发酵末期，随 HA 含量的上升，其对 CH_4 产生的抑制程度逐渐提高，在发酵中期对产 CH_4 量具有一定的促进作用。

5.2.1　腐殖酸在污泥厌氧发酵过程中的作用

（1）腐殖酸的化学结构及性质

根据腐殖质在酸碱溶液中的溶解状况，可将其分为三类：①腐殖酸（HA），也称胡敏酸，可溶解在 pH＞2 的水溶液中，但当溶液 pH≤2 时可产生沉淀；②富里酸，也称黄腐酸（Fulvic acids，FA），在任何 pH 条件下都能溶于水；③胡敏素（Humin，HM），溶于稀碱，不溶于水和酸（李会杰，2012）。

HA 是在土壤、水体等环境中广泛存在的一类复杂的、稳定的有机高分子混合物，结构复杂，是一种具有羧基结构的高分子芳香族聚合物，颜色多为黄色或深褐色，分子量从 $5×10^2～5×10^5$ 变化（吴蝶等，2014）。HA 结构复杂，没有固定的化学式，杨天学等研究了 HA 大分子的结构模型（杨天学等，2018），如图 5.4 所示。HA 因结构中含有酚羟基、羧基、醇羟基、烯醇基、磺酸基、取代氨基、醌基、羰基、甲氧基等多种基团，具有亲水性、离子交换性、热稳定性、吸附性和络合性等化学性质，HA 的多种理化性质是由其结构的复杂性和官能团所致（宋海燕等，2009）。决定 HA 化学性质的主要是其分子上含有的如羧基、羟基以及脂肪烃、含氮化合物和烷烃结合的芳香基团等官能团。

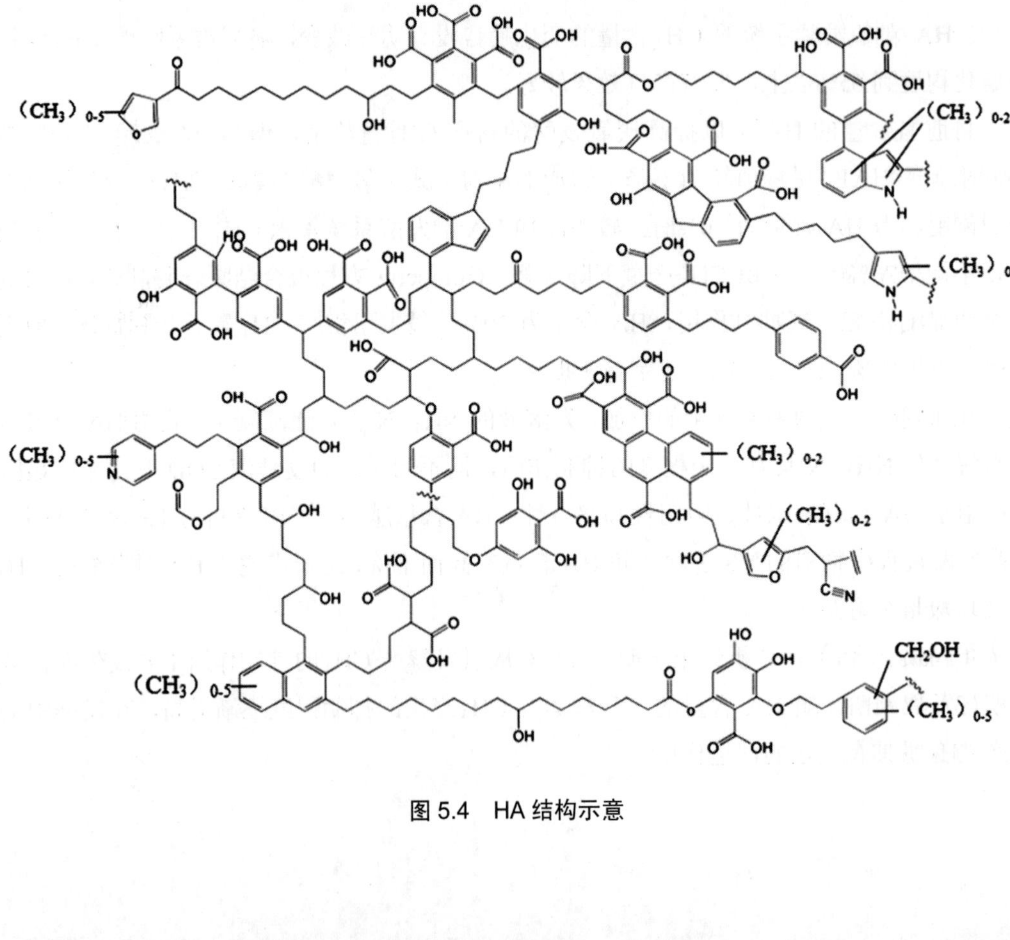

图 5.4　HA 结构示意

HA 具有较高的反应活性，易与环境中的氧化物、金属离子、氢氧化物、矿物质、有机质以及毒性污染物发生相互作用（Klučáková et al.，2018；Lipczynska-Kochany，2018）。① HA 可与水中离子进行交换或与金属离子发生络合反应，增强其生物毒性；② HA 可以与消毒剂反应生成具有"三致效应"的卤乙酸、三氯 CH_4 等消毒副产物；③ HA 会导致水体色度、异臭味，并腐蚀配水管道等；④环境中 HA 含量与大骨节病相关；⑤水体 HA 受酸雨影响后，氧含量和酚、醛酸性增强，对浮游植物和鱼类产生影响。

（2）污泥中腐殖酸的来源及特点

污泥中的 HA（以 VSS 计）占剩余污泥的 6%～20%，污泥中 HA 的来源主要有三种途径（郝晓地等，2017）：①污水携带的纸屑、蔬菜、杂草、树叶等市政固体废物，其中含有大量腐败有机物质，经市政管道的冲刷以及水体的吸附和沉淀作用，使 HA 最终富集于剩余污泥；②污水处理过程中难降解有机物的腐殖化程度加深，生成的腐殖物质随剩余污泥一起排出；③污水中微生物和水体内有机质分解，或由水体内更小的分子如糖类和氨基酸等缩合而成。

不同来源获得的 HA 性质差异较大，HA 含有的官能团多样，并且含量也完全不同。疏水性官能团（羟基等）表现为较强的疏水性，并具有类似表面活性剂的性质，而易水解官能团（羧基、酚羟基等）表现为负电性；氧化还原基团（醌基等）具有电子传递的特性；HA 结构中碳氢元素的比例 H/C＜1，芳香化程度高，稳定性强不易被氧化；H/C＞1，脂肪化程度高，易被氧化分解（李季，2018）。

目前 HA 研究对象主要来自矿物（如泥炭、风化煤等）、土壤、底泥和天然水体等，不同来源的 HA 呈现不同的特性。研究显示，污泥中的 HA 和土壤中的 HA 具有相似的成分。刘超超等（2017）研究了不同污水处理厂剩余污泥中 HA 的化学组成和结构特征，发现不同 HA 的 H/C、O/C 和 C/N 的比值存在差异，三维荧光光谱显示样品中 HA 均有两个明显的特征峰，为生物源 HA。彭立凤等（1997）研究发现发酵黄腐酸和煤炭 HA 的红外光谱图没有明显差别，二者属同一类物质。吴军等（2017）研究显示 HA 含量对污泥固化土对其长期强度会有一定程度的劣化，污泥内赋存的有机质在漫长养护期内会持续缓慢释放 HA，工程设计时应优先选用低 HA 含量污泥作为固化对象。尤良俊等（2017）研究显示污泥提取的 HA 占污泥总固体质量的 8.68%～10.75%，将改性污泥 HA 吸附水中 Cu^{2+}，发现吸附平衡时间为 18 h，最佳吸附 pH 为 4～6。卜贵军等（2015）研究显示，生活垃圾堆肥过程中的胡敏酸降解顺序为脂肪类、蛋白质、多糖类和木质素，而富里酸中为蛋白质、多糖和脂肪类，降解过程均生成了羧酸、酮类和酯类结构。

（3）腐殖酸影响厌氧发酵产甲烷的研究进展

为探明 HA 对厌氧发酵体系的影响作用，部分学者开展了 HA 对不同发酵物料厌氧发酵产沼气的研究。HA 对厌氧发酵过程的影响在不同阶段表现不同，可能呈现出完全不同的影响。

根据厌氧发酵三阶段理论，污泥厌氧发酵过程首先经历水解反应阶段，研究显示，水解反应是厌氧发酵的限速步骤，污泥中的 HA 会影响蛋白酶、脂肪酶和纤维素酶的活性，进而使厌氧发酵的水解效率下降，影响后续的产酸和产甲烷过程。Frenandes 等（2015）研究了 HA 和富里酸对纤维素酶和纤维素水解的影响，通过微生物作用下的发酵水解试验，发现 HA 与富里酸含量范围均为 0.5～5 g/L 时，都能不同程度抑制酶催化与微生物催化水解反应；当两者含量皆为 5 g/L 时，可完全抑制所有厌氧系统水解反应进行。任冰倩（2015）利用培养的活性污泥，投加木质纤维素后进行厌氧发酵小试研究，在投加 HA 含量为 250 mg/g 时，CH_4 产率下降了 15.2%，并且 HA 对木质素水解的抑制程度远高于半纤维素和纤维素。

Xue 等（2012）首次研究发现蒽醌-2,6-二磺酸盐（AQDS）可以增加污泥中的 VFA 产量，添加 AQDS 剂量为 0.066 g/g 和 0.33 g/g 时，VFA 产生量可分别提高 0.9 倍和 1.7 倍，产生的 VFA 主要是乙酸和丙酸。Liu 等（2015）采用市售 HA，研究其对污泥衍生短链脂肪酸（SCFA）的影响，结果发现 HA 可以显著改善污泥蛋白和碳水化合物的溶解作用和水解酶的活性，并且 HA 中含有丰富的醌基作为电子受体，增强了酸化步骤，加快了污泥的产酸速率，如图 5.5 所示。

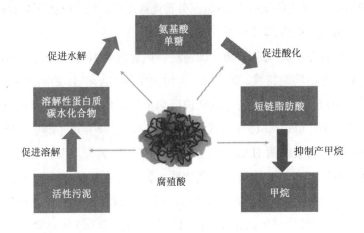

图 5.5　腐殖酸促进厌氧发酵产酸示意

产甲烷阶段是将乙酸、H_2 等转化为 CH_4、CO_2，HA 包含的醌基等自由基可作为产甲烷微生物的电子受体，并且 Lovley 等（2000）研究显示，向乙酸缓冲溶液中加入 HA 或醌类模式物后，被标记的乙酸被快速氧化分解。但也有许多研究显示，HA 会抑制厌氧发酵的产沼气过程，研究结果表明，来源于土壤的 HA 对以葡萄糖为碳源的厌氧反应系统产生影响，使沼气中 CO_2/CH_4 的体积比增大，减少了发酵原料的碳源向 CH_4 转化。YAP

等（2018）研究了以蛋白质和纤维素为发酵基质的厌氧发酵试验，发酵产甲烷过程的抑制程度随 HA 浓度的升高而增大。宋佳秀等（2014）利用污水处理厂污泥浓缩池的活性污泥为发酵物料，添加 AQDS 探究醌呼吸微生物的富集及对厌氧发酵的影响，结果发现污泥在厌氧发酵 60 d CO_2 与 CH_4 的比值为 1.7 左右，对比通常情况下厌氧发酵产生的 CO_2 与 CH_4 的比值接近 1，可能是醌呼吸微生物与产甲烷微生物争夺电子供体并将其转化为 CO_2 所致。Guo 等（2015）研究了厌氧生物处理垃圾渗滤液过程，HA 对污泥颗粒产甲烷活性的影响，结果发现 HA 的存在及其浓度对颗粒污泥的总累积对 CH_4 产量没有明显的影响，渗滤液中的有毒有害物质对厌氧产甲烷过程产生明显的抑制，并且 HA 条件下试验后污泥表面及内部的微生物量明显增多。Li 等（2019）采用驯化培养后的剩余污泥为发酵原料，分别对水解阶段、酸化阶段和产甲烷阶段分析 HA 对发酵的影响，发现 HA 会抑制水解和产甲烷效率，促进产酸效率，对总体发酵的抑制效率为 35%。如图 5.6 所示。

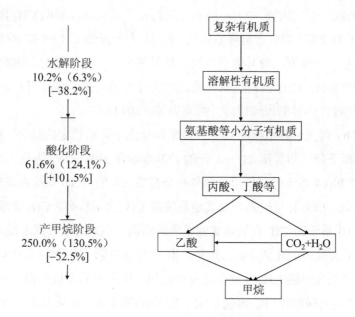

图 5.6　腐殖酸抑制厌氧发酵机理

5.2.2　腐殖酸对产气特性的影响

（1）腐殖酸对沼气组分及含量变化的影响

沼气的主要成分包括 CH_4、CO_2、N_2、H_2S 等，沼气中 CH_4 的含量是衡量沼气质量的重要指标，CO_2 含量与 CH_4 含量密切相关（张望等，2008）。图 5.7 为各发酵系统在厌氧发酵过程中的沼气组分及含量变化。

　　沼气中 CH_4 含量的动态变化如图 5.7（a）所示。由图 5.7（a）可见，各系统在厌氧发酵过程中的 CH_4 含量呈先上升后逐渐稳定的趋势，厌氧发酵稳定后 CH_4 含量在 64%～70% 内变化。各系统的 CH_4 含量在发酵 0～21 d 逐渐上升，第 21 天达到 70% 左右，随后在第 21～61 天 CH_4 含量逐渐趋于稳定，发酵结束时 CH_4 含量约为 66%。说明不同含量 HA 的系统未发生酸化过度或产气不稳定等导致厌氧发酵失败，各系统的 CH_4 含量较高，产气效果较好。对比不同含量 HA 的厌氧发酵反应，CH_4 含量的变化趋势没有显著差别，在不同反应阶段有一定程度的差异。

　　不添加 HA 的发酵系统（T0）在第 52 天达到 CH_4 含量峰值 71.35%，HA 含量为 5% 的发酵系统（T1）在第 40 天达到 CH_4 含量峰值 69.51%，HA 含量为 10% 的发酵系统（T2）在第 35 天达到 CH_4 含量峰值 71.70%，HA 含量为 15% 的发酵系统（T3）在第 40 天达到 CH_4 含量峰值 70.94%，HA 含量为 20% 的发酵系统（T4）在第 35 天达到 CH_4 峰值 70.48%，并且 T1 系统的 CH_4 含量在第 19 天后达到 60% 以上，而其他系统的 CH_4 含量在发酵第 15 天后均达到 60% 以上。说明添加 HA 的系统对污泥干式厌氧发酵的 CH_4 含量峰值影响较小，仅添加 HA 为 5% 时 CH_4 含量峰值偏低，较 T0 系统降低了 1.99%，并且 T1 发酵系统在初期 CH_4 含量上升较慢，较其他系统的启动时间更长。可能是由于添加 HA 对沼气成分未产生明显的影响，CH_4 占沼气成分的比例没有明显改变，并且 T1 系统在发酵初期 HA 对 CH_4 产生过程的抑制程度较高（师晓爽等，2014）。

　　由图 5.7（b）可见，各系统的 CO_2 含量整体呈先下降后稳定的趋势，在发酵 0～21 d 时 CO_2 含量逐渐下降，随后第 21～61 天的 CO_2 含量在 19%～28% 内变化。对比 T0 系统与 T1、T2、T3 和 T4 系统的沼气组分及体积分数变化，发现 T0 系统在发酵第 22～35 天的 CH_4 含量略低，CO_2 含量较高，而其他系统的 CH_4 含量较高，CO_2 含量较低。在发酵第 0～20 天，T0 系统的 CH_4 含量较其他系统的略高，CO_2 含量较低，发酵第 44～61 天 CH_4 含量随 HA 含量的上升呈降低的趋势，而 CO_2 含量随 HA 含量上升而增加。说明添加 HA 对干式厌氧发酵的 CH_4 含量在发酵中期起一定程度的促进作用，而在发酵初期和末期对 CH_4 含量呈抑制作用。可能是由于发酵前期部分有机质发生降解，复杂化合物被水解酸化，系统中积累了很多 VFA，HA 对发酵系统酸化起到一定的缓解作用，同时 HA 的氧化还原性质对发酵水解和产酸阶段起促进作用，从而使发酵中期的 CH_4 含量上升，由于系统中大部分 VFA 已被消耗利用，CH_4 含量在发酵后期略微下降（蔡茜茜等，2015）。

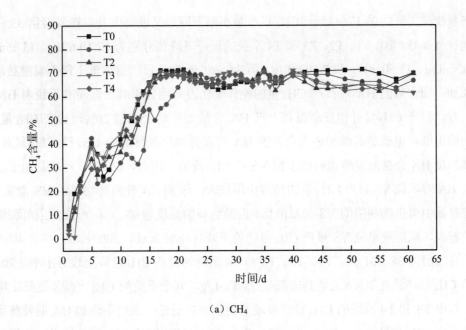

（a）CH₄

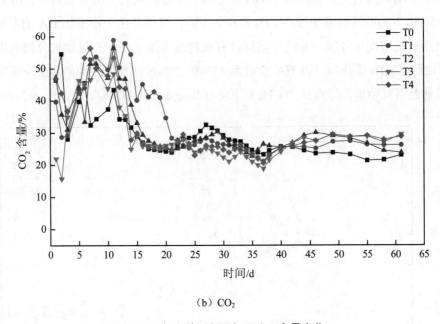

（b）CO₂

图 5.7　厌氧发酵过程沼气组分及含量变化

（2）腐殖酸对日产 CH_4 量变化的影响

CH_4 由发酵系统中产甲烷菌代谢作用产生，观察发酵过程中日产 CH_4 量的动态变化十分重要，各系统在厌氧发酵过程中单位 VS 日产 CH_4 量变化如图 5.8 所示。

由图 5.8 可见，发酵第 0～10 天日产 CH_4 量很少且变化不明显，随后第 10～17 天 CH_4

日产量快速提升，第 17～35 天 CH_4 日产量小幅下降后又波动上升，在发酵第 33～35 天达到产气高峰，T0、T1、T2、T3 和 T4 系统的日产气峰值分别为 12.10 mL/g、13.15 mL/g、13.02 mL/g、11.50 mL/g 和 9.10 mL/g，第 35～61 天 CH_4 日产量逐渐下降至发酵结束。说明添加不同含量的 HA 对日产 CH_4 量的整体变化没有明显影响，但随着系统内 HA 含量的上升，日产 CH_4 量峰值逐渐提高，当 HA 含量上升至 15% 与 20%，日产 CH_4 量较 T0 系统的更低，也就是说添加适当含量的 HA 可以提高厌氧发酵的 CH_4 日产量峰值，但添加高浓度 HA 会抑制发酵物料的单位 VS 产 CH_4 峰值（唐兴，2017）。可能是由于添加高浓度 HA 对单位 VS 日产 CH_4 量的抑制作用较大，添加 HA 使发酵物料的 VS 含量上升，发酵基质中可生物利用的 VS 含量降低，发酵物料的黏度增加，水解产酸反应可利用的有机质较少，从而使单位 VS 日产 CH_4 量峰值下降（Uyar et al.，2009）。

在发酵第 38～61 天，T1、T2、T3 和 T4 系统的日产 CH_4 量降至较低水平，除 T0 系统的 CH_4 日产量在第 49 天达到较高值 7.65 mL/g，其余系统的 CH_4 产量呈逐渐下降的趋势，其中 T3 和 T4 系统的 CH_4 日产量较其他系统的更低。表明不添加 HA 的发酵系统在发酵后期 CH_4 产量较高，而添加了 HA 的系统在发酵后期的 CH_4 产量较少，并且 HA 含量为 15% 和 20% 的发酵系统日产 CH_4 量显著下降。可能是由于不添加 HA 的发酵系统在发酵后期有机质发生降解，系统中溶解性有机物的含量上升，有机物被分解利用转化为 CH_4，使日产 CH_4 量升高，当 HA 含量为 15% 和 20% 时，发酵后期的系统中可生物利用的有机物已消耗殆尽，导致日产 CH_4 量下降（Tang et al.，2014）。

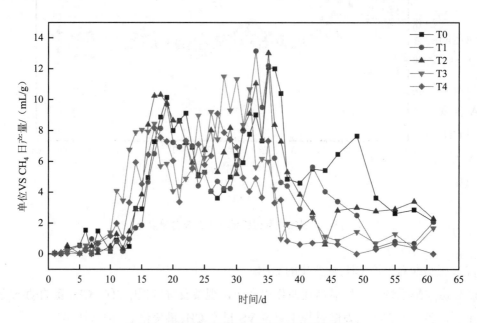

图 5.8　厌氧发酵过程单位 VS CH_4 日产量变化

（3）腐殖酸对累积产 CH_4 量变化的影响

通过对不同 HA 含量条件下发酵反应中的累积 CH_4 产量进行拟合分析，可探明 HA 对厌氧发酵产 CH_4 动力学的影响情况。采用 Gompertz 方程拟合的累积 CH_4 产量变化如图 5.9 所示。

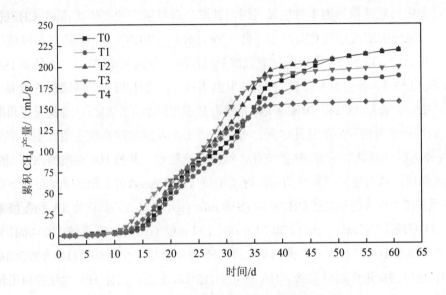

图 5.9　Gompertz 方程拟合厌氧发酵过程累积 CH_4 产量

由图 5.9 可见，各系统在厌氧发酵过程中的单位 VS 累积产 CH_4 量在整体上呈先上升后稳定的趋势，在发酵第 0～15 天 CH_4 产量缓慢增加，随后第 15～35 天快速上升，在发酵第 35～61 天趋于稳定的变化规律。T0、T1、T2、T3 和 T4 系统的最大累积 CH_4 产量分别为 219.25 mL/g、188.61 mL/g、219.81 mL/g、199.52 mL/g 和 157.89 mL/g，表明添加 HA 含量对累积 CH_4 产量呈现抑制作用，但当 HA 含量为 10%时，较不添加 HA 的系统累积 CH_4 产量略上升，当 HA 含量为 20%时，累积 CH_4 产量下降显著。可能是由于添加 HA 使发酵基质中的难降解有机物质增加（郭孟飞，2015），并且在厌氧条件下，HA 发生腐殖质还原反应与产甲烷反应存在营养物质竞争，减少了厌氧发酵的 CH_4 产量（Lipczynska-Kochany，2018），另外当 HA 浓度过高时，发酵基质的黏度变大，微生物利用营养物质出现延迟，使 CH_4 产量下降（王文东等，2016）。

Gompertz 方程拟合累积 CH_4 产量的动力学参数如表 5.1 所示。由表 5.1 可见，各系统的累积 CH_4 产量 Gompertz 拟合曲线的 R^2（相关系数）均大于 0.99，说明 Gompertz 方程能够准确反映添加外源 HA 与不添加外源 HA 情况的厌氧发酵过程的延滞期和累积 CH_4 产率的变化。

同时由表 5.1 可见，T0 系统的最大累积 CH_4 产量（242.79 mL/g）最大，T1、T2、T3

和 T4 系统分别为 198.75 mL/g、225.98 mL/g、208.32 mL/g 和 163.58 mL/g，比 T0 系统分别下降了 22.16%、7.44%、16.55% 和 48.43%。说明添加 HA 对干式厌氧发酵的产 CH_4 潜能呈现抑制作用，与 T0 系统比较，T4 系统的最大累积产 CH_4 量下降最显著，T1 和 T3 系统下降明显，T2 系统的最大累积 CH_4 产量下降较小。其原因可能是 HA 发生腐殖质还原反应，过程中腐殖质微生物本身生长代谢消耗部分有机质，使产甲烷菌利用的有机质量减少，导致发酵的最大累积 CH_4 产量下降（Yuan et al.，2018）。

T0、T1、T2、T3 和 T4 系统的厌氧发酵延滞期时间分别为 14.59 d、15.66 d、14.58 d、12.74 d 和 13.53 d。表明 HA 含量为 5% 的发酵系统，产 CH_4 过程的延滞时间较其他系统的更长，HA 含量为 15% 和 20% 的发酵系统，延滞时间小于空白组，也就是说添加高浓度 HA 后缩短了发酵反应的延滞时间。可能是由于在发酵初期系统主要发生水解酸化反应，HA 作为缓冲剂调节系统 pH 的变化，维持系统稳定，并且 HA 对发酵水解产酸阶段具有促进作用，从而使发酵系统的启动时间缩短（Andreas et al.，2004）。

T2 系统拟合曲线的最大产 CH_4 速率 [8.98 mL/（g·d）] 最高，其次为 T3 系统 [8.81 mL/（g·d）]、T1 系统 [7.82 mL/（g·d）] 和 T4 系统 [7.81 mL/（g·d）]，T0 系统 [8.04 mL/（g·d）] 最小。说明添加 HA 后对厌氧发酵的最大产 CH_4 速率产生一定影响，HA 含量为 10% 时，对产 CH_4 速率的促进作用最显著，HA 含量为 15% 时次之，其他 HA 含量系统的最大产 CH_4 速率与 T0 系统的没有明显变化。可能由于在发酵反应 CH_4 产量快速上升的时期，HA 对发酵水解产酸反应具有促进作用，当系统中 VFA 积累至一定浓度后，促进了产 CH_4 反应进行，使发酵的 CH_4 产量快速增加（李东阳等，2016）。

表 5.1　Gompertz 方程动力学参数

发酵系统	P_{max}/（mL/g）	R_m/ [mL/（g·d）]	λ/d	R^2
T0	242.79	8.04	14.46	0.994
T1	198.75	7.82	15.47	0.992
T2	225.98	8.98	14.40	0.994
T3	208.32	8.81	12.71	0.992
T4	163.58	7.81	13.38	0.996

5.2.3　腐殖酸对发酵系统稳定性变化的影响

（1）腐殖酸对 COD 变化的影响

COD 是衡量有机质含量高低的重要指标。对于污泥干式厌氧发酵，COD 去除率的高低与污泥的性质、HA 的性质、pH 和温度等因素有关。由于市政污泥的有机物含量高，生化性能较强，通过厌氧发酵可降低出料 COD，因此研究污泥厌氧发酵液中 COD 十分重要（郝晓地等，2016）。

图 5.10 为厌氧发酵过程中发酵液 COD 的变化，各系统在发酵初期第 0～3 天内，COD 快速增加，第 3 天时达到最大值，分别为 42 420.71 mg/L（T0 系统）、48 091.70 mg/L（T1 系统）、39 355.31 mg/L（T2 系统）、49 317.86 mg/L（T3 系统）和 53 149.61 mg/L（T4 系统），这是由于厌氧发酵的水解阶段，复杂有机质在水解酶作用下分解成简单的溶解性有机物，大量有机物被释放出来，使发酵液中的有机质浓度升高（刘春软等，2018）。发酵第 8～42 天，发酵液中 COD 波动下降，溶解性有机质的消耗伴随固体有机质的不断水解，有机质被微生物利用后转化为沼气释放，使发酵液中 COD 波动变化。发酵第 42～61 天，发酵液中 COD 略上升，这是由于溶解性有机质的溶出速度大于消耗速度，发酵液中的有机质浓度升高（Calicioglu et al.，2018）。

对比不同系统的发酵液 COD 变化，不同 HA 含量的厌氧发酵 COD 变化无较大区别，结合发酵沼气产量的变化趋势，发现发酵液 COD 的变化与 CH_4 产量相关，当 CH_4 产量升高时，发酵液的 COD 下降，可能由于发酵液中的溶解性有机质经微生物利用后转化为沼气中的 CH_4 成分。

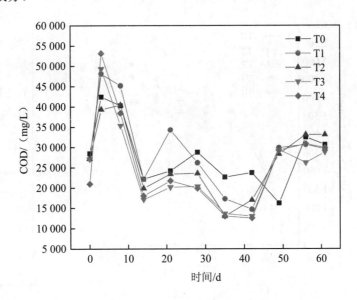

图 5.10　厌氧发酵过程 COD 变化

（2）腐殖酸对 NH_4^+-N 含量变化的影响

NH_4^+-N 是反映污泥发酵液中蛋白质水解程度的重要参数，也是溶解性蛋白质被微生物代谢所产生的副产物。NH_4^+-N 的存在对厌氧发酵过程非常重要，低浓度的 NH_4^+-N 可以维持厌氧发酵平衡，且 NH_4^+-N 是微生物生长不可或缺的营养物质，但高浓度的 NH_4^+-N 将会抑制厌氧发酵的正常运行（李政伟等，2016）。

在不同 HA 含量条件下，发酵过程的 NH_4^+-N 含量变化如图 5.11 所示。各发酵体系的 NH_4^+-N 含量均呈上升趋势，发酵第 0～14 天 NH_4^+-N 含量上升速率较快，主要是因为发酵初期时含氮有机物的水解导致 NH_4^+-N 含量迅速增加；发酵第 14～61 天 NH_4^+-N 含量波动上升，上升速率较慢，并在发酵后期，NH_4^+-N 含量基本稳定于 4 500 mg/L，可能由于发酵系统运行稳定，发酵底物持续水解，随着可降解有机质的消耗殆尽，溶液中的 NH_4^+-N 含量略微升高。

对比不同系统中 NH_4^+-N 含量变化可以发现，随 HA 含量的增加，NH_4^+-N 含量逐渐减少，表明 HA 的添加对蛋白质水解产生 NH_4^+-N 具有一定程度的抑制作用，在发酵整体过程中，高浓度 HA 系统的 NH_4^+-N 含量均较低。研究显示，NH_4^+-N 的抑制含量在 1 500～3 000 mg/L（常华等，2017），可见所有反应过程均受到高含量 NH_4^+-N 的影响，同时，游离氨是厌氧缓冲体系中的一种致碱物质，将导致体系 pH 上升（刘丹等，2014），因此所有发酵反应的沼气产生量在一定程度上都受到 NH_4^+-N 含量的影响，由于发酵系统为静态反应，只有初始一次进料，发酵过程未对系统进行 NH_4^+-N 调节，NH_4^+-N 含量不断积累，对厌氧发酵反应产生一定的影响。

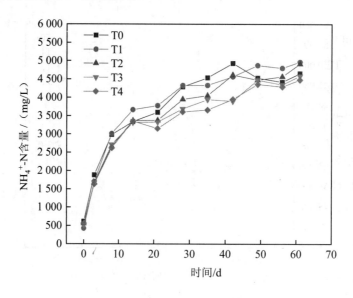

图 5.11　厌氧发酵过程 NH_4^+-N 含量变化

（3）腐殖酸对 TS 与 VS 变化的影响

TS 表示物料中有机物与无机物的总和，厌氧发酵通过微生物降解有机物产生沼气（罗娟等，2017），图 5.12 为厌氧发酵过程 TS 含量的变化。

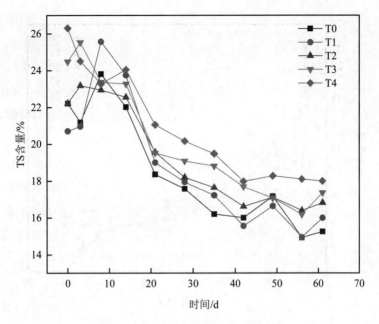

图 5.12　厌氧发酵过程 TS 含量变化

由图 5.12 可见，发酵初期 TS 含量波动变化，发酵第 14 天后 TS 含量呈逐渐减少的趋势，T0、T1、T2、T3 和 T4 系统分别由第 14 天的 22.03%、23.75%、22.56%、23.28% 和 24.05% 下降至第 61 天的 15.25%、16.00%、16.81%、17.36% 和 18.00%，表明发酵物料中的含碳有机质逐渐转化为沼气释放，并且随着发酵水解反应的进行，难降解有机物降解为溶解性有机物，使发酵基质的 TS 含量下降，含水率升高（王蕾等，2014）。

对比不同系统的 TS 含量变化可以发现，添加 HA 的含量越多，物料的 TS 含量越高，可能是由于 HA 本身为固体颗粒，使发酵基质的黏稠度增加，并且 HA 具有亲水性、吸附性和络合性，增加发酵物料与 HA 的吸附作用，使物料 TS 含量上升（刘超超等，2017）。

VS 反映了物料中有机物的含量，图 5.13 为不同系统厌氧发酵过程的 VS 含量变化。由 5.13 可见，在发酵反应初始阶段，VS 含量迅速下降，可能是由于发酵前期进行水解反应，发酵物料中可生物降解的有机质被快速分解（Yang T et al.，2015）；发酵第 8～14 天时，VS 含量变化较小；发酵第 14 天后，VS 含量逐渐下降，发酵第 61 天 T0～T4 系统中 VS 含量分别下降至 8.61%、7.82%、8.60%、8.98% 和 9.57%。发酵过程中，T0 系统的 VS 含量较其他系统的更低，可能由于 HA 为难降解有机物，其本身结构复杂稳定，在厌氧发酵过程难以被作为有机质利用（柴晓利等，2011）。

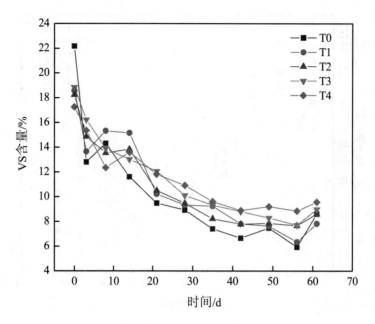

图 5.13 厌氧发酵过程 VS 含量变化

图 5.14 为各系统的 TS 与 VS 去除率情况，T0、T1、T2、T3 和 T4 系统的 TS 去除率分别为 31.35%、22.74%、24.36%、29.08%和 31.57%，T0、T1、T2、T3 和 T4 系统的 VS 去除率分别为 61.18%、57.88%、52.82%、52.31%和 44.56%。表明添加 HA 后的物料 TS 去除率随 HA 含量的上升而上升，但是物料的 VS 去除率却随 HA 含量的上升而下降（包括空白组在内），且物料的 VS 含量变化与 CH_4 产生密切相关，进一步说明添加 HA 对发酵的 CH_4 生成起抑制作用。

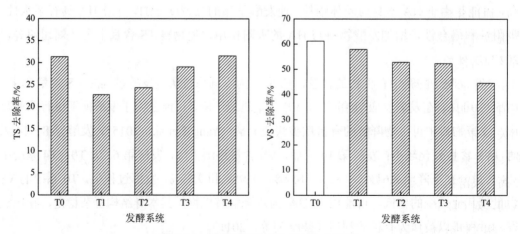

图 5.14 不同系统的 TS 与 VS 去除率

5.3 腐殖酸在干式厌氧发酵过程中的转化规律

HA 在污泥干式厌氧发酵过程中发生结构转化，包括 HA 的含量、物质组分、特征官能团等，通过测定 HA 的化学含量并表征特征化学结构，比较 HA 在不同发酵阶段的物质结构改变，分析 HA 在厌氧发酵过程的转化规律，为进一步研究 HA 对产甲烷途径的影响提供基础。主要结论如下：

①污泥与餐厨垃圾的混合物料中 HA 含量占溶解性有机质的含量比例为 1%～10%，其在发酵过程中呈现先下降后升高的趋势。由于发酵原料中和发酵初期形成的 HA 极不稳定，容易被微生物降解，而发酵后期，微生物将较难降解的木质素分解为酚类化合物结构并缩合成结构复杂的 HA 类物质。

②HA 的三维荧光分析结果表明，类胡敏酸为厌氧发酵过程中的主要有机组分，其含量在发酵过程中呈逐渐增加的趋势，可能是由于木质素降解与微生物代谢产物促使类胡敏酸产生，同时类富里酸向类胡敏酸转化；系统内微生物可溶性降解产物增加，微生物生长代谢活跃；由于类蛋白物质结构较简单，易被微生物分解，其含量逐渐下降。

③HA 的傅里叶变换红外光谱结果表明，HA 在厌氧发酵过程中芳香族碳含量上升，脂肪族碳、羧基和羟基碳含量相对减少，HA 结构的聚合度提高，在发酵后期，HA 的芳构化程度明显增加；厌氧发酵过程中含氮化合物逐渐被降解，并且生成酚、酯、醇以及多糖类化合物等。

5.3.1 腐殖酸含量对累积 CH_4 产量的影响

通过分析 HA 含量与不同发酵阶段累积 CH_4 产量的相关性，可以确定 HA 含量与产甲烷效率的影响关系。对 HA 含量与不同发酵阶段的累积 CH_4 产量进行 Pearson 相关性分析及显著性检验（双侧检验），结果如表 5.2 所示。由表可见，HA 浓度与不同发酵阶段累积 CH_4 产量的 Pearson 相关系数，在第 1～8 天和第 37～61 天为负值，第 11～33 天为正值，表明 HA 浓度与发酵前期和发酵末期的累积 CH_4 产量呈负相关，在发酵中期呈正相关。同时结果也显示，在发酵第 1～8 天、第 44～61 天相关系数绝对值较大，发酵第 8 天相关系数绝对值为最大值 0.896，表明 HA 在发酵初期与末期对 CH_4 产量的抑制程度较高，发酵第 17 天和第 29 天相关系数较大分别为 0.680 和 0.645，表明 HA 在产甲烷旺盛期，对 CH_4 产生量的促进作用较大。

相关性分析结果显示，添加 HA 对累积产甲烷量的抑制作用主要发生在发酵前期和末期，随着 HA 含量的上升，其对 CH_4 产生的抑制程度逐渐提高，同时在发酵中期沼气产生量较高时，HA 对 CH_4 产生量的促进作用较明显。

表 5.2　HA 浓度与不同发酵阶段累积 CH$_4$ 产量的相关性

项目		累积 CH$_4$ 产量										
	时间/d	1	3	6	8	11	13	15	17	19	21	23
HA	相关性	−0.751	−0.484	−0.876*	−0.896	0.225	0.556	0.633	0.680	0.621	0.323	0.127
	显著性	0.144	0.408	0.053	0.040	0.716	0.330	0.252	0.207	0.264	0.596	0.838
	时间/d	25	27	29	31	33	37	40	44	49	55	61
HA	相关性	0.313	0.570	0.645	0.611	0.418	−0.233	−0.386	−0.588	−0.722	−0.722	−0.726
	显著性	0.608	0.315	0.240	0.274	0.483	0.706	0.521	0.297	0.168	0.168	0.165

注：* 在 0.05 级别（双尾），相关性显著。

5.3.2　腐殖酸在干式厌氧发酵过程中的含量变化

（1）腐殖酸含量变化

不同系统在发酵过程中的 HA 含量变化如图 5.15 所示。由图可见，HA 含量随发酵时间的延长先降低后升高，HA 含量在第 0~21 天逐渐下降，在第 21~35 天继续下降，且下降程度小于前期，HA 含量在第 21~61 天逐渐增加，但 T0 系统在后期仍呈下降趋势。说明 HA 在干式厌氧发酵过程中的含量变化是先下降后增加，并且 HA 含量在发酵结束时比初始时更低。可能是由于发酵原料中和发酵初期形成的 HA 结构较不稳定，容易被微生物降解（侯勇，2013），使 HA 含量降低，经过一段时间厌氧发酵，系统中的微生物分解利用可降解的有机物质，产生许多中间代谢产物如氨基酸和小分子有机酸等，在适宜条件下，微生物利用这些细胞新陈代谢的产物形成 HA，使 HA 含量上升（孙向平，2013）。

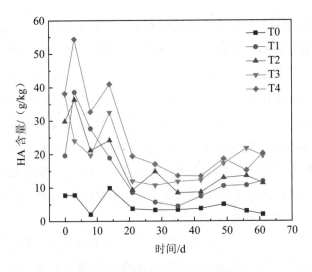

图 5.15　厌氧发酵过程 HA 含量变化

不同系统的 HA 含量在发酵过程中的变化有一定差异，T0 系统的 HA 含量在发酵过程中始终最低，发酵物料中的 HA 含量随 HA 添加量的增加而增加，T0、T1、T2、T3 和 T4 系统的 HA 含量在发酵末期比发酵初期分别下降了 5.70 g/kg、7.75 g/kg、18.52 g/kg、18.53 g/kg 和 17.94 g/kg，分别占 T0、T1、T2、T3 和 T4 系统在发酵初始时 HA 含量的 73.92%、28.36%、59.02%、52.96% 和 24.04%。说明发酵物料中的 HA 含量与发酵初始加入的 HA 含量有关，在发酵过程中 T2、T3 和 T4 系统的 HA 含量的下降量较高，但是 T0 系统的 HA 含量的下降量最大。可能是由于厌氧发酵反应是由大量微生物共同作用，发酵原料中的 HA 易被微生物降解，系统中 HA 合成速度较消耗速度更慢，使 T0 系统的 HA 含量逐渐下降并较初期时下降量占比最大，添加的部分 HA 在厌氧发酵过程中也发生了降解，可能是由于 HA 被系统中的微生物分解消耗，使 HA 含量下降（Francioso et al., 2009）。

（2）HA/DOM 比值变化

不同系统在发酵过程中的 HA 与 DOM 的比值（记为 HA/DOM）的变化如图 5.16 所示。由图 5.16 可见，T0 系统的 HA/DOM 比值在发酵初始时为 0.05，在发酵过程中在 0.01～0.1 内变化，说明污泥与餐厨垃圾混合的发酵原料中 HA 占 DOM 的比值为 5%，发酵过程中的 HA 占 DOM 的比例为 1%～10%。

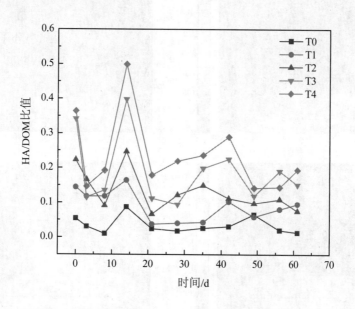

图 5.16　厌氧发酵过程 HA 与 DOM 比值变化

同时由图 5.16 分析得出，HA/DOM 在第 0～61 天整体呈下降的趋势，但在发酵第 14 天迅速增加，可能是由于在发酵过程中发酵物料的有机质发生水解作用，使发酵液中

DOM 浓度上升，而 HA 物质结构的生成复杂缓慢，其合成速率不及 DOM 产生速率快（李孟婵，2018），使 HA/DOM 整体降低；但发酵第 14 天时，由于 HA 物质随发酵反应的进行逐步合成，同时系统进入产甲烷高峰期，发酵液中 DOM 转化为沼气释放出来，导致 HA/DOM 快速上升。

5.3.3　腐殖酸在干式厌氧发酵过程中的三维荧光特征变化

三维荧光光谱（3D-EEM）技术灵敏度高、选择性好且不破坏样品，通过激发波长（*Ex*）和发射波长（*Em*）获得荧光强度信息，并且对多组分复杂体系中荧光光谱重叠的对象进行光谱识别和表征，是一种高效实用的光谱指纹识别技术（虞敏达等，2017）。

三维荧光光谱的特定波长荧光强度数据可以有效显示 HA 的组分特征变化。采用三维荧光光谱仪对调节至统一 TOC 浓度的 HA 样品进行扫描，使用 Matlab 软件并运用区域体积积分法处理三维荧光图谱，图 5.17 为处理后的 T0、T1、T2、T3 和 T4 系统在厌氧发酵第 0 天、第 8 天、第 35 天和第 61 天的三维荧光光谱图。

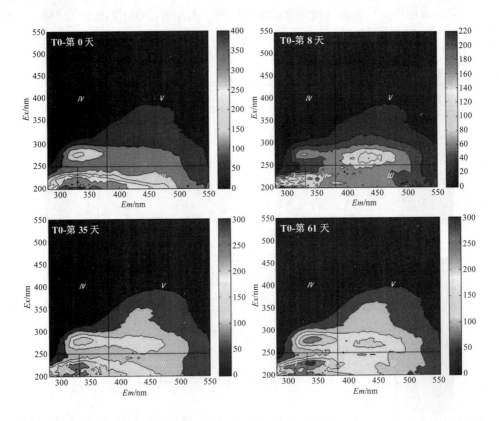

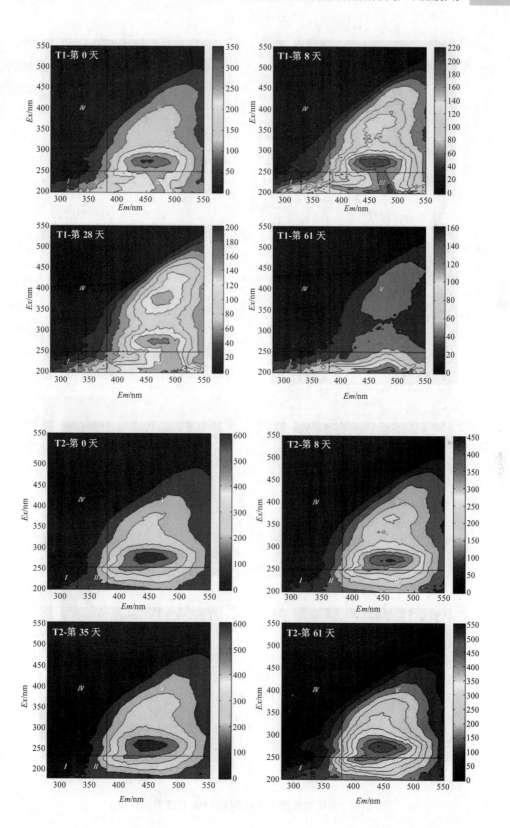

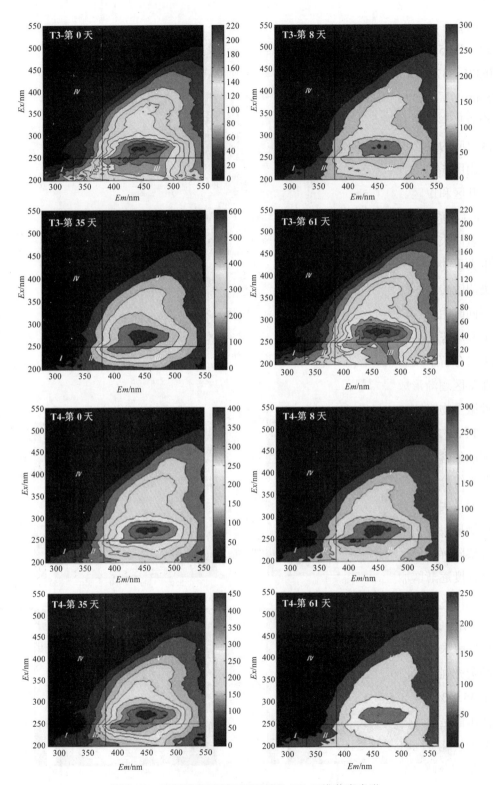

图 5.17 厌氧发酵过程不同系统的 HA 三维荧光光谱

结合 Chen 等（2015）提出的关于不同代表性区域的分类，将图谱中相似物质的荧光峰划分为 5 个区域，分别为 I 区：Ex/Em=200～250/280～325 nm，II 区：Ex/Em=200～250/325～375 nm，III区：Ex/Em=200～250/375～550 nm，IV 区：Ex/Em=250～450/280～375 nm，V 区：Ex/Em=250～450/375～550 nm。研究显示，I 区、II 区和IV区反应的荧光物质与类蛋白有关，分别对应类色氨酸、类酪氨酸及可溶性微生物降解产物；III区和 V 区反应的荧光物质与类腐殖质有关，分别对应类富里酸和类胡敏酸。

由图 5.17 可见，T0 系统在发酵不同阶段的样品具有较为明显的荧光中心，分布在 I 区、II 区和IV区，且大部分II区为最强荧光强度区，IV区为次强荧光强度区；T1、T2、T3 和 T4 系统在 V 区具有明显的荧光中心，T1 系统的部分样品在III区有较强的荧光反应。表明未添加 HA 系统的荧光组分主要与类蛋白物质有关，厌氧发酵类蛋白物质水解产生大量的小分子有机质，使该区域的荧光反应较强；而添加 HA 系统的样品主要成分为类胡敏酸，并且在 V 区的荧光峰强度非常明显，部分样品在发酵过程生成了类富里酸。

同时由图 5.17 分析得出，T0 系统在发酵第 0～61 天内，IV区和 V 区的荧光峰强度逐渐上升。这可能是由于 T0 系统在发酵初期由于污泥中粗蛋白、氨基酸等物质还未被微生物大量分解，发酵中有机质的聚合度低，随着发酵反应进行，类腐殖质物质逐渐出现，并在 V 区逐渐形成荧光峰。同时IV区的荧光峰强度随发酵时间增加而增强，逐渐生成可溶性微生物降解产物，表明厌氧发酵中微生物活跃，产生大量的代谢产物。

T1、T2、T3 和 T4 系统在发酵不同阶段的最强荧光中心均分布在 V 区，表明样品中类胡敏酸含量十分丰富，可能是由于类胡敏酸物质在发酵过程中形成动态平衡，相较其他荧光组分的含量始终较高。随着发酵时间增加，T1 系统在III区的荧光峰强度逐渐增强，这可能是由于在发酵过程中微生物残体及微生物降解产物发生了结构变化，转化为类腐殖质物质，由于类富里酸为含有芳香结构的较稳定的组分，并且类胡敏酸大分子物质的碳骨架降解拆分，向类富里酸物质转化（Klučáková，2018），使发酵过程中类富里酸的荧光峰强度逐渐增加。

采用区域体积积分法对各个荧光团分区占总荧光强度进行分析，所占百分比的变化如图 5.18 所示。由图可见，HA 样品的主要荧光基团为类胡敏酸和类富里酸，由发酵初期至发酵末期，T0 系统的类胡敏酸荧光强度体积积分占比由 37.8%上升至 46.57%，类富里酸荧光强度体积积分占比由 26.21%下降至 20.49%，类蛋白基团的荧光强度体积积分占比由35.98%下降至32.94%。说明污泥厌氧发酵过程会逐渐生成类胡敏酸物质的原因，一方面可能是系统内木质素的降解与微生物代谢产物促使类胡敏酸产生，另一方面是类富里酸的转化。同时发现类蛋白物质含量下降，可能是由于类蛋白物质的结构较简单，易被微生物分解（Yu et al.，2019）。

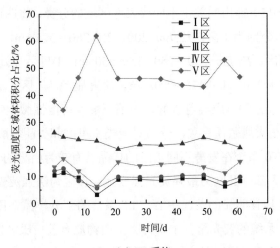

（a）T0 系统

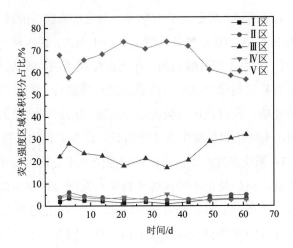

（b）T1 系统

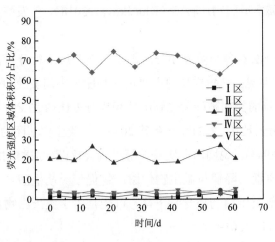

（c）T2 系统

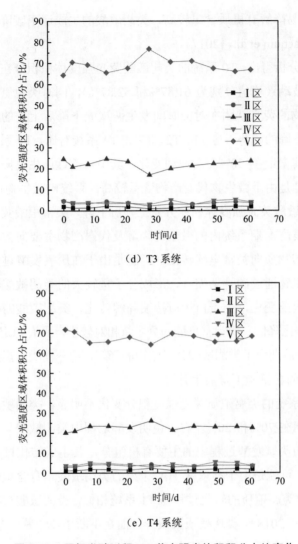

（d）T3 系统

（e）T4 系统

图 5.18　厌氧发酵过程 HA 荧光强度体积积分占比变化

　　T1 系统的类胡敏酸荧光强度体积积分占比由 67.92%下降至 56.80%，类富里酸荧光强度体积积分占比由 22.25%上升至 32.01%，T2 系统的类胡敏酸荧光强度体积积分占比由 70.4%下降至 69.5%，类富里酸荧光强度体积积分占比由 20.41%上升至 20.49%，T3 系统的类胡敏酸荧光强度体积积分占比由 64.35%上升至 66.78%，类富里酸荧光强度体积积分占比由 24.57%上升至 23.54%，T4 系统的类胡敏酸荧光强度体积积分占比由 71.86%下降至 68.32%，类富里酸荧光强度体积积分占比由 20.13%上升至 22.67%，但类蛋白荧光强度体积积分占比均较小，约为 10%。说明在添加外源 HA 系统的发酵反应中，类腐殖质为主要的荧光物质，HA 添加量为 15%时，类胡敏酸的荧光强度体积积分上升而类富里酸的下降，而其他添加 HA 的系统与之相反，这可能是由于不同发酵系统的物质转化略有差异，T3 系统内易降解有机质含量较高，类胡敏酸的生成速率较降解转化速率快，其荧光强度略升高（Jacquin et al.，2017）。

同时由图 5.18 分析得出，T0 系统的类胡敏酸荧光强度体积积分在发酵过程中发生两次先上升后下降的波动（峰值分别为 61.87% 和 52.87%），同时类色氨酸、类酪氨酸及可溶性微生物降解产物的荧光基团在对应时间发生两次先下降后上升的波动，并且类富里酸荧光基团呈缓慢下降的趋势。与 T1、T2、T3 和 T4 系统对比，T0 系统类蛋白的荧光强度体积积分较高，其含量在 30% 左右波动变化，其中可溶性微生物降解产物组分的值较高且逐渐增加，可能是由于微生物代谢产物含量较高，系统内微生物代谢活跃。

T1 系统的类胡敏酸荧光强度体积积分先上升后下降，类富里酸荧光强度体积积分先下降后上升。说明发酵前期系统内的微生物降解及代谢产物主要向类胡敏酸转化，而发酵后期部分类胡敏酸物质向类富里酸转化。可能是由于在厌氧发酵过程中类蛋白物质被微生物降解后，有机物通过碳骨架缩合，形成分子量较大的类胡敏酸物质，但随发酵时间的增加与发酵阶段的变化，类蛋白物质持续降解转化，类胡敏酸的生成速率较降解速率慢，其所占的百分比降低，而类富里酸的分子量相对较小，具有稳定的芳香结构，较易被转化分解，在发酵后期由于类胡敏酸分子结构的降解，部分向类富里酸转化（Tan et al.，2018），使类富里酸的含量先下降后上升。

T2、T3 和 T4 系统的类腐殖质荧光强度积分变化不明显，类胡敏酸与类富里酸的荧光强度体积积分分别在 70% 和 20% 左右。说明发酵过程中类胡敏酸与类富里酸含量均较高，并且类胡敏酸为厌氧发酵过程中的主要有机组分，其生成转化过程是发酵中的主要物质结构转化趋势。可能是由于高浓度 HA 系统的类胡敏酸本身含量较高，系统内物质结构变化稳定，其中类腐殖质的转化过程与 T1 系统相似，类胡敏酸与类富里酸的含量呈动态平衡（唐朱睿等，2018），类腐殖质物质一方面在不断生成，另一方面也在不断降解，其生成速率与降解速率接近，因此，各组分占比的变化波动不明显。

5.3.4　腐殖酸在干式厌氧发酵过程中的红外光谱特征变化

傅里叶变换红外光谱可以鉴定 HA 的结构与性质，在 HA 结构研究中得到广泛应用。污泥厌氧发酵物料中 HA 一部分是新生成的，另一部分是原有 HA 逐渐演化而来。HA 是各种价键联系在一起的混合物，其结构中以芳香结构为核心骨架，一些活性基团如羧基、羰基、苯酚、烯醇、醌、胺、内酯、醚等与核心骨架不同程度的交联（刘超超等，2017）。

研究显示，污泥提取的 HA 的强吸收峰的归属如表 5.3 所示（张玉兰等，2010；刘恒等，2012）。观察样品中提取的 HA 物质主要吸收峰出现在 $2\,926\sim2\,920\ \text{cm}^{-1}$（脂肪族 CH_2 的反对称伸缩振动、芳环和脂 —CH_3 的反对称伸缩振动）、$2\,850\ \text{cm}^{-1}$（脂肪族 CH_3 和 CH_2 的对称伸缩振动）、$1\,710\ \text{cm}^{-1}$（酮、醛、羧 C=O 键的伸缩振动）、$1\,654\sim1\,617\ \text{cm}^{-1}$

（芳环的骨架振动、C＝C 吸收、H 键缔合 C＝O 吸收和酰胺键等相互叠加）、1 460～
1 450 cm^{-1}（CH$_2$CH$_3$ 的对称变形振动）、1 240～1 220 cm^{-1}（酚、醛、酯、醇 C—O 键的
伸缩振动；O—H 键的弯曲振动；C—C 键的伸缩振动）、1 050 cm^{-1}（碳水化合物或多糖
结构中 C—O 伸缩振动及无机物的 Si—O 伸缩振动）。

表 5.3　HA 傅里叶变换红外吸收光谱的各吸收峰归属

吸收峰位置/cm^{-1}	归属
3 500～3 300	强而宽的缔合醇羟基—OH 伸缩振动、NH 氢键伸缩振动
2 950	脂肪族—CH$_3$ 不对称伸缩振动
2 926～2 920	脂肪族和脂环族—CH$_2$ 反对称伸缩振动、芳环—CH$_3$ 不对称伸缩振动
2 852～2 844	脂肪类化合物 CH$_3$ 和 CH$_2$ 对称伸缩振动
1 710	羧基和羰基官能团 C＝O 伸缩振动（酮、醛、酸等）
1 654～1 617	芳香环的骨架 C＝C 振动（酚等）
1 550～1 490	酸仲酰胺的—NH 变形振动
1 460～1 450	—CH$_3$CH$_2$ 对称变形振动
1 400～1 390	醇类或羧酸类的 O—H 弯曲振动、酚类 C—O 伸缩振动峰
1 240～1 220	羧酸官能团 C—O 伸缩振动和 O—H 变形振动
1 100～1 000	多糖类 C—O 伸缩振动
910	C—C 酯类骨架振动

　　从不同发酵阶段提取的 HA 的红外图谱如图 5.19～图 5.23 所示，发现 HA 样品的红
外光谱谱型基本相似，说明经过厌氧发酵后 HA 具有基本一致的结构；另外，不同发酵
阶段在某些特征峰吸收强度上有不同程度的差异，反映了厌氧发酵过程对 HA 的结构单
元和官能团数量有一定的影响。

　　T0 系统提取的 HA 随发酵时间变化的红外图谱如图 5.19 所示。2 925 cm^{-1} 处与
2 853 cm^{-1} 吸收峰强度先增大后减小，两处吸收峰分别由脂肪族化合物亚甲基的 C—H 反
对称伸缩振动与脂肪族化合物 CH$_3$ 和 CH$_2$ 对称伸缩振动引起，表明脂肪碳含量先上升后
下降，其含量在发酵末期低于发酵初期；1 710 cm^{-1} 处吸收峰逐渐消失，该处吸收峰来自
羧基和羰基官能团 C＝O 伸缩振动，表明羧基碳和羰基碳含量下降，可能是酮、醛、羧
酸类化合物被降解；1 654 cm^{-1} 处吸收峰增强，该处吸收峰由芳环结构中碳骨架振动引起，
表明 HA 结构中芳环结构增加，而脂肪族碳含量降低，芳构化程度加深；1 458 cm^{-1} 处吸
收峰由 CH$_2$CH$_3$ 对称变形振动引起，在厌氧发酵过程中吸收峰较强；1 050 cm^{-1} 处吸收峰
由多糖类 C—O 伸缩振动引起，该处吸收峰逐渐增强，表明多糖类及醇类物质增加；近
红外处出现较多峰，即"馒头峰"，表明官能团较多，体系较复杂。

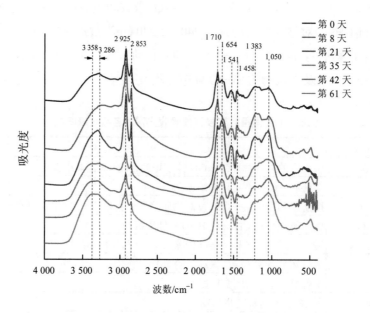

图 5.19　T0 系统的 HA 红外光谱在厌氧发酵过程中的变化

同时，对 T0 图谱中的 1 654 cm^{-1}（芳族碳）峰面积分别与 2 925 cm^{-1}（脂肪族碳）、1 710 cm^{-1}（羧碳）和 1 050 cm^{-1}（多糖）等处峰面积的比值变化来判断污泥厌氧发酵过程中 HA 的芳构化程度，如表 5.4 所示。由表可知，T0 系统的 HA 样品在发酵第 21 天、第 35 天、第 42 天、第 61 天与第 0 天相比，1 654/2 925 有不同程度的增加，增加幅度依次为 0.606、0.345、0.193 和 0.375，表明芳族碳增加，脂肪族碳减少；1 654/1 710 部分发酵阶段增加（第 21 天、第 41 天、第 61 天），增加幅度依次为 19.725、6.444 和 18.881，表明芳族碳增加，羧基碳减少；1 654/1 050 部分发酵阶段降低（第 35 天、第 42 天、第 61 天），表明芳族碳减少，多糖类物质增加。

表 5.4　T0 系统的 HA 的 FTIR 主要吸收峰的相对强度

波数/cm^{-1}	HA					
	第 0 天	第 8 天	第 21 天	第 35 天	第 42 天	第 61 天
2 925	31.11	43.22	56.13	17.13	23.29	21.85
1 710	5.98	38.79	2.13	9.85	1.17	0.61
1 654	5.52	1.21	43.98	8.95	8.62	12.08
1 050	2.48	10.22	10.67	9.31	7.5	14.56
1 654/2 925	0.177	0.027	0.783	0.522	0.370	0.552
1 654/1 710	0.923	0.031	20.647	0.908	7.367	19.803
1 654/1 050	2.225	0.118	4.121	0.961	1.149	0.829

　　T1 系统中提取的 HA 随发酵时间变化的红外光谱如图 5.20 所示。3 290 cm^{-1} 处吸收峰由醇羟基—OH 伸缩振动引起，其强度随发酵时间增加而减弱，表明 HA 中醇类化合物含量逐渐减少；2 925 cm^{-1} 处与 2 853 cm^{-1} 处吸收峰逐渐减弱，表明脂肪族化合物随发酵时间增加而减少；1 710 cm^{-1} 处吸收峰逐渐减弱至消失，表明羧基和羰基官能团含量下降；1 535 cm^{-1} 处吸收峰仅在发酵初始出现，该处吸收峰由酸仲酰胺的 —NH 变形振动引起，表明厌氧发酵过程含氮化合物被降解殆尽；1 458 cm^{-1} 处与 1 050 cm^{-1} 处吸收峰分别由 CH$_2$CH$_3$ 对称变形振动与羧酸官能团 C—O 伸缩振动和 O—H 变形振动引起，发现这两处吸收峰随发酵时间增加而略微向低频波数移动。

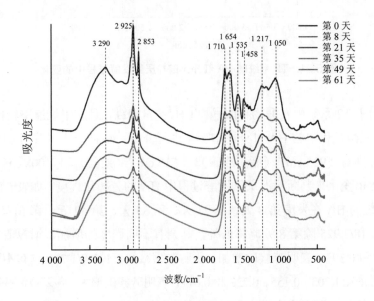

图 5.20　T1 系统的 HA 红外光谱在厌氧发酵过程中的变化

　　T2 系统提取的 HA 随发酵时间变化的红外图谱如图 5.21 所示。由图可见，2 925 cm^{-1} 处与 2 853 cm^{-1} 处吸收峰逐渐减弱，表明脂肪族化合物随发酵时间增加而减少，脂肪族碳被逐渐降解；1 710 cm^{-1} 处吸收峰逐渐减弱，表明羧基和羰基官能团的含量下降；1 618 cm^{-1} 处吸收峰随发酵时间增加而增强，该处吸收峰由芳环结构中碳骨架振动引起，表明 HA 中芳环结构物质逐渐生成；1 438 cm^{-1} 处吸收峰强度随发酵时间增加没有明显的变化规律，该处吸收峰由 CH$_2$CH$_3$ 的对称变形振动引起，表明甲基与亚甲基官能团无显著变化；1 217 cm^{-1} 处与 1 008 cm^{-1} 处吸收峰没有明显的变化规律。

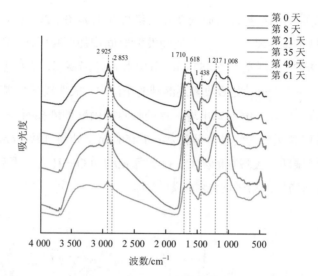

图 5.21　T2 系统的 HA 红外光谱在厌氧发酵过程中的变化

同时，由于 T2 系统中发酵物料的累积 CH_4 产量较高，且产甲烷速率较快，因此，选择 T2 系统对发酵过程中的 HA 红外图谱变化进行分析。对 T2 图谱中的 1 618 cm^{-1}（芳族碳）峰面积分别与 2 925 cm^{-1}（脂肪族碳）、1 710 cm^{-1}（羧碳）和 1 008 cm^{-1}（多糖）等处峰面积的比值变化来判断污泥厌氧发酵过程中 HA 的芳构化程度，如表 5.5 所示。由表可知，T2 系统的 HA 在发酵第 8 天、第 21 天、第 35 天、第 42 天、第 61 天的比值与第 0 天相比，1 618/2 925 除第 8 天略降低外，其余有不同程度的增加，增幅依次为 0.345、0.286、0.626 和 0.393，表明芳族碳增加，脂肪族碳减少；1 618/1 710 均有不同程度增加，增幅依次为 0.060、1.203、0.155、0.722 和 0.671，表明芳族碳增加，羧基碳减少；1 618/1 008 均有不同程度增加，增幅依次为 0.059、0.391、0.125、0.492 和 0.522，表明芳族碳增加，多糖类物质减少。综合分析，在厌氧发酵过程，HA 结构中芳香族碳含量上升，脂肪族碳、羧基碳和多糖类碳含量相对减少，并在发酵后期，HA 的芳构化程度明显增加。

表 5.5　T2 系统的 HA 的 FTIR 主要吸收峰的相对强度

波数/cm^{-1}	HA					
	第 0 天	第 8 天	第 21 天	第 35 天	第 42 天	第 61 天
2 925	9.282	11.727	8.604	6.282	11.995	8.993
1 710	5.617	5.446	2.879	7.073	9.679	5.313
1 618	1.194	1.487	4.074	2.603	9.048	4.693
1 008	5.123	5.098	6.526	7.265	12.485	6.215
1 618/2 925	0.129	0.127	0.474	0.414	0.754	0.522
1 618/1 710	0.213	0.273	1.415	0.368	0.935	0.883
1 618/1 008	0.233	0.292	0.624	0.358	0.725	0.755

　　T3 系统中提取的 HA 随发酵时间变化的红外图谱如图 5.22 所示。由图可见，2 925 cm^{-1} 处吸收峰强度逐渐减弱，2 853 cm^{-1} 处吸收峰强度也减弱至发酵后期逐渐消失，表明 HA 中脂肪族碳含量减少；1 618 cm^{-1} 处吸收峰强度较高，表明 HA 中芳环结构较多，C＝C 键官能团含量较高；1 438 cm^{-1} 处吸收峰随发酵时间增加而增强，但在发酵后期吸收峰强度下降，表明厌氧发酵过程可以逐渐生成甲基和亚甲基官能团；1 078 cm^{-1} 处吸收峰是由碳水化合物或多糖类 C—O 伸缩振动引起，在发酵第 21 天、第 49 天、第 56 天出现振动峰，表明厌氧发酵过程会逐渐生成碳水化合物或多糖类物质。

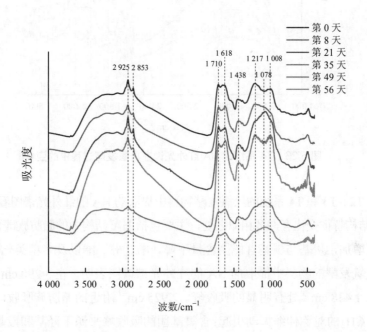

图 5.22　T3 系统的 HA 红外光谱在厌氧发酵过程中的变化

　　T4 系统中提取的 HA 随发酵时间变化的红外图谱如图 5.23 所示。由图可见，2 925 cm^{-1} 处吸收峰强度随发酵时间增加而减弱，2 853 cm^{-1} 处吸收峰逐渐减弱至消失，表明 HA 中脂肪族碳含量逐渐减少；1 618 cm^{-1} 处吸收峰是由芳环的骨架振动、C＝C 吸收等引起，其强度随发酵时间增加而增强，表明 HA 中芳香族碳含量增加；1 438 cm^{-1} 处吸收峰随发酵时间增加逐渐向低频波数移动，部分样品在 1 217 cm^{-1} 处与 1 008 cm^{-1} 处有吸收峰，表明 HA 结构中存在酚、醛、酯，碳水化合物等。

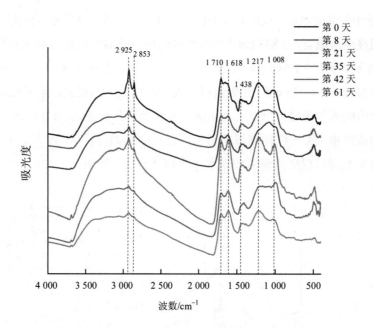

图 5.23　T4 系统的 HA 红外光谱在厌氧发酵过程中的变化

　　从 T1、T2、T3 和 T4 系统的厌氧发酵物料中提取的 HA 的红外光谱图看，与 T0 系统对比，HA 的结构特征变化有许多相似之处，主要包括 HA 结构中的脂肪族碳含量下降，芳环碳结构相对增加，羧基与羰基官能团含量下降，酚、醇、酯以及多糖类化合物含量上升。

　　污泥厌氧发酵的物料中提取的 HA 的红外光谱谱图表明，在 3 290 cm^{-1}、2 925 cm^{-1}、1 654 cm^{-1}、1 438 cm^{-1} 处有明显的吸收峰。2 925 cm^{-1} 附近的脂肪族吸收峰较明显，为脂肪族 CH_3 和 CH_2 的对称伸缩振动引起；含氧基团的吸收峰来源于羟基和羧基等，3 290 cm^{-1} 附近的羟基—OH 吸收峰在 T0 与 T1 系统中出现；1 654 cm^{-1} 处吸收峰为芳环的骨架振动，吸收峰明显，并且随发酵时间增加而增强，说明 HA 在厌氧发酵过程中芳构化程度加深；1 541 cm^{-1} 处为仲酰胺 N—H 振动峰，T0 系统的 HA 中吸收峰明显，说明 T0 系统中 HA 的氮含量较高；1 460～1 450 cm^{-1} 处脂肪结构中甲基和亚甲基的变形振动明显，说明 HA 结构中含有大量甲基与亚甲基的取代基团；1 050 cm^{-1} 处对应碳水化合物或多糖结构中 C—O 伸缩振动，并且吸收峰随发酵时间增加而增强，说明 HA 在厌氧发酵过程中生成醇类、酚类以及多糖类化合物等。

5.4　腐殖酸对干式厌氧发酵产酸的影响规律

　　污泥中的复杂有机物被逐渐分解为小分子有机物并经过厌氧发酵酸化阶段产生各种 VFA，该过程是由多种微生物相互协同、共同完成。通过研究环境因子 pH、总 VFA 产生量、各单酸产生量在不同发酵阶段的变化，分析 HA 对产酸产甲烷途径的影响，进一步阐释 HA 对厌氧发酵 CH_4 产量的影响机制。主要结论如下：

①添加 HA 对厌氧发酵的产酸反应具有促进作用。由于 HA 在厌氧条件下可以发生腐殖质还原反应，其氧化还原能力促使 VFA 的产生，并且 HA 盐与酸类化合物形成缓冲体系，有利于维持产甲烷菌适宜的生长环境。发酵过程的 pH 整体呈先降低后上升的趋势，由于 HA 促进产氢产乙酸反应进行，并且 HA 本身为弱酸性，添加 HA 的物料 pH 在发酵前期下降较快。

②污泥干式厌氧发酵中乙酸为主要的发酵酸化产物，乙酸含量变化与 CH_4 产量变化的趋势相似，乙酸为产甲烷菌主要利用的 VFA。添加外源 HA 促进了水解酸化阶段的乙酸产生，并且在产乙酸菌的作用下，丙酸、丁酸和戊酸可能向乙酸转化，促进乙酸浓度升高。

③ Pearson 相关性分析结果表明，HA 对发酵前期的水解产酸反应起促进作用，在发酵后期，由于发酵物料内的易降解有机质已被大量分解，HA 含量与 VFA 产生量呈负相关。HA 含量对 VFA 含量的相关分析与 HA 含量对累积 CH_4 产生量的相关分析的规律相似，说明 HA 通过 VFA 产甲烷途径影响厌氧发酵的 CH_4 产量。

5.4.1　腐殖酸对 VFA 含量[①]及 pH 变化的影响

（1）腐殖酸对 VFA 含量变化的影响

污泥厌氧发酵过程中，VFA 产生情况可以反映发酵体系是否具备产酸菌生长和代谢适宜的环境条件，产甲烷菌可以利用小分子有机酸，但 VFA 含量过高会抑制产甲烷菌的活力（袁悦等，2016）。

图 5.24 为厌氧发酵过程不同系统总 VFA 含量变化。由图可见，不同系统的 VFA 变化趋势基本一致，发酵第 0～14 天的 VFA 含量逐渐上升至最大值，分别为 18 568.76 mg/L（T0系统）、39 856.11 mg/L（T1 系统）、30 941.80 mg/L（T2 系统）、31 138.11 mg/L（T3 系统）和 31 456.61 mg/L（T4 系统），随后第 14～61 天的 VFA 含量逐渐下降。表明不同发酵系统 VFA 含量的变化趋势相同，在发酵前期主要进行水解产酸反应，VFA 逐渐产生并积累使其浓度上升，随着产甲烷过程进行，VFA 被逐渐消耗使其浓度下降。并且添加 HA 对污泥厌氧发酵的产酸反应具有一定程度的促进作用，当 HA 含量为 5%时，对 VFA 含量的促进作用最大。

对比分析不同系统在发酵第 0～14 天总 VFA 含量变化，发现除第 0 天外，T1、T2、T3 和 T4 系统的总 VFA 含量均大于 T0 系统，并且 T0、T1、T2、T3 和 T4 系统在第 3 天的总 VFA 含量分别为 10 981.78 mg/L、12 292.82 mg/L、15 955.85 mg/L、14 132.02 mg/L 和

---

① 本章中 VFA 含量指 VFA 质量浓度（mg/L）。

15 414.62 mg/L，第 8 天总 VFA 含量分别为 18 341.54 mg/L、31 284.18 mg/L、28 071.25 mg/L、36 051.21 mg/L 和 36 909.28 mg/L。表明污泥厌氧发酵正式启动后，在发酵前期主要进行水解产酸反应，添加 HA 对酸化反应具有促进作用，促使 VFA 含量上升。可能是由于发酵物料中的可降解有机质被水解、产酸菌利用分解，添加 HA 的系统内存在 HA 盐可与酸类化合物形成缓冲体系，避免发酵系统的 pH 过度酸化（Li et al.，2019），有利于维持产甲烷适宜的生长环境，另外，HA 可能促进了产氢产乙酸阶段的氧化还原反应，使 VFA 的产生量逐渐提高（Liu et al.，2015）。

不同系统的总 VFA 含量在发酵第 21～61 天逐渐下降，但 T0 系统在第 28～35 天略微上升，并且总 VFA 含量在第 49～61 天无明显变化，接近于零。表明在发酵后期，产甲烷微生物逐渐利用 VFA 产生沼气，使 VFA 含量逐渐下降，但 T0 系统的总 VFA 含量有所上升，可能是发酵前期积累了大量的小分子有机质，在发酵产 CH$_4$ 第一个高峰期尚未被完全利用，在发酵中期由于产酸、产甲烷微生物活性逐步提高，VFA 的产生速度大于消耗速度，使其含量逐渐上升（El-gammal，et al.，2017）。

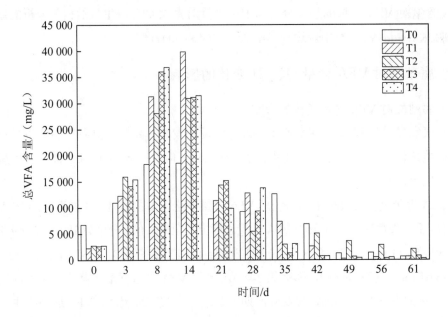

图 5.24　厌氧发酵过程总 VFA 含量变化

（2）腐殖酸对 pH 变化的影响

pH 是影响污泥干式厌氧发酵的重要因素，发酵过程 VFA 积累导致 pH 下降，而含氮有机物分解产生的氨会引起 pH 升高，当 pH 低于 5.0 时，产甲烷过程受到严重抑制（何顺等，2019）。

厌氧发酵过程不同系统的 pH 变化如图 5.25 所示。由图可见，各系统发酵物料在厌氧发酵过程中的 pH 相差较小，且整体反应过程均呈现先降低后上升的趋势。在发酵初期，发酵物料的 pH 快速下降，在发酵第 3～8 天的物料 pH 降至最低，分别为 6.61（T0 系统）、6.43（T1 系统）、6.52（T2 系统）、6.26（T3 系统）、6.17（T4 系统），添加 HA 系统的物料 pH 在发酵第 0～8 天更低。表明添加 HA 后系统整体的 pH 变化趋势相同，各系统未发生酸化过度而导致发酵失败，并且添加 HA 对发酵初期的水解产酸反应具有促进作用。可能是由于 HA 的添加促进了产氢产乙酸反应的进行，系统内乳酸、乙酸等 VFA 含量升高，VFA 积累导致酸性化合物含量高于碱性化合物，物料 pH 下降，并且 HA 本身为弱酸性，使系统 pH 偏低（Lin et al.，2018）。

在发酵中期与发酵后期，物料 pH 逐渐上升至微碱性，并在发酵结束时，T0、T1、T2、T3 和 T4 系统的 pH 分别为 8.41、8.42、8.52、8.35 和 8.33。表明添加 HA 对发酵中期和后期的 pH 变化没有明显影响，可能是由于随着厌氧发酵反应的进行，水解酸化反应和产甲烷反应逐步趋于平衡，当物料中可被降解的有机物被分解殆尽后，产甲烷反应强于水解酸化反应，使系统 pH 在发酵后期略偏碱性，并且结合系统氨氮浓度的变化看，发酵后期氨氮浓度上升，游离氨（NH_3）向铵离子（NH_4^+-N）转化时解离出 OH^-，也会使 pH 较高（Kai Feng et al.，2018）。

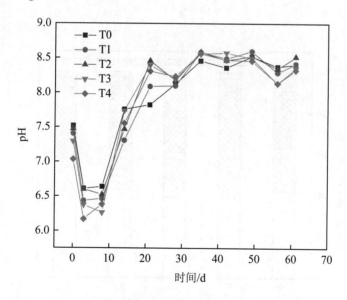

图 5.25　厌氧发酵过程 pH 变化

5.4.2　腐殖酸对单酸浓度变化的影响

（1）腐殖酸对发酵前期单酸比例变化的影响

VFA 中乙酸、丙酸、异丁酸、正丁酸、异戊酸和正戊酸是衡量发酵效果的重要指标，也是污泥水解酸化的主要 VFA，图 5.26 分别为不同发酵体系在发酵前期 6 种酸占总 VFA 比例变化。

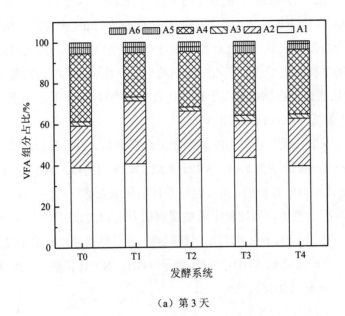

（a）第 3 天

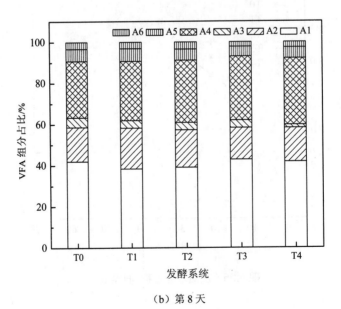

（b）第 8 天

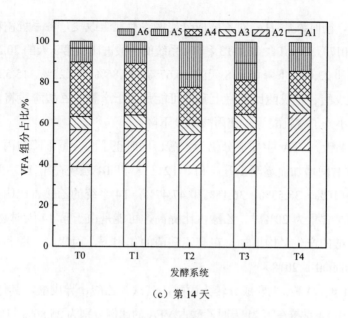

（c）第 14 天

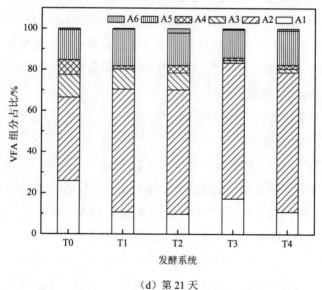

（d）第 21 天

（其中，A1：乙酸；A2：丙酸；A3：异丁酸；A4：正丁酸；A5：异戊酸；A6：正戊酸。）

图 5.26 厌氧发酵前期不同系统的 VFA 组分占比

由图 5.26 可见，发酵第 3 天与第 8 天的各单酸占比较相似，厌氧发酵中乙酸所占比例最大，其为主要的发酵酸化产物，T0、T1、T2、T3 和 T4 系统在第 3 天时 VFA 中乙酸占比分别为 39.04%、40.72%、42.54%、43.32% 和 39.08%，第 8 天时 VFA 中乙酸占比分别为 41.92%、38.38%、39.10%、42.80% 和 41.77%，表明乙酸为污泥干式厌氧发酵主要的 VFA。在发酵前期，乙酸占比随发酵时间增加未有明显改变，酸化细菌利用简单有机物持续产生乙酸，同时添加 HA 对乙酸成分比例没有显著改变，各系统的物料单酸占比相近（章涛等，2017）。T0、T1、T2、T3 和 T4 系统的丙酸占比由第 3 天的 20.25%、30.69%、23.69%、17.89% 和 23.08% 下降至第 8 天的 16.67%、19.86%、18.23%、15.53% 和 16.48%，并且异丁酸、异戊酸、正戊酸比例略上升，可能是由于产氢产乙酸阶段将丙酸转化为乙酸、CO_2 和其他小分子有机酸等，使丙酸浓度下降。

在发酵第 14 天，VFA 主要成分仍为乙酸，同时正丁酸含量下降与丙酸接近，其他 VFA 占比随发酵时间增加而逐渐上升。T1、T2、T3 和 T4 系统在第 14 天时乙酸占比分别为 38.89%、39.10%、38.53%、36.18% 和 47.47%，T4 系统的乙酸占比明显高于其他系统。表明添加 HA 含量为 20% 时，乙酸占比提高，可能是由于第 14 天时总 VFA 产量达到最大值，各单酸的产生量均增加，在产乙酸菌的作用下，丙酸、丁酸和戊酸等可被将降解为乙酸（Zhi et al.，2018）。

在发酵第 21 天，VFA 主要成分转为丙酸，其次为乙酸、异戊酸，其他 VFA 占比较少。T1、T2、T3 和 T4 系统在第 21 天时乙酸占 VFA 的比例分别为 25.86%、10.78%、9.81%、17.33% 和 10.95%，丙酸比例分别为 40.58%、59.63%、60.36%、66.04% 和 67.79%。研究显示，当丙酸含量高于 310 mg/L，比产气速率降低，菌群活性很快抑制，并且丙酸的毒性较大（凡慧，2017），丙酸含量超过乙酸，对产甲烷菌活性产生影响，结合 CH_4 产生规律看，第 21 天时 CH_4 产量略微下降。

（2）腐殖酸对各单酸含量[①]变化的影响

1）发酵过程乙酸含量变化

不同系统厌氧发酵过程乙酸含量变化如图 5.27 所示。由图可见，发酵前期为水解酸化反应阶段，乙酸含量不断增加，乙酸的含量也明显高于其他的 VFA，在发酵第 8~14 天时乙酸含量最大，T1、T2、T3 和 T4 系统分别达到 15 582.78 mg/L、11 922.85 mg/L、15 429.21 mg/L 和 15 481.13 mg/L，之后随着发酵底物的不断消耗，乙酸含量降低，在第 21 天乙酸含量降至较低点，T0 和 T1 系统在第 35 天时乙酸含量再上升，T0 系统在第 35 天时乙酸含量达到最大值 8 792.77 mg/L，之后乙酸含量逐渐下降，发酵结束时 T0、T1、T2、T3 和 T4 系统的乙酸含量为 498.89 mg/L、511.61 mg/L、1 942.09 mg/L、614.97 mg/L 和 242.62 mg/L。

结合前述的 CH_4 产生规律，表明乙酸含量变化与 CH_4 产量变化趋势相一致，乙酸为产甲烷菌主要利用的 VFA，并且添加外源 HA 使水解酸化阶段的乙酸含量较高，可能是由于 HA 促进小分子有机质分解为乙酸，同时 HA 可能使丙酸向乙酸转化（Liu et al.，2015），使乙酸含量升高。但 T0 系统的乙酸含量在发酵后期较高，可能是由于发酵前期系统中的部分有机质未被利用，在发酵后期小分子有机质向乙酸转化，造成乙酸含量上升。

---

① 本章中各单酸含量均指质量浓度（mg/L）。

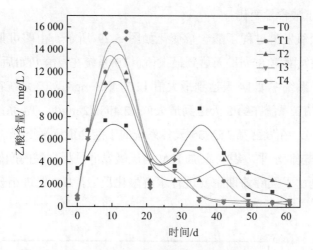

图 5.27　厌氧发酵过程乙酸含量变化

2）发酵过程丙酸含量变化

不同系统的厌氧发酵过程丙酸含量变化如图 5.28 所示。由图可见，各系统的丙酸含量均呈先增加后降低的趋势，在发酵第 14～28 天丙酸含量达到最大值，T0 系统在第 28 天达到最大值（4 129.30 mg/L），T1 系统在第 14 天达到最大值（7 291.23 mg/L），T2 系统在第 21 天达到最大值（9 211.95 mg/L），T3 系统在第 21 天达到最大值（10 296.95 mg/L），T4 系统在第 28 天达到最大值（9 097.84 mg/L）。在发酵第 28～42 天各系统的丙酸含量逐渐下降，并在第 42～61 天几乎未产生丙酸。表明添加 HA 使发酵前期的丙酸含量上升，发酵后期与不添加 HA 系统无明显差别。可能是由于添加 HA 促进了小分子有机质向丙酸转化，使系统中的丙酸含量较高，但随着产 CH_4 过程的进行，丙酸含量逐渐下降。

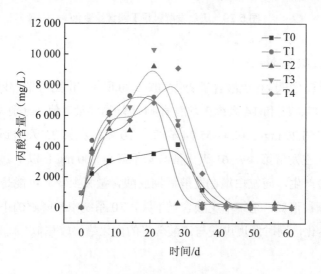

图 5.28　厌氧发酵过程丙酸含量变化

3）发酵过程丁酸含量变化

不同系统的厌氧发酵过程丁酸含量变化如图 5.29 所示。由图可见，发酵前期丁酸含量迅速上升，在发酵第 8～14 天达到最大值，T0 系统在发酵开始后第 14 天达到最值 6 122.91 mg/L，T1 系统在第 14 天达到最大值 12 714.98 mg/L，T2 系统在第 8 天达到最大值 9 498.69 mg/L，T3 系统在第 8 天达到最大值 12 498.72 mg/L，T4 系统在第 8 天达到最大值 12 480.65 mg/L。在发酵第 15～35 天各系统的丁酸含量逐渐下降，并在第 35～61 天时丁酸含量下降至较低水平。表明添加 HA 对厌氧发酵过程丁酸的产生具有一定程度的促进作用，可能是由于发酵前期主要进行水解酸化反应，HA 促进小分子有机质向丁酸转化。

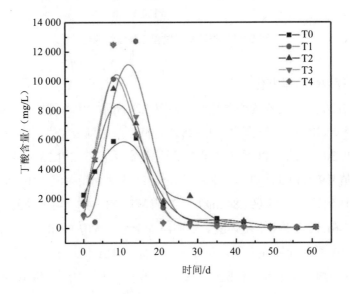

图 5.29   厌氧发酵过程丁酸含量变化

4）发酵过程戊酸含量变化

不同系统的厌氧发酵过程戊酸含量变化如图 5.30 所示。由图可见，戊酸相比其他 VFA 的含量较低，T1、T2、T3 和 T4 系统在发酵第 14 天均达到最大值，分别为 4 267.12 mg/L、4 850.57 mg/L、4 753.20 mg/L 和 4 455.94 mg/L，T0 系统在第 35 天达到戊酸含量最大值为 2 053.88 mg/L，在发酵第 49～61 天戊酸含量下降至 100 mg/L 以下。表明添加 HA 促进了发酵前期戊酸产生，而空白组在发酵后期戊酸含量又上升。可能是由于随着发酵反应进行，VFA 逐渐被消耗，系统中戊酸含量下降，T0 系统中易降解的小分子有机质被分解利用，向戊酸转化，同时发现戊酸与乙酸含量的变化趋势较相似。

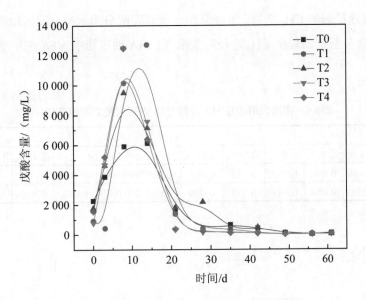

图 5.30　厌氧发酵过程戊酸含量变化

5.4.3　腐殖酸含量对 VFA 产率和 CH₄ 产率的影响

通过分析 HA 含量与不同发酵阶段的 VFA 含量之间相关性，可以明确 HA 含量与 VFA 产率之间的关系。对 HA 含量与不同发酵阶段的 VFA 含量进行 Pearson 相关性分析及显著性检验（双侧检验），结果如表 5.6 所示。

由表可见，HA 含量与不同发酵阶段 VFA 含量的 Pearson 相关系数，发酵第 3～28 天的相关系数为正值，第 35～61 天为负值，表明在发酵前期的水解酸化阶段，HA 对发酵产酸起促进作用，VFA 产生量随 HA 含量增加而增加，并且主要促进了乙酸产生；发酵后期，HA 含量与 VFA 产生量呈负相关，添加 HA 对发酵后期的产酸反应起抑制作用，可能是由于在反应前期，VFA 产生量随 HA 含量增加而增加，并且结合前面的分析，HA 主要促进了乙酸产生，在发酵后期，由于添加 HA 的发酵系统内的易降解有机质已被大量分解，使添加 HA 系统的 VFA 产生量下降。

在发酵第 3 天、第 8 天、第 35 天和第 42 天的相关系数均在 0.8 以上，表明在发酵第 3～8 天和发酵第 35～42 天时 HA 含量与 VFA 含量的相关性较高，可能是由于添加 HA 的发酵系统在发酵前期 VFA 产生量较高，在发酵后期 VFA 产生量较低，并且 HA 促进了发酵前期产酸反应的进行，而 T0 系统的 VFA 产量在发酵前期与后期均较高。

将 HA 含量分别与累积 CH₄ 产生量和 VFA 含量的相关性进行比较，发现 HA 与累积 CH₄ 产生量的相关系数较高，并且 HA 对 VFA 含量的相关分析与 HA 对累积 CH₄ 产生量的相关分析的规律相似。表明 HA 含量会影响污泥干式厌氧发酵 VFA 的产生量，并且通过 VFA 产 CH_4 途径影响 CH_4 产量。可能是由于厌氧发酵分为水解、酸化和产甲烷三个阶段，有机质大部分通过乙酸产 CH_4 途径产生沼气，HA 通过影响 VFA 产生量进一步影响 CH_4 产量。

表 5.6　不同发酵阶段 HA 含量与总 VFA 含量之间相关性

项目		VFA 含量										
HA	时间	第 0 天	第 3 天	第 8 天	第 14 天	第 21 天	第 28 天	第 35 天	第 42 天	第 49 天	第 56 天	第 61 天
	相关性	-0.646	0.808	0.882	0.355	0.405	0.269	-0.866	-0.824	-0.153	-0.300	-0.111
	显著性	0.239	0.098	0.048	0.558	0.499	0.661	0.057	0.086	0.806	0.624	0.858

5.5　本章小结

①添加 HA 对干式厌氧发酵的 CH_4 含量峰值没有明显的改变，各系统的 CH_4 含量稳定后均达到 65%以上，产气效果较好；总累积 CH_4 产量随着 HA 含量提高而降低，HA 对污泥干式厌氧发酵 CH_4 产量总体呈现抑制作用，当 HA 含量为 20%时，抑制程度显著；Gompertz 方程拟合结果也表明，HA 添加量为 20%的最大累积产 CH_4 量下降最显著，但当 HA 添加量为 10%，最大产 CH_4 速率有所提高。

②HA 主要在发酵初期与发酵末期抑制干式厌氧发酵产气，在发酵中期对产气量具有一定的促进作用，利用 Pearson 相关性分析，也证明 HA 在发酵初期与末期对 CH_4 产生量的抑制程度较高；添加适当含量的 HA 可以提高厌氧发酵的 CH_4 日产量峰值，当 HA 添加量为 15%与 20%时，CH_4 日产量峰值转为下降。

③发酵液的氨氮浓度随 HA 含量的增加而减少，HA 对蛋白质水解产生氨氮具有一定程度的抑制作用，而不同系统的发酵液 COD 变化无明显区别；发酵物料的 TS 含量随 HA 添加量的增加而增加，发酵过程中物料的 VS 去除率与累积 CH_4 产量变化大致相同，VS 去除率随 HA 含量的升高而下降。

④HA 含量占溶解性有机质的含量比例为 1%~10%，其在发酵过程中呈先下降后升高的趋势；类胡敏酸为 HA 在干式厌氧发酵过程中的主要有机组分，类胡敏酸由木质素降解与微生物代谢产物产生，同时类富里酸与类胡敏酸相互转化，并且类蛋白物质在厌氧发酵过程较易被微生物分解；HA 在干式厌氧发酵过程中化学结构特征变化主要为芳香族碳含量上升，脂肪族碳、羧基和羟基碳含量相对减少，HA 结构的聚合度提高，在发酵后期，HA 的芳构化程度明显增加，并且发酵过程中含氮化合物被降解，产生了酚、酯、醇以及多糖类化合物等。

⑤HA 对污泥干式厌氧发酵的酸化反应阶段具有促进作用，添加 HA 提高了发酵系

统内的 VFA 含量；乙酸为主要的发酵酸化产物，由于丙酸、丁酸和戊酸在产乙酸菌的作用下可被降解为乙酸，促使乙酸含量升高；发酵过程的 pH 整体呈先降低后上升的趋势，添加 HA 系统的物料 pH 在发酵前期下降较快。

⑥ Pearson 相关性分析表明 HA 主要在发酵前期对水解产酸起促进作用，在发酵后期对 VFA 产生呈抑制作用；HA 与 VFA 含量的相关分析和 HA 与累积 CH_4 产生量的相关分析的规律相似，HA 通过 VFA 产 CH_4 途径影响干式厌氧发酵的 CH_4 产生量。

参考文献

安顺乐，杨义飞．2013．浅谈我国剩余污泥处理处置的研究进展．能源环境保护，27（2）：14-18.

卜凡，谢丽，王雯，等．2016．添加木薯酒糟对市政污泥厌氧发酵产氢产甲烷的影响．中国给水排水，（11）：40-45．

卜贵军，于静，邸慧慧，等．2015．红外光谱结合二维相关分析研究堆肥过程腐殖酸演化规律．光谱学与光谱分析，35（2）：362-366.

曹凯．2017．消化污泥及其堆肥氮素赋存形态变化规律的研究．西安：陕西科技大学，硕士学位论文．

曹斌．2020．城市污泥的特性及资源化利用技术研究进展．环境与发展，32（08）：104-106.

陈玲，赵建夫，李宇庆，等．2005．城市污水厂污泥快速好氧堆肥技术研究．环境科学，26（5）：192-195.

蔡茜茜，袁勇，胡佩，等．2015．腐殖质电化学特性及其介导的胞外电子传递研究进展．应用与环境生物学报，21（6）：996-1002.

常华，李海红，闫志英．2017．总固体浓度对猪粪中温连续厌氧发酵的影响．陕西科技大学学报，35（4）：27-31.

柴晓利，刘归香，赵欣，等．2011．生活垃圾填埋场垃圾腐殖质的组成和波谱特性．同济大学学报（自然科学版），39（3）：390-394.

戴晓虎．2012．我国城镇污泥处理处置现状及思考．给水排水，48（2）：1-5.

费新东，冉奇严．2009．厌氧发酵沼气工程的工艺及存在的问题．中国环保产业，（12）：30-34.

凡慧．2017．丙酸互营氧化菌群对厌氧消化过程中挥发性脂肪酸累积的调控研究．北京：中国农业科学院，硕士学位论文．

高红莉，周文宗，张硌，等．2008．城市污泥的蚯蚓分解处理技术研究进展．中国生态农业学报，16（3）：788-793.

郭孟飞．2015．垃圾渗滤液中腐殖酸对厌氧颗粒污泥的影响．南宁：广西大学，硕士学位论文．

郝晓地，周鹏，曹亚莉．2017．污水处理中腐殖质的来源及其演变过程．环境工程学报，11（1）：1-11.

郝晓地，唐兴，曹达啓．2016．剩余污泥厌氧共消化技术背景研究现状及应用趋势．环境工程学报，10（12）：6809-6818.

何顺，李忠棠，谭松凡，等．2019．污泥协同香蕉秸秆中温厌氧发酵中 pH 对产酸的影响．环境工程，37（2）：153-157.

侯勇．2013．秸秆发酵制取生化腐殖酸过程中的理化特性及微生物学特性研究．成都：四川农业大学，博士学位论文．

路思佳．2020．Ti/PbO$_2$ 阳极对剩余污泥的电化学减量过程研究．西安：西安理工大学，硕士学位论文．

李强．2013．污泥处理处置工程的研究设计．中国高新技术企业，（20）：98-99.

李志斌，徐超，卢耀如，等．2005．现代生活垃圾卫生填埋场的背景及现状及存在的问题．环境工程，23（4）：60-64.

李辉，吴晓芙，蒋龙波，等．2014．城市污泥焚烧工艺研究进展．环境工程，32（6）：88-92.

李会杰．2012．腐殖酸和富里酸的提取与表征研究．武汉：华中科技大学，硕士学位论文．

李季. 2018. 腐殖酸抑制及解抑制厌氧消化机理深探. 北京：北京建筑大学，硕士学位论文.

李琦. 2019. 污泥干式厌氧发酵过程中腐殖酸的转化规律及其对产甲烷的影响. 太原：太原理工大学，硕士学位论文.

刘超超，韩芸，卓杨，等. 2017. 城市污水厂剩余污泥中腐殖酸化学组成与结构特征. 环境化学，36（8）：1735-1743.

龙良俊，王里奥，余纯丽，等. 2017. 改性污泥腐殖酸的表征及其对 Cu^{2+} 的吸附特性. 中国环境科学，37（3）：1016-1023.

李红丽，曹霏霏，王岩. 2014. 挥发性脂肪酸对厌氧干式发酵产甲烷的影响. 环境工程学报，8（6）：2572-2578.

李东阳，杨天学，吴明红，等. 2016. 腐殖酸强化六氯苯厌氧降解规律及其中间产物. 环境科学研究，29（6）：870-876.

刘春软，童巧，汪晶晶，等. 2018. 不同添加剂对猪粪厌氧发酵的影响. 中国沼气，36（05）：30-35.

李政伟，尹小波，李强，等. 2016. 氨氮浓度对餐厨垃圾两相发酵中产甲烷相的影响. 中国沼气，34（1）：46-49.

刘丹，李文哲，高海云，等. 2014. 接种比例和温度对餐厨废弃物厌氧发酵特性的影响. 环境工程学报，8（3）：1163-1168.

罗娟，赵立欣，姚宗路，等. 2017. 甘蔗叶添加对餐厨垃圾厌氧消化性能的影响. 中国沼气，35（4）：21-26.

李孟婵. 2018. 不同原料组合堆肥过程中碳转化特征及腐殖质含量与组分的变化规律研究. 兰州：甘肃农业大学，硕士学位论文.

刘恒，刘文汇，李玉成，等. 2012. 藻类腐殖化模拟中胡敏酸的红外光谱及热失重特征变化. 高校地质学报，18（4）：773-780.

麻红磊. 2012. 城市污水污泥热水解特性及污泥高效脱水技术研究. 杭州：浙江大学，博士学位论文.

裴晓梅，余志亚，朱洪光. 2008. 我国厌氧发酵处理城市污水剩余污泥研究进展. 中国沼气，26（1）：25-29.

彭立凤，董敬华. 1997. 发酵黄腐酸的红外光谱释析. 河北师范大学学报：自然科学版，（1）：86-88.

任冰倩. 2015. 腐殖酸抑制厌氧消化过程实验研究. 北京：北京建筑大学，硕士学位论文.

师晓爽，袁宪正，贾智莉，等. 2014. 玉米秸秆高浓度厌氧发酵的启动过程特性. 化工学报，65（5）：1862-1867.

宋海燕，尹友谊，宋建中. 2009. 不同来源腐殖酸的化学组成与结构研究. 华南师范大学学报（自然科学版），（1）：61-66.

宋佳秀，任南琪，钱东旭，等. 2014. 醌呼吸影响厌氧消化产 CO_2/CH_4 与转化有毒物质的研究. 中国环境科学，34（5）：1236-1241.

孙向平. 2013. 不同控制条件下堆肥过程中腐殖质的转化机制研究. 北京：中国农业大学，博士学位论文.

唐兴. 2017. 腐殖质对污泥厌氧消化的影响及其屏蔽方法研究. 北京：北京建筑大学，硕士学位论文.

唐朱睿，席北斗，何小松，等. 2018. 猪粪堆肥过程中水溶性有机物结构演变特征. 光谱学与光谱分析，38（5）：1526-1532.

王社平，程晓波，刘新安，等. 2015. 污水处理厂污泥处理过程中的潜在危害分析. 市政技术，33（2）：164-168.

吴雪茜，郭中权，毛维东. 2017. 生活污水处理厂污泥浓缩技术研究进展. 能源环境保护，31（6）：5-8.

吴蝶，黄莺，杨倩，等. 2014. 不同来源腐殖质各组分的结构特征. 江苏农业科学，42（7）：304-306.

吴军，汪洪星，谈云志，等. 2017. 腐殖酸对污泥固化土长期强度的劣化效应. 长江科学院院报，34（8）：130-134.

王文东，张轲，范庆海，等. 2016. 紫外辐射对腐殖酸溶液理化性质及其混凝性能的影响. 环境科学，37（3）：994-999.

王蕾，邱凌. 2014. TS 质量分数对甜瓜茎叶厌氧发酵特性的影响. 西北农业学报，23（10）：140-144.

杨春雪. 2015. 嗜热菌强化剩余污泥水解及短链脂肪酸积累规律研究. 哈尔滨：哈尔滨工业大学. 博士学位论文.

杨天学，李英军，赵颖，等. 2018. 生物质固体废物厌氧发酵过程中 HS 对产 CH_4 作用研究进展. 中国环境科学，38（11）：4180-4186.

虞敏达，何小松，檀文炳，等. 2017. 污水厂出水颗粒态与溶解态有机物的红外和荧光光谱特征. 光谱学与光谱分析，37（8）：2467-2473.

袁悦，彭永臻，刘晔，等. 2016. 发酵种泥的投加对新鲜剩余污泥发酵产酸的影响. 哈尔滨工业大学学报，48（8）：37-41.

中华人民共和国住房和城乡建设部. 2018. 《2018 年第二季度全国城镇污水处理设施建设运行情况》.

张静刚. 2017. 恒定电压下市政污泥电渗脱水实验及数值模拟研究. 西安：西安建筑科技大学，硕士学位论文.

张冬，董岳，黄瑛，等. 2015. 国内外污泥处理处置技术研究与应用现状. 环境工程，（s1）：600-604.

赵影，龚繁，柯龙，等. 2015. 城市污水厂生化污泥成分分析及脱水效果分析. 环境科学导刊，34（4）：81-84.

赵云飞. 2012. 餐厨垃圾与污泥高固体浓度厌氧发酵产沼气研究. 苏州：江南大学，硕士学位论文.

张晨光，祝金星，王小韦，等. 2015. 餐厨垃圾、粪便和污泥联合厌氧发酵工艺优化研究. 中国沼气，33（1）：13-16.

周富春. 2006. 完全混合式有机固体废物厌氧消化过程研究. 重庆：重庆大学. 博士学位论文.

张望，李秀金，庞云芝，等. 2008. 稻草中温干式厌氧发酵产甲烷的中试研究. 农业环境科学学报，27（5）：2075-2079.

张玉兰，孙彩霞，陈振华，等. 2010. 红外光谱法测定肥料施用 26 年土壤的腐殖质组分特征. 光谱学与光谱分析，30（5）：1210-1213.

章涛，黄天寅，刘锋，等. 2017. SRT 对剩余污泥厌氧发酵产酸的影响研究. 中国给水排水，（5）：116-119.

Andreas K，Marcus B，Bernhard S，et al. 2004. Electron shuttling via humic acids in microbial iron（Ⅲ）reduction in a freshwater sediment. Fems Microbiology Ecology，47（1）：85-92.

Calicioglu O，Brennan R A. 2018. Sequential ethanol fermentation and anaerobic digestion increases bioenergy yields from duckweed. Bioresource Technology，257：344-348.

Donatello S，Cheeseman C R. 2013. Recycling and recovery routes for incinerated sewage sludge ash（ISSA）: A review. Waste Management，33（11）: 2328-2340.

Eurostat. 2018. Sewage sludge production and disposal.

El-Gammal M，Abou-shanab R，ANGELIDAKI I，et al. 2017. High efficient ethanol and VFA production from gas fermentation: effect of acetate，gas and inoculum microbial composition. Biomass & Bioenergy，105: 32-40.

Fernandes T V，Lier J B V，Zeeman G. 2015. Humic Acid-Like and Fulvic Acid-Like Inhibition on the Hydrolysis of Cellulose and Tributyrin. Bioenergy Research，8（2）: 821-831.

Francioso O，Montecchio D，Gioacchini P，et al. 2009. Structural differences of Chernozem soil humic acids SEC–PAGE fractions revealed by thermal（TG–DTA）and spectroscopic（DRIFT）analyses. Geoderma，152（3）: 264-268.

Guo M，Xian P，Yang L，et al. 2015. Effect of humic acid in leachate on specific methanogenic activity of anaerobic granular sludge. Environmental Technology，36（21）: 2740-2745.

Hosseini S M，Aziz H A. 2013. Evaluation of thermochemical pretreatment and continuous thermophilic condition in rice straw composting process enhancement. Bioresource Technology，133（133C）: 240-247.

Jacquin C，Lesage G，Traber J，et al. 2017. Three-dimensional excitation and emission matrix fluorescence（3DEEM）for quick and pseudo-quantitative determination of protein- and humic-like substances in full-scale membrane bioreactor（MBR）. Water Research，118: 82-92.

Klučáková M，Kalina M，Smilek J，et al. 2018. The transport of metal ions in hydrogels containing humic acids as active complexation agent. Colloids & Surfaces A Physicochemical & Engineering Aspects，S1642144124.

Klučáková M. 2018. Conductometric study of the dissociation behavior of humic and fulvic acids. 128: 24-28.

Kai Feng，Huan Li，Chengzhi Zheng. 2018. Shifting product spectrum by pH adjustment during long-term continuous anaerobic fermentation of food waste. Bioresource Technology，270: 180-188.

Li Y，Chen Y，Wu J. 2019. Enhancement of methane production in anaerobic digestion process: A review. Applied Energy，240: 120-137.

Lipczynska-Kochany E. 2018. Humic substances，their microbial interactions and effects on biological transformations of organic pollutants in water and soil: A review. Chemosphere，202: 420-437.

Liu K，Chen Y，Xiao N，et al. 2015. Effect of Humic Acids with Different Characteristics on Fermentative Short-Chain Fatty Acids Production from Waste Activated Sludge. Environmental Science & Technology，49（8）: 4929-4936.

Lovley D R，Kashefi K，Vargas M，et al. 2000. Reduction of humic substances and Fe（Ⅲ）by hyperthermophilic microorganisms. Chemical Geology，169（3）: 289-298.

Li J，Hao X，van Loosdrecht M，et al. 2019. Effect of humic acids on batch anaerobic digestion of excess sludge. Water Res，155: 431-443.

Lipczynska-Kochany E. 2018. Humic substances，their microbial interactions and effects on biological transformations of organic pollutants in water and soil: A review. Chemosphere, 202: 420-437.

Lin L, Li X Y. 2018. Acidogenic fermentation of iron-enhanced primary sedimentation sludge under different pH conditions for production of volatile fatty acids. Chemosphere, 194: 692.

Raheem A, Sikarwar V S, HE J, et al. 2018. Opportunities and Challenges in Sustainable Treatment and Resource Reuse of Sewage Sludge: A Review. Chemical Engineering Journal, 337 (4): 616-641.

Tang J, Liu Y, Yuan Y, et al. 2014. Humic acid-enhanced electron transfer of in vivo cytochrome c as revealed by electrochemical and spectroscopic approaches. Journal of Environmental Sciences, 26 (5): 1118-1124.

Tan W, Jia Y, Huang C, et al. 2018. Increased suppression of methane production by humic substances in response to warming in anoxic environments. Journal of Environmental Management, 206: 602-606.

Uyar B, Eroglu I, Yücel M, et al. 2009. Photofermentative hydrogen production from volatile fatty acids present in dark fermentation effluents. International Journal of Hydrogen Energy, 34 (10): 4517-4523.

Webpage of Ministry of Land, Infrastructure, Transport and Tourism in Japan. 2020. The amount of sewage sludge and treament and disposal method [EB/OL]. Japan: Ministry of Land, Infrastructure, Transport and Tourism in Japan.

Xue Y, Maoan D, Duu-Jong L, et al. 2012. Improved volatile fatty acids production from proteins of sewage sludge with anthraquinone-2, 6-disulfonate (AQDS) under anaerobic condition. Bioresource Technology, 103 (1): 494-497.

Yap S D, Astals S, Lu Y, et al. 2018. Humic acid inhibition of hydrolysis and methanogenesis with different anaerobic inocula. Waste Management, 80: 130-136.

Yuan Y, He X, Xi B, et al. 2018. Polarity and molecular weight of compost-derived humic acid affect Fe (Ⅲ) oxides reduction. Chemosphere, 208: 77-83.

Yang T, Li Y, Gao J, et al. 2015. Performance of dry anaerobic technology in the co-digestion of rural organic solid wastes in China. Energy, 93: 2497-2502.

Yu H, Xie B, Khan R, et al. 2019. The changes in carbon, nitrogen components and humic substances during organic-inorganic aerobic co-composting. Bioresource Technology, 271: 228-235.

Zhang Q, Hu J, Lee D J, et al. 2017. Sludge treatment: Current research trends. Bioresource Technology, 243: 1159-1172.

Zhipeng L, Zhen C, Hong Y, et al. 2018. Anaerobic co-digestion of sewage sludge and food waste for hydrogen and VFA production with microbial community analysis. Waste Management, 78: 789-799.

第 6 章
零价铁对餐厨垃圾干式厌氧发酵过程乙酸产生作用机制

在生物反应过程中，微量元素不仅是合成微生物细胞、促进微生物生长繁殖的必要元素；还能提高特定的微生物细胞内的生物酶活性，加速相应的生物化学反应，提高反应速率（王健，2013）。尤其 Fe 元素是合成产甲烷菌的相应酶的一种必不可少的过渡元素，能促进产甲烷菌的生成，并提高其微生物丰度，改变反应系统内的优势菌群，促进产甲烷过程；且 Fe 元素还能促进氢化酶的产生，进而促进 CO_2 合成 CH_4 的途径（张万钦等，2013），故 Fe 元素的添加可促进厌氧发酵系统内微生物细胞的合成，并刺激合成产甲烷菌相应酶的活性，加速产甲烷过程，发酵结束产生沼渣不会给环境带来二次污染（Schmidt et al., 2014）。目前，基于零价铁（Fe^0）技术的污染物处理已逐步应用到多个领域（刘振中等，2007），将 Fe^0 技术与厌氧发酵技术耦合加强对污染物的去除也逐渐成为研究热点，研究发现其对发酵产气，有机物的去除，发酵效果的优化均有显著的促进作用。纳米 Fe^0 具有独特的纳米尺寸，更高的比表面积、表面活性、溶解速度等，可产生更多的氢，且纳米 Fe^0 易吸附在细胞表面或破坏细胞膜进入细胞内，影响微生物的活性，进而影响发酵效果（Khin et al., 2012）。为缓解餐厨垃圾厌氧发酵过程中的酸化效应，并研究避免其酸化效应的作用机制，本研究团队选取微米级 Fe^0 作为 Fe^0 的外源添加物，通过向以餐厨垃圾为底物的干式厌氧发酵系统内加入 Fe^0，重点探寻 Fe^0 与发酵系统产气之间的响应关系，分析 Fe^0 对发酵过程中产乙酸的作用机制。结果表明，随着 Fe^0 含量的增加，发酵效果出现明显变化，当 Fe^0 添加量为 80 mg/gVS 时，产气量和产 CH_4 量都有显著的提升，分别为不添加 Fe^0 系统的 1.74 和 2.07 倍，且基质降解率和代谢产物的消耗速率都远高于不添加 Fe^0 系统，其中 COD 降解率是不添加 Fe^0 系统的 2.72 倍，且其工程发酵周期最短，仅为 50 d；随着 Fe^0 添加量的进一步增加，系统的产气量和物料降解速率的上升趋势缓慢，提升空间较小，是发酵系统的最佳添加量。本研究对于厌氧发酵工程实施具有一定指导意义，通过添加 Fe^0 促进厌氧发酵产甲烷，添加 80 mg/g VS Fe^0 的可作为餐厨垃圾干式厌氧发酵过程中的最优投加量，指导工程应用。

6.1 餐厨垃圾的产生现状和处置技术

餐厨垃圾是指来自食品加工厂、家庭厨房、餐馆等被丢弃的食物垃圾（吕凡等，2003），可分为厨余垃圾和餐饮垃圾。厨余垃圾是指在加工、生产食物的过程中产生的食物废料；餐饮垃圾主要是指残羹剩饭，该部分年产生量远远高于厨余垃圾（再协，2013）。

6.1.1 餐厨垃圾产生现状

欧洲每年餐厨垃圾产量约 5 000 万 t，欧洲各国特别是德国、法国、英国还有北欧地区的较发达国家等对餐厨垃圾的产生管理和处理都有相对较为完善的系统和体制（邓俊，2019）。仅德国每年由餐厨垃圾回收转化而成的肥料约有 500 万 t（Pazera et al.，2015）。美国每年餐厨垃圾产生量约 3 000 万 t，约占生活垃圾的 11%。日本每年餐厨垃圾产生量约 600 万 t，约占生活垃圾的 12%。近年来，一改传统的堆肥和填埋，主要生产动物饲料及厌氧发酵产沼，其中厌氧发酵处理得到较大发展（巴乔，2018）。

我国餐厨垃圾产生量大且不断增长，年产生量由 2010 年的 7 823 万 t 增加到 2018 年的 10 800 万 t（29.6 万 t/d），呈显著上升趋势（图 6.1）。随着垃圾分类制度的逐步推进，餐厨垃圾量将出现大幅增加的现象。根据生活垃圾中湿垃圾组分含量、分类推进进度，预计 2025 年我国湿垃圾和传统餐厨垃圾的产量将达到 2 亿 t（54.8 万 t/d）。

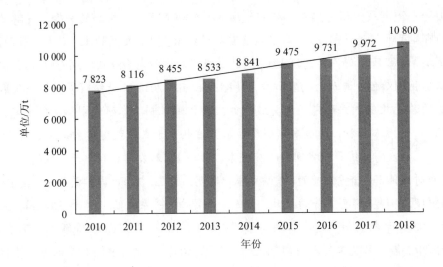

图 6.1　中国 2010—2018 年餐厨垃圾产生规模趋势

我国餐厨垃圾成分中不仅含有大量的可生物降解的有机物质，还含有丰富的微量元素，如氮、磷、钾、钙等，且有毒有害类物质含量较低，因此可以将其作为厌氧发酵产沼气的原料进行资源化利用；同时由于餐厨垃圾难收集、难存留、难清理，且极易变质腐烂，滋生细菌和有害物质，并散发恶臭，若处理处置不当，不仅浪费资源，还给城市生活环境和人体健康带来严重的威胁（刘云等，2012）。

由于我国居民垃圾分类的意识较弱，大多数人将餐厨垃圾混入一般的城市生活垃圾，而后采用焚烧或填埋的工艺进行处理，不仅给城市生活垃圾的处理带来了较大负担，降低其处理效率，还浪费了餐厨垃圾的资源特性，影响其资源利用率（张庆芳等，2012），给当地带来较重的财政负担（王仪春等，2015）。截至 2019 年我国餐厨垃圾仅有 10%能被有效处理（王桂才等，2013），高达 90%的餐厨垃圾的处理方式都未能达到资源化和无害化的处理要求。目前，我国主要有 3 种不合理的餐厨垃圾的处置方式，其具体原因和危害如表 6.1 所示（何晟，2010；毕少杰等，2016）。

表 6.1　我国餐厨垃圾的不合理处置方式

处理方式	原因	危害
直接混入生活垃圾	家庭餐厨垃圾未做源头分类收集、处理	造成资源浪费，加大了生活垃圾的处理负担和难度
用于饲养禽畜	未经消毒灭菌处理的餐厨垃圾被当作禽畜饲料直接饲喂	引起禽畜感染病菌，经食物链传递，导致人体感染口蹄疫、肝炎等疾病
加工"地沟油"	将餐厨垃圾中含有的油脂提炼出来，并被重新加工为食用油重返餐桌	餐饮废弃油脂中含有毒物质，长期食用会对人体产生危害，甚至致癌

因此，选用合理的工艺处理餐厨垃圾不仅能提高其处理效率，还能充分利用餐厨垃圾的资源化特性，同时提高生态效益和经济效益，在某种程度上也对餐饮行业提供了一定的支撑，鼓励其发展。如何安全有效地处理餐厨垃圾，寻找适合我国餐厨垃圾特性的处置工艺，不仅是合理解决餐厨垃圾的目标，也是对生活垃圾直接减量化，间接资源化的重点。

6.1.2　餐厨垃圾的危害

（1）对人体健康造成的危害

餐厨垃圾极易腐烂的特性，会导致易滋长寄生虫、卵及病原微生物和霉菌毒素等有害物质，未经消毒灭菌处理的餐厨垃圾被当作禽畜饲料直接用于饲喂禽畜，寄生虫和病原菌的滋生及传播，从而造成禽畜病菌感染，经食物链传递至人体，导致人体感染口蹄疫、肝炎等疾病，危害人体健康（卞荣星等，2009）。与此同时，部分餐厨垃圾所含的废弃油脂被非法用来提炼地沟油，经加工后作为食用油重新流回餐桌，餐饮废弃油脂内含黄曲霉素、苯等有毒物质，若长期食用可能会造成慢性疾病的发生甚至致癌（陈立春等，2018）。

（2）占用大量耕种土地资源

餐厨垃圾的大量产生已经得到社会的关注，目前大部分地区餐厨垃圾的日处理能力低于餐厨垃圾的产出量，导致大量餐厨垃圾随处堆放，严重占用了原本稀缺的耕种土地资源，不利于地区经济发展（图 6.2）。含水率高的特性导致餐厨垃圾处理生产线往往需要占用大量的土地资源，餐厨垃圾处理设施占地面积大，处理成本高，处置不便。而且在垃圾的收集、运输过程中以及因未及时处理囤积垃圾而导致垃圾腐烂造成能量流失及二次污染（刘志春等，2018）。

图 6.2　北京通州董村综合处理厂的餐厨垃圾处理场地

（3）处理困难，易散发臭味

我国市民垃圾分类处理意识较弱，城市家庭餐厨垃圾未做源头分类收集、处理，使餐厨垃圾与生活垃圾混合，再进行后续处理，不仅造成资源浪费，还给生活垃圾的处理增加了难度。此外，部分市民为减轻垃圾分类负担，使用餐厨垃圾机械处理装置，粉碎后破碎的餐厨垃圾随下水水流一并进入下水管道中，使污水中的油脂及盐类含量增加，管道中残留的食物残渣导致滋生寄生虫和病原菌，带来一系列严重的后果（翁彩云，2014）。餐厨垃圾在储存时，短时间内就会因为腐烂变质而散发恶臭气味，严重影响附近居民正常生活质量。

（4）污染土壤和水体环境

由于餐厨垃圾有很高的水分，在转运中不可避免地会产生渗滤液，污染沿途道路，影响道路环境卫生。餐厨垃圾与生活垃圾混合，在进行简单填埋处理时，在污染土壤的同时，垃圾渗滤液还会通过地表层土壤或沙粒渗透到地下水中（曾宇，2017），或经过下水道进一步排入水体，污染地下水，餐厨垃圾中的有毒有害物质会污染水体，影响生态环境，进而影响人们的日常生产和生活。

6.1.3　餐厨垃圾的处理技术

早在 20 世纪 60 年代，有些国家就已经开始重视餐厨垃圾的处理问题，经过半个世纪的发展和探索，目前一些发达国家已经形成了较为完整和成熟的产业链，如英国建立起全球首个全封闭式餐厨垃圾发电厂，其处理负荷可达 12 万 t/d。美国根据不同州因地制宜建立等级化的餐厨垃圾处理体系，按照优先顺序分为 6 个等级：源头减量、食物捐赠、喂食动物、工业应用、堆肥、焚烧/填埋（Rajagopal et al.，2017）。德国采用厌氧技术处理餐厨垃圾，产生的沼气的发电量占全国总用电量的 4.5%以上（Appel et al.，2016）。而我国近些年才开始重视对餐厨垃圾的处理问题，虽然起步较晚，但经过近几年的大力发展，针对餐厨垃圾的特性及地区差异，对餐厨垃圾的处理主要有以下几种方式：焚烧法、卫生填埋法、厌氧发酵工艺、好氧堆肥法、生态饲料化以及制备生物柴油等。

（1）焚烧法

焚烧法是指将餐厨垃圾经过预处理与燃料混合放入焚烧炉中，在高温条件下燃烧，将其中的有机成分彻底氧化分解，燃烧产生的热量用于发电或者供暖。焚烧法处理工艺的减量化和无害化效果较好，但由于餐厨垃圾的含水率可达 70%以上，热值较低，在焚烧处理时需借助辅助燃料，导致处理成本大幅提高，且含水率高造成的不完全燃烧会产生二噁英等有害气体，造成二次环境污染。因此，选用焚烧法处理餐厨垃圾不仅投资成本和运行费用较高，且资源利用率低，还存在二次污染的风险。

（2）卫生填埋法

卫生填埋法是指将餐厨垃圾埋入垃圾填埋场，利用自身携带或环境中的微生物对垃圾中的有机成分进行转化降解作用，从而减少其中有机污染物的含量（李睿等，2013）。选用填埋法处理餐厨垃圾具有成本低、易操作的优点，但同时该工艺占地广，不适用于土地资源紧张的地区，且餐厨垃圾含水率较高，会产生大量的渗滤液污染土壤和地下水，还会形成厌氧环境，产生 CH_4 气体，带来爆炸风险，同时餐厨垃圾也未得到资源化利用，近些年，在欧美、日本和中国，选用填埋处理工艺处理餐厨垃圾的实际工程应用逐渐减少，有些国家（如韩国）甚至已经禁止了餐厨垃圾进入垃圾填埋场（王丽娟等，2011；陈锷等，2012；孙法圣等，2014）。

（3）好氧堆肥法

好氧堆肥技术是指在有氧条件下，好氧微生物以堆肥物料中的有机物作为营养物质，将其中的可生化利用的组分降解为稳定的高肥力腐殖质，产生的堆肥可充当农作物肥料。好氧堆肥是一个有机物稳定化的过程（Araújo et al.，2010），具有工艺简单、技术成熟、成本低廉的优点，但和厌氧发酵工艺一样，餐厨垃圾中含有的高油脂和高盐分会抑制微生物的生长，导致堆肥的质量下降并延长堆肥周期，减量化和无害化不彻底，长期使用餐厨垃圾的堆肥产品可能会加剧土壤盐碱化问题（江芸，2015）。

（4）生态饲料化

餐厨垃圾生态饲料化是先将餐厨垃圾进行消毒灭菌处理，并最大限度地保留其营养成分，制备成蛋白饲料的技术。目前制备生态饲料的方法主要有青贮饲料化、脱水饲料化、发酵饲料化和菌体蛋白饲料化等（Keisuke et al.，2011）。该工艺能提供良好的饲料原料，适用范围广，但存在一定的安全隐患，如有害病菌难以去除，可能会引起潜在的疾病，饲料含盐量超标，影响未成年畜禽的生长和发育（徐长勇等，2011）。

（5）制备生物柴油

制备生物柴油是以餐厨垃圾为原料，利用其中的油脂与醇进行酯交换反应，生成一种再生性的柴油燃料，主要成分是脂肪酸甲酯（李建政，2004）。该生物柴油无致癌物质，可生物降解性高，安全性更高，且燃烧产物中 SO_2 的含量较低，不存在二次污染的问题，且具有一定的经济效益和社会效益，但该技术只对餐厨垃圾中的油脂成分进行再利用生产，剩余成分还需进一步处理，减量化不彻底，且利用油脂制备生物柴油作为近年来的新兴技术，其工艺尚不成熟，且餐厨垃圾油脂中的成分复杂，会降低柴油的质量和纯度（张万里，2016）。

（6）厌氧发酵工艺

厌氧发酵工艺是指在无氧条件下，通过兼性及专性厌氧微生物的代谢作用对发酵底物中的有机物进行生物降解，同时产生沼气等可回收利用的清洁能源，从而实现对有机废物的减量化和资源化利用（江芸，2015）。

相对于其他 5 种处理技术，针对于我国的餐厨垃圾量大、含水率高等特性，厌氧发酵凭借其有机负荷承担能力高、自动化程度高、经济效益高、减量化效果好、可通过密封的厌氧环境控制恶臭气味的散发等优势，成为我国餐厨垃圾的主要处理技术。

6.2 Fe^0 与干式厌氧发酵系统产气之间的响应关系

在厌氧发酵过程中，第 1 天时各体系均达到产气高峰，且峰值随着 Fe^0 添加量的增加而先升高后降低；随着发酵的进行，产气趋势逐渐出现差异，Fe^0 含量为 80 mg/gVS（F80）、150 mg/gVS（F150）和 250 mg/gVS（F250）的系统产气量在第 10 天开始回升，并陆续出现第二次产气高峰，而不添加 Fe^0 的系统（F0）和 Fe^0 含量为 15 mg/gVS 的系统（F15）产气量则持续降低，至发酵第 45 天，其产气量才开始逐渐上升，发酵结束时各系统的累积产气量随着 Fe^0 的增加而先升高后下降，其中 F150 系统的累积产气量最高，是 F0 的 1.99 倍。

在发酵过程中，F80、F150 和 F250 系统中的 CH_4 浓度呈持续上升趋势，到发酵第 18 天其浓度上升至 65%左右并趋于稳定，而 F0 和 F15 系统的 CH_4 浓度呈先上升—停滞上升—再上升—趋于稳定的变化趋势，至第 50 天其浓度升至 65%左右并趋于稳定，这一阶段滞后于前者 32 d；在发酵过程中，各体系均在发酵第 1 天出现第一次产甲烷高峰，随后 F80、F150 和 F250 系统又出现 2~3 次产甲烷高峰，而 F0 和 F15 系统仅再出现 1 次产甲烷高峰，至发酵结束时，各体系的累积产甲烷量和产气中的平均 CH_4 浓度随着 Fe^0 添加量的增加持续上升，其中 F250 系统的平均 CH_4 浓度和累积产甲烷量分别是 Fe^0 体系的 1.25 倍和 2.41 倍。

在发酵过程中，仅发酵前 2 天各系统产气中 H_2 浓度较高，产氢量在第 2 天达到高峰，随着发酵的进行，各系统产气中 H_2 浓度均降至 0.6%以下，日产氢量也均降至 5 mL 以下，且各系统 H_2 浓度和日产氢量与 Fe^0 的添加量无显著的相关性，差异较小。

6.2.1　Fe^0 在厌氧发酵中的应用

在生物反应过程中，微量元素不仅是合成微生物细胞、促进微生物生长繁殖的必要元素；还能提高特定的微生物细胞内的生物酶活性，加速相应的生物化学反应，提高反应速率（王健，2013）。而餐厨垃圾中微量金属元素含量较低，尤其 Fe 元素是合成产甲烷菌的相应酶（如 F420 还原氢化酶、CODH、次甲基八叠蝶呤甲基辅酶、M 还原酶等）的一种必不可少的过渡元素，能促进产甲烷菌的生成，并提高其微生物丰度，改变反应系统内的优势菌群，促进产甲烷过程；且 Fe 元素还能促进氢化酶的产生，进而促进 CO_2 合成 CH_4 的途径（张万钦等，2013），故 Fe 元素的添加可促进厌氧发酵系统内微生物细胞的合成，并刺激合成产甲烷菌相应酶的活性，加速产甲烷过程。

已有研究常以 $FeCl_2$ 或 $FeCl_3$ 溶液作为外源添加物向厌氧发酵反应体系中提供铁元素（Wall et al.，2014），但是由于氯离子对产甲烷菌有毒害作用，会导致产甲烷菌活性降低，影响厌氧发酵效果（陈郁等，2000），铁元素对厌氧发酵产甲烷的效应不能充分体现，因此可直接向厌氧发酵系统中添加 Fe^0 探究其对厌氧发酵的影响（陶治平等，2013）。目前，基于 Fe^0 技术的污染物处理已逐步应用到多个领域，如印染废水、卤代有机物、硝基芳香族及重金属等多种污染物的处理，都有较好的去除率（Lin et al.，2008），将 Fe^0 技术与厌氧发酵技术耦合加强对污染物的去除也逐渐成为研究热点，研究发现其对发酵产气，有机物的去除，发酵效果的优化均有显著的促进作用。

Fe^0（铁单质）价格低廉，且化学性质比较活泼，还原性比较强，能够置换出金属活动顺序表中排名于其后位置的金属沉积于其表面，从而降低某些重金属离子对微生物的毒害作用；且 Fe^0 具有较高的电负性，其电极电位 E_0（Fe^{2+}/Fe）= −0.44V，Fe^0 发生氧化还原反应能够降低反应体系的氧化还原电位，为产甲烷菌及其他专性厌氧微生物提供更严格的厌氧环境（付丰连，2010）；此外，Fe^0 的添加能够促进体系中 VFA 的消耗，减弱酸积累效应，有利于餐厨垃圾厌氧发酵产甲烷的进行（Suanon et al.，2016）。

在厌氧发酵系统中，Fe^0 主要通过以下作用机理促进产甲烷：

①提升 *Candidatus Cloacamonas*、*Methanomassiliicoccus* 以及 *Methanosarcina* 等微生物丰度，进而提高微生物将丁酸、丙酸等 VFA 降解成乙酸的能力，有效缓解有机酸累积，从而促进乙酸途径产甲烷转化率，提高 CH_4 产量（图 6.3）。

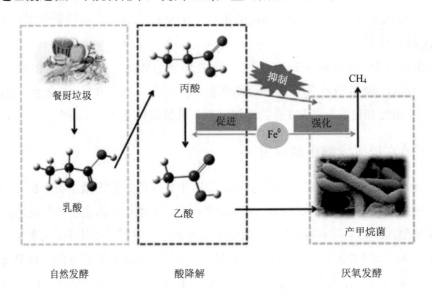

图 6.3　Fe^0 促进大分子酸降解

②在弱酸性条件下，Fe^0 可使难生化降解的物质转化为易生化降解的物质，提高物质的可生化性（Zhang et al.，2013），有利于微生物进一步的代谢利用。

③Fe^0 发生还原反应生成 Fe^{2+}/Fe^{3+}，能够为微生物及特定生物酶提供微量金属元素，激发产甲烷菌的活性，提高产甲烷效率；且 Fe^{2+}/Fe^{3+} 具有胶体吸附作用，发生吸附沉淀反应能够去除部分有机污染物，并增强后续产生的沼渣的肥力（Fotidis et al.，2014）。

④在厌氧条件下，Fe^0 可为产甲烷菌提供电子，促进产甲烷菌对有机物的代谢作用，加速有机物的分解（Su et al.，2013）。

⑤Fe^0 在系统内发生氧化还原反应还能降低发酵体系的氧化还原电位（ORP），抑制丙酸型发酵，且 Fe^0 能聚集嗜氢微生物消耗发酵体系中的 H_2，降低发酵体系的氢分压，促进丙酸向乙酸的热力学转化，从而减缓发酵工艺中因丙酸积累导致的酸化现象（Oh et al.，2001；Srilakshmi et al.，2010）。

⑥适当剂量的 Fe^0 可以建立直接种间电子转移，用作连接微生物之间电子交换的导

电材料，包括改善种间氢转移和促进种间直接电子转移，以保持厌氧发酵系统高效处理（图 6.4）。

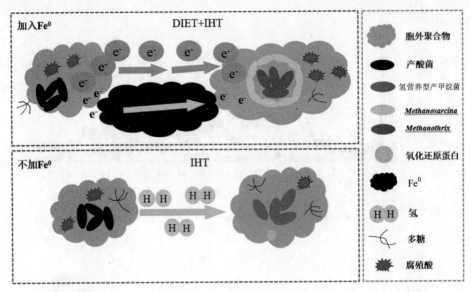

图 6.4　Fe^0 促进种间电子传递

在厌氧发酵工艺应用中，纳米 Fe^0 具有独特的纳米尺寸，更高的比表面积，因此其表面活性高，溶解速度快，可产生更多的氢，在超过系统内微生物的氢阈值后会对其造成抑制作用，且纳米 Fe^0 易吸附在细胞表面或破坏细胞膜进入细胞内，影响微生物的活性，进而影响发酵效果（Khin et al.，2012）；微米级 Fe^0 的溶解速度相对较慢，可促进微生物酶的合成和 EPS 的分泌，为微生物提供更适宜的发酵环境（Dykstra et al.，2017），且其成本较低，因此一般选取微米级 Fe^0 作为 Fe^0 的外源添加物。

6.2.2　Fe^0 对发酵效果的影响

由于铁元素是构成许多微生物细胞及相关酶的合成所需的微量元素，向厌氧发酵系统中添加 Fe^0，能提高系统中的微生物活性，优化其产气效果，故可通过记录体系中的产气量，阐述 Fe^0 的添加对系统发酵效果的影响。

（1）Fe^0 对发酵过程中产沼气的作用

为了分析 Fe^0 对发酵产气速率及产气量的影响，每日测定各系统中的产气量，整理分析其日产气量并计算相应的累积产气量，如图 6.5 所示，图 6.5（a）为在发酵过程中的日产气量的动态变化，图 6.5（b）为在发酵过程中的累积产气量的动态变化。

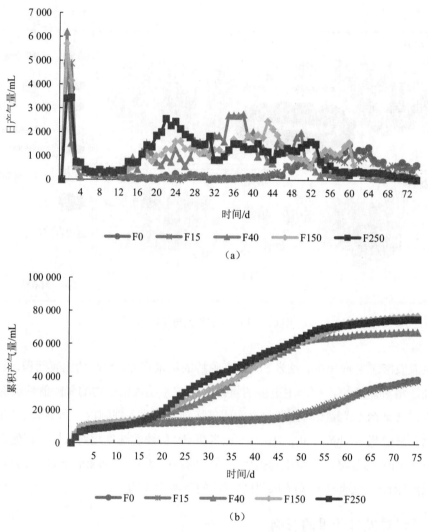

图 6.5　不同系统的日产气量和累积产气量

　　由图 6.5 可看出，各系统在发酵前 10 天的产气变化规律相似，发酵启动时间较短，在第 1 天各系统均达到最大日产气量，出现第一个产气高峰，之后产气量明显下降，高峰期仅持续 3 d，随着 Fe^0 添加量的增加，各体系的产气峰值先升高、后降低，最高峰值（F80）为 6 182 mL，是最低峰值（F250）的 1.82 倍，发酵第 10 天时各体系的累积产气量随着 Fe^0 添加量的增加也是先上升后下降。这说明在发酵初期，Fe^0 对发酵系统的产气过程有促进作用，但随着 Fe^0 添加量的增加，其促进作用逐渐减弱，F150 系统得到最高产气量。这是由于 Fe^0 可为微生物提供微量元素铁，对生物多样性有很大的影响，能加强系统内微生物的活性（陶治平等，2013），加快产气速率，但铁盐或亚铁盐离子的浓度过高会对系统内的微生物造成不可逆的损伤，影响微生物的产气反应，故随着 Fe^0 添加量的增加，系统的累积产气量和峰值先上升后下降。

在发酵 10 d 后，各系统之间的产气规律开始出现差异，其中 F0 和 F15 系统的产气量持续较低，相应的累积产气量的上升趋势也几乎停滞，至发酵第 45 天其产气量才逐渐上升，并出现第二个产气高峰，但其峰值较低，仅为 1 100～1 500 mL，其累积产气量的上升趋势也比较缓慢，至发酵第 75 天时，其产气基本结束；而 F80、F150 和 F250 系统的日产气量在发酵 10 d 后开始逐渐上升，并依次出现第二个和第三个产气高峰，但其峰值远低于第一个产气高峰的峰值，其中 F150 系统还出现了第四个产气高峰，且其高峰期持续时间较长，F80 系统的峰值最高为 2 716 mL，但其发酵过程中产气不稳定，波动较大，且高峰期持续时间较短，至发酵结束时，F150 系统的累积产气量最高，为 77.51 L，是 F0 的 1.99 倍。这说明随着 Fe^0 添加量的增加，不仅能提升发酵系统的产气量，还能缩短系统产气过程中的产气停滞期，且添加量较高时其作用较为明显，在添加量为 150 mg/gVS 时其累积产气量达到最大值，随着 Fe^0 添加量的进一步升高，系统的累积产气量有所降低，说明 Fe^0 添加量过高时对系统产气的促进作用会减弱。这是由于在发酵初期，系统进入酸化阶段，产生大量 VFA，导致系统中微生物的活性受到影响，而 Fe^0 能提高产甲烷菌的活性，加快产甲烷菌对乙酸的利用（Ferry，2010；Jing et al.，2018），并促进系统内的产氢产乙酸反应，加快 VFA 的消耗，防止挥发酸积累，避免酸化效应，故 Fe^0 添加量较高时，系统发酵过程中未出现产气停滞现象，且系统的累积产气量较高；但是铁盐或亚铁盐离子浓度较高时会导致系统内的渗透压较高，体系中的微生物活性受到抑制，尤其是对产甲烷菌的影响较大（Kong et al.，2017），故随着发酵的进行，F250 系统的累积产气量有所降低。

（2）Fe^0 对系统发酵周期的作用

通常可将累积产气量达到总产气量的 90% 时所用的时间称为工程发酵时间，作为评判发酵效果的一个重要参数。

由图 6.6 可知，各体系的工程发酵时间分别为 68 d、68 d、50 d、58 d 和 53 d，其中 F80 系统的工程发酵时间最短，F0 和 F15 系统的工程发酵时间最长，前后者之间相差 18 d。这说明随着 Fe^0 添加量的增加，系统的发酵天数呈下降趋势，且 Fe^0 添加量较低时，对发酵系统的优化效果不明显，工程发酵时间也并未缩短，而 F80、F150 和 F250 系统的工程发酵时间相比于 F0 系统缩短 10～18 d。

这是由于 Fe^0 能提高系统内微生物的活性，加快生物反应速率。同时，Fe^0 的添加能加快微生物对 VFA 的利用速率，避免挥发酸的积累，缩短发酵过程中的产气停滞期，从而缩短发酵周期。

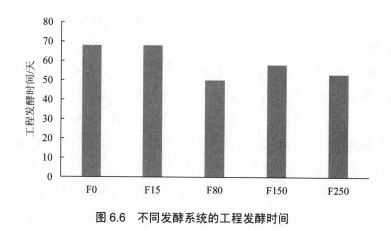

图 6.6   不同发酵系统的工程发酵时间

6.2.3   Fe⁰ 对发酵产甲烷过程的影响

由于 Fe^0 可作为微量金属元素促进产甲烷菌合成酶的生物活性，进而促进产甲烷过程，故通过观察各系统产气过程中的 CH_4 浓度的变化规律，从产甲烷效果层面分析 Fe^0 的添加对餐厨垃圾厌氧发酵的影响。

（1）Fe⁰ 对产气中 CH₄ 含量的分析

为了探究 Fe^0 的添加对发酵产 CH_4 过程的影响，用气相色谱仪测定每日产气中的 CH_4 浓度，并整理数据分析其变化趋势及各系统之间的差异，图 6.7 为发酵过程中各系统的每日产气中 CH_4 含量的动态变化。

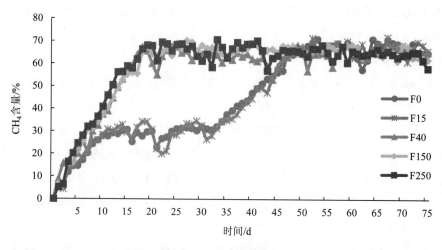

图 6.7   CH₄ 含量的变化

由图 6.7 可知，在发酵前 10 天，各体系中的 CH_4 含量变化规律相似，均呈持续上升的趋势，且随着 Fe^0 添加量的增加，系统产气中的 CH_4 含量也逐渐升高，发酵第 10 天时，

系统中的 CH_4 含量为 28%～40%。这说明 Fe^0 的添加能促进系统中的产甲烷过程，进而提升产气中的 CH_4 含量。这是由于 Fe^0 可为微生物及特定生物酶提供微量金属元素，刺激系统内产甲烷菌相关合成酶的活性，进而提升产甲烷菌的活性，促进产 CH_4 过程（Møller et al.，2004；赵云飞等，2012）。

至发酵 10 天后，体系中的 CH_4 含量开始出现差异，其中 F0 和 F15 系统 CH_4 含量上升趋势变缓，在增至 30%左右后上下波动，不再上升，结合系统的 pH 变化，判断系统出现酸化现象，故在发酵第 20 天时向其中加入 $NaHCO_3$ 缓冲溶液调节系统 pH，在发酵第 34 天时，F0 和 F15 系统产气中的 CH_4 含量又开始上升，至发酵第 50 天其 CH_4 含量达到 65%左右并趋于稳定，至发酵结束时，其产气中的平均 CH_4 含量分别为 46.60%和 44.95%；而 F80、F150 和 F250 系统 CH_4 含量在发酵开始后持续上升，至发酵第 18 天时其 CH_4 含量达到 65%左右并趋于稳定，至发酵结束时，其平均 CH_4 含量分别为 55.57%、56.47%和 58.21%，其中 F250 系统的 CH_4 含量是 F0 系统的 1.25 倍。这说明 Fe^0 的添加可加快产甲烷过程的速率，提升 CH_4 含量，使系统更早进入产 CH_4 阶段，且该促进作用和 Fe^0 的添加量成正比。

Fe^0 能为产甲烷菌提供电子，加速产甲烷菌与有机污染物之间的电子传递能力（Noonari et al.，2019），提高产甲烷菌的反应速率；同时，Fe^0 还能刺激合成产甲烷菌相关生物酶的活性，提高产甲烷菌的数量和丰度，使厌氧发酵系统中的优势微生物加速演变为产甲烷菌，故随着 Fe^0 添加量的增加，产 CH_4 过程可更早成为系统中的主要反应。

（2）Fe^0 对 CH_4 产量的分析

为了研究各发酵系统中基质的产 CH_4 量，分析 Fe^0 对系统产 CH_4 的影响，根据每日产气中的 CH_4 浓度和日产气量计算得到系统中日产 CH_4 量及累积产 CH_4 量，如图 6.8 所示，图 6.8（a）为发酵过程中日产 CH_4 量的动态变化，图 6.8（b）为发酵过程中累积产 CH_4 量的动态变化。

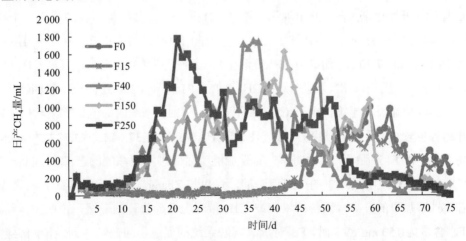

（a）

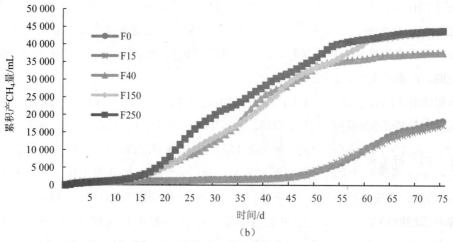

图 6.8　日产 CH_4 量和累积产 CH_4 量

由图 6.8 可知，体系在发酵前 10 天的产 CH_4 变化规律相似，均在发酵第 1 天达到第一个产甲烷高峰，且其峰值随着 Fe^0 添加量的增加而先上升后下降，最高峰值（F80）为 547.68 mL，是最低峰值（F250）的 3.14 倍，但随着发酵的进行，系统中日产 CH_4 量随着 Fe^0 的增加逐渐上升。发酵第 10 天各系统中的累积产 CH_4 量也是随着 Fe^0 的增加而先上升后下降，这与产气变化规律一致。这说明在发酵初期，由于系统中 CH_4 浓度均较低，差异较小，其 CH_4 日产量的差异受 CH_4 浓度影响较小，变化规律与产气规律一致。这是由于在发酵初期，产甲烷菌还未适应发酵系统，产 CH_4 速率较低，产气中的 CH_4 浓度也较低，故第一个产 CH_4 峰值也较小。

随着发酵的进行，不同体系之间的产 CH_4 规律出现明显差异，其中，F0 和 F15 系统的日产 CH_4 量持续较低，相应的累积产 CH_4 量的上升趋势也不明显，至发酵第 40 天时，其产 CH_4 量才开始逐渐上升，并出现第二次产 CH_4 高峰，且其峰值明显高于第一个峰值，相应地，其累积产 CH_4 量也开始明显上升。至发酵结束时，其累积产 CH_4 量差异较小，分别为 18.19 L 和 17.20 L；而 F80、F150 和 F250 系统在发酵 10 天后，其产 CH_4 量开始上升，并依次出现了第二次、第三次产 CH_4 高峰，F150 和 F250 还出现了第四次产 CH_4 高峰，且其峰值显著高于第一个产 CH_4 峰值及 F0 和 F15 系统的峰值，其累积产 CH_4 量的上升趋势也较快，至发酵结束时，其累积产 CH_4 量分别为 37.64 L、43.77 L 和 43.88 L，显著高于 F0 和 F15 系统。这说明 Fe^0 的添加能明显促进发酵系统的产 CH_4 过程，提高 CH_4 产量，并缩短发酵过程中的产气迟滞期，这也与 Zhang（2015）等的研究结果相似。但随着 Fe^0 添加量的升高，系统的累积产 CH_4 量的上升趋势逐渐变缓，说明向系统中添加的 Fe^0 含量为 150 mg/gVS 时，Fe^0 对厌氧发酵系统的促进作用已经达到最佳，继续增加 Fe^0 的添加量对系统的发酵效果影响不大。

Fe^0 的添加对厌氧发酵体系有一定的缓冲作用，可提高系统的耐冲击负荷，维持系统的稳定性（Lizama et al.，2019），促进形成有利于产甲烷菌进行生命代谢和生产活动的外界环境；且 Fe^0 还能促进产甲烷菌的活性，提高产 CH_4 速率，加快发酵速率，进而缩短发酵周期，故 Fe^0 添加量较高时，系统的产气和发酵效果较好，但过高的 Fe^0 投加量会导致高渗和盐析作用，对微生物细胞产生毒害作用，因此 Fe^0 对系统发酵效果的促进作用并不与其投加量成正比（魏桃员等，2016）。

6.2.4　Fe^0 对发酵产氢过程的影响

有研究表明，Fe^0 的添加能聚集嗜氢微生物，消耗体系中的 H_2，降低系统氢分压，利于丙酸向乙酸的转化过程，减少丙酸的积累（Fynn et al.，1990）；但同时 Fe^0 在发酵系统内可与 H^+ 反应产生 H_2，故可观察 Fe^0 的添加对厌氧发酵系统产 H_2 的影响，分析 Fe^0 的添加对餐厨垃圾厌氧干式厌氧发酵过程中产氢过程的作用。

（1）Fe^0 对产气中氢气体积分数的分析

为了研究 Fe^0 的添加对发酵产氢过程的影响，利用气相色谱仪测定每日产气中的氢气体积分数，并研究其变化趋势及各发酵系统之间的差异，图 6.9 为发酵过程中 H_2 体积分数的动态变化。

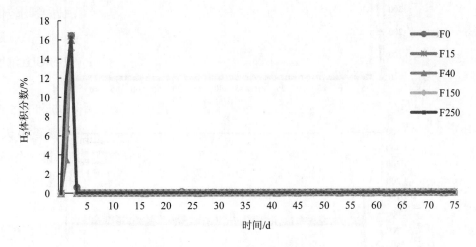

图 6.9　产气中 H_2 体积分数的变化

由图 6.9 可知，在发酵开始后，各系统产气中的 H_2 体积分数较高，在发酵第 2 天达到峰值，分别为 17.75%、17.75%、16.46%、17.25%、16.12% 和 17.60%；随着发酵的进行，体系中的 H_2 体积分数骤降至 1% 以下，之后均稳定在 0.1% 以下。这说明在餐厨垃圾厌氧发酵过程中，产氢反应主要发生在发酵初始阶段，且其反应非常迅速，只能持续 2 d，同时可观察到各系统中 H_2 的体积分数非常接近，说明 Fe^0 的添加对餐厨垃圾厌氧发酵体

系产 H_2 的过程没有影响。这是由于餐厨垃圾中含有较多的易降解有机物，在发酵初期就能进入水解酸化阶段，且该阶段的反应速率很高，持续时间很短，而产氢反应主要是在酸化阶段由产酸菌与体系中的 H^+ 反应生成 H_2（佟娟等，2007；Elefsiniotis et al.，2007），在此系统中，产氢反应速率较高，Fe^0 的添加对产氢反应的影响较小，故各发酵系统产气中的 H_2 浓度比较接近。

（2）Fe^0 对 H_2 产量的分析

为了研究各发酵系统中基质的产氢气量，分析 Fe^0 的添加对系统产氢过程的影响，根据每日产气中的氢气体积分数和日产气量计算得到体系中日产 H_2 量及累积产 H_2 量，如图 6.10 所示，图 6.10（a）为发酵过程中日产 H_2 量的动态变化，图 6.10（b）为累积产 H_2 量的动态变化。

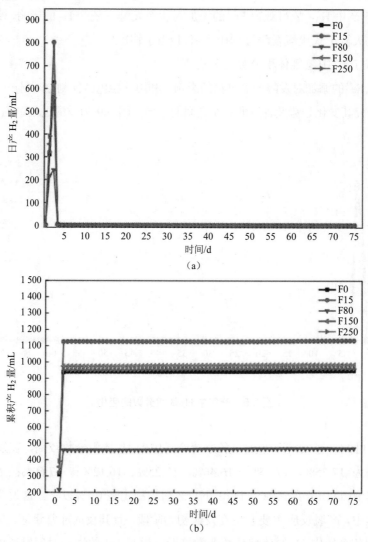

图 6.10   日产 H_2 量和累积产 H_2 量的变化

由图 6.10 可知，日产 H_2 量变化同 H_2 浓度的变化趋势一致，发酵前 2 天产气较多，在发酵第 2 天达到峰值，F0～F250 系统分别为 626.34 mL、802.89 mL、307.56 mL、241.81 mL、618.05 mL 和 558.70 mL，由于日产 H_2 量与 H_2 浓度和日产气量相关，且根据图可知，发酵第 2 天时各系统中的 H_2 浓度比较接近，其日产气量有较大差异，故发酵第 2 天的 H_2 峰值与发酵第 2 天的产气量有关；随着发酵的进行，体系中 H_2 浓度骤降至 0.1%以下，H_2 日产量也降至 0.1 mL 以下，几乎为 0，对应的累积产 H_2 量也主要由发酵 2 d 的 H_2 产量决定，F0～F250 系统分别为 943.27 mL、1 127.76 mL、614.43 mL、469.18 mL、983.24 mL 和 960.32 mL。这是由于 Fe^0 对餐厨垃圾厌氧发酵系统中的产氢反应没有较大影响，H_2 浓度基本一致，其 H_2 产量主要取决于发酵前 2 天的产气量，而发酵 2 d 后几乎没有 H_2 产生，累积产 H_2 量主要是前 2 d 的产 H_2 量，故得出的日产 H_2 量和累积产 H_2 量之间的差异并非 Fe^0 对产氢过程的影响，而是影响了产气量，进而影响了 H_2 产量。

6.3　Fe^0 对干式厌氧发酵物料降解特性的影响

在发酵过程中，发酵前期体系中的 COD 均呈上升趋势，但是在发酵第 14 天其变化趋势开始出现显著差异，具体表现为 F80、F150 和 F250 系统的 COD 开始降低，而 F0 和 F15 系统的 COD 至发酵 30 d 之后才逐渐下降，至发酵结束时，发酵系统的 COD 去除率随着 Fe^0 添加量的增加而上升，其中 F250 系统的 COD 去除率是 F0 系统的 3.08 倍。

在发酵过程中，发酵体系内 NH_4^+-N 含量的变化趋势基本一致，均呈逐渐上升的趋势，但在发酵前期，F80、F150 和 F250 体系中的 NH_4^+-N 含量较高，随着发酵的进行，其 NH_4^+-N 含量又逐渐低于 F0 和 F15 系统，至发酵结束时，F80、F150 和 F250 体系中 NH_4^+-N 含量为 5.99～6.32 g/L，F0 和 F15 体系中 NH_4^+-N 含量约为 6.55 g/L。

在发酵过程中，体系中 TS 和 VS 的含量均呈持续下降的趋势，且随着 Fe0 添加量的增加，其 TS 和 VS 的降解率也逐渐上升，其中 F80、F150 和 F250 系统的下降趋势更显著，VS 降解率也更高，至发酵结束时，F250 体系的 VS 降解率是 F0 体系的 1.64 倍。

在发酵过程中，Fe^{2+} 和 Fe^{3+} 含量的变化规律基本一致，均呈现先升高后降低，最终逐渐稳定的趋势。且在发酵过程中，Fe^0 添加系统中的铁离子浓度明显高于不添加 Fe^0 的系统，但其含量又不与 Fe^0 的添加量成正比；至发酵第 25 天，系统内的生化反应趋于平衡，体系中 Fe^{2+} 和 Fe^{3+} 的含量逐渐稳定，变化幅度较小。

6.3.1　沼液 COD 的变化趋势

由于发酵基质中含有的大分子有机物无法通过细胞膜，只有经过水解阶段被分解为小分子有机物才能被微生物消耗利用，COD 表征了基质中可溶性还原性有机物的浓度，可反映发酵基质的水解情况，故通过基质中的 COD 在发酵过程中的变化，可以说明体系中有机物的生成和消耗利用情况。图 6.11 为系统中 COD 的动态变化规律。

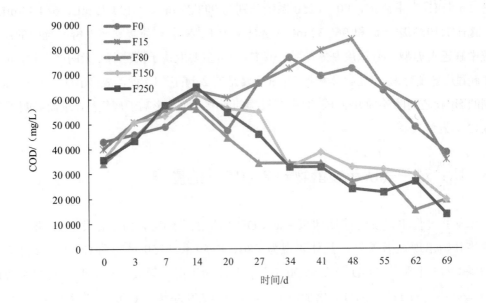

图 6.11　发酵过程中 COD 的动态变化

发酵过程中，系统中 COD 的整体变化规律相似，基本都呈现先上升后下降的趋势，但在发酵过程中，各发酵系统中 COD 的变化规律有一定差异。在发酵前期，各系统中的 COD 均呈上升趋势，且随着 Fe^0 添加量的增加，系统 COD 也随之上升，随着发酵的进行，F80、F150、F250 系统中的 COD 开始下降，前期下降速率高于后期。且随着 Fe^0 添加量的增加，其下降趋势也变大；而 F0 和 F15 系统中的 COD 仍持续上升（20 d 时用缓冲溶液调节 F0 和 F15 系统的 pH，导致其 COD 有所降低），至发酵第 30~50 天时，其系统中的 COD 才开始下降；发酵结束时，各系统中的 COD 降解率随着 Fe^0 添加量的增加而增加，分别为 17.23%、19.83%、46.83%、49.01% 和 53.11%。其中，F250 系统的 COD 降解率是不添加 Fe^0 系统的 3.08 倍。

这说明在发酵初期，Fe^0 能促进水解过程，故系统中的 COD 随 Fe^0 的添加逐渐升高。同时，Fe^0 又能促进微生物对 COD 的利用，加快 COD 的消耗速率，提高 COD 的降解率。这是由于铁元素是许多微生物细胞合成和生命活动必需的微量元素，向厌氧发酵系统中

添加 Fe^0，能够提高微生物的活性，加速有机污染物的消耗，研究表明，Fe^0 的添加可以强化水解酶的活性，加速水解过程（Feng et al.，2014）；同时 Fe^0 本身具有还原作用，可与有机物直接发生反应，Fe^0 的添加还能增加微生物的胞外聚合物的分泌，加快其对有机物的利用率（Zhang et al.，2018），所以随着 Fe^0 添加量的增加，系统中 COD 的下降趋势较大，降解率高。

6.3.2 沼液中 NH_4^+-N 含量的变化趋势

由于餐厨垃圾中含有较多含氮有机物，经过降解会产生大量的 NH_4^+-N，而厌氧发酵系统中缺乏自养型无机氮代谢的微生物，导致系统中 NH_4^+-N 积累，浓度较高，当 NH_4^+-N 含量超过一定值时，会对微生物的活性产生抑制作用。为了分析 Fe^0 对发酵系统的 NH_4^+-N 抑制的影响，通过分析沼液中的 NH_4^+-N 含量，观察不同系统中 NH_4^+-N 浓度的变化规律，图 6.12 为发酵过程中 NH_4^+-N 含量的动态变化。

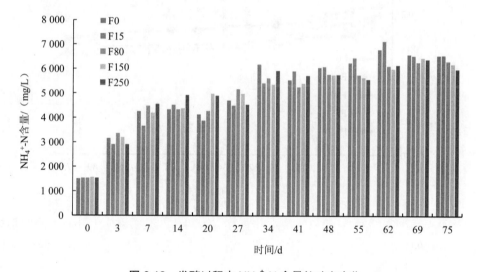

图 6.12 发酵过程中 NH_4^+-N 含量的动态变化

系统中 NH_4^+-N 的变化规律基本一致，均呈现逐渐上升的趋势。且在发酵过程中，发酵前期 F80、F150 和 F250 系统中的 NH_4^+-N 浓度较高，随着发酵的进行，其 NH_4^+-N 含量逐渐低于 F0 和 F15 系统，至发酵结束时，F80、F150 和 F250 系统中的 NH_4^+-N 含量约为 5.99～6.32 g/L，F0 和 F15 系统中的 NH_4^+-N 含量约为 6.55 g/L。这说明在发酵初期，随着 Fe^0 添加量的增加，系统中蛋白质的水解程度较大，故系统中产生 NH_4^+-N 的含量较高，同时，Fe^0 还能加快微生物对 NH_4^+-N 的利用速率，降低系统中的 NH_4^+-N 含量。

Fe^0 能刺激水解酶的活性，加快发酵基质中蛋白质的降解速度，且 Fe^0 可充当电子供体，向含氮有机物提供电子促进其不饱和键的断裂，进而导致系统中的 NH_4^+-N 含量较高

（刘建宏，2018；Møller et al.，2004；赵云飞等，2012）；随着发酵的进行，发酵基质中蛋白质成分减少，且 NH_4^+-N 作为氮源被微生物逐渐消耗利用，其含量上升趋势变缓至逐渐稳定，而 Fe^0 能促进微生物的活性，加速其新陈代谢作用，NH_4^+-N 作为氮源被利用，故发酵过程中 F80、F150 和 F250 系统中的 NH_4^+-N 含量低于 F0 和 F15 系统（钱风越，2015）。

6.3.3 发酵物料 TS 和 VS 的含量变化

TS 含量可反映发酵基质中的固体含量的变化情况，VS 含量可反映发酵基质中挥发性有机物的含量，其中，TS=VS+灰分。发酵过程中的 TS 和 VS 含量的动态变化如图 6.13 所示。

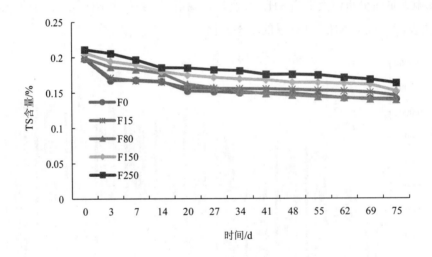

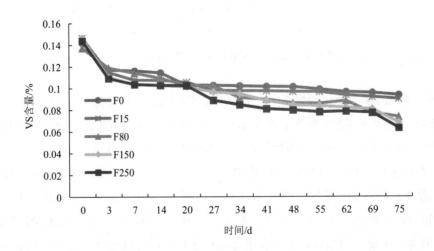

图 6.13 发酵过程中 TS 和 VS 含量的动态变化

由图 6.13 可知，随着发酵的进行，系统中 TS 和 VS 的含量均呈逐渐下降的趋势，且随着发酵的进行，不同系统中 TS 和 VS 含量的下降趋势逐渐出现差异。其中，F80、F150 和 F250 系统基质的 TS 和 VS 含量在发酵过程中持续下降，且下降趋势明显；F0 和 F15 系统基质的 TS 和 VS 含量在发酵过程中的下降趋势比较缓慢；由图 6.14 可以看出，发酵结束时，F80、F150 和 F250 系统基质的 VS 去除率明显高于 F0 和 F15 系统，其中 F250 系统的 VS 降解率为 56.02%，是 F0 系统的 1.64 倍。这说明 Fe^0 的添加能加快发酵过程中底物的消耗速率，且与 Fe^0 的添加量成正比。这是由于 Fe^0 可刺激微生物及生物酶的活性，加快微生物对有机物的消耗速率（Noonari et al.，2019），又由 DLVO 理论可知，Fe^{2+} 能通过降低细菌细胞之间的静电斥力促进其相互接触，并可促进细菌分泌胞外聚合物促进厌氧污泥的颗粒化，加强其对有机物的降解能力（Liu et al.，2011；薛顺利等，2017），故随着 Fe^0 添加量的增加，发酵物料的 VS 降解率逐渐升高。

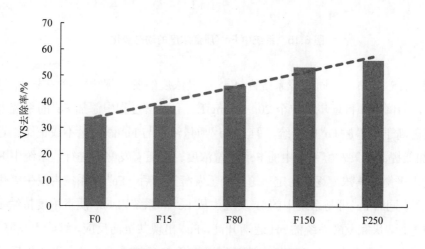

图 6.14 各系统中基质 VS 去除率

6.3.4 沼液中可溶性铁离子的形态变化规律

分析发酵基质中可溶性铁离子的变化规律，可观察到不同系统中 Fe^0 在发酵系统内的转化情况，进一步研究系统内铁离子的含量与发酵效果之间的响应关系，如图 6.15 和图 6.16 所示，分别为基质中可溶性 Fe^{2+} 和 Fe^{3+} 的动态变化。

（1）Fe^0 对发酵系统内 Fe^{2+} 变化规律的影响

Fe^{2+} 是 Fe^0 在厌氧发酵系统内反应的主要产物，其浓度能够表明 Fe^0 在发酵系统内的反应消耗情况。分析不同系统中 Fe^0 向 Fe^{2+} 形态的转化规律与差异，如图 6.15 所示。

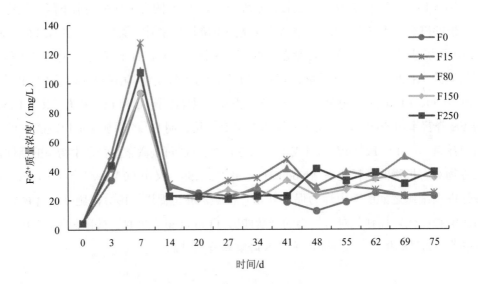

图 6.15　系统中 Fe^{2+} 质量浓度的动态变化

由图 6.15 可知，不同发酵系统内 Fe^{2+} 质量浓度的变化规律一致，先升高至 90～130 mg/L，后降低，再逐步稳定至 20～50 mg/L。且发酵过程中添加 Fe^0 的系统内 Fe^{2+} 质量浓度显著高于不添加 Fe^0 的系统，但其 Fe^{2+} 质量浓度与 Fe^0 添加量不成正比。这说明，Fe^0 的添加能提高厌氧发酵系统中的 Fe^{2+} 质量浓度。但随着发酵的进行，系统中 Fe^{2+} 的动态变化趋于平衡，其浓度逐渐稳定。这是由于发酵开始后，Fe^0 在系统内发生氧化还原反应生成 Fe^{2+}，同时 Fe^0 可与系统中的 H^+ 反应生成 Fe^{2+}，系统内 Fe^{2+} 质量浓度持续上升；随着发酵的进行，厌氧发酵系统的 pH 逐渐升高，Fe^{2+} 出现共沉淀反应，沉降于发酵基质中。同时 Fe^{2+} 作为金属微量元素被微生物消耗利用，及 Fe^{2+} 向 Fe^{3+} 的进一步转化反应，都消耗了系统中的 Fe^{2+}，导致其浓度降低（薛顺利等，2017；苏润华等，2018）；之后厌氧发酵系统内的生物化学反应趋于稳定，Fe^{2+} 也在系统中达到动态平衡，且系统中的 Fe^{2+} 质量浓度与厌氧发酵系统有关，不受 Fe^0 添加量的影响，故在发酵到一定阶段时，系统中 Fe^{2+} 质量浓度在 20～50 mg/L 的范围内波动。

（2）Fe^0 对发酵系统内 Fe^{3+} 变化规律的影响

Fe^{3+} 也是 Fe^0 在发酵系统中发生反应后的一种存在形式，分析 Fe^{3+} 在系统中的质量浓度变化，也能说明 Fe^0 在系统中的转化反应及铁离子的形态变化，图 6.16 为不同系统中 Fe^{3+} 的动态变化。

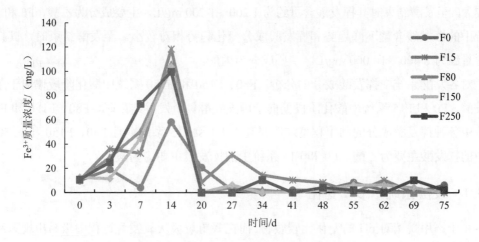

图 6.16　系统中 Fe^{3+} 质量浓度的动态变化

由图 6.16 可知，不同发酵系统之间 Fe^{3+} 的动态变化规律基本一致，和 Fe^{2+} 的变化规律相似，先上升至 60～120 mg/L，后下降逐步稳定至 0～15 mg/L。但 Fe^{3+} 出现最高质量浓度的时间晚于 Fe^{2+}，且 Fe^{3+} 质量浓度出现高峰期时 Fe^{2+} 质量浓度有所降低。这说明 Fe^{3+} 是由 Fe^{2+} 进一步反应生成的，故其高峰期滞后于 Fe^{2+}；随着系统 pH 的升高，Fe^{3+} 也发生沉淀反应，沉积于发酵基质中，导致沼液中 Fe^{3+} 质量浓度下降，且随着发酵系统内的生化反应逐渐稳定，Fe^{3+} 同 Fe^{2+} 一样，在系统中的动态变化趋于平衡。

6.4　Fe^0 对干式厌氧发酵过程中产乙酸的作用机制

发酵开始后，各发酵系统均快速进入酸化阶段，系统的 pH 降至最低；随着发酵的进行，F80、F150 和 F250 系统中的 pH 逐渐回升，在第 27 天升至 8.2 后稳定，F0 和 F15 系统中的 pH 持续较低，未出现回升现象，通过加入缓冲溶液调节系统 pH，系统的 pH 开始缓慢回升，至发酵第 55 天其 pH 升至 8.30 左右并趋于稳定。

在发酵过程中，各发酵系统的 ORP 变化规律基本一致，初始发酵系统为氧化态，ORP 值约为 150 mV。发酵开始后，系统内参与的氧气被消耗利用，系统逐渐演变为还原态，ORP 值快速降低，并逐渐稳定在 –300 mV 处；且随着 Fe^0 添加量的增加，不同发酵系统中的 ORP 值逐渐降低，在发酵过程中，F80、F150 和 F250 系统中的 ORP 值持续低于 F0 和 F15 系统。

在发酵过程中，F80、F150 和 F250 系统中的 VFA 含量及成分组成的变化规律与 F0 和 F15 系统有显著差异。发酵开始后，各系统中的挥发酸含量及各种成分都大幅上升；随着发酵的进行，F80、F150 和 F250 系统中的挥发酸含量逐渐降低，挥发酸各成分变化也较大，至发酵结束时其挥发酸含量约为 1 200～1 700 mg/L，主要成分为乙酸，F0 和 F15 系统中的挥发酸含量下降趋势和挥发酸成分变化趋势相对较小。至发酵结束时，其挥发酸含量约为 8 400～10 000 mg/L，主要成分为丙酸。

对各发酵系统中挥发酸成分的分析，F80、F150 和 F250 系统中酸化阶段偏向于丁酸型发酵，F0 和 F15 系统中酸化阶段偏向于丙酸发酵。至发酵结束时，F80、F150 和 F250 系统中各种挥发酸成分的利用程度均明显高于 F0 和 F15 系统，且 F80、F150 和 F250 系统中的挥发酸主要为乙酸，F0 和 F15 系统中的挥发酸主要为丙酸。

6.4.1　发酵系统中 pH 变化

由于产甲烷菌对 pH 的变化比较敏感，而在餐厨垃圾厌氧发酵过程中极易出现系统酸化的现象，从而抑制产甲烷菌的活性，故通过定期监测发酵系统的 pH，判断发酵系统是否发生酸化，图 6.17 为发酵过程中系统中 pH 的动态变化。

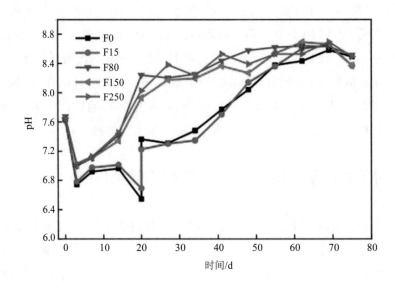

图 6.17　发酵过程中 pH 的动态变化

由图 6.17 可知，发酵系统的 pH 均呈先下降后上升的趋势。发酵初始发酵物料的 pH 约为 7.6，发酵开始后，在发酵第 3 天各几乎都达到最低 pH，其中 F80、F150 和 F250 系统中的 pH 下降程度明显低于 F0 和 F15 系统，随着发酵的进行，F80、F150 和 F250 系统中的 pH 逐渐回升至 8.2 左右并稳定，且随着 Fe^0 添加量的增加，其 pH 回升速度更快；F0 和 F15 系统中的 pH 则未在短时间内出现回升现象，甚至仍有下降趋势。结合图 6.18 发现，其系统中的挥发酸含量居高不下，F0 和 F15 系统出现了酸化现象，导致发酵系统酸化。故在发酵第 20 天通过向 F0 和 F15 系统中加入 Na$_2$CO$_3$-NaHCO$_3$ 缓冲溶液，调节其

pH 至（7.3±0.2），在发酵第 30 天之后，F0 和 F1 系统中的 pH 开始缓慢回升，在发酵第 55 天时，其 pH 达到了 8.30 左右并稳定。

向厌氧发酵系统中添加一定含量的 Fe^0 不仅能防止系统酸化阶段 pH 过度下降，还能使系统中的 pH 较快回升至适合发酵的环境；随着发酵的进行，F80、F150 和 F250 系统中的 pH 迅速回升并稳定，说明其系统内对酸的消耗速率大于其产生速率，F0 和 F15 出现系统酸化，pH 持续较低，抑制系统内的微生物活性，对其调节 pH 后，系统内的微生物活性逐渐恢复，pH 开始回升，但其微生物活性较低，pH 回升速度较慢。这是因为在厌氧发酵中，由于餐厨垃圾易降解有机物含量较高，水解酸化阶段较快，易在发酵初期就产生大量挥发酸，造成系统酸化（谭文英等，2014），Fe^0 能够为微生物提供微量金属元素，促进微生物，尤其是产甲烷菌的活性（Zhen et al.，2015），故 F80、F150 和 F250 系统中微生物的活性较强，能加速挥发酸的利用和消耗，且 Fe^0 本身还能消耗一部分系统中的 H^+，因此其 pH 回升较快，系统内未出现酸积累现象，F0 和 F15 系统中的微生物活性较低，对挥发酸的利用速率较慢，导致系统酸化，并抑制产甲烷菌的活性，从而恶性循环，使系统 pH 持续较低，经过调整其 pH 后，产甲烷菌等微生物的活性逐渐恢复，其pH 缓慢回升至适宜产甲烷条件，开始进入产甲烷阶段。

6.4.2　发酵系统中的 ORP 变化

氧化还原电位（oxidation-reduction potential，ORP）可表征介质的氧化性或还原性程度，是厌氧发酵系统中用于表征系统厌氧条件的一个重要参数。由于 Fe^0 发生氧化还原反应能够降低介质的氧化还原电位，使系统更易达到适宜产甲烷菌活动的环境，图 6.18 为发酵过程中氧化还原电位的动态变化。

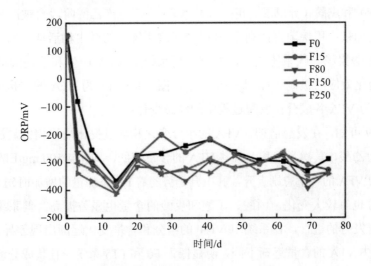

图 6.18　发酵过程中 ORP 的动态变化

由图 6.18 可知，发酵系统中的 ORP 变化规律基本一致，初始发酵基质的 ORP 值均为正值，整个发酵系统处于氧化态。随着发酵的进行，系统内残余的氧气被消耗，ORP 值逐渐降低，发酵系统演变为还原态，系统中的 ORP 值稳定在 –300 mV 左右，达到严格厌氧环境；其中随着 Fe^0 添加量的增加，发酵系统的 ORP 值逐渐降低，系统更快达到厌氧还原环境，有利于产甲烷过程。

Fe^0 的添加能够降低厌氧发酵系统的氧化还原电位，更早达到厌氧发酵所需的厌氧环境，为系统内的微生物提供适宜的 ORP 环境。这是由于 Fe^0 具有较强的还原性，E_0（Fe^{2+}/Fe）= –0.44V，发生还原反应能够降低系统的 ORP 值，故随着 Fe^0 添加量的增加，发酵系统的 ORP 值会降低（Lu et al.，2012），且有研究发现，丙酸型发酵所需的 ORP 值高于丁酸型发酵，低 ORP 值更有利于丁酸型发酵（Wang et al.，2006；Ren et al.，2007），因此，Fe^0 的添加能促进发酵系统提前进入适合厌氧微生物活动的厌氧环境，且产甲烷菌为专性厌氧菌，更严格的厌氧条件有利于厌氧发酵系统中的产甲烷反应。

6.4.3　Fe^0 对发酵过程中 VFA 及其组分产生的影响

系统酸化是餐厨垃圾目前在厌氧发酵应用中最常见的问题，酸化是由于系统中产生的挥发酸的代谢速率较慢并逐渐累积。如何促进其系统中挥发酸的转化和利用，避免酸化的研究具有较大的工程应用意义。VFA 中只有乙酸能被产甲烷菌直接利用，而 Fe^0 能促进产甲烷菌对乙酸的消耗利用，有效缓解酸化抑制现象，故通过分析厌氧发酵系统中乙酸的产生和消耗变化，可以了解 Fe^0 避免酸化效应的作用机制。

（1）发酵过程中 VFA 含量及成分的动态变化

VFA 是在酸化阶段由产酸菌利用水解产物生成的，VFA 包括乙酸、丙酸、丁酸（异丁酸、正丁酸）和戊酸（异戊酸、正戊酸）。VFA 在产氢产乙酸阶段会被产氢产乙酸菌转化为乙酸，进而被产甲烷菌直接利用。Fe^0 能促进系统中的微生物活性，加快挥发酸的利用转化，避免酸累积导致系统酸化，故可分析系统中 VFA 产生和消耗的动态变化，说明 Fe^0 抑制酸化效应的机制。如图 6.19 所示，图 6.19（a）为 VFA 的总量的动态变化，图 6.19（b）为 VFA 各成分在发酵过程中的动态变化。

由图 6.19 可知，在发酵前期，VFA 的组分变化和含量变化规律相似，初始发酵基质中主要成分为乙酸，其次为丁酸。且其 VFA 的含量较低，均在 4 500 mg/L 左右，发酵开始后，系统中 VFA 的含量急剧上升，其上升趋势随着 Fe^0 添加量的增加而先上升后下降，且挥发酸组分也有较大变化，丙酸、丁酸和戊酸的含量也显著提高；但系统中乙酸含量仍最高。随着发酵的进行，各系统中 VFA 的组分和含量变化逐渐出现差异，F80、F150 和 F250 系统中 VFA 的含量逐渐下降，明显低于 F0 和 F15 系统，且其成分逐渐以乙酸为主，而 F0 和 F15 系统中 VFA 的含量变化趋势较缓，且其各种酸的比例变化幅度较小，明显有别于 F80、F150 和 F250 系统。至发酵结束，F80、F150 和 F250 系统中 VFA 的含量为 1 200～1 700 mg/L，主要成分为乙酸，F0 和 F15 系统中 VFA 的含量为 8 400～10 000 mg/L，主要成分为丙酸。

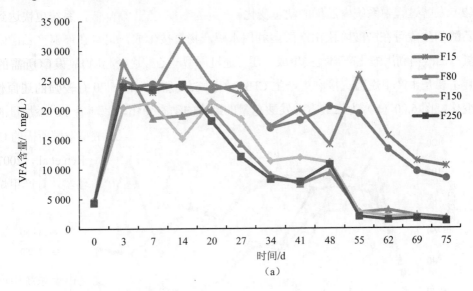

（a）

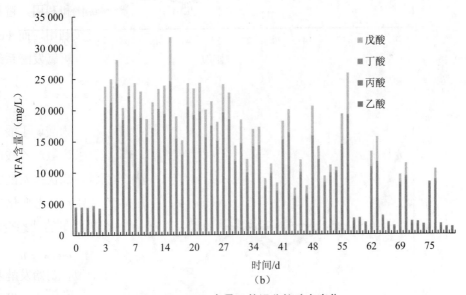

（b）

图 6.19　VFA 含量及其组分的动态变化

这说明在发酵初始阶段，系统就迅速进入酸化阶段，导致发酵系统内挥发酸含量迅速上升；随着发酵的进行，F80、F150 和 F250 系统中 VFA 的消耗速率高于其产生速率，其含量逐渐减少，而 F0 和 F15 系统中 VFA 的降解速率较慢，故其含量变化趋势较缓。这是由于 Fe^0 的添加能提高产甲烷菌的代谢速率，加快其对乙酸的消耗反应，进而促进其他酸向乙酸的转化过程（Hong et al.，2012），提升系统中挥发酸的降解速率；F0 和 F15 系统中产甲烷菌活性较低，对挥发酸的消耗较少，使系统内挥发酸产生积累，导致系统酸化，故其 VFA 的含量显著高于 F80、F150 和 F250 系统，且挥发酸的成分变化较小。

（2）发酵过程中系统内乙酸的动态变化

乙酸的生成可在产酸阶段由产酸菌利用水解产物直接生成，也可在产氢产乙酸阶段由产氢产乙酸菌利用酸化产物直接生成，还可通过同型产乙酸途径利用 H_2 和 CO_2 而生成，其消耗主要是由产甲烷菌直接利用产生 CH_4，如图 6.20 所示，图 6.20（a）为乙酸含量的动态变化，图 6.20（b）为乙酸占挥发酸总量的比值的动态变化。

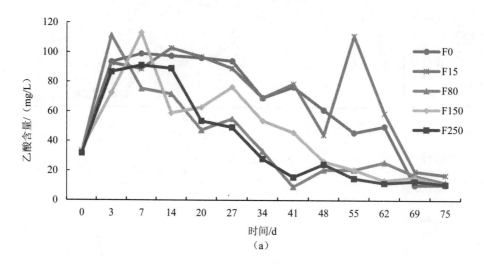

（a）

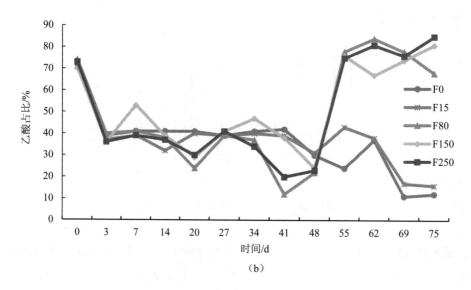

（b）

图 6.20　乙酸含量及其占比的动态变化

由图 6.20 可知，在初始发酵基质中，乙酸含量较少，但占挥发酸比例较高，发酵开始后，厌氧发酵系统快速进入酸化阶段，系统中乙酸和其他挥发酸的含量都显著增加，乙酸占挥发酸的比例也大幅降低；随着发酵的进行，系统中的乙酸含量变化差异明显，F80、F150 和 F250 系统中乙酸含量下降趋势显著，其乙酸占比在发酵前期变化较小，在发酵后期其占比明显上升。至发酵结束时，F80、F150 和 F250 系统中的乙酸含量约为 1 000 mg/L，其占比为 65%～85%，而 F0 和 F15 系统中的乙酸含量及其占比均有较大的下降幅度，至发酵结束时，其乙酸含量为 1 000～2 000 mg/L，其占比为12%～17%。

这说明发酵开始后，系统内不仅产生了大量乙酸，而且产生了较多其他挥发酸，导致乙酸含量上升，但占比下降；随着发酵的进行，F80、F150 和 F250 系统中乙酸消耗速率远大于其产生速率，其含量明显下降，但在产乙酸菌的作用下，丙酸、丁酸和戊酸生成乙酸的反应也在进行。由图 6.19 可知，其挥发酸的总量也在下降，故乙酸占 VFA 比例的下降趋势不明显，至发酵后期，系统中的大部分挥发酸都转化为乙酸，同时乙酸也在被不断消耗利用，故乙酸的含量仍逐渐降低，但占比显著增高；F0 和 F15 系统中乙酸的消耗速率较慢，发酵过程中其乙酸含量相对较高，但乙酸的消耗速率大于其产生速率，故系统中的乙酸占比呈下降趋势。

这是由于发酵系统在发酵初期就进入了酸化阶段，在产酸菌的作用下产生了大量的乙酸、丙酸、丁酸和戊酸，故乙酸含量虽上升，但占 VFA 的比例却下降；Fe^0 的添加能刺激产甲烷菌的活性，促进其消耗乙酸产 CH_4 反应，且有研究表明，适量的 Fe^0 添加能促进厌氧发酵系统中的产甲烷优势菌群由 CH_4 丝菌演变为 CH_4 八叠球菌，后者对乙酸的利用率是前者的 4～5 倍，从而加快系统中乙酸的消耗速率（Takashima et al.，1989），故 F80、F150 和 F250 系统中的乙酸占比和其消耗速率均较高，而 F0 和 F15 系统中产甲烷菌的活性较弱，对乙酸的利用速率较低。

（3）发酵过程中系统内丙酸的动态变化

丙酸主要是在酸化阶段由产酸菌利用水解产物生成的，在产氢产乙酸阶段，丙酸在产氢产乙酸菌的作用下被分解为乙酸，用于进一步的产甲烷过程，但丙酸向乙酸的转化反应很难进行，容易在发酵系统内累积毒害微生物，因此应避免厌氧发酵过程中出现丙酸型发酵，而 Fe^0 的添加在某种程度上可促进丙酸向乙酸的转化过程，故可通过分析系统中丙酸的动态变化阐述 Fe^0 的作用机制，如图 6.21 所示，图 6.21（a）为丙酸含量的动态变化，图 6.21（b）为丙酸占挥发酸总量比值的动态变化。

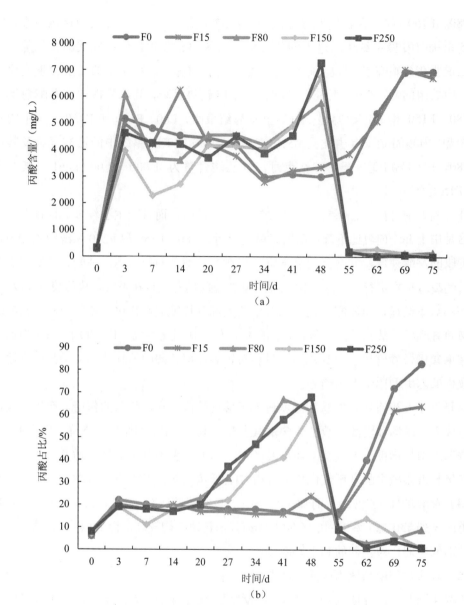

图 6.21　丙酸含量及其占比的动态变化

由图 6.21 可知，初始发酵基质中丙酸含量较低，仅为 300 mg/L 左右，其占比约为 7%。发酵开始后，各系统中丙酸含量大幅上升，在发酵第 3 天达到峰值；随着发酵的进行，各系统中的丙酸含量及其占比变化趋势出现差异，在发酵前期 F80、F150 和 F250 系统中丙酸含量较低；在发酵中期，其丙酸含量开始高于 F0 和 F15 系统，丙酸占比也大幅上升，显著高于 F0 和 F15 系统；在发酵后期，F80、F150 和 F250 系统中的丙酸含量及其占比大幅下降，而 F0 和 F15 系统中的丙酸含量及其占比出现显著上升；至发酵结束时，F80、F150 和 F250 系统中丙酸含量为 7～150 mg/L，其占比为 0.60%～8.37%，F0 和 F15 系统中丙酸含量为 6 700～7 200 mg/L，其丙酸占比为 64.40%～82.50%。

这说明在初始酸化阶段，随着 Fe^0 添加量的增加，系统中的丙酸生成较少，可减弱丙酸对产甲烷菌的毒害作用；随着发酵的进行，系统中的丙酸产生反应和消耗反应同时发生，F80、F150 和 F250 系统中的丙酸生成速率较快，其含量和占比呈上升趋势，F0 和 F15 系统中丙酸的消耗速率略高于其产生速率，其含量和占比呈缓慢下降趋势；至发酵后期，F80、F150 和 F250 系统中只剩下较难利用的丙酸，故其含量和占比下降幅度较大，F0 和 F15 系统中则优先消耗易被利用的挥发酸，系统中的丙酸逐渐积累，含量和占比逐渐上升。

这是由于 Fe^0 的添加能够降低发酵系统的氧化还原电位，较低的氧化还原电位可促使酸化阶段的发酵类型为丁酸型发酵，减少丙酸的生成（Alkaya et al.，2011），有利于后续的产氢产乙酸反应和产甲烷反应，这也与 Meng 等（2013）的研究结果相似，故 F80、F150 和 F250 系统在发酵前期的丙酸含量低于 F0 和 F15 系统；Fe^0 作为微量金属元素，能提高微生物的活性，可促进戊酸在产氢产乙酸菌的作用下分解为乙酸和丙酸的反应，由图 6.22 丁酸含量变化趋势可知，F80、F150 和 F250 系统中的丁酸含量较低，即丁酸向丙酸转化的反应程度大于 F0 和 F15 系统，系统中的丙酸含量相对较高，而丙酸向乙酸的转化反应较难（赵芳等，2019），至发酵后期 F80、F150 和 F250 系统中的丙酸才被逐渐消耗，含量和占比大幅降低，F0 和 F15 系统中的微生物活性较低，丙酸和挥发酸的利用速率均较低，故发酵前期丙酸的变化趋势不明显，系统中的丙酸消耗较少，逐渐积累，在发酵后期其含量和占比出现上升趋势。

（4）发酵过程中系统内丁酸的动态变化

丁酸主要是在酸化阶段由产酸菌利用水解产物生成的，在产氢产乙酸阶段，丁酸在产氢产乙酸菌的作用下被分解为乙酸，进而被产甲烷菌利用生成 CH_4，由于丁酸向乙酸的转化比其他几种挥发酸更易进行，故可创造条件使发酵过程中出现丁酸型发酵，Fe^0 的添加能改变发酵条件，故可观察系统中丁酸的动态变化，研究 Fe^0 的添加对丁酸的产生和消耗的影响，如图 6.22 所示，图 6.22（a）为系统中丁酸含量的动态变化，图 6.22（b）为系统中丁酸占总挥发酸比值的动态变化。

由图 6.22 可知，发酵开始后，各系统中的丁酸含量和占比都显著提高，均在发酵第 3 天达到峰值，且 F80、F150 和 F250 系统中的丁酸含量和占比显著高于 F0 和 F15 系统；随着发酵的进行，F80、F150 和 F250 系统中的丁酸被逐渐消耗，其含量和占比均大幅下降，F0 和 F15 系统中的丁酸含量和占比在发酵后期才出现明显的下降趋势，至发酵结束时，丁酸含量均较低，为 170～360 mg/L。但 F80、F150 和 F250 系统中的丁酸占比明显高于 F0 和 F15 系统，前者为 14%～20%，后者为 2%～4%。

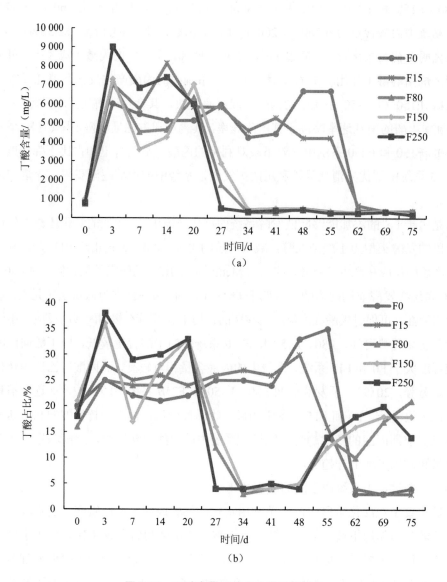

图 6.22　丁酸含量及其占比的动态变化

这说明随着 Fe^0 添加量的增加，可使系统的发酵类型转化为丁酸型发酵，且加快丁酸消耗利用速率。这是由于 Fe^0 能通过改变厌氧发酵系统的 pH 和 ORP 等条件，使发酵环境更适合丁酸型发酵，减少较难被转化利用的丙酸的生成，由于丁酸可被产氢产乙酸菌分解为乙酸，Fe^0 能加快产甲烷菌对乙酸的消耗反应，而乙酸的大量消耗可促进丁酸进一步分解为乙酸反应，故 F80、F150 和 F250 系统中丁酸的消耗速率显著高于 F0 和 F15 系统，至发酵后期，F80、F150 和 F250 系统中的 VFA 总量远低于 F0 和 F15 系统，故其丁酸占比高于后者。

（5）发酵过程中系统内戊酸的动态变化

戊酸主要是在酸化阶段由产酸菌利用水解产物生成的，在产氢产乙酸阶段，戊酸在产氢产乙酸菌的作用下被分解为乙酸和丙酸，乙酸被产甲烷菌利用生成 CH_4，丙酸再被产氢产乙酸菌分解为乙酸，进而被产甲烷菌利用。由于戊酸会分解产生丙酸，丙酸较难被转化利用，故也应减少发酵系统中戊酸的生成，由于 Fe^0 能促进丙酸和乙酸的转化利用，故可分析 Fe^0 的添加对发酵系统中戊酸动态变化的影响，如图 6.23 所示，图 6.23（a）为戊酸含量的动态变化，图 6.23（b）为戊酸占总挥发酸比值的动态变化。

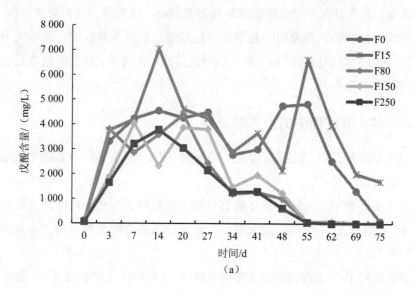
（a）

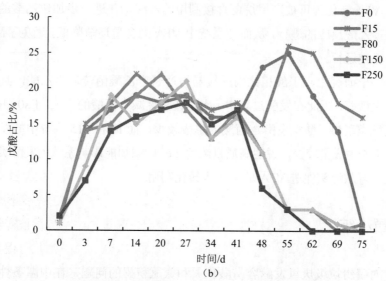
（b）

图 6.23　戊酸含量及其占比的动态变化

　　由图 6.23 可知，在初始发酵基质中，各系统中的戊酸含量和其占比极低，分别为 70 mg/L 和 2%左右，发酵开始后，其含量和占比均大幅提高；随着发酵的进行，F0 和 F15 系统中戊酸的含量和占比一直较高，但 F80、F150 和 F250 系统的戊酸含量下降速率较快，至发酵结束时，各系统中的戊酸含量和占比均较低，且差异较小。

　　这说明在酸化阶段，F80、F150 和 F250 系统中戊酸的生成量较少，由于戊酸在产氢产乙酸菌的作用下会生成丙酸，不利于产甲烷菌的利用，故 Fe^0 添加量较多的系统中会产生更利于发酵的中间代谢产物；随着发酵的进行，F80、F150 和 F250 系统中的产氢产乙酸菌活性较强，进而其系统中戊酸的降解速率也较高，戊酸含量逐渐降低，F0 和 F15 系统中的微生物活性较低，对戊酸的利用速率也较低，故至发酵后期，其系统中的戊酸才被快速消耗，但 Fe^0 的添加只影响了微生物对戊酸的利用速率，对发酵结束后系统中的戊酸含量及占比影响较小。

6.4.4　Fe^0 对发酵过程中的产乙酸机制

　　综合以上发酵系统产生的挥发酸及其成分的分析，探讨 Fe^0 对系统中乙酸产生的影响机制，主要有以下几点。

　　①由于餐厨垃圾中含有较多易降解有机物，在发酵开始后的短时间内就能产生大量的 VFA，Fe^0 的添加能降低其产酸速率，从而减轻系统的酸负荷，防止系统的 pH 下降过低。

　　②高质量浓度 Fe^0 的添加能显著促进系统中 VFA 的转化和消耗速率，加速产氢产乙酸过程，使 VFA 转化为可被产甲烷菌直接利用的乙酸，并进一步加快乙酸的利用速率，进而再促进产乙酸反应的进行，从而使系统中 VFA 的含量逐渐降低，避免了酸积累现象，维持系统的稳定运行。

　　③在热力学研究上，丁酸相比丙酸较易被产氢产乙酸菌转化为乙酸，且产甲烷菌对丙酸的积累更敏感，因此在发酵过程中，应创造条件减少丙酸的生成。F80、F150 和 F250 系统中的发酵类型为丁酸型发酵，丙酸的生成较少，而 F^0 和 F15 系统中的发酵类型为丙酸型发酵，丁酸生成量较少，说明高质量浓度 Fe^0 的添加能影响系统的发酵类型，优化发酵产酸过程，可从源头促进 VFA 的进一步转化利用。

6.5　本章小结

　　本章针对餐厨垃圾厌氧发酵容易酸积累和氨氮积累的问题，在中温条件下，以餐厨垃圾为底物进行了批次厌氧干式厌氧发酵研究，通过向其中加入 Fe^0 研究其对发酵系统酸化效应的作用机制，主要从产气层面、系统中代谢产物动态变化及 VFA 含量及成分变化等几点进行了分析，结果表明高含量的 Fe^0 添加对餐厨垃圾的厌氧发酵过程有显著的促进作用，具体体现如下。

①在餐厨垃圾厌氧发酵过程中，Fe^0 的添加可提高系统产气量和产气中的 CH_4 浓度，其中 F150 系统的累积产气量最高，为 77.51 L，是 F0 系统的 1.99 倍，F250 系统的平均 CH_4 浓度最高，为 58.21%，是 F0 系统的 1.25 倍；且高含量 Fe^0 的添加能够显著缩短发酵周期，其中 F80 系统的工程发酵周期比 F0 系统和 F15 系统减少了 18 d，对实际工程的应用有较大意义。

②在发酵过程中，Fe^0 添加量的增加能促进发酵基质中包括蛋白质等大分子有机物的水解反应，同时又能加快微生物对水解产物的利用速率，其中 F250 系统的 COD 去除率是 F0 系统的 3.08 倍，VS 降解率是 F0 系统的 1.64 倍。

③在发酵过程中，系统中 Fe^{2+} 和 Fe^{3+} 离子含量的变化规律相似，且其含量与 Fe^0 的投加量不成正比，但 Fe^0 添加系统中的铁离子含量仍高于 F0 系统。

④Fe^0 的添加对发酵系统的 pH 变化有缓冲作用，还能降低发酵系统的氧化还原电位，为厌氧微生物提供更严格的厌氧环境；且高含量 Fe^0 的添加可促进餐厨垃圾的发酵为丁酸型发酵，并对丙酸和丁酸向乙酸的产氢产乙酸反应及产甲烷反应有显著的促进作用。

在本发酵系统中，随着 Fe^0 添加量的增加，F80 系统发酵效果出现明显变化，产气量和产甲烷量较 F0 系统都有显著的提高，分别为 F0 系统的 1.74 和 2.07 倍，且基质降解率和代谢产物的消耗速率都远高于 F0 系统，其中 COD 降解率是 F0 系统的 2.72 倍，且其工程发酵周期最短，仅为 50 d；随着 Fe^0 添加量的进一步增加，系统的产气量和基质降解速率仍持续上升，但 F250 系统的产气量和产 CH_4 量仅高于 F80 系统 11.28% 和 16.58%，COD 降解率较 F80 系统仅提升了 13.40%，故随着 Fe^0 添加量的进一步增加，系统的产气量和物料降解速率的上升趋势缓慢，提升空间较小。说明 F80 系统 Fe^0 对发酵促进效果已充分发挥作用，是本系统的最佳添加量。在实际应用中，基于成本考虑，可将 80 mg/gVS Fe^0 的添加比例作为餐厨垃圾干式厌氧发酵过程中的最优投加量。

参考文献

巴乔. 2018. 国内餐厨垃圾变废为宝的历程和典型案例. 科技资讯, 16 (25): 53-54.

毕少杰, 洪秀杰, 韩晓亮, 等. 2016. 餐厨垃圾处理现状及资源化利用进展. 中国沼气, 34 (2): 58-61.

卞荣星, 戴成吉, 张令钢, 等. 2009. 探析餐厨垃圾无害化处理后的饲料化问题. 饲料广角, (9): 26-30.

陈锷, 顾向阳. 2012. 餐厨垃圾处理与资源化技术进展. 环境研究与监测, (3): 57-61.

陈立春, 卞月红. 2018. 南京餐厨垃圾特征、危害与主要处理方法. 农业工程技术, 38 (29): 38-39.

陈郁, 全燮. 2000. Fe^0 处理污水的机理及应用. 环境科学研究, 13 (5): 24-26.

邓俊. 2019. 餐厨垃圾无害化处理与资源化利用现状及发展趋势. 环境工程技术学报, 9 (6): 637-642.

付丰连. 2010. Fe^0 处理污水的最新研究进展. 工业水处理, 30 (6): 1-4.

何晟. 2010. 浅析餐厨垃圾利用处置不当产生的危害. 环境卫生工程, 18 (4): 13-15.

江芸. 2015. 中国餐厨垃圾处理的现状、问题和对策. 科技与创新, (18): 39-42.

李建政. 2004. 废物资源化与生物能源. 北京: 化学工业出版社.

李睿, 刘建国, 薛玉伟, 等. 2013. 生活垃圾填埋过程含水率变化研究. 环境科学, 34 (2): 804-809.

刘建宏. 2018. Fe^0 对城市污泥厌氧消化产甲烷的影响研究. 广州: 广州大学, 硕士学位论文.

刘云, 李晓姣, 袁进. 2012. 餐厨垃圾的微生物处理技术研究进展. 全国餐厨垃圾处理污染防治及最佳技术交流大会.

刘振中, 邓慧萍, 詹健. 2007. Fe^0 在水处理技术中的背景及现状及发展趋势. 工业水处理, 27 (10): 13-16.

刘志春, 韩己臣, 梁辉, 干宇. 2018. 浅谈我国小型有机废弃物资源化处理设备发展优势. 智富时代, (1): 130.

吕凡, 何品晶, 邵立明, 等. 2003. 易腐性有机垃圾的产生与处理技术途径比较. 环境污染治理技术与设备, (8): 46-50.

钱风越. 2015. Fe_3O_4 纳米颗粒对厌氧消化产甲烷过程的影响研究. 哈尔滨: 哈尔滨工业大学, 硕士学位论文.

苏润华, 丁丽丽, 任洪强. 2018. 纳米 Fe^0 (NZVI) 对厌氧产甲烷活性、污泥特性和微生物群落结构的影响. 环境科学, 39 (7): 3286-3296.

孙法圣, 程品, 张博, 等. 2014. 简易垃圾填埋场地下水污染风险评价. 人民黄河, 36 (5): 76-78.

谭文英, 许勇. 2014. 餐厨垃圾水解酸化性能的研究. 安徽农业科学, (33): 11832-11835.

陶治平, 赵明星, 阮文权. 2013. 氯化钠对餐厨垃圾厌氧发酵产沼气影响. 食品与生物技术学报, 32 (6): 596-602.

佟娟, 陈银广. 2007. 剩余污泥水解酸化液磷去除的影响因素研究. 环境工程学报, 1 (4): 1-5.

王桂才, 李洋洋. 2013. 餐厨垃圾堆肥化处置方式探讨. 再生资源与循环经济, 6 (10): 38-41.

王健. 2013. 微量元素对厌氧污泥发酵产酸影响研究. 北京: 中国地质大学 (北京), 硕士学位论文.

王丽娟, 苗万强. 2011. 浅谈生活垃圾卫生填埋技术的应用. 黑龙江环境通报, 35 (1): 69-70.

王仪春, 雷学勤, 张竞舟. 2015. 浅谈中国餐厨垃圾处理的现状、问题与对策. 科技展望, 25 (26): 268.

魏桃员，温海东，成家杨. 2016. Fe⁰ 驯化污泥对餐厨垃圾厌氧消化产甲烷的影响. 湖北农业科学，55（14）：3618-3621.

翁彩云. 2014. 福州城市餐厨垃圾推行干湿分类收集的方案探讨. 能源与环境，（1）：9-10.

徐长勇，刘晶昊，宋微，等. 2011. 餐厨垃圾饲料化技术的同源性污染研究. 环境卫生工程，19（4）：8-10.

薛顺利，刘振鸿，李响，等. 2017. Fe⁰ 对餐厨垃圾与剩余污泥联合发酵产乳酸的影响. 环境工程，35（4）：106-110.

再协. 2013. 《餐厨垃圾处理技术规范》正式实施. 中国资源综合利用，31（5）：2.

曾宇. 2017. 城市餐厨垃圾处理现状概述. 科技经济导刊，（14）：9-10，6.

张庆芳，杨林海，周丹丹. 2012. 餐厨垃圾废弃物处理技术概述. 中国沼气，30（1）：22-26.

张万里. 2016. 餐厨垃圾厌氧消化特性及调控策略研究. 大连：大连理工大学，博士学位论文.

张万钦，吴树彪，郎乾乾，等. 2013. 微量元素对沼气厌氧发酵的影响. 农业工程学报，29（10）：1-11.

赵芳，李江华，董滨，等. 2012. 长链脂肪酸对厌氧消化产沼的抑制作用研究进展. Agricultural Science & Technology，40（11）：12564-12567.

赵云飞，刘晓玲，李十中，等. 2012. 有机成分比例对高固体浓度厌氧发酵产甲烷的影响. 中国环境科学，32（06）：1110-1117.

Araújo A S F D，Melo W J D，Singh R P. 2010. Municipal solid waste compost amendmentin agricultural soil: changes in soil microbial biomass. Reviews in Environmental Science & Bio/technology，9（1）：41-49.

Alkaya E，Demirer G N. 2011. Anaerobic acidification of sugar-beet processing wastes: Effect of operational parameters. Biomass & Bioenergy，35（1）：32-39.

Appel F，Ostermeyer-Wiethaup A，Balmann A. 2016.Effects of the German Renewable Energy Act on structural change in Agriculture – The case of biogas. Utilities Policy，41：172-182.

Dykstra C M，Pavlostathis S G. 2017. Zero-valent iron enhances biocathodic carbon dioxide reduction to methane. Environmental Science & Technology，51（21）：12956-12964.

Elefsiniotis P，Wareham D G. 2007. Utilization patterns of volatile fatty acids in the denitrification reaction. Enzyme & Microbial Technology，41（1）：92-97.

Feng Y，Zhang Y，Quan X，et al. 2014. Enhanced anaerobic digestion of waste activated sludge digestion by the addition of zero valent iron. Water Research，52（4）：242-250.

Ferry J G. 2010. The chemical biology of methanogenesis. Planetary & Space Science，58（14）：1775-1783.

Fotidis I A，Kougias P G，Zaganas I D，et al. 2014. Inoculum and zeolite synergistic effect on anaerobic digestion of poultry manure. Environmental Technology，35（10）：1219-1225.

Fynn G，Syafila M. 1990. Hydrogen regulation of acetogenesis from glucose by freely suspended and immobilised acidogenic cells in continuous culture. Biotechnology Letters，12（8）：621-626.

Hong Q，Dong-Li L，Yu-You L. 2012. High-solid mesophilic methane fermentation of food waste with an emphasis on Iron，Cobalt，and Nickel requirements. Bioresource Technology，103（1）：21-27.

Jing W，Hao X，Loosdrecht M C M V，et al. 2018. Feasibility analysis of anaerobic digestion of excess sludge enhanced by iron: A review. Renewable & Sustainable Energy Reviews，89：16-26.

Keisuke S，Hideo A，Michiyo M，et al. 2011. Impressions and purchasing intentions of Japanese consumers regarding pork produced by 'Ecofeed'，a trademark of food-waste or food co-product animal feed certified by the Japanese government. Animal Science Journal，82（1）：175-180.

Khin M M，Nair A S，Babu V J. 2012. A review on nanomaterials for environmental remediation. Energy & Environmental Science，8（5）：8075-8109.

Kong X，Yu S，Xu S，et al. 2017. Effect of Fe（0）addition on volatile fatty acids evolution on anaerobic digestion at high organic loading rates. Waste Management，71：719-727.

Lin Y T，Weng C H，Chen F Y. 2008. Effective removal of AB24 dye by nano/micro-size zero-valent iron. Separation & Purification Technology，64（1）：26-30.

Liu Y，Zhang Y，Xie Q，et al. 2011. Effects of an electric field and zero valent iron on anaerobic treatment of azo dye wastewater and microbial community structures. Bioresource Technology，102（3）：2578-2584.

Lizama A C，Figueiras C C，Pedreguera A Z，et al. 2019. Enhancing the performance and stability of the anaerobic digestion of sewage sludge by zero valent iron nanoparticles dosage. Bioresource Technology，275：352-359.

Lu L，Xing D，Liu B，et al. 2012. Enhanced hydrogen production from waste activated sludge by cascade utilization of organic matter in microbial electrolysis cells. Water Research，46（4）：1015-1026.

Meng X，Zhang Y，Qi L，et al. 2013. Adding Fe^0 powder to enhance the anaerobic conversion of propionate to acetate. Biochemical Engineering Journal，73（8）：80-85.

Møller H B，Sommer S G，Ahring B K . 2004. Methane productivity of manure，straw and solid fractions of manure. Biomass & Bioenergy，26（5）：485-495.

Noonari A A，Mahar R B，Sahito A R，et al. 2019. Anaerobic co-digestion of canola straw and banana plant wastes with buffalo dung：Effect of Fe_3O_4 nanoparticles on methane yield. Renewable Energy，133：1046-1054.

Oh B T，Just C L，Alvarez P J. 2001. Hexahydro-1,3,5-trinitro-1,3,5-triazine mineralization by zero valent iron and mixed anaerobic cultures. Environmental Science & Technology，35（21）：4341-4346.

PAZERA A，SLEZAK R，KRZYSTEK L，et al.201 5.Biogas in Europe：food and beverage（FAB）waste potential for biogas production.Energy & Fuels，29（7）：4011-4021.

Rajagopal R，Bellavance D，Rahaman M S. 2017. Psychrophilic anaerobic digestion of semi- dry mixed municipal food waste：For North American context. Process Safety & Environmental Protection，105：101-108.

Ren N Q，Chua H，Chan S Y，et al. 2007. Assessing optimal fermentation type for bio-hydrogen production in continuous-flow acidogenic reactors. Bioresource Technology，98（9）：1774-1780.

Schmidt T，Nelles M，Scholwin F，et al. 2014. Trace element supplementation in the biogas production from wheat stillage–Optimization of metal dosing. Bioresource Technology，168（3）：80-85.

Srilakshmi K，Reyes S A，Field J A. 2010. Zero-valent iron as an electron-donor for methanogenesis and sulfate reduction in anaerobic sludge Biotechnology & Bioengineering，92（7）：810-819.

Su L，Shi X，Guo G，et al. 2013. Stabilization of sewage sludge in the presence of nanoscalezero-valent iron （nZVI）：abatement of odor and improvement of biogas production. Journal of Material Cycles and Waste Management，15（4）：461-468.

Suanon F，Sun Q，Mama D，et al. 2016. Effect of nanoscale zero-valent iron and magnetite（Fe_3O_4）on the fate of metals during anaerobic digestion of sludge. Water Research，88：897- 903.

Takashima M，Speece R E. 1989. Mineral nutrient requirements for high-rate methane fermentation of acetate at low SRT. Research Journal of the Water Pollution Control Federation，61（11）：1645-1650.

Wall D M，Allen E，Straccialini B. 2014. The effect of trace element addition to mono- digestion of grass silage at high organic loading rates. Bioresource Technology，172：349- 355.

Wang L，Zhou Q，Li F T. 2006. Avoiding propionic acid accumulation in the anaerobic process for biohydrogen production. Biomass & Bioenergy，30（2）：177-182.

Zhang Y，Feng Y，Quan X. 2015. Zero-valent iron enhanced methanogenic activity in anaerobic digestion of waste activated sludge after heat and alkali pretreatment. Waste Management，38（1）：297-302.

Zhang Z，Gao P，Cheng J，et al. 2018. Enhancing anaerobic digestion and methane production of tetracycline wastewater in EGSB reactor with GAC/NZVI mediator. Water Research，136：54-63.

Zhang，Jishi，Jiang，et al. 2013. Lime mud from paper-making process addition to food waste synergistically enhances hydrogen fermentation performance. International Journal of Hydrogen Energy，38（6）：2738-2745.

Zhen G，Lu X，Li Y Y，et al. 2015. Influence of zero valent scrap iron（ZVSI）supply on methane production from waste activated sludge. Chemical Engineering Journal，263：461- 470.

第7章
沼渣生物炭对餐厨垃圾干式厌氧发酵产气及有机酸的影响

干式厌氧发酵技术可以实现餐厨垃圾高效高值利用，减缓我国餐厨垃圾围城的压力，在我国有巨大的应用前景。但是餐厨垃圾易水解酸化，从而影响干式厌氧发酵技术在我国的推广。生物炭的介孔结构及碱性可以缓解酸抑制、提高微生物代谢活性。故本章针对餐厨垃圾干式厌氧发酵易酸化、系统运行不稳定等问题，考察不同沼渣生物炭含量条件下餐厨垃圾干式厌氧发酵体系产气及产酸效果，并对微生物细菌及古菌群落结构进行分析，主要探寻沼渣生物炭性质及其对关键有机酸的酸效应，分析沼渣生物炭对餐厨垃圾干式厌氧发酵效果的产生以及微生物演替规律的影响。结果表明，沼渣生物炭含有碱金属和碱土金属元素，表面携带有大量碱性官能团，可以与体系中 H^+ 结合提高系统酸缓冲能力，对乙酸、丙酸、丁酸等典型小分子有机酸具有良好的缓冲效果，且缓冲能力随沼渣生物炭质量增加而增强，此外，高含量生物炭的添加对乙酸的吸附能力提升最显著；低含量沼渣生物炭投加对产 CH_4 有促进作用，随着沼渣生物炭含量增加，对产 CH_4 有抑制作用，且投加量越高抑制作用越强，当沼渣生物炭含量为 40 g/L 时，累积产 CH_4 量显著降低，最大产 CH_4 速率显著下降；沼渣生物炭添加对干式厌氧发酵早期酸化阶段有促进作用，VFA 含量随着沼渣生物炭含量的增加而上升，但高含量生物炭累积产 CH_4 量下降；VFA 主要为乙酸和丙酸，其中乙酸是最主要的 VFA，乙酸含量占 VFA 含量的比例范围为 17.30%~65.55%，其次是丙酸；*Firmicutes*、*Bacteroidota* 等产酸菌和 *Methanosphaera*、*Methanoculleus*、*Methanobacterium* 等产甲烷菌是系统中的主要微生物。沼渣生物炭的投加可以促进多数水解产酸菌和氢营养型产甲烷菌生长，其中 *Bacteroidota* 和 *Methanosphaera* 的促进效果最明显。

7.1　生物炭特性及对厌氧发酵的影响效果

7.1.1　生物炭定义及特点

生物炭是由生物残体（秸秆、椰壳、畜禽粪便等）在无氧或缺氧情况下，经高温慢热解产生的固态物质（Marris E，2006；袁帅等，2016）。元素组成主要为 C、H、O、N、K、Ca、Fe、Mg 和 Si 等（Taskin E et al.，2019）；其表面含有一定量的有机官能团（Wang W et al.，2021）；常带负电荷且富含微孔；热值较高，可作燃料（Jiawen W et al.，2019；李剑英等，2018；Jia W et al.，2019）；生物炭具有吸附能力强、化学性质稳定（Sharma A et al.，2021）、比表面积大、孔隙率高、表面官能团丰富等特征，广泛应用于土壤改良、污染物吸附等（Mohan D et al.，2014；Lehmann J et al.，2009）。

7.1.2　生物炭性质影响因素

生物炭性质因制备条件和原料来源不同而有区别，主要影响因素有原料、热解温度、反应停留时间、反应气氛等。

（1）原料

制备生物炭的原料有很多，除秸秆、椰壳等农林废弃物外，畜禽粪便、厌氧发酵残余物沼渣也可作为制备原料。研究表明，原料中木质素、纤维素、纤维素等组分越多，生物炭的热稳定性就越强，孔隙率就越大。目前，我国市面上生物炭以秸秆生物炭为主，沼渣生物炭较少，但是，我国每年产生厌氧发酵残余物沼渣高达 2 亿 t（Jin H et al.，2016），且沼渣中也含有大量纤维素、木质素、半纤维素等成分。与秸秆相比，沼渣制备生物炭的潜能被低估了，关于沼渣生物炭的研究也较少。

（2）热解温度

热解温度是影响生物炭性能的主要因素，200～900℃都可以制备生物炭，但是制备的生物炭性能存在很大差异。生物炭减量化程度会随着热解温度的升高而提高，Li 等研究发现，热解温度由 400℃升到 600℃，生物炭减量化程度由 48.00% 上升了 5.67%（Li Y-H et al.，2020）；生物炭的官能团种类和数量在热解温度为 500℃时最丰富，Zhou 等研究发现，热解温度为 200～500℃时，生物炭因共价键断裂而形成更多自由基，热解温度为 600℃及以上时，生物炭因发生缩合反应而减少了自由基（Zhou R et al.，2020）。

（3）反应停留时间

反应停留时间一般为 0.5～4 h。研究发现，随着反应停留时间的延长，生物炭 pH 会提高，Fe、K、Ca 等矿质元素质量分数会提升，生物炭稳定性也会更高（吴志丹等，2015；

Leng L et al.，2018）；但是，生物炭表面焦油和焦油碳化程度会加深（P O D et al.，2013），并且消耗更多的电能。

（4）反应气氛

热解环境需求一般为惰性环境，在反应期间需时刻通氮气或者氩气以维持惰性环境。研究发现，在氮气中混合一定 CO_2 可以丰富生物炭的孔隙结构，提高生物炭表面含氧官能团数量（周红卫等，2020）。但是，工程中采用混合 CO_2 的反应气氛具有一定的风险性，且成本较高，故反应气氛仍以氮气为主。

7.1.3　生物炭影响厌氧发酵效果

生物炭与厌氧发酵耦合的研究也有很多，现有研究表明，生物炭在厌氧系统中有以下作用机理：

1）在微生物水平上，生物炭可以作为载体促进厌氧发酵系统中的细胞固定和微生物生长繁殖。生物炭的较大的比表面积、丰富的孔隙度、疏松多孔的结构有利于营养性产乙酸菌和产甲烷古菌大量繁殖，促进了底物有机质的去除并提升了产甲烷反应速率（Watanabe R et al.，2013；Sawayama S et al.，2004）。

2）生物炭具有导电性，可以作为电子导体，刺激厌氧发酵过程中产乙酸菌和产甲烷菌群落之间的直接种间电子转移（Barua S et al.，2017；Qi Q et al.，2021）。

3）生物炭携带的表面碱金属元素（K、Ca、Mg）和碱性含氧官能团（—OH、羰基）使其具有较高的碱度，在高有机负荷率（OLR）下，生物炭可以缓解挥发酸积累问题，提高系统缓冲能力，保证产甲烷菌正常代谢活动，最终提高了产甲烷速率（Oleszczuk P et al.，2012）。

4）生物炭中以矿物质形式存在的 K、Ca、Fe 等元素，可以溶解在厌氧发酵液中作为微量元素影响厌氧发酵系统的运行（Xu G et al.，2013），有研究表明，Ca 元素可以提高造粒水平、缓解酸抑制、提高沼气产量（Kalemelawa F et al.，2012；Parra-Orobio B A et al，2018），K 元素可以增强系统碱度并促进微生物生长以提高厌氧发酵系统的能源转化效率，产生更多的沼气（Parra-Orobio B A et al，2018）。

5）生物炭可以加速污泥的水解，富集吸附抑制剂（氨氮、重金属）；在高 NH_4^+-N 浓度下，生物炭的添加可以在特定范围内提高厌氧发酵系统的耐受性（Mohan D et al.，2014）。

现有研究表明，生物炭可以作为一种高效的添加剂及改良剂，促进发酵基质水解，还可以作为一种缓冲物质，改善系统酸化现象，从而优化发酵效果，达到提高产甲烷量的目的。如 Sugiarto 等通过向餐厨垃圾中添加松木锯屑生物炭，使生物炭组较空白组的累积 CH_4 量提高了 46.9%（Sugiarto Y et al.，2021）；无独有偶，石笑羽等通过向餐厨垃圾中添加生物炭，生物炭添加组的每日 CH_4 产量最大值提高了 24.09%（石笑羽等，2018）；Wang 等以不同制备温度的生物炭为变量，进行餐厨垃圾发酵实验，发现 400℃制备的生物炭有机官能团更丰富，可以大量富集 *Petrimonas* 物种和 *Anaerolineaceae* 物种，从而提高 CH_4 产量（Wang J et al.，2021）；唐琳钦等发现，剩余污泥生物炭由于具备大量 C=O 等官能团，提高了物料蛋白质的去除效果（唐琳钦等，2020）。

研究表明，厌氧发酵产生的大量沼渣也能制备生物炭，主要用于土壤修复，处理含 NH_4^+-N 和重金属废水，处理沼液等领域。郑杨清等制备沼渣生物炭吸附沼液中的 NH_4^+-N，发现沼渣生物炭吸附容量高达 120 mg/g（郑杨清等，2014）。沈州等制备 300℃、500℃的沼渣生物炭用于矿山尾水中 NH_4^+-N 的吸附，发现 500℃的生物炭饱和吸附量是 300℃的 2.21 倍（沈州等，2021）。然而，将沼渣生物炭用于厌氧发酵的研究较少，因此，采用沼渣制备生物炭，构建生物炭—餐厨垃圾中温干式厌氧发酵模拟实验，为沼渣生物炭调控厌氧发酵产酸产甲烷提供理论依据，实现固相残余物的自消纳利用。

7.2　沼渣生物炭特性及其酸效应

本研究以高含固厌氧发酵排出的沼渣为原料，于氮气环境、500℃烧制 2 h 制得沼渣生物炭，检测其元素组成、pH、表面形貌以及表面官能团等理化性质，并进行沼渣生物炭对主要有机酸酸效应的研究，为后期探究沼渣生物炭对餐厨垃圾干式厌氧发酵系统的影响机制提供理论依据。

7.2.1　生物炭基本理化分析

（1）沼渣生物炭元素组成

沼渣生物炭的元素组成影响其亲水和离子交换性，沼渣生物炭的基本理化性质如表 7.1 所示。

表 7.1　沼渣生物炭元素分析

参数	单位	沼渣生物炭
C	%	18.48
O	%	20.43
S	%	1.43
N	%	1.39
H	%	0.83
H/C 原子比		0.05
O/C 原子比		1.11

沼渣生物炭元素组成与污泥秸秆差异较小，但与高纤维类物质生物炭中各元素的占比存在差异。沼渣生物炭主要元素为 C、O、S、N、H，含量分别为 18.48%、1.39%、0.83%、1.43%、20.43%，说明沼渣生物炭元素组成与其他物料没有区别，元素含量虽然与污泥的相似，但与未经降解的高纤维类生物质制备的生物炭差异比较明显，主要体现在沼渣生物炭的碳素含量明显偏低，如与秸秆生物炭（C、O、S、N、H 含量分别为 45.93%、26.58%、0.41%、1.63% 和 2.69%）、椰壳生物炭（C、O、S、N、H 含量分别为 61.72%、18.98%、未测、1.42% 和 2.43%）存在差异（陈静文等，2014；喻尚柯，2019）。这可能是由于沼渣为有机物经过生物发酵后的产物，其中的含碳物质发生了降解或转化，所以碳化后碳元素占比减少，这也与本研究中测定的沼渣中 C 元素含量仅为 18.48% 相符合。

同时，沼渣生物炭芳香性较高且稳定，沼渣生物炭 H/C 原子比为 0.045，小于 Spokas K A 研究显示 H/C 原子比为 0.2 时物质较稳定的结论（Spokas K A et al.，2010），说明本研究制备的沼渣生物炭具备稳定的化学结构和较高的芳香化程度。此外，沼渣生物炭亲水性和阳离子交换能力强于秸秆生物炭，沼渣生物炭的 O/C 原子比为 1.106，与秸秆、柑橘皮等生物炭 O/C 比在 0.2 左右相比，具有更大的 O/C 比（刘朝霞等，2018），说明沼渣生物炭亲水性和阳离子交换能力均强于秸秆生物炭，在吸附和酸碱缓冲能力方面具有优势。

（2）沼渣生物炭比表面积和孔隙度

比表面积和孔隙度直接与生物炭的吸附能力相关。如表 7.2 所示，通过物理等温吸附实验结果可知，本沼渣生物炭 BET 比表面积约为 20.032 m²/g，说明沼渣生物炭比表面积小于秸秆、木屑、花生壳等未经降解的高纤维类生物炭，大于畜禽粪污发酵沼渣生物炭。如小于周沈格颖等研究的秸秆生物炭比表面积 29.03 m²/g（周沈格颖，2018），大于畜禽粪污发酵沼渣生物炭比表面积 13.31 m²/g（沈州等，2021）。沼渣生物炭平均孔径为 3.73 nm，根据国际组织提供的分类标准认为该沼渣生物炭是中孔炭（立本英机等，2002），这与元素分析的结果相一致，可能是由于有机物在生成沼渣过程中，部分含碳物质被降解，破坏了纤维素、木质素等原有的碳骨架结构，导致比表面积减小、孔径增大（范晓亮，2019）。

表 7.2　沼渣生物炭 BET 比表面积和平均孔径

参数	单位	沼渣生物炭
BET 比表面积	m²/g	20.03
平均孔径	nm	3.73

（3）沼渣生物炭 pH

生物炭原材料沼渣 pH 为 8.72，显弱碱性，经过马弗炉热解制备成沼渣生物炭，pH

升为 11.35，显强碱性。也就是说，沼渣在热解过程中，可能由于共价键断裂形成更多碱性自由基，K、Ca 等矿质元素相对富集，并以碳酸盐或者其他形式存在于灰分中，导致沼渣生物炭较沼渣 pH 升高。

　　沼渣生物炭中含有的碱性含氧官能团，以及 K、Ca 等碱金属和碱土金属元素，使其具有较高的碱性，在餐厨垃圾干式厌氧发酵系统中，沼渣生物炭可以缓解有机酸积累的问题，使反应系统更稳定、高效的运行。此外，沼渣生物炭表面含氧官能团可以与铵根离子反应，在厌氧发酵过程中也可以起到降低氨氮浓度的作用，从而提高系统的稳定性。

7.2.2　生物炭 SEM 特征分析

　　沼渣生物炭微观结构及形貌对于生物炭在发酵系统中的应用起重要作用，其表面大孔结构提供有机物质进入通道，而中孔结构提供有机物质附着位点，便于生物炭与有机物质进行吸附、降解等反应，对厌氧发酵过程有重要影响。图 7.1 为沼渣生物炭在放大 500 倍和 20 000 倍条件下的扫描电镜图（SEM）以及 EDS 电子能谱。

图 7.1　500℃沼渣生物炭扫描电镜图像与能谱

由图 7.1 可知，20 000 倍图显示，沼渣生物炭具有粗糙的表观外貌，表面主要分布有大量大孔和中孔结构，少量微孔结构。500 倍图，则显示沼渣生物炭颗粒呈团聚状，表面粗糙、凹凸不平，孔结构坍塌，孔隙大小在分布上无明显规律。此外，沼渣生物炭孔隙数目与秸秆生物炭孔隙数量相比较少（Amin F R，2020；Gao L-Y et al.，2019）。SEM 携带的 EDS 电子能谱仪可以定性判断该生物炭有氧（O）、硅（Si）、溴（Br）、钾（K）、钙（Ca）等元素，而生物炭中以矿物质或其他形式存在的元素是可溶的，可以作为微量元素对系统产生影响，其中 Ca 元素可以提高造粒水平、缓解酸抑制、提高沼气产量（Kalemelawa F et al.，2012；Parra-Orobio B A et al.，2018），K 元素可以增强系统碱度并促进微生物生长以提高厌氧发酵系统的能源转化效率，产生更多的沼气（Parra-Orobio B A et al.，2018）。

7.2.3　生物炭官能团分析

（1）基于 Boehm 滴定方法的官能团数量分析

通过 Boehm 滴定法对沼渣生物炭官能团数量进行检测，计算得到碱性官能团数量、酸性官能团数量、羧基数量和酚羟基数量。

由表 7.3 可知，沼渣生物炭具有含氧官能团，存在酸性和碱性官能团，且碱性官能团数量（1.95 mmol/g）大于酸性官能团数量（0.5 mmol/g），这与沼渣生物炭 pH 显碱性结果一致。说明沼渣生物炭显碱性与秸秆、稻草生物炭相一致，但是酸碱官能团的数量与高纤维类的秸秆生物炭（喻尚柯，2019）、稻草生物炭（吴诗雪等，2015）有差异。而碱性官能团可以与厌氧发酵系统中的 VFA 反应，对于餐厨垃圾干式厌氧发酵系统稳定性具有正面影响。

表 7.3　沼渣生物炭官能团种类及数量

温度	官能团种类	单位	沼渣生物炭	秸秆生物炭	稻草生物炭
500℃	碱性官能团	mmol/g	1.95	4.95	0.52
	酸性官能团	mmol/g	0.58	1.85	0.40
	羧基	mmol/g	0.21	0.70	—
	酚羟基	mmol/g	0.33	1.10	—

（2）基于 FTIR 分析官能团种类

用 Perkin Elmer Inc 傅里叶变换红外光谱仪测得沼渣生物炭的 FTIR 图谱，结果如图 7.2 所示。FTIR 图谱可以体现沼渣生物炭含有的表面官能团。

图 7.2 制备的沼渣生物炭在 4 000～500 cm^{-1} 有 8 个较明显的吸收峰。其中，1 780～500 cm^{-1} 主要峰有 6 个峰，4 000～1 780 cm^{-1} 主要峰为 2 个。波数为 3 422 cm^{-1} 处出现的

峰，可能是水、醇类、酚类及胺类的—OH 伸缩振动吸收峰（杨帆等，2015），也可能是—NH$_2$ 和—NH 的伸缩振动吸收峰（孙媛媛，2018）。波数为 1 033 cm^{-1} 处出现的峰，可能是醇、酚类的 C—O 伸缩振动吸收峰，在 1 050 cm^{-1} 附近大概率是伯醇物质。—COO$^-$ 对称伸缩振动峰位于波数 781 cm^{-1}、1 414 cm^{-1} 处（陈尚龙，2020），反对称伸缩振动峰位于波数 1 600 cm^{-1} 附近（Qiu Y et al.，2008）。此外，因脂肪烃上—CH（如 CH 族、CH$_2$ 族、CH$_3$ 族）的振动，在 3 000～2 850 cm^{-1} 处出现吸收峰，又因芳环取代在 905～665 cm^{-1} 处出现吸收峰。表明沼渣生物炭官能团种类较为丰富，含有大量含氧官能团，对部分有机物有很强的吸附作用和缓冲作用。这与沈州所开展的沼渣生物炭处理稀土矿山尾水的结果相一致，与其制备的沼渣生物炭官能团种类高度统一（沈州等，2021）。

其中，1 414 cm^{-1} 处峰值最大，其次为 1 600 cm^{-1} 处，是—COO$^-$ 的对称和反对称吸收伸缩峰，透光率在 0.40～0.42 范围内，明显高于其他波段的透过率。表明生物炭上—COO$^-$ 含氧官能团为沼渣生物炭最主要的官能团，而生物炭表面—COO$^-$ 官能团能与发酵系统中的 H$^+$ 结合，增加有机物在生物炭上的吸附，对餐厨垃圾干式厌氧发酵酸稳定具有调节作用。此外，在 3 000～4 000 cm^{-1} 高波段区间，有一个较为明显的吸收峰，波数为 3 422 cm^{-1}，可能是水、醇类、酚类及胺类的—OH 伸缩振动吸收峰，表明生物炭上含有较多—OH 含氧官能团，而生物炭表面—OH 官能团能也可以与发酵系统中的 H$^+$ 结合，提升发酵系统抗酸突变能力。

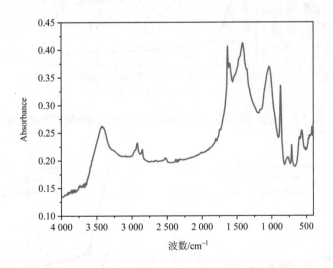

图 7.2　500℃沼渣生物炭傅里叶红外光谱

7.2.4　生物炭对主要有机酸的酸效应分析

选取乙酸、丙酸、丁酸溶液分别滴定 1 g、2 g、3 g 三种投加量沼渣生物炭与 50 g 水的混合溶液，以探究沼渣生物炭对主要有机酸的缓冲能力。沼渣生物炭对主要有机酸的酸效应曲线如图 7.3、图 7.4、图 7.5 所示。

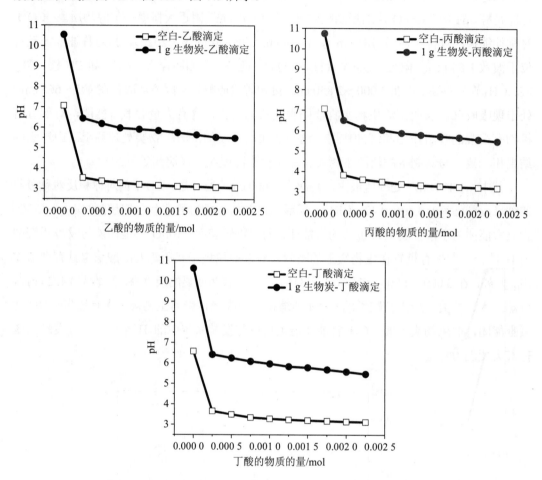

图 7.3　投加 1 g 500℃生物炭的系统对典型有机酸的酸效应曲线

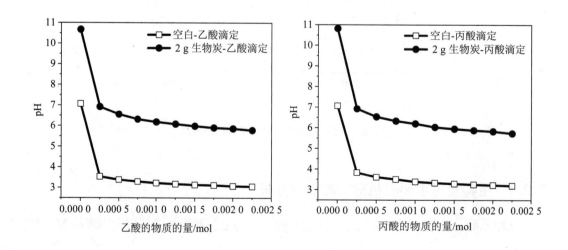

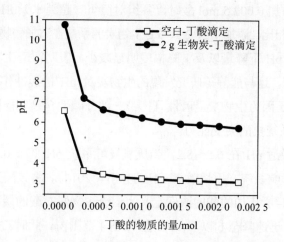

图 7.4 投加 2 g 500℃生物炭的系统对典型有机酸的酸效应曲线

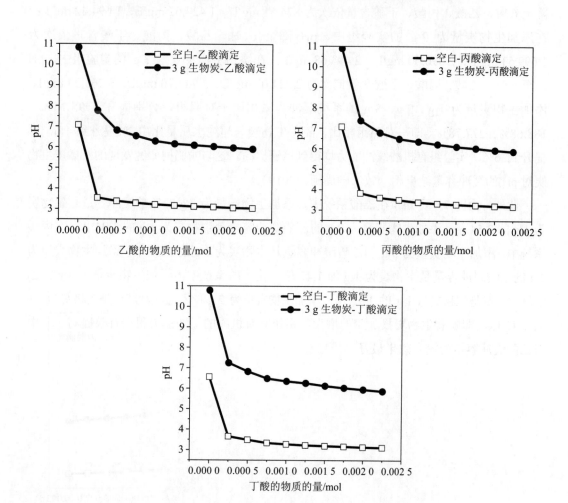

图 7.5 投加 3 g 500℃生物炭的系统对典型有机酸的酸效应曲线

如图可知，当添加 0.002 5 mol 酸时，各组对照组（超纯水）pH 迅速降至 3.0 左右。与对照组（超纯水）相比，添加 1 g、2 g、3 g 生物炭的系统在添加酸物质的量为 0.002 5 mol 时 pH 范围为 6～7，pH 下降量以及下降幅度明显减少。表明沼渣生物炭对这三种有机酸均有较好的缓冲能力。这与熊静等研究发现的生物炭对 pH 的缓冲作用结果相一致（熊静等，2019）。这可能是因为生物炭显碱性且携带一部分碱性含氧官能团，可以与溶液中的 H^+ 结合，从而增强系统抗酸突变能力。

产甲烷菌生长最适 pH 在 6.5～8.2，当厌氧发酵系统 pH 低于 6.5 时，产甲烷菌活性将会被明显抑制，影响系统产甲烷效率（任海伟等，2014）。将该酸效应实验系统滴定酸过程中，pH 降到 6 时所滴加的酸的浓度定义为沼渣生物炭对酸的缓冲容量。对照组滴加乙酸、丙酸、丁酸，迅速降至 6 以下，pH 在 3.5～4 范围内，此时乙酸、丙酸、丁酸含量依次为 588.73 mg/L、726.27 mg/L、863.82 mg/L；在添加生物炭量为 1 g 的实验组中，pH 降至 6 时，乙酸、丙酸、丁酸含量依次为 874.51 mg/L、1 424.62 mg/L、1 694.42 mg/L；在添加生物炭量为 2 g 的实验组中，pH 降至 6 时，乙酸、丙酸、丁酸含量依次为 1 699.53 mg/L、2 096.60 mg/L、2 493.68 mg/L；在添加生物炭量为 3 g 的实验组中，pH 降至 6 时，乙酸、丙酸、丁酸含量依次为 2 224.07 mg/L、2 743.70 mg/L、3 263.33 mg/L。添加生物炭量为 1 g、2 g、3 g 的系统缓冲容量相比于对照组，分别提升了 95.15%、188.68%、277.78%。即与对照组相比，随着生物炭与超纯水质量比由 2% 提升到 4%，再提升到 6%，实验组有机酸缓冲能力均得到倍速提高。这与喻尚柯研究发现的柑橘皮生物炭对 pH 的缓冲容量结果相一致（喻尚柯，2019）。

此外，由图 7.6 可知，在乙酸系统中，添加生物炭量为 3 g 的乙酸缓冲容量是生物炭为 1 g 的 2.54 倍，添加生物炭量为 2 g 的乙酸缓冲容量是生物炭为 1 g 的 1.94 倍；在丙酸系统中，添加生物炭量为 3 g 的乙酸缓冲容量是生物炭为 1 g 的 1.93 倍，添加生物炭量为 2 g 的乙酸缓冲容量是生物炭为 1 g 的 1.47 倍；在丁酸系统中，添加生物炭量为 3 g 的乙酸缓冲容量是生物炭为 1 g 的 1.92 倍，添加生物炭量为 2 g 的乙酸缓冲容量是生物炭为 1 g 的 1.47 倍。即随着生物炭投加量的增大，系统对有机酸的缓冲能力得到有效提高，其中对乙酸缓冲容量的提升效果最好。

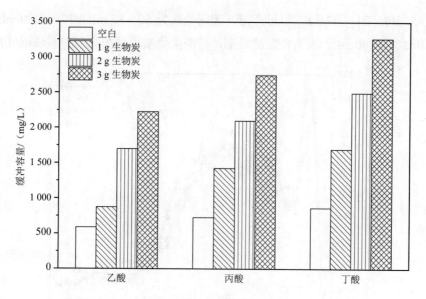

图 7.6 投加不同含量生物炭的系统对典型有机酸的缓冲容量

7.3 沼渣生物炭对发酵效果影响

本节对生物炭添加的餐厨垃圾干式厌氧发酵系统进行产气、SCOD、NH_4^+-N、pH、VS、溶解性糖及蛋白质检测,探究沼渣生物炭对系统产气、物料降解及系统稳定性的影响,为沼渣生物炭在餐厨垃圾干式厌氧发酵方面的工程应用提供依据。

7.3.1 生物炭对产气效果影响

(1)生物炭对发酵过程产沼气的作用

本实验对每日沼气的产量进行检测,研究沼渣生物炭含量对发酵产沼气速率及产气量的影响。图 7.7 为不同处理组日产沼气量和累积产沼气量变化,图 7.7(a)为日产沼气量变化,图 7.7(b)为累积产沼气量变化。

由图 7.7(a)可知,各组在发酵第 0~19 天日产沼气量变化趋势相似,均经历了初期快速上升、快速下降、二次上升、二次缓慢下降这 4 个时期。发酵第 0~2 天为初期快速上升阶段,随后第 3~4 天日产沼气量快速下降,第 4~14 天沼气日产量二次上升,第 14~19 天二次缓慢下降。说明添加不同含量的沼渣生物炭对日产沼气量的变化没有明显影响,这与高健等所开展的沼渣生物炭强化小麦秸秆厌氧发酵的结果相一致(高健等,2020)。在发酵第 19~29 天,各组日产沼气量变化存在一定差异,其中 B0 组日产沼气量持续减小,B2、B3 组日产沼气量逐渐上升,B1 组日产沼气量先下降后上升。在发酵第

27～29 天，B0、B1、B2、B3 组日产沼气范围分别为 60～83 mL、198～220 mL、265～312 mL 和 227～240 mL。表明在发酵后期，沼渣生物炭添加提高发酵系统沼气日产量。

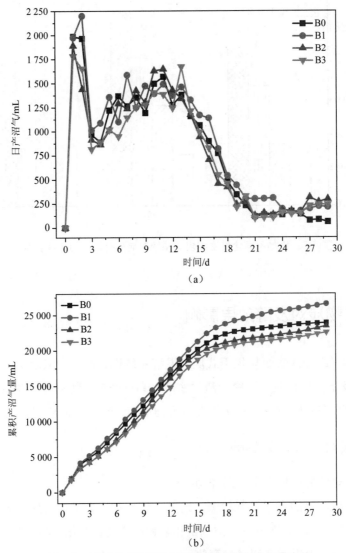

图 7.7　不同处理组日产沼气量和累积产沼气量变化

　　由图 7.7（b）可知，各处理在干式厌氧发酵过程中的累积产沼气量均呈先上升后稳定的趋势，在发酵第 0～2 天累积产沼气量快速增加，随后第 3～19 天持续上升，在发酵第 19～29 天趋于稳定。B0、B1、B2、B3 组累积单位 VS 的沼气产率分别是 459.37 mL/g、510.48 mL/g、450.19 mL/g、432.88 mL/g，即随着沼渣生物炭含量的上升，累积单位 VS 的沼气产量先升高后降低。当沼渣生物炭含量上升至 20 g/L 时，累积单位 VS 的沼气产量较 B0 组更低，也就是说添加适当含量的沼渣生物炭可以提高餐厨垃圾干式厌氧发酵的累积产沼气量，但添加高含量沼渣生物炭会抑制累积产沼气量。这与 Li 等的研究结果相一致，添加生物炭能够有效提高系统沼气产量，但当生物炭质量浓度超过 16.3 g/L 时，系统沼气产量开始呈下降趋势（Li Q et al.，2018），Shen 等利用木质生物炭处理污泥也表现出一定的抑制特性（Shen Y et al.，2015）。

采用 SPSS 25.0 软件对不同发酵阶段累积产沼气量和沼渣生物炭含量进行 Pearson 相关性分析及显著性检验（双侧检验），以探究沼渣生物炭含量与累积产沼气量之间的关系，结果如表 7.4 所示。由表可知，沼渣生物炭含量与不同发酵阶段的累积产沼气量之间的相关系数的绝对值均大于 0.809，且均为负值，说明沼渣生物炭含量与不同发酵阶段的累积产沼气量均呈负相关。随着沼渣生物炭含量增加，发酵系统累积产沼气量减小。这可能是由于沼渣基生物炭呈碱性，添加量过高时导致系统整体偏中性或者碱性，使产气菌群活性轻微降低。

表 7.4　沼渣生物炭含量与不同发酵阶段累积产沼气量的相关分析

项目		累积产沼气量								
沼渣生物炭	时间/d	0	3	7	11	15	19	23	27	29
	相关性	-1.000^{*}	-0.809	-0.904	-0.989	-0.957	-0.899	-0.892	-0.907	-0.917
	显著性	0.016	0.400	0.281	0.095	0.188	0.289	0.299	0.277	0.262

注：*表示在 0.05 级别（双尾），相关性显著。

（2）生物炭对发酵产甲烷过程的影响

1）CH_4 含量

CH_4 是沼气的主要成分，也是评价沼气品质的主要指标之一。图 7.8 为不同处理组 CH_4 含量变化。由图可知，各处理在发酵过程中 CH_4 含量呈先上升后稳定再下降的趋势。发酵第 0～4 天为 CH_4 含量上升阶段，B0、B1、B2、B3 组 CH_4 含量分别从 16.49%、16.39%、17.21%、15.25% 上升到 55.83%、56.37%、56.65%、54.91%，增加了 39.34%、39.99%、39.44%、39.66%，进入稳定发酵阶段。第 4～18 天为稳定产甲烷阶段，B0、B1、B2、B3 组 CH_4 含量范围分别为 55.83%～75.29%、56.37%～75.91%、56.65%～74.71%、54.91%～73.60%。至发酵结束，CH_4 含量为 40% 左右。第 18～29 dCH_4 含量降低，这可能是因为餐厨垃圾发酵结束，底物中物料不充足。说明添加不同含量沼渣生物炭的系统未发生酸化和产气不稳定现象，各处理组在发酵前期均维持较高 CH_4 含量，产气效果较好。

对比四组厌氧发酵反应，CH_4 含量变化趋势无明显差别，在不同反应阶段有一定程度的差异。B0 处理在第 14 天达到 CH_4 含量峰值（75.29%），B1 处理在第 14 天达到 CH_4 含量峰值（75.91%），B2 处理在第 12 天达到 CH_4 含量峰值（74.71%），B3 处理在第 13

天达到 CH_4 含量峰值（73.60%）。添加沼渣生物炭含量为 20 g/L 和 40 g/L 时 CH_4 含量峰值偏低，较 B0 处理分别降低了 0.58%、1.68%。并且 B2、B3 处理的发酵系统在后期 CH_4 含量下降较快，较其他处理的发酵周期更短。

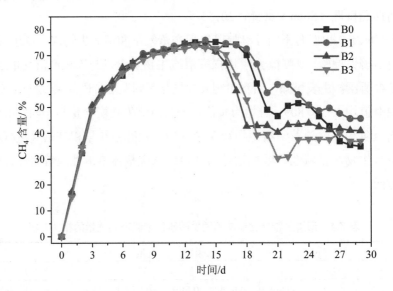

图 7.8　不同处理组 CH_4 含量变化

2）累积产 CH_4 量

本实验对每日 CH_4 的产量进行检测，研究沼渣生物炭含量对发酵产甲烷速率及产气量的影响。图 7.9 为不同处理组日产甲烷量和累积产甲烷量变化，图 7.9（a）为日产甲烷量变化，图 7.9（b）为累积产甲烷量变化。

由图 7.9（a）可知，各组在第 0～19 天日产甲烷量变化趋势相似，均经历了先上升后下降的变化。发酵第 0～2 天日产甲烷量迅速上升，接下来 10 d 也以较快的增长速率产生 CH_4，随后第 13～19 天 CH_4 日产气量迅速降低。说明发酵前期（0～19 d）添加不同含量的沼渣生物炭对日产甲烷量的影响较小。在发酵第 19～29 天，各组日产甲烷量变化存在一定差异，其中 B0、B1 组日产甲烷量持续减小，B2、B3 组日产甲烷量逐渐上升。在发酵第 20～29 天，B0、B1、B2、B3 组日产甲烷范围分别为 20.80～29.25 mL、93.91～99.89 mL、108.29～129.92 mL、87.23～90.06 mL。表明在发酵后期，沼渣生物炭添加提高发酵系统 CH_4 日产量。

由图 7.9（b）可知，各处理在干式厌氧发酵过程中的累积产甲烷量均呈先上升后稳定的趋势。B0、B1、B2、B3 组累积单位 VS 的 CH_4 产量分别是 276.31 mL/g、308.59 mL/g、265.55 mL/g 和 250.82 mL/g，B1 组累积 CH_4 产量超过 B0 组，B2、B3 组不及 B0 组，表明添加适当含量的沼渣生物炭可以提高餐厨垃圾干式厌氧发酵的累积产甲烷量，但添加高含量沼渣生物炭会抑制累积产甲烷量。本实验结果与 Sun 等的实验结果一致（Paritosh K et al.，2019）。高含量添加组的累积产甲烷量低于对照组，可能是由于沼渣基生物炭呈碱性，生物炭中的高碱金属和碱土金属（K、Ca 和 Mg）含量会使反应器 pH 呈弱碱性，使产气菌群活性轻微降低。其对微生物的负面影响超过生物炭提供附着位点及促进菌群间的 DIET 等正面影响，从而使得 CH_4 累积产量降低。此外，生物炭对乙酸、丙酸等 VFA 有吸附作用，可以吸附大量 VFA，导致发酵初期 VFA 含量降低，且沼渣生物炭含量越高，反应 VFA 的含量越多，降低的有机酸浓度越大，导致产甲烷菌可利用的食料减少，导致反应产甲烷少。

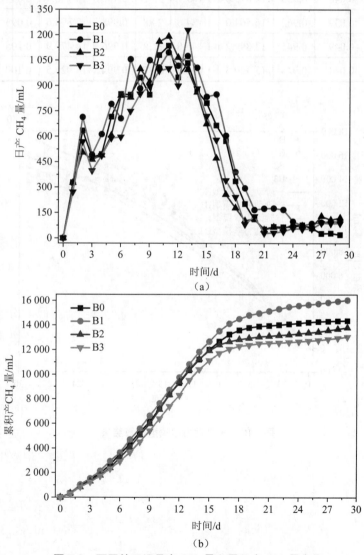

图 7.9　不同处理组日产 CH_4 量和累积产 CH_4 量变化

3）产 CH₄ 动力学

采用一阶动力学、Gompertz 修正和 Cone 模型对各处理组累积产 CH₄、延滞期、水解速率常数进行拟合，以解释厌氧发酵过程机理（李建昌等，2011；Nguyen D D et al.，2016）。拟合结果如表 7.5、图 7.10、图 7.11、图 7.12 所示。

表 7.5　一级动力学模型、Gompertz 修正模型、Cone 模型拟合参数

组别	一级动力学模型			Gompertz 修正模型				Cone 模型			
	P	K	R^2	P	R_{max}	λ	R^2	P	K	n	R^2
B0	21 714.6	0.045	0.953	14 879.0	1 109.7	3.02	0.996	15 756.4	0.099	2.6	0.993
B1	25 876.6	0.039	0.962	16 564.0	1 134.6	2.88	0.998	17 894.6	0.093	2.4	0.995
B2	19 691.8	0.049	0.945	13 899.2	1 146.0	3.29	0.996	14 479.9	0.105	2.9	0.993
B3	19 714.0	0.044	0.944	13 329.5	1 048.0	3.37	0.994	13 926.5	0.100	2.9	0.991

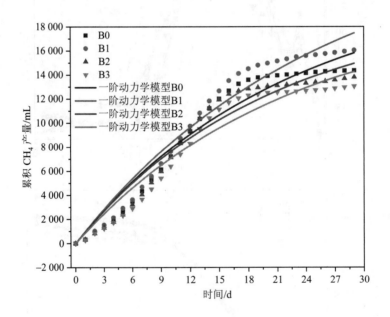

图 7.10　一级动力学模型计算结果

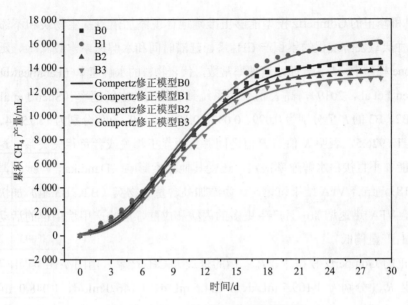

图 7.11　Gompertz 修正模型计算结果

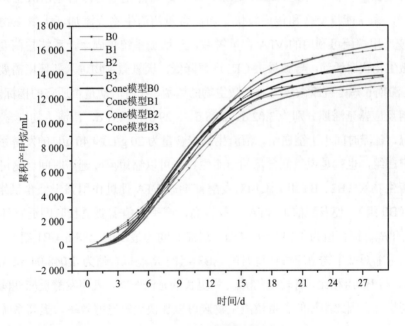

图 7.12　Cone 模型计算结果

如表 7.5 可知，B0、B1、B2、B3 组的 Cone 模型和修正的 Gompertz 模型 R^2（相关系数）分别为 0.991～0.995 和 0.994～0.998，均大于 0.99，普遍高于一阶动力学模型 R^2（0.94～0.96），且一阶动力学模型拟合出的累积产 CH_4 量 P 值与实际累积产 CH_4 量相比偏高，而 Cone 模型和修正的 Gompertz 模型拟合结果 P 值与实际结果更为接近，说明

Cone 模型和修正的 Gompertz 模型能够更准确地体现添加沼渣基生物炭和不添加沼渣基生物炭两种厌氧发酵过程的累积产 CH_4 量、延滞时间和水解速率常数。

在 Cone 模型中，K 为一阶水解速率常数，代表物料的水解速率（Parameswaran P et al.，2012；Shen J et al.，2019），高 K 值表明系统具有较高的水解速率（Shen J et al.，2018）。B0、B1、B2、B3 的 K 值分别为 0.099、0.093、0.105、0.100，P 值分别为 15 756.4、17 894.6、14 479.9、13 926.5，表明 K 值与 P 值之间并无明显正相关或者负相关关系。这是由于厌氧发酵性能并不直接由水解速率决定，还受其他因素影响（Dandikas V et al.，2018；崔少峰，2018），结合 VFA 结果讨论，认为添加高含量生物炭（B2、B3 组）加快发酵前期水解效率，VFA 迅速增加，且产生更多的丙酸和戊酸，影响产甲烷菌群的活动，最终导致系统 CH_4 产量偏低。

在修正的 Gompertz 模型中，R_{max} 指的是最大 CH_4 产率。由图 7.10 可知，B0、B1、B2、B3 组 R_{max} 分别为 1 109.7 mL/d、1 134.6 mL/d、1 146.0 mL/d、1 048.0 mL/d，B1、B2 组较 B0 组的 R_{max} 分别提高了 2.24%、3.26%，B3 组较 B0 组的 R_{max} 降低了 5.56%。说明添加低含量沼渣生物炭可提高最大 CH_4 产率。这可能是因为低含量沼渣生物炭系统微生物活性强，系统能量交换和传递较快。而高含量沼渣生物炭添加，大量生物炭吸附更多 VFA，使产甲烷菌可利用的 VFA 含量锐减，且增加系统含固率，系统黏稠度上升，组织能量和微生物代谢活动，导致最大 CH_4 产率降低。厌氧微生物进入新环境需要一定时间以适应，迟滞期长短是判断微环境对于微生物的繁殖、代谢活动是否适宜的指标。B0、B1、B2 和 B3 组反应器延滞期分别为 3.02 d、2.88 d、3.29 d 和 3.37 d，沼渣生物炭含量为 6 g/L 的发酵系统，延滞时间小于空白组，沼渣生物炭含量为 20 g/L 和 40 g/L 的发酵系统，延滞时间大于空白组，也就是说，低含量的沼渣生物炭可以缩短反应延滞时间。这可能是由于高含量沼渣生物炭（B2、B3 组）添加对发酵前期产 VFA 促进作用强于低含量组（B1 组）和空白组（B0 组），使发酵前期 VFA 含量较高，产甲烷菌需要更长时间适宜环境。

B1 组的 R_{max} 拟合值为 1 134.59 mL/d，迟滞时间为最少的 2.88 d（B1 组），表明沼渣生物炭加入可缩短微生物适应微环境时间。B3 组的 R_{max} 拟合值为 1 048.04 mL/d，延滞时间为 3.37 d，与 B0 组相比，有较低的 R_{max} 和更长的延滞时间，表明发酵反应期间微生物活动处于抑制状态。因此添加低含量沼渣生物炭可以加快厌氧发酵效率，提高系统稳定性。

7.3.2　生物炭对物料降解特性的影响

（1）SCOD 含量[①]动态变化

SCOD 表示溶解于溶液中的有机物质的量，其成分包括溶解性多糖、VFA、溶解性蛋白、溶解性脂质等，其变化趋势可以代表发酵系统水解酸化阶段情况，而 VFA 与 SCOD

① 指质量浓度（mg/L）。

的比率则代表有多少可溶有机物质可以转化为 VFA（Jankowska E et al.，2018；Fang W et al.，2019），两者共同反映了可溶性有机质的产生和消耗情况。

图 7.13 为不同处理组 SCOD 的含量变化。由图可知，发酵过程中，SCOD 含量表现出先上升后下降的趋势。在发酵初始阶段（0～7 d），SCOD 含量升高，B0、B1、B2、B3 组 SCOD 初始含量分别为 60 000 mg/L、64 300 mg/L、64 000 mg/L、63 500 mg/L，SCOD 含量最高分别升至 72 000 mg/L、72 500 mg/L、74 000 mg/L、74 000 mg/L，不同处理组 SCOD 含量差异较小。这可能是由于餐厨垃圾易降解组分多，初期水解阶段易降解组分在胞外水解酶的作用下被水解成可溶性有机质，使系统溶解性有机质浓度迅速上升（Paritosh K et al.，2019），然而由于各组组分相差不大，故各组 SCOD 含量相差不大（喻尚柯，2019）。随着发酵的进行，SCOD 含量逐渐下降，在发酵第 7～27 天，B0、B1、B2、B3 组 SCOD 含量分别从最大浓度下降为 47 100 mg/L、49 500 mg/L、47 400 mg/L、45 600 mg/L，减少量分别为 24 900 mg/L、23 000 mg/L、26 600 mg/L、26 900 mg/L，去除率依次为 34.58%、31.72%、35.95%、37.10%。不同处理组的 SCOD 含量去除率差异较小，表明添加沼渣生物炭对餐厨垃圾发酵 SCOD 利用过程促进作用较小，影响不大。这可能是由于生物炭的孔隙结构提高了物料与对应酶或微生物之间的接触。

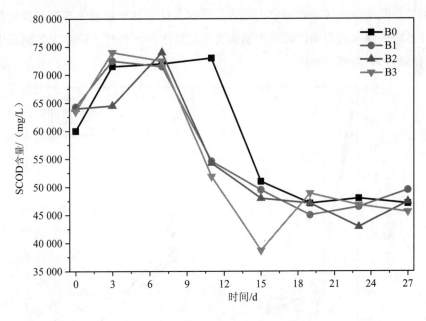

图 7.13　不同处理组 SCOD 含量变化

（2）溶解性糖含量动态变化

溶解性糖是溶解性有机质的主要组成之一，且溶解蛋白比碳水化合物和糖类产气潜能大，对其进行检测，以探究沼渣生物炭对溶解性蛋白的生成和利用情况。图 7.14 为不同处理组溶解性糖浓度变化。

如图 7.14 所示，各处理在发酵过程中溶解性糖浓度均呈先下降后上升再下降的趋势。在初期下降阶段（第 0～3 天），B0、B1、B2、B3 系统中溶解性糖含量分别由 246.15 mg/L、260.37 mg/L、237.92 mg/L、224.99 mg/L 下降到 39.57 mg/L、47.05 mg/L、53.79 mg/L、62.02 mg/L，减少量分别为 206.59 mg/L、213.32 mg/L、184.13 mg/L、162.97 mg/L。B2、B3 组溶解性糖减少量少于 B0、B1 组，也就是说 B2、B3 组微生物对糖代谢能力弱于 B0、B1 组，因此累积产 CH_4 量比 B0、B1 组少。在发酵第 3～11 天，各组溶解性糖浓度轻微波动下降，发酵第 11～19 天，溶解性糖浓度有一个轻微上升然后下降的过程，这可能是基质中难降解组分如纤维素、半纤维素等物质部分降解，使溶解性糖浓度上升，然而由于难降解组分降解难度大、降解程度有限，所以溶解性糖含量上升的程度较小（喻尚柯，2019）。发酵第 11～27 天，各组溶解性糖浓度浓度持续降低。

发酵过程中，B0、B1、B2、B3 各组溶解性糖的含量分别由 246.15 mg/L、260.37 mg/L、237.92 mg/L、224.99 mg/L 下降到 27.59 mg/L、34.33 mg/L、17.86 mg/L、38.39 mg/L，溶解性多糖的去除率分别为 88.79%、86.82%、92.49%、82.94%，由高到低依次为 B3、B2、B0、B1，即随着沼渣生物炭含量增多，溶解性糖去除率先增加后降低。这与喻尚柯的研究结果类似，其向园林垃圾和剩余污泥的共发酵系统添加柑橘皮生物炭，探究其对发酵中溶解性多糖去除率的影响，随着生物炭含量的增多溶解性糖去除率大致体现出先增大后减小的趋势（喻尚柯，2019）。

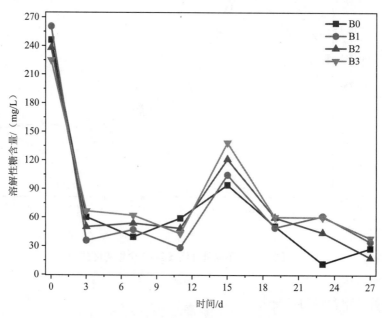

图 7.14　不同处理组溶解性糖含量变化

（3）溶解蛋白含量[①]动态变化

溶解性蛋白是溶解性有机质的主要组成之一，且溶解蛋白比碳水化合物和糖类产气潜能大，对其进行检测，以探究沼渣生物炭对溶解性蛋白的生成和利用情况。图 7.15 为不同处理组溶解性蛋白含量变化。

由图 7.15 可知，发酵第 0～19 天，B0、B1 组的溶解性蛋白含量呈缓慢增长的趋势，B2、B3 组则呈先降后升的趋势。B0、B1 组的溶解性蛋白含量由初始的 7.16 g/L、6.03 g/L上升为 9.11 g/L、8.70 g/L。B2、B3 组的溶解性蛋白浓度在第 3～12 天为最低区间，含量范围分别为 5.00～6.13 g/L、3.26～5.52 g/L。表明 B2、B3 组在发酵前期（第 3～12 天），比 B0、B1 组微生物代谢蛋白质的活性强，水解效率高。此外，在发酵过程中，B0、B1、B2、B3 组的溶解性蛋白含量范围分别为 7.16～10.65 g/L、6.03～10.04 g/L、4.49～6.13 g/L、3.26～5.52 g/L。不同处理组，溶解蛋白含量大小依次为 B0＞B1＞B2＞B3。也就是说，添加沼渣生物炭可加快溶解性蛋白的水解，使发酵系统中溶解性蛋白浓度维持在较低水平，且该促进作用随沼渣生物炭含量提高而增强。这与廖雨晴所开展的污泥生物炭强化餐厨垃圾厌氧发酵的结果相一致（廖雨晴等，2020）。

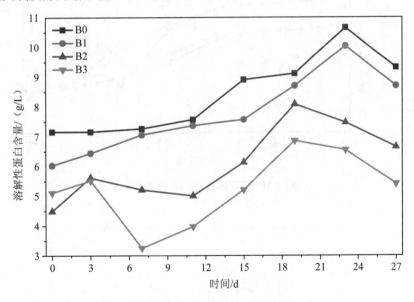

图 7.15　不同处理组溶解性蛋白含量变化

（4）生物炭对 VS 含量变化的影响

VS 含量可反映发酵基质中可生物降解的有机物比例。为了研究沼渣生物炭添加含量对餐厨垃圾干式厌氧发酵有机物降解的影响，对 VS 进行检测。图 7.16 为不同处理组 VS含量变化。

[①] 指质量浓度（g/L）。

由图 7.16 和图 7.17 可知，与空白组相比，生物炭添加组 VS 含量变化规律明显不同，B0 组 VS 含量呈慢速减少的趋势，B1、B2 和 B3 组 VS 含量呈先快速后慢速减少的趋势。其中，第 0～3 天为 B1、B2、B3 组 VS 含量快速减少的阶段。运行前 3 d，沼渣生物炭含量为 0 g/L、6 g/L、20 g/L、40 g/L 处理组中，VS 含量由起始的 5.89%、6.36%、6.97%、7.10%降低为 5.73%、5.89%、6.48%、6.72%，去除率分别为 2.70%、7.33%、7.00%、5.32%。在发酵的第 3～27 天，系统 VS 削减量持续增加，但 VS 降解的速率明显降低，发酵结束后，B0、B1、B2、B3 组对 VS 的去除率分别达到了 33.11%、36.38%、36.82%、37.09%。表明沼渣生物炭含量为 0～40 g/L 时，VS 去除率逐渐增高，B3 组 VS 去除率最高。可能是因为沼渣生物炭为中孔炭，中孔是生物炭与有机酸发生作用的主要场所，内有附着有机物的位点，使有机物与生物炭充分接触，进行吸附或降解反应。

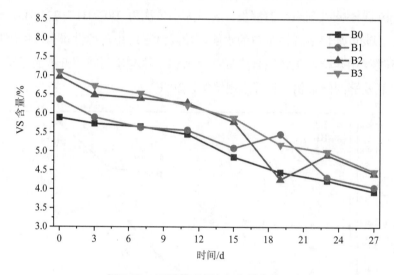

图 7.16　不同处理组 VS 含量变化

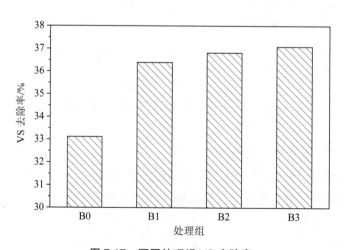

图 7.17　不同处理组 VS 去除率

7.3.3　生物炭对系统稳定性的影响

（1）生物炭对 NH_4^+-N 含量变化的影响

NH_4^+-N 含量可以反映物料中蛋白质的水解程度，也是体现微生物代谢溶解性蛋白质的活动情况的重要参数。NH_4^+-N 是微生物必需的营养物质，在发酵过程中不可缺少，但是高浓度的 NH_4^+-N 会导致发酵系统运转不良甚至发酵失败（李政伟等，2016；Poggi-Varaldo H M et al.，1997）。

图 7.18 为不同处理组 NH_4^+-N 含量变化。由图可以看出，各个反应器 NH_4^+-N 含量总体上均呈上升趋势，发酵初期（第 0～5 天）NH_4^+-N 含量增速较快，这可能是由于发酵初期物料中易降解的含氮有机物水解，促使系统内溶解性蛋白质含量变多，导致溶液中 NH_4^+-N 含量迅速增加。发酵第 7～27 天 NH_4^+-N 含量略微上升，最后基本稳定于 4 800 mg/L，可能由于发酵系统稳定运行，系统中溶解性蛋白还在不间断地被分解为 NH_4^+-N，溶液中 NH_4^+-N 含量上升。

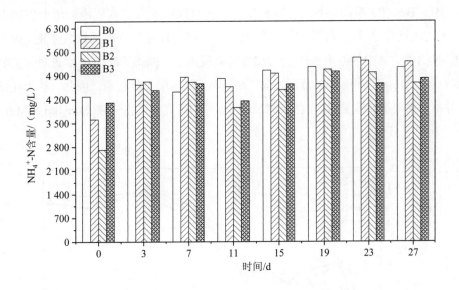

图 7.18　不同处理组 NH_4^+-N 含量变化

对比各组 NH_4^+-N 含量变化，B0、B1、B2、B3 组 NH_4^+-N 含量范围分别为 4 286.57～5 425.66 mg/L、3 612.11～5 335.73 mg/L、2 712.83～5 080.94 mg/L、4 106.71～5 020.98 mg/L，发酵结束时 NH_4^+-N 含量分别为 5 140.89 mg/L、5 305.76 mg/L、4 676.26 mg/L、4 811.15 mg/L，B0 组 NH_4^+-N 含量变化幅度较小且总体偏高，B1、B2、B3 组 NH_4^+-N 含量总体偏低，说明添加生物炭可能减缓系统 NH_4^+-N 含量升高速率。这可能是由于生物炭表面的碱土金属或者含碱土金属元素官能团作为微量元素，提高胞外水解酶活性从而促进蛋白质的水解

（Parra-Orobio B A et al.，2018），而生物炭作为载体为微生物提供附着位点等作用又提高了微生物对 NH_4^+-N 的利用速率（张振等，2020），且后者速率快于前者，因此可以使系统 NH_4^+-N 维持在一个更稳定的水平，故发酵期间 B1、B2、B3 组 NH_4^+-N 含量始终低于 B0 组。

（2）发酵系统 pH 动态变化

pH 变化体现反应系统的稳定性，故通过检测各个反应阶段 pH 以探究沼渣生物炭添加对餐厨垃圾干式厌氧发酵的影响。图 7.19 为不同处理组 pH 变化。由图可知，各处理在整体发酵过程中 pH 相差较小，且整体均表现为先迅速上升后稳定再缓慢上升最后稳定的趋势。发酵第 0～3 天，B0、B1、B2、B3 组的 pH 由 7.68、7.69、7.68、7.67 升高为 8.41、8.25、8.39、8.29，添加沼渣生物炭处理的系统 pH 较 B0 组更低，这可能是由于沼渣生物炭作为载体和缓冲物质，促进产酸细菌代谢活动，使系统内 VFA 含量升高，系统 pH 略微降低。在发酵第 3～11 天，B0、B1、B2、B3 组的 pH 范围为 8.34～8.41、8.25～8.37、8.29～8.43、8.29～8.35，各组 pH 差距较小，表明系统运行良好，各组均未出现明显酸化现象。之后在发酵第 11～27 天，系统 pH 持续缓慢上升并趋于稳定，在发酵结束时 B0、B1、B2、B3 组的 pH 分别为 8.72、8.76、8.75、8.75。表明添加沼渣生物炭对餐厨垃圾干式厌氧发酵后期 pH 变化无明显影响。而后期 pH 整体升高显碱性可能是因为系统高 NH_4^+-N 含量，其中的游离 NH_3 会解离出氢氧根离子，提高了系统 pH。此外，发酵过程中，B0、B1、B2、B3 组的 pH 范围均为 7.6～8.6，且各组差异较小，因此，认为在该系统中 pH 并不是主要影响因素。这一结果与 Sunyoto 等的研究结果相一致（Sunyoto N M S et al.，2016）。

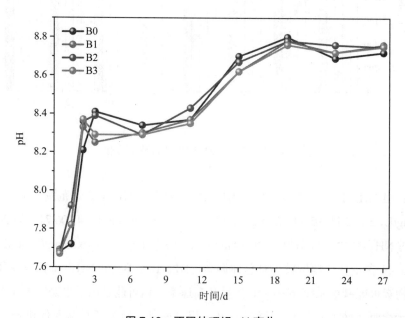

图 7.19　不同处理组 pH 变化

7.4　沼渣生物炭对干式厌氧发酵系统产酸的影响

为了探究沼渣生物炭对餐厨垃圾干式厌氧发酵过程有机酸的影响，本节基于前期的研究成果，选择乙酸、丙酸、丁酸和戊酸等作为研究对象，分析关键有机酸在发酵过程中的产生量与产生规律，探究沼渣生物炭对餐厨垃圾干式厌氧发酵系统内有机酸产生的影响。

7.4.1　VFA 产生规律

VFA 是系统内所有有机酸的统称（袁悦等，2016；Mostafa N A，1999；Teghammar A，2013），通过分析发酵系统中 VFA 变化规律，可以分析生物炭发酵系统产酸的总体影响情况。图 7.20 为各实验组总 VFA 含量[①]变化情况。

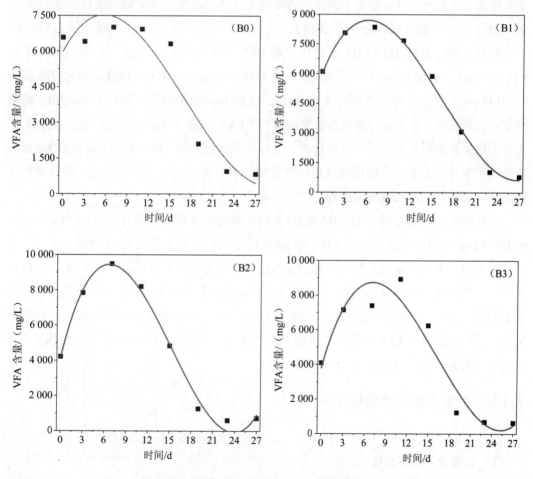

图 7.20　各个实验组总 VFA 含量分布

[①] 本章中 VFA 含量及各酸含量指质量浓度（mg/L）。

由图 7.20 可知，各处理组发酵基质中 VFA 含量总体上呈现先上升后下降的趋势。B0、B1、B2 发酵第 0～7 天为 VFA 含量上升阶段，发酵第 7～27 天为 VFA 含量下降阶段。与之相比，B3 组 VFA 含量上升阶段较长，发酵第 0～11 天期间 VFA 含量上升，第 11 天至发酵结束，VFA 含量持续下降。表明发酵系统中的 VFA 在发酵前期是水解酸化阶段反应速率强于产甲烷阶段反应速率，发酵后期则是水解酸化反应速率弱于产甲烷速率。这与李丹妮等的研究相一致（李丹妮等，2019）。

由图 7.20 可知，B0 和 B1 发酵系统内 VFA 含量变化可细分为初期快速上升、中期相对稳定、后期下降 3 个阶段，稳定期持续时间分别为 5 d 和 9 d。而 B2、B3 组的产 VFA 含量变化缺少中期相对平衡阶段，只表现出初期快速上升和后期下降两个阶段。也就是说，与空白实验相比，低含量生物炭添加可以增加中期稳定期，高含量生物炭添加会减少中期稳定期时间。这与 Sharma 等的研究相一致（Sharma B et al.，2021），而高含量生物炭添加平衡期减少可能是由于添加沼渣生物炭在高含固率系统中会促进互营型 CH_4 代谢，加快 VFA 分解（Pan J et al.，2019）。

此外，B0、B1、B2 和 B3 分别从初期 VFA 含量 6 573.23 mg/L、6 109.98 mg/L、4 219.23 mg/L、4 091.69 mg/L 上升到最大含量 7 005.60 mg/L、8 358.67 mg/L、9 485.21 mg/L、8 930.40 mg/L 的上升速率分别为 3.86 mg/h、20.08 mg/h、47.02 mg/h、27.49 mg/h，说明与空白实验相比，生物炭的添加促进发酵前期 VFA 产生速率加快，且促进作用随着生物炭含量增加表现出先上升后下降的趋势。这与刘芳的研究相一致（刘芳等，2020），这可能是由于生物炭含有的官能团及其他碱性金属元素等特性促进了发酵系统产酸菌群的代谢活动，加快物料的水解酸化进程。

与此同时，观察到 B0、B1、B2 和 B3 处理基质的起始 VFA 含量分别为 6 573.23 mg/L、6 109.98 mg/L、4 219.23 mg/L、4 091.69 mg/L，至发酵结束各系统 VFA 含量依次下降为 841.78 mg/L、793.24 mg/L、723.60 mg/L、632.707 mg/L，各处理基质起始 VFA 含量存在差异，而发酵结束时的 VFA 含量差别不大，说明起始阶段 VFA 的含量受沼渣生物炭的影响较大。这与马帅的研究结果相一致（马帅，2018），这可能是由于生物炭可以吸附 VFA，导致发酵初期 VFA 含量降低，且沼渣生物炭含量越高，反应 VFA 的含量越多，降低的有机酸浓度越大（Pan J et al.，2019）。

7.4.2　主要有机酸产生规律

（1）乙酸产生规律

1）乙酸含量动态变化

乙酸既是厌氧发酵过程中重要的中间代谢产物，也是甲基化的重要底物，反应中 70% 以上的 CH_4 气体是由耗乙酸型产甲烷菌消耗乙酸得到的。乙酸含量过高或者过低均会影响系统产气稳定性和效率，因此检测不同发酵阶段的乙酸含量，以探究沼渣生物炭对餐厨垃圾干式厌氧发酵产酸机理。

由图 7.21 可知，各组在发酵过程中产乙酸周期和规律相似，乙酸浓度均呈先上升后下降的趋势，表明生物炭添加对餐厨垃圾干式厌氧发酵产乙酸周期和规律影响较小。这与 Sharma 的研究相一致，其添加 0%、0.5%、1%、1.5% 的牛粪生物炭对水葫芦厌氧发酵进行实验，发现 4 个处理组乙酸浓度均表现出先升高再下降的趋势（Sharma B et al.，2021）。

在乙酸浓度上升阶段，B0、B1、B2 和 B3 系统乙酸浓度分别从启动阶段的 4 121.86 mg/L、4 055.74 mg/L、2 642.39 mg/L 和 2 232.38 mg/L 上升到最大浓度 4 352.51（第 7 天）、5 425.96（第 7 天）、6 223.62（第 7 天）和 5 356.16 mg/L（第 11 天），增加量分别为 230.65 mg/L、1 370.22 mg/L、3 581.23 mg/L 和 3 123.78 mg/L，上升速率分别为 2.06 mg/h、12.23 mg/h、31.98 mg/h、17.75 mg/h，B1、B2、B3 处理乙酸浓度增加量分别是空白组（B0）的 5.94 倍、15.53 倍、13.54 倍。表明，在发酵前期系统主要进行水解酸化反应，与空白实验相比，生物炭的添加促进发酵前期乙酸产生速率加快，但是促进作用与生物炭含量并不成正比，生物炭含量为 20 g/L 组的促进作用最强。这可能是由于生物炭提高了阳离子交换性和吸附性，且促进产氢产乙酸阶段将丙酸、戊酸、丁酸等小分子有机酸转化为乙酸。

发酵后期，随着发酵底物的不断消耗，B0、B1、B2 组自第 7 天开始，B3 组自第 11 天开始，乙酸浓度持续下降，至发酵结束 B0、B1、B2、B3 处理乙酸浓度由最大浓度分别下降为 137.54 mg/L、200.50 mg/L、195.05 mg/L 和 197.05 mg/L，乙酸浓度下降速率分别为 13.17 mg/h、16.33 mg/h、18.84 mg/h、20.15 mg/h。表明与空白实验相比，生物炭的添加可以促进发酵后期乙酸消耗速率加快，且促进作用随着生物炭含量增加而增强。这可能是由于生物炭添加在高含固率系统中会促进互营型 CH_4 代谢，加快乙酸分解（Zhao Z，Zhang Y et al.，2015）。

此外，观察到 B0、B1、B2 和 B3 处理基质的起始乙酸含量分别为 4 121.86 mg/L、4 055.74 mg/L、2 642.39 mg/L、2 232.38 mg/L，至发酵结束各系统乙酸含量依次下降为 137.54 mg/L、200.50 mg/L、195.05 mg/L 和 197.05 mg/L，各处理基质起始乙酸含量存在差异，而发酵结束时的乙酸浓度差别不大，说明起始阶段乙酸的浓度受沼渣生物炭的影响较大。这可能是由于生物炭对有机酸有吸附作用，生物炭可以大量吸附乙酸，且生物炭含量越大，吸附效果越好。

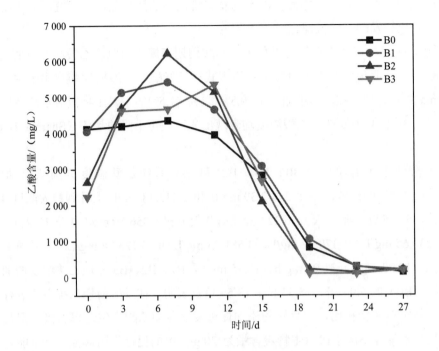

图 7.21 厌氧发酵过程乙酸含量变化

2）产乙酸动力学方程构建

采用 origin 2019 对不同沼渣生物炭含量下的乙酸含量进行一元三次多项式拟合，得出表 7.6 中的一元三次多项式拟合方程。根据表 7.6 的动力学方程对 B0、B1、B2、B3 处理组中的乙酸含量进行拟合，得出拟合曲线（图 7.22）。

表 7.6　餐厨垃圾干式厌氧发酵产乙酸动力学方程

处理组	拟合方程式	R^2
B0	$y=0.92x^3-42.73x^2+339.13x+3\,893.47$	0.959
B1	$y=1.49x^3-68.64x^2+624.53x+3\,972.09$	0.993
B2	$y=2.62x^3-117.13x^2+1\,174.14x+2\,534.83$	0.946
B3	$y=2.24x^3-102.78x^2+1\,068.12x+2\,180.10$	0.902

注：y 代表发酵物料中的乙酸含量，mg/L；x 为发酵天数，d。

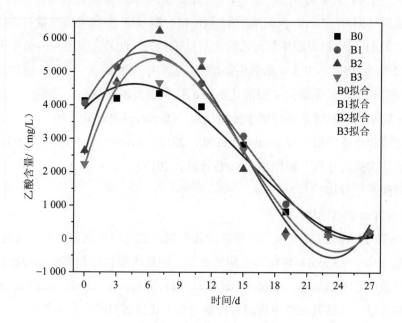

图 7.22　不同沼渣生物炭含量发酵液中产乙酸的拟合曲线

由图 7.22 可知，B0 和 B1 表现出相同的产乙酸趋势，B2 和 B3 组表现出相同的产乙酸趋势，此外，发酵结束后，与初始阶段（第 0 天）相比，B0、B1、B2、B3 组乙酸含量均有所降低，分别下降了 3 984.33 mg/L、3 855.24 mg/L、2 447.34 mg/L、2 035.33 mg/L，B0、B1 组下降幅度大于 B2、B3。说明在餐厨垃圾干式厌氧发酵过程中，生物炭添加含量大于 20 g/L 时，可利用的乙酸含量减少，生物炭含量过多时会导致酸转化率降低，产甲烷量降低。

3）生物炭添加量对产乙酸的机制研究

采用 SPSS 25.0 软件对不同发酵阶段乙酸浓度和生物炭添加量进行 Pearson 相关性分析及显著性检验（双侧检验），以探究沼渣生物炭含量与底物中乙酸含量之间的关系，结果如表 7.7 所示。

表 7.7　沼渣生物炭含量与不同发酵阶段乙酸含量的相关分析

项目		乙酸含量							
	时间/d	0	3	7	11	15	19	23	27
沼渣生物炭	相关性	−0.912	−0.880	−0.583	0.941	−0.315	−0.866	−0.896	−0.532
	显著性	0.269	0.315	0.603	0.220	0.796	0.333	0.293	0.643

由表 7.7 可知，发酵第 0～7 天、第 15～27 天的相关性系数为负值，第 11 天为正值，表明发酵前期（第 0～7 天）及发酵后期（第 15～27 天）生物炭添加量与乙酸含量呈负相关，发酵第 11 天生物炭添加量与乙酸含量呈正相关。此外，发酵第 0～11 天相关性系数由 –0.912 变为 0.941，相关性系数逐渐增加，表明在发酵第 0～11 天，生物炭添加量与乙酸含量呈负相关，是系统的主要酸化阶段，且生物炭浓度越高，乙酸含量越低。这可能是由于生物炭携带的碱金属和碱土金属元素（Oleszczuk P et al.，2012），以及生物炭对微生物的定殖和增殖作用（Watanabe R et al.，2013；Sawayama S et al.，2004），促使产酸菌代谢活动增强，导致产酸增加（Xu G et al.，2013）。

（2）丙酸产生规律

1）丙酸含量动态变化

丙酸（+76.1 kJ/mol）在产氢产乙酸阶段被产氢产乙酸菌转化为乙酸需要更多的能量，几乎是丁酸（+48.1 kJ/mol）转化为乙酸的 2 倍，因此丙酸含量积累会导致产乙酸速率减慢，最终导致产 CH_4 量减少（Amani T et al.，2011；Sharma P et al.，2017），因此检测发酵阶段丙酸含量，以探究沼渣生物炭对餐厨垃圾干式厌氧发酵产丙酸影响。

图 7.23 为各实验组丙酸含量变化情况。由图可知，B0、B1、B2 和 B3 的丙酸含量变化均呈先上升后下降的趋势，其中发酵第 0～15 天含量上升，第 15～27 天含量下降。表明生物炭添加对餐厨垃圾干式厌氧发酵产丙酸周期和规律影响较小。这与 Ma 的研究结果相一致（Ma H et al.，2020）。

在丙酸含量上升阶段（第 0～15 天），对比 B0、B1、B2 和 B3 实验组丙酸含量变化，发现除第 0 天、第 15 天外，B1、B2 和 B3 组的丙酸含量均大于 B0 组，并且 B0、B1、B2 和 B3 实验组在第 3 天丙酸含量分别为 1 102.68 mg/L、1 459.49 mg/L、1 599.16 mg/L 和 1 381.28 mg/L，第 11 天丙酸含量分别为 1 087.00 mg/L、1 453.40 mg/L、1 583.56 mg/L 和 1 984.36 mg/L。表明添加沼渣生物炭对发酵前期水解酸化产丙酸具有促进作用，且随着生物炭含量增加，促进作用增强。这与 Giwa 等的研究结果相一致，这可能是由于生物炭的粗糙表面及携带的官能团刺激丙酸发酵，促使发酵前期丙酸的积累（Giwa A S et al.，2019）。

发酵第 15～27 天为丙酸含量下降阶段，至发酵结束，B0、B1、B2、B3 组中丙酸含量分别由最大含量 2 147.65 mg/L、1 726.31 mg/L、1 937.00 mg/L、2 072.53 mg/L 下降到 483.91 mg/L、423.01 mg/L、345.35 mg/L、288.90 mg/L，表现为 B0＞B1＞B2＞B3，下降速率分别为 8.67 mg/h、6.79 mg/h、8.29 mg/h、9.29 mg/h，差异较小。表明发酵第 15～27 天，沼渣生物炭添加对丙酸下降速率影响较小，但是添加生物炭会减少发酵结束时的丙酸含量，且生物炭含量越高效果越明显。这与 Gallert 等的研究结果相一致，其研究添加生物炭对有机物去除的影响，发现投加生物炭后导电率提升了

11 μS/cm，可能会有利于微生物的电子转移，最后使丙酸含量低于空白组（Gallert C et al.，2008）。

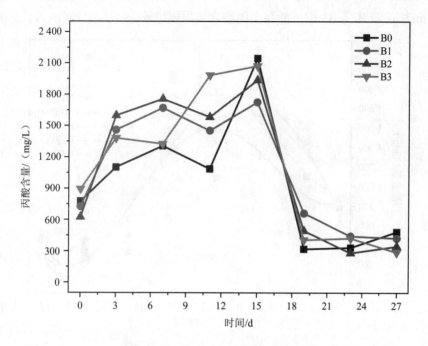

图 7.23　厌氧发酵过程丙酸含量变化

2）产丙酸动力学方程构建

采用 origin 2019 对不同沼渣生物炭含量下的丙酸含量进行一元四次多项式拟合，得出表 7.8 中的一元四次多项式拟合方程。根据表 7.8 的动力学方程对 B0、B1、B2、B3 组中的丙酸含量进行拟合，得出拟合曲线（图 7.24）。

表 7.8　餐厨垃圾干式厌氧发酵产丙酸动力学方程

	拟合方程式	R^2
B0	$y=0.06x^4-2.91x^3+37.50x^2-73.57x+859.18$	0.578
B1	$y=0.01x^4-0.33x^3-9.96x^2+214.14x+779.65$	0.884
B2	$y=0.02x^4-0.66x^3-9.06x^2+254.09x+710.65$	0.859
B3	$y=0.06x^4-3.12x^3+37.60x^2-33.97x+969.60$	0.808

注：y 代表发酵物料中的丙酸含量，mg/L；x 为发酵天数，d。

由图 7.24 可知，B0 和 B3 表现出相同的产丙酸趋势，B1 和 B2 表现出相同的产丙酸趋势，表明 B0 和 B3 组产丙酸环境更相似，B1 和 B2 组产乙酸环境更相似。此外，在第

11～15 天发酵周期内，B2、B3 组丙酸含量拟合曲线始终位于 B0、B1 组曲线上方。B0、B1、B2 和 B3 组在发酵第 11 天丙酸含量分别为 1 087.00 mg/L、1 453.40 mg/L、1 583.56 mg/L、1 984.36 mg/L，即 B2、B3 组可能存在丙酸含量累积现象。

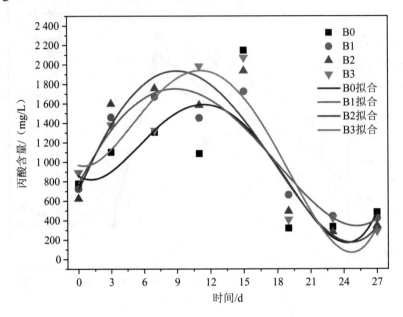

图 7.24　各组产丙酸含量变化拟合曲线

3）生物炭添加量对产丙酸的机制研究

采用 SPSS 25.0 软件对不同发酵阶段丙酸含量和生物炭添加量进行 Pearson 相关性分析及显著性检验（双侧检验），以探究沼渣生物炭含量与底物中丙酸含量之间的关系，结果如表 7.9 所示。

表 7.9　沼渣生物炭含量与不同发酵阶段丙酸含量的相关分析

项目	丙酸含量							
	时间/d	0	3	7	11	15	19	23	27
沼渣生物炭	相关性	0.707	−0.459	−0.826	0.985	0.971	−0.956	−0.002	−0.979
	显著性	0.501	0.696	0.381	0.109	0.153	0.189	0.999	0.131

由表 7.9 可知，发酵第 3～7 天、第 19～27 天的相关性系数为负值，第 0 天、第 11～15 天为正值，表明发酵第 3～7 天、第 19～27 天生物炭添加量与丙酸含量呈负相关，发酵第 11～15 天生物炭添加量与丙酸含量呈正相关。且发酵第 11～15 天，相关性系数绝对值均大于 0.97，且为正值，表明生物炭添加量与丙酸含量呈显著正相关，生物炭含量越高，丙酸酸含量越高。这可能是由于生物炭添加对微生物定殖、系统 pH 等有影响，导

致系统内丙酸含量随着生物炭添加量增多而升高，致使系统丙酸含量积累。这可能是导致 B2、B3 组产气效能低于 B1 组的原因。

（3）丁酸、戊酸产生规律

1）丁酸产生规律

在产氢产乙酸阶段丁酸较丙酸更易发生反应转化为乙酸，因此研究生物炭添加能不能促使系统转为丁酸型发酵，对于提高系统稳定性有一定的意义。图 7.25 为各实验组丁酸浓度变化情况。

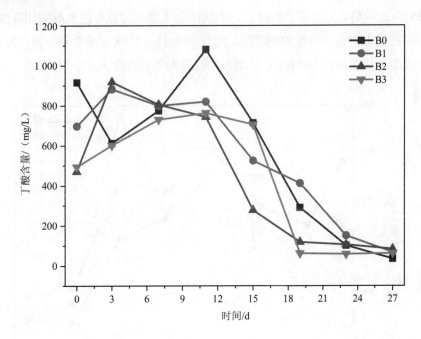

图 7.25　厌氧发酵过程丁酸含量变化

由图 7.25 可知，在发酵过程中丁酸含量也表现出先增高再下降的趋势。其中，发酵第 0～11 天为水解酸化阶段，丁酸含量逐渐上升，B0、B1、B2 和 B3 系统中的丁酸含量分别由发酵初始含量 916.08 mg/L、698.28 mg/L、470.84 mg/L、494.50 mg/L 上升到最大含量 1 080.92 mg/L（第 11 天）、882.67 mg/L（第 3 天）、918.53 mg/L（第 3 天）和 763.57 mg/L（第 11 天），增加量分别为 164.8 mg/L、184.39 mg/L、447.69 mg/L、269.07 mg/L，表明添加生物炭对丁酸含量变化影响较小，但是可以缩短丁酸最大含量出现时间。在发酵第 11～19 天，丁酸含量随着产氢产乙酸反应的进行而逐渐降低，并在第 19～27 天时丁酸含量降到最低，约为 30～80 mg/L。

2）戊酸产生规律

戊酸在消耗过程中会产生丙酸，其含量积累也会导致发酵系统运行不稳定。因此，检测不同发酵阶段戊酸含量变化，以研究生物炭对戊酸转化的影响。图 7.26 为各实验组戊酸含量变化情况。

由图 7.26 可知戊酸与其他小分子酸相比，浓度整体偏低，在发酵过程中戊酸含量也表现出先升高再下降的趋势。在发酵第 0～11 天，B0、B1、B2 和 B3 系统中的戊酸含量分别由发酵初始含量（759.47 mg/L、631.05 mg/L、481.39 mg/L 和 471.04 mg/L）上升到最大含量（804.26 mg/L、745.80 mg/L、719.45 mg/L 和 826.30 mg/L），增加量分别为 44.79 mg/L、114.75 mg/L、238.07 mg/L 和 355.26 mg/L，B1、B2、B3 组戊酸含量增加量分别是 B0 的 2.56 倍、5.31 倍、7.93 倍。表明添加生物炭可以促进水解酸化阶段产戊酸，且促进作用随着生物炭含量增加而增强。随后在第 15～27 天戊酸含量下降，发酵结束时各反应器戊酸含量在 80～190 mg/L 范围内，在总酸中的占比为 6%～15%。

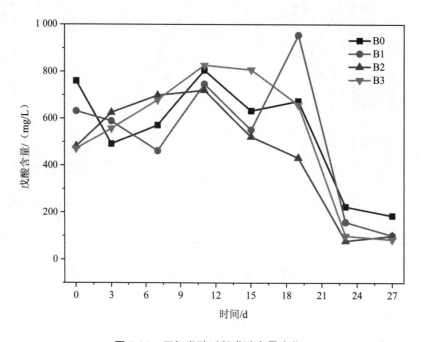

图 7.26　厌氧发酵过程戊酸含量变化

7.4.3　组成及主要有机酸识别

餐厨垃圾干式厌氧发酵过程发酵效果不仅取决于 VFA 产量，而且与 VFA 的组分息息相关。在发酵过程中，发酵过程随着有机酸种类的不同表现出差异，因此，研究餐厨垃圾发酵过程中 VFA 各组分含量及比例变化，是十分有必要的。

（1）VFA 组成

图 7.27 为各个反应器的 VFA 组成分布。可以看出，在 4 个餐厨垃圾干式厌氧发酵处

理组中乙酸的含量均最大，发酵过程中 B0、B1、B2、B3 组乙酸含量范围分别为 137.54～4 352.50 mg/L、200.50～5 425.96 mg/L、195.05～6 223.62 mg/L 和 97.78～5 356.16 mg/L。其次是丙酸，B0、B1、B2、B3 组丙酸含量范围分别为 319.71～2 147.65、423.01～1 726.31 mg/L、281.95～1 937.00 mg/L 和 288.90～2 072.52 mg/L。接下来是丁酸，B0、B1、B2、B3 组丁酸含量范围分别为 34.74～1 080.92 mg/L、67.74～882.67 mg/L、83.03～918.53 mg/L 和 58.10～763.57 mg/L。戊酸的含量最小，B0、B1、B2、B3 组戊酸含量范围分别为 185.57～804.26 mg/L、101.99～954.68 mg/L、78.49～719.45 mg/L 和 84.65～826.30 mg/L。即乙酸含量最大，其次是丙酸，最后是丁酸和戊酸。这与甄月月的研究相一致（甄月月，2020），可能是由于产甲烷菌群相比较于乙酸、丙酸，对丁酸利用程度更为彻底，丁酸产生便会被迅速利用（李刚等，2001）。

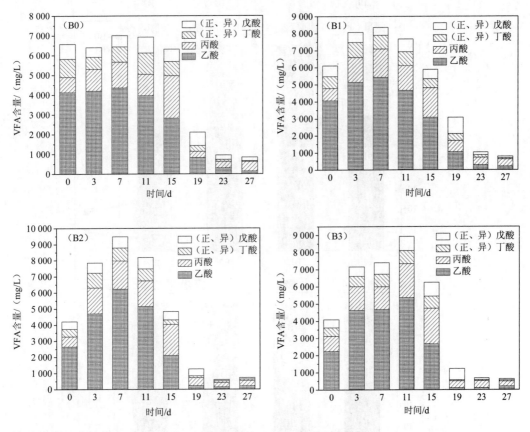

图 7.27　各个实验组 VFA 组成及含量分布

（2）VFA 主要有机酸识别

图 7.28 为各个反应器在发酵前期不同发酵阶段乙酸、丙酸、丁酸、戊酸 4 种酸的 VFA 比例分布。

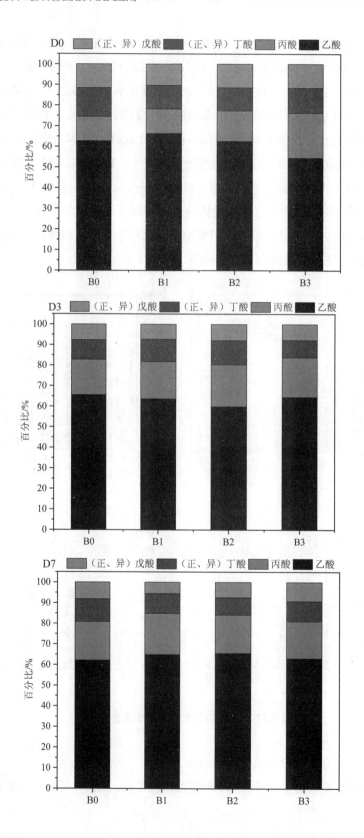

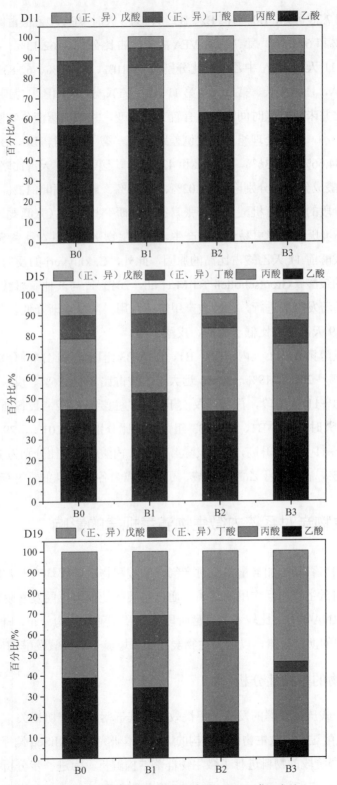

图 7.28 各个实验组不同发酵阶段 VFA 组成及占比

　　乙酸：由图 7.28 可知，B0、B1、B2、B3 组在第 3 天时 VFA 中乙酸占比分别为 65.55%、63.68%、59.95%和 64.55%，第 7 天时 VFA 中乙酸占比分别为 62.13%、64.91%、65.61%和 63.08%，第 11 天时 VFA 中乙酸占比分别为 57.10%、60.67%、62.83%和 59.98%，乙酸均为主要 VFA，且第 3 天、第 7 天与第 11 天中 VFA 分布较相似，表明在发酵第 0～11天内，乙酸占比并未随发酵时间延长而有较大的改变，且添加沼渣生物炭对 VFA 中乙酸成分占比影响较小，四个处理组乙酸比例差距较小。第 15 天时，B0、B1、B2、B3 组乙酸占比分别为 44.66%、52.36%、43.40%和 42.64%，较第 0～11 天占比略微下降，直至发酵第 19 天，乙酸成分占比分别降为 39.02%、34.13%、17.30%和 8.12%，占比低于丙酸、戊酸，成为该阶段的次要有机酸。这与张嘉雯等的研究相一致（张嘉雯等，2015）。研究表明，弱碱性环境厌氧发酵更易使乙酸产生，沼渣生物炭呈碱性，且系统整体 pH 呈弱碱性，可能是使发酵前 11 天乙酸占比高的原因，此外，C. kluyveri 的反向 β-氧化途径更偏向于利用短链的羧酸（Grootscholten T I M et al.，2013），与其他有机酸相比，乙酸最易被利用，因此随着发酵的进行，乙酸被产甲烷菌利用，浓度逐渐降低，并最终低于丙酸、戊酸，导致第 19 天乙酸占比低于丙酸、戊酸。

　　丙酸：在发酵第 0～11 天内，B0、B1、B2、B3 组丙酸占比范围分别为 12%～19%、12%～20%、15%～20%和 19%～22%，远大于丁酸占比 8%～16%、戊酸占比 6%～12%，表明在发酵第 0～11 天阶段，丙酸是仅次于乙酸的主要有机酸，且各处理组丙酸占比差距较小。第 15 天时，B0、B1、B2、B3 组丙酸占比分别为 34.01%、29.34%、40.07%和33.16%，较第 0～11 天占比升高，直至发酵第 19 天，丙酸成分占比分别为 15.18%、21.49%、39.15%和 33.22%，占比高于乙酸、戊酸、丁酸，成为各处理组主要的有机酸。

7.5　沼渣生物炭对系统内微生物演替规律的影响

　　生物炭添加与否和添加含量多少对产气、产酸和物料降解均有一定的影响，厌氧发酵实质上是不同微生物相互作用的结果，通过对某些处理组不同发酵阶段的样品进行细菌和古菌 16S rRNA 测序，比较不同发酵阶段细菌及古菌的结构分布，研究细菌和古菌在一个发酵过程中的演替规律，以期为生物炭在餐厨垃圾干式厌氧发酵的应用提供依据。

7.5.1　微生物的多样性分析

　　餐厨垃圾干式厌氧发酵的发酵产甲烷效能与其群落结构密切相关。为了解沼渣生物炭对餐厨垃圾发酵过程中微生物群落结构的影响，本研究采用 MiSeq 测序技术对 B0、B1、B3 处理不同发酵阶段的物料进行了微生物群落结构解析。为进一步分析比较，对样品群落多样性（Shannon 指数、Simpson 指数）、群落覆盖度（Coverage 指数）和群落丰富度

（ACE 指数、Chao 指数）等信息进行评估。其中，Shannon 指数、Simpson 指数均代表群落多样性，Shannon 指数值越小、Simpson 指数值越大，表明群落多样性越差；ACE 指数、Chao 指数均代表群落丰富度，其指数值越高，则代表群落丰富度越高。

表 7.10　微生物多样性、丰度指数

	样品	OUT 数	Shannon 指数	Simpson 指数	ACE 指数	Chao 指数	Coverage 指数
细菌	D0_B0	406	3.883	0.045	482.598	483.609	0.998
	D15_B0	410	3.715	0.058	459.916	468.091	0.998
	D15_B1	408	3.630	0.067	476.507	491.133	0.998
	D15_B3	440	4.049	0.040	491.517	482.600	0.998
	D27_B0	421	3.485	0.068	491.028	518.227	0.997
	D27_B1	449	3.706	0.059	521.055	517.250	0.998
	D27_B3	454	4.001	0.042	528.426	543.022	0.998
古菌	D0_B0	28	1.111	0.478	40.164	40.000	0.999
	D15_B0	26	1.156	0.417	30.000	26.750	0.999
	D15_B1	25	1.184	0.427	33.041	32.000	0.999
	D15_B3	22	0.888	0.586	22.393	22.000	0.999
	D27_B0	14	0.818	0.604	14.620	14.000	0.999
	D27_B1	20	0.889	0.574	24.739	23.000	0.999
	D27_B3	20	0.827	0.630	23.937	26.000	0.999

由表 7.10 可知，7 组样品的 Coverage 指数值均大于 0.99，群落覆盖度达到 99%以上，表明该检测数据可以全面有效地解析餐厨垃圾干式厌氧发酵物料中微生物的群落变化真实情况。7 组各样品细菌的 OTU 数为 406～454，古菌的 OTU 数为 14～28，说明餐厨垃圾干式厌氧发酵物料中细菌群落相比于古菌群落表现出更高的多样性及丰富度。

就细菌而言，B0 试验组在第 0 天、第 15 天、第 27 天的 Shannon 指数值分别为 3.883、3.715、3.485，Simpson 指数分别为 0.045、0.058、0.068，说明不添加生物炭的空白组，其细菌群落多样性随着发酵时间的延长而降低。而 B0、B1、B3 组 Shannon 指数值由大到小依次为 B3、B1、B0，Simpson 指数值由小到大依次为 B3、B1、B0，表明沼渣生物炭添加的系统细菌群落多样性高于空白实验组，且随着生物炭含量的增加，有利于细菌群落多样性的增加。这可能是由于生物炭具有的粗糙表面结构及介孔结构，为发酵系统中酶、微生物提供了大量的附着位点，为微生物提供了良好的生存环境。此外，B0 试验组在第 0 天、第 15 天、第 27 天的 ACE 指数、Chao 指数值均表现出先下降后上升的趋势。说明不添加生物炭的空白组，其细菌群落丰富度在发酵前 15 d 比初始阶段差，在发酵 15 d 后，细菌群落丰富度增强。而 B0、B1、B3 处理的 ACE 指数值在不同发酵阶段由大到小依次为 B3、B1、B0。表明沼渣生物炭添加的系统细菌群落丰富度高于空白实验组，且随着生物炭含量的增加，有利于细菌群落丰富度的增加。这可能由于沼渣生物炭对系统酸环境有缓冲作用，且其大的比表面积为细菌的定殖和增殖有促进作用。

就古菌而言，在发酵第 15 天，B0、B1、B3 组 Shannon 指数值由大到小依次为 B1、B0、B3，在发酵第 27 天，则为 B1、B3、B0。说明与空白试验相比，发酵前 15 d，低含量沼渣生物炭添加可提高古菌群落多样性，高含量沼渣生物炭添加会降低古菌群落多样性，在发酵 15 d 后，生物炭添加组均比空白组古菌群落多样性好。这可能是由于生物炭发酵前期中和 VFA 形成缓冲溶液，在之后的发酵过程中会缓慢释放出部分 VFA，生物炭含量越高，潜在的可利用的 VFA 越多，因此发酵后期，B3 组群落多样性超过 B0 组。此外，在发酵第 15 天，B0、B1、B3 处理的 ACE 指数、Chao 指数值在不同发酵阶段由大到小依次为 B1、B0、B3，在发酵第 27 天，B1、B3 组数值差异较小，但是均大于 B0 组。说明与空白试验相比，发酵前 15 天，低含量沼渣生物炭添加可提高古菌群落丰富度，高含量沼渣生物炭添加会降低古菌群落丰富度，在发酵第 15 天后，生物炭添加组均比空白组古菌群落丰富度高。这可能是由于添加适量的沼渣生物炭为古菌的增殖和生长提供了良好的生存环境，但是添加过量的沼渣生物炭系统吸附、中和作用较强，使反应系统中可被古菌利用的 VFA 含量有限，产甲烷菌可用底物较少，古菌数目减少。

7.5.2　微生物群落分析

微生物群落结构与餐厨垃圾干式厌氧发酵系统的运行状态息息相关，不同沼渣生物炭含量以及不同发酵阶段的运行条件下，微生物群落结构也不尽相同。为了更清楚地了解各组在不同发酵阶段微生物的动态变化规律，对不同样品细菌和古菌进行微生物群落分析。

（1）细菌群落分析

1）细菌门水平分析

图 7.29 为七个样品细菌在门水平上的微生物群落种类及含量。由图可知，生物炭添加与否并未改变细菌群落组成，但是改变了细菌丰度。

B0 组任一个样品细菌占比＞1%的有 *Firmicutes*（厚壁菌门）、*Bacteroidota*（拟杆菌门）、*Actinobacteriota*（放线菌门）、*Synergistota*（互养菌门）、*Cloacimonadota*（阴沟单胞菌门）、*Patescibacteria*，B1、B3 任一个样品细菌占比＞1%的有 *Firmicutes*（厚壁菌门）、*Bacteroidota*（拟杆菌门）、*Cloacimonadota*（阴沟单胞菌门）、*Synergistota*（互养菌门）、*Patescibacteria*、*Actinobacteriota*（放线菌门）、*Spirochaetota*、*Proteobacteria*（变形菌门）。因此，七组样品共有的优势种属依次为 *Firmicutes*、*Bacteroidota*、*Actinobacteriota*、*Synergistota*（互养菌门）、*Cloacimonadota*（阴沟单胞菌门）。

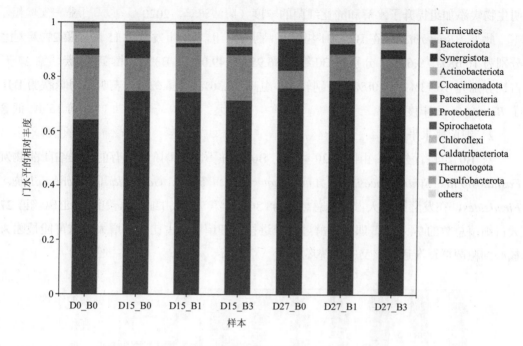

图 7.29 细菌微生物相对丰度（门水平，其他＜0.000 5%）

Firmicutes（厚壁菌门）为水解酸化功能菌，也是发酵过程的主要发酵细菌，通过分泌胞外酶参与基质降解和产酸，主要利用大分子物质为纤维素和蛋白质（凡慧等，2017；余晓琴，2017），主要的发酵产酸产物为乙酸、丙酸、丁酸（凡慧等，2017；Lim J W et al.，2014；刘伟等，2019；Jing Y et al.，2014）。*Bacteroidota*（拟杆菌门）主要功能为水解酸化纤维素、多糖、蛋白质等难降解有机质（Wong C M et al.，2003；Sokolova T G et al.，2009；吴梦佳，2003），主要的发酵产酸产物为乙酸（Dietrich G et al.，1988）。*Actinobacteriota*（放线菌门）为水解酸化细菌，主要的发酵产酸产物为乙酸、丙酸（Huang Z-Z et al.，2014；Wei P et al.，2016）。*Synergistota*（互养菌门）、*Cloacimonadota*（阴沟单胞菌门）均为产氢产乙酸菌。优势种属功能主要为水解酸化和产氢产乙酸。

对第 15 天的 B0、B1、B3 组进行分析，其中 *Patescibacteria* 在 B3 组占比为 1.62%，在 B1 组占比为 1.07%，分别比 B0 组提高了 0.73%、0.18%，*Spirochaetota* 在 B3 组占比为 1.43%，在 B1 组占比为 0.25%，分别比 B0 提高了 1.28%、0.1%，*Proteobacteria* 在 B1 组占比为 0.97%，比 B0 组提高了 0.1%。对第 27 天的 B0、B1、B3 组进行分析，其中 *Patescibacteria* 在 B1 组占比为 1.34%，比 B0 组提高了 0.14%，*Spirochaetota* 在 B3 组占比为 1.18%，在 B1 组占比为 0.14%，分别比 B0 组提高了 1.08%、0.04%，*Proteobacteria* 在 B3 组占比为 1.63%，在 B1 组占比为 1.04%，分别比 B0 组提高了 1.04%、0.45%。其中 *Patescibacteri* 和 *Proteobacteria* 均为水解酸化细菌，*Spirochaetota* 为产氢产乙酸菌，表

明生物炭添加组提升了水解和酸化细菌的丰度（唐涛涛等，2020）。

此外，*Bacteroidota* 在 B3、B1 组明显高于 B0 组，B1 组发酵第 15 天、第 27 天占比分别为 16.68%、9.69%，分别较 B0 组高 36.95%、49.08%，B3 组发酵第 15 天、第 27 天占比分别为 16.73%、14.08%，分别较 B0 组高 37.36%、116.62%，表明生物炭添加提升了 *Bacteroidota* 丰度。

2）细菌属水平分析

对 B0 组进行分析，由图 7.30 可知，B0 组在不同发酵阶段共有的核心细菌菌群为 *Fastidiosipila*、*Syntrophaceticus*、*Aminobacterium*、*W*5053、*Gallicola*、*Proteiniphilum*、*Firmicutes*，在发酵第 0 天占细菌总数的 48.36%，第 15 天占细菌总数的 66.85%，第 27 天占细菌总数的 74.46%，即随发酵过程推进核心细菌菌群占比逐渐增大，这可能是因为核心细菌菌群逐渐适应该反应系统环境。

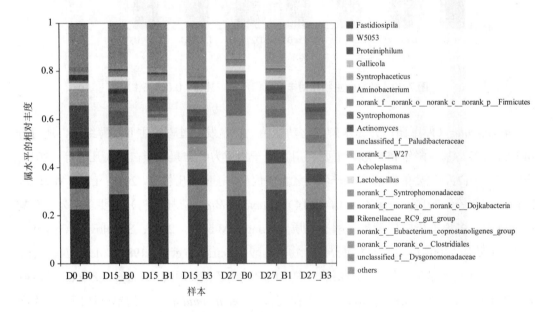

图 7.30　细菌微生物相对丰度（属水平，其他＜0.015%）

对 B1、B3 组进行分析，由表 7.10、图 7.30 可知，B1、B3 组在不同发酵阶段共有的核心细菌菌群为 *Fastidiosipila*、W5053、*Gallicola*、*Proteiniphilum*、*Syntrophaceticus*、*Syntrophomonas*、W27、*Acholeplasma*，B1 组在发酵第 15 天占细菌总数的 71.02%，第 27 天占细菌总数的 65.16%，B3 组在发酵第 15 天占细菌总数的 59.63%，第 27 天占细菌总数的 57.71%，即随发酵过程推进核心细菌菌群占比逐渐降低，这可能是由于 *Syntrophomonas*、*Proteiniphilum*、W27 菌属在发酵后期占比减少。

此外，对 B0、B1、B3 组进行分析，发现 B1 组 W27 细菌占比较 B0 组增高，发酵第

15 天、第 27 天占比分别为 4.28%、1.64%，分别较 B0 组高 2.67%、1.11%；此外，较 B0
组新增一个细菌属 *Syntrophomonas*，*Syntrophomonas* 为互营单胞菌属，可以促进互营产
甲烷（张杰等，2015）。最后，7 个样品共存的优势细菌共有 6 个，其中 3 个为产氢产乙
酸菌，这三个菌属为 *Proteiniphilum*、*Syntrophaceticus*、*Fastidiosipila*（García-López M et al.，
2019）。生物炭添加提高了产氢产乙酸细菌丰度，且核心菌群主要为产氢产乙酸菌。

（2）古菌群落分析

图 7.31 为 7 个样品古菌在属水平上的群落组成。如图所示，共有 11 个产甲烷菌属被检
测出来，其中 *Methanosphaera*、*Methanoculleus*、*Methanobacterium*、*Methanobrevibacter*、
Methanosarcina、*Methanosaeta* 约占古菌总数的 90%以上。

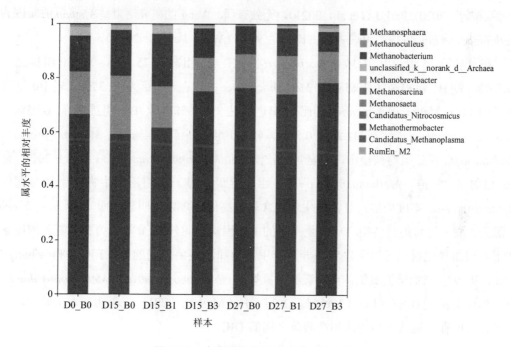

图 7.31　古菌微生物相对丰度（属水平）

其中，*Methanosarcina*（CH_4 八叠球菌属）代谢途径多样，可利用 H_2、CO_2，亦可转
化乙酸等，是混合营养型产甲烷菌，*Methanosaeta* 为专性利用乙酸盐产甲烷古菌（Ma K et
al.，2006）。*Methanosphaera*（CH_4 球形菌属）是氢营养型古菌，其生长的碳源只能是乙
酸盐（Wf F，H S et al.，2006），也就是说产酸菌产生的乙酸会有很大部分作为
Methanosphaera 的食物来源被消耗，这可能是 B3 组产甲烷量最少的原因。*Methanoculleus*
（CH_4 囊菌属）可以转化 H_2、CO_2 或者甲酸盐为 CH_4，具有耐高氨氮浓度、耐酸特性，且
其含量与环境中氨氮浓度呈正相关（Yang Y et al.，2014）。本实验氨氮浓度总体偏高可能
是其占比达 20%左右的原因。*Methanobacterium*（CH_4 杆菌属）是严格厌氧古菌，营养类

型为氢营养型，不能代谢乙酸，只能通过转化 CO_2 和 H_2 为 CH_4，对 VFA 具有较高的耐受能力（Dridi B et al.，2012），也可以在高氨氮浓度下存在，这可能是其在所有反应器中高含量存在的原因，这也与柳婷实验结果具有一致性（柳婷，2020）。*Methanobrevibacter*（CH_4 短杆菌属）同样为氢营养型古菌，不能代谢乙酸，只能通过转化 CO_2 和 H_2 产 CH_4。也就是说，古菌中占比较大的菌主要为氢营养型古菌，占比约达 90%，还有部分食乙酸产甲烷古菌。

对第 15 天的 B0、B1、B3 组进行分析，优势菌株主要是 *Methanosphaera*、*Methanoculleus*、*Methanobacterium* 三种产甲烷古菌，共占比 90%以上，即氢营养型古菌占比达 90%以上，这一结果与 Jun-GyuPark、柳婷等人发酵结束氢营养型古菌占比达 75%左右的研究结果相一致（柳婷，2020；Park J-G et al.，2021），无独有偶，Wang 的研究结果是 *Methanosphaera*、*Methanobacterium* 两种产甲烷古菌占比高达 90%（Wang J et al.，2021）。

在发酵第 15 天，其中 *Methanosphaera* 占比在 B3 组高达 75.16%，较 B0 组提高了 15.89%，较 B1 组提高了 13.58%，*Methanoculleus* 占比在 B3 组为 12.37%，较 B0 组降低了 9.1%。*Methanobacterium* 占比在 B1 组达 16.89%，较 B3 组提高了 6.05%，*Methanobrevibacter* 占比在 B1 组达 0.52%，较 B0 组提高了 0.14%。而 *Methanosarcina*、*Methanosaeta* 在三组均被检出，但是含量较低，而 *Methanosarcina* 在 B3 组为 0.20%，是 B0 组的 1.25 倍。*Methanosphaera* 在各组差异最明显，表明沼渣生物炭添加会促使 *Methanosphaera* 丰度增加，且沼渣生物炭含量越高促进效果越明显，而 *Methanosphaera* 碳源为乙酸，这可能是各组产甲烷量不同的主要因素。此外，Lu 等认为在高氨氮浓度条件下，添加导电材料可以促进氢营养型产甲烷菌和产酸菌之间的 DIET（Lu T，Zhang J et al.，2019），从而降低氨氮浓度，缓解氨氮抑制。*Methanosphaera* 和 *Methanobrevibacter* 已得到证实存在 DIET（Lee J Y et al.，2017；Hui M et al.，2011）。表明在本实验中，在系统中可能存在氢营养型古菌和产酸菌之间的 DIET。

7.5.3　样品菌群丰度差异分析

基于物种分类的结果，分别比较不同沼渣生物炭含量和不同发酵阶段餐厨垃圾干式厌氧发酵条件下的样品细菌群落在门水平上的丰度差异，以及古菌群落在属水平上的丰度差异，进而确定沼渣生物炭含量对餐厨垃圾干式厌氧发酵菌群丰度的影响。根据沼渣生物炭含量和发酵阶段，作细菌门水平上的菌群丰度差异图（图 7.32），古菌属水平上的菌群丰度差异图（图 7.33）。图右侧为 95%的置信区间，若 $P<0.05$，则表示菌群丰度差异显著，有显著差异的物种在图中右侧有*标识，*为 $P<0.05$，**为 $P<0.01$，***为 $P<0.001$。

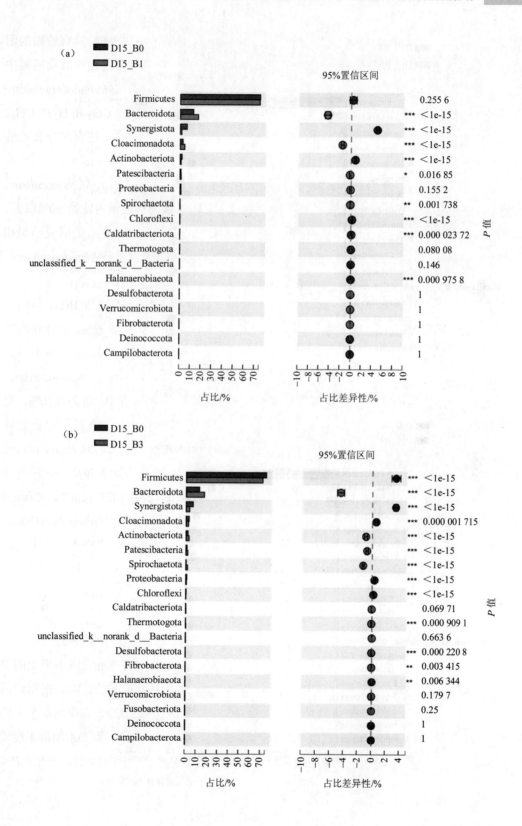

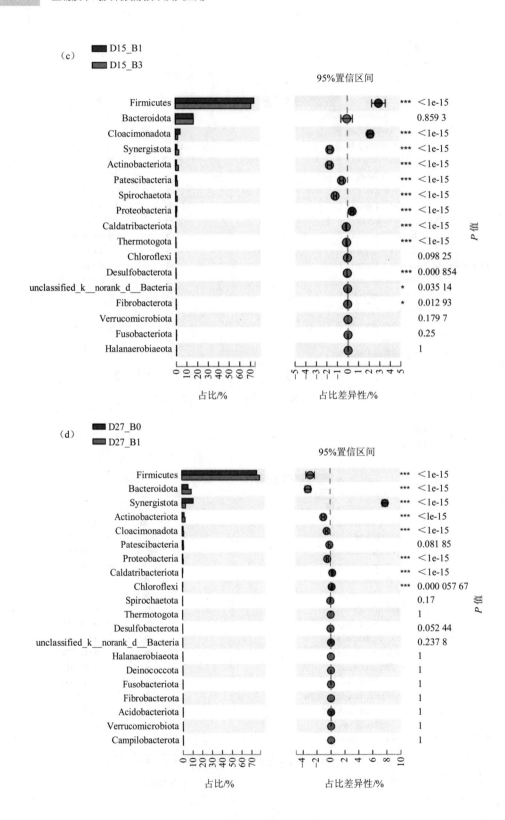

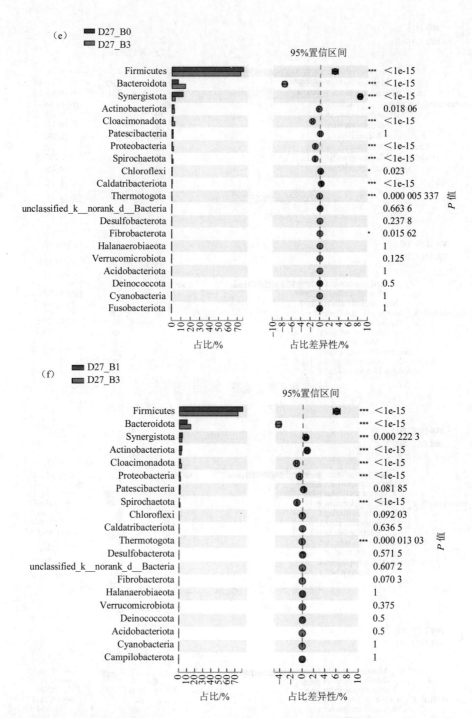

（a）第 15 天的 0 g/L 和 6 g/L 添加组；（b）第 15 天的 0 g/L 和 40 g/L 添加组；（c）第 15 天的 6 g/L 和 40 g/L 添加组；（d）第 27 天的 0 g/L 和 6 g/L 添加组；（e）第 27 天的 0 g/L 和 40 g/L 添加组；（f）第 27 天的 6 g/L 和 40 g/L 添加组。

图 7.32 不同沼渣生物炭含量和不同发酵阶段条件下的细菌丰度差异（门水平）

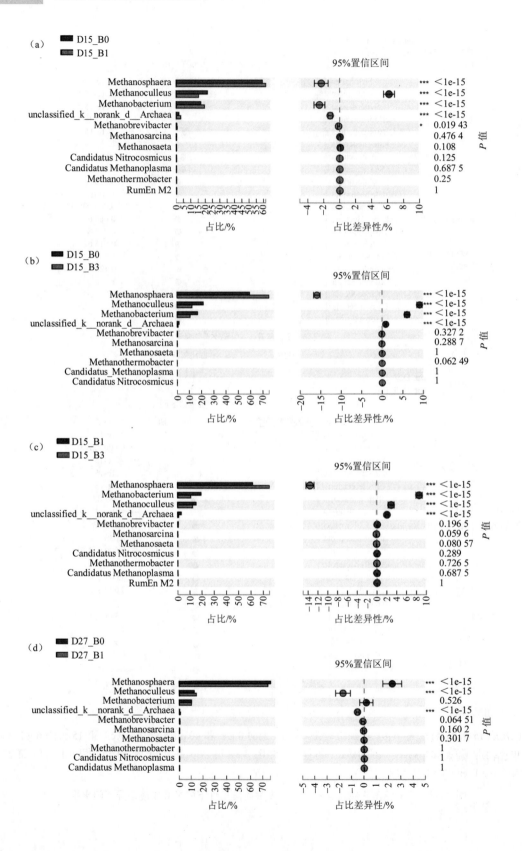

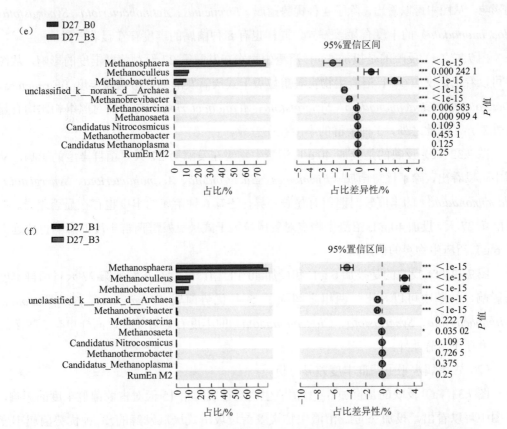

图 7.33　不同沼渣生物炭含量和不同发酵阶段条件下的古菌菌群丰度差异（属水平）

（a）第 15 天的 0 g/L 和 6 g/L 添加组；（b）第 15 天的 0 g/L 和 40 g/L 添加组；（c）第 15 天的 6 g/L 和 40 g/L 添加组；（d）第 27 天的 0 g/L 和 6 g/L 添加组；（e）第 27 天的 0 g/L 和 40 g/L 添加组；（f）第 27 天的 6 g/L 和 40 g/L 添加组。

（1）细菌门水平上菌群丰度差异分析

图 7.32（a）反映的是投加 6 g/L 沼渣生物炭在发酵第 15 天对菌群丰度的影响，从图中可以看出，投加 6 g/L 沼渣生物炭餐厨垃圾干式厌氧发酵的优势菌属丰度（*Bacteroidota*、*Cloacimonadota*、*Synergistota*、*Actinobacteriota*）与空白对照组相比均有显著性差异。除此之外，还有 5 种菌群的丰度存在差异，其中有一种为不知名细菌种属。

图 7.32（b）反映的是投加 40 g/L 沼渣生物炭在发酵第 15 天对菌群丰度的影响，从图中可以看出，除了优势菌属（*Firmicutes*、*Bacteroidota*、*Actinobacteriota*、*Synergistota*、*Cloacimonadota*）的丰度较对照组有显著差异，还有 8 种菌属的丰度也存在显著差异。投加 40 g/L 沼渣生物炭对餐厨垃圾干式厌氧发酵菌群丰度的影响要远大于 6 g/L 沼渣生物炭的作用。

图 7.32（c）反映的是投加 6 g/L 和投加 40 g/L 沼渣生物炭在发酵第 15 天对菌群丰度

的影响，从图中可以看出，除了 4 种优势菌属（*Firmicutes*、*Actinobacteriota*、*Synergistota*、*Cloacimonadota*）的丰度有显著差异，同样也有 8 种菌属的丰度存在显著差异。

图 7.32（d）反映的是投加 6 g/L 沼渣生物炭在发酵第 27 天对菌群丰度的影响，从图中可以看出，投加 6 g/L 沼渣生物炭餐厨垃圾干式厌氧发酵的优势菌属丰度（*Firmicutes*、*Bacteroidota*、*Cloacimonadota*、*Synergistota*、*Actinobacteriota*）与空白对照组相比均有显著性差异。除此之外，3 种菌群的丰度存在差异。

图 7.32（e）反映的是投加 40 g/L 沼渣生物炭在发酵第 27 天对菌群丰度的影响，从图中可以看出，除了优势菌属（*Firmicutes*、*Bacteroidota*、*Actinobacteriota*、*Synergistota*、*Cloacimonadota*）的丰度较对照组有显著差异，还有 6 种菌属的丰度也存在显著差异。在发酵第 27 天，投加 40 g/L 沼渣生物炭对餐厨垃圾干式厌氧发酵菌群丰度的影响也要远大于 6 g/L 沼渣生物炭的作用。

图 7.32（f）反映的是投加 6 g/L 和投加 40 g/L 沼渣生物炭在发酵第 27 天对菌群丰度的影响，从图中可以看出，两组之间除了 5 种优势菌属（*Firmicutes*、*Bacteroidota*、*Actinobacteriota*、*Synergistota*、*Cloacimonadota*）的丰度有显著差异，同样也有 3 种菌属的丰度存在显著差异。

（2）古菌属水平上菌群丰度差异分析

图 7.33（a）反映的是投加 6 g/L 沼渣生物炭在发酵第 15 天对古菌菌群丰度的影响，从图中可以看出，投加 6 g/L 沼渣生物炭餐厨垃圾干式厌氧发酵的 3 种优势菌属丰度（*Methanosphaera*、*Methanoculleus*、*Methanobacterium*）与空白对照组相比均有显著性差异。除此之外，还有 2 种菌群的丰度存在差异，其中有 1 种为不知名古菌种属，还有一个为 *Methanobrevibacter*。

图 7.33（b）反映的是投加 40 g/L 沼渣生物炭在发酵第 15 天对菌群丰度的影响，从图中可以看出，除了 3 种优势菌属（*Methanosphaera*、*Methanoculleus*、*Methanobacterium*）的丰度较对照组有显著差异，仅有 1 种不知名古菌种属的丰度存在显著差异。投加 40 g/L 沼渣生物炭对餐厨垃圾干式厌氧发酵菌群丰度的不良影响远大于 6 g/L 沼渣生物炭的作用。

图 7.33（c）反映的是投加 6 g/L 和投加 40 g/L 沼渣生物炭在发酵第 15 天对菌群丰度的影响，从图中可以看出，除了 3 种优势菌属（*Methanosphaera*、*Methanoculleus*、*Methanobacterium*）的丰度有显著差异，同样也是仅有 1 种不知名古菌种属的丰度存在显著差异。

图 7.33（d）反映的是投加 6 g/L 沼渣生物炭在发酵第 27 天对菌群丰度的影响，从图中可以看出，投加 6 g/L 沼渣生物炭餐厨垃圾干式厌氧发酵的 2 种优势菌属丰度（*Methanosphaera*、*Methanoculleus*）与空白对照组相比均有显著性差异。除此之外，也是

仅有 1 种不知名古菌种属的丰度存在显著差异。

图 7.33（e）反映的是投加 40 g/L 沼渣生物炭在发酵第 27 天对菌群丰度的影响，从图中可以看出，除了 3 种优势菌属（*Methanosphaera*、*Methanoculleus*、*Methanobacterium*）的丰度较对照组有显著差异，还有 4 种菌属的丰度也存在显著差异。在发酵第 27 天，投加 40 g/L 沼渣生物炭对餐厨垃圾干式厌氧发酵菌群丰度的影响要远大于 6 g/L 沼渣生物炭的作用。

图 7.33（f）反映的是投加 6 g/L 和投加 40 g/L 沼渣生物炭在发酵第 27 天对菌群丰度的影响，从图中可以看出，两组之间除了 3 种优势菌属（*Methanosphaera*、*Methanoculleus*、*Methanobacterium*）的丰度有显著差异，也有 3 种菌属的丰度存在显著差异，其中 *Methanosaeta* 显著性差异最小。

7.5.4 沼渣生物炭对餐厨垃圾干式厌氧发酵影响机制的推测

沼渣生物炭对餐厨垃圾干式厌氧发酵全过程（水解阶段、酸化阶段、产氢产乙酸阶段、产甲烷阶段）均有影响作用（图 7.34），添加适量沼渣生物炭，可以提高反应系统的 CH_4 产量，添加沼渣生物炭含量过高或过低均会对反应系统产生不良影响，基于此，本节阐述沼渣生物炭添加对反应系统的影响如下。

（1）水解阶段

沼渣生物炭在餐厨垃圾干式厌氧发酵系统中起着类似增强型发酵细菌的生物学作用，作用可类比为酶，促使水解细菌代谢活动增强，影响大分子有机物质水解速率。

（2）酸化阶段

沼渣生物炭显碱性且表面携带大量碱性官能团，可以作为缓冲物质，与有机酸发生中和反应，直接影响有机酸浓度。

（3）产氢产乙酸阶段

沼渣生物炭具备粗糙的表面形貌和发达的介孔结构，可以作为载体，影响发酵系统微生物的代谢活动，可能会使互营丙酸氧化菌、互营丁酸氧化菌、互营戊酸氧化菌的代谢活动发生变化，从而影响发酵系统产乙酸。

（4）产甲烷阶段

沼渣生物炭可以作为导电材料，作为微生物附着繁殖生长的载体，可以影响发酵系统中产甲烷古菌和细菌之间的 DIET，最终影响到发酵沼液中乙酸的产生和消耗。

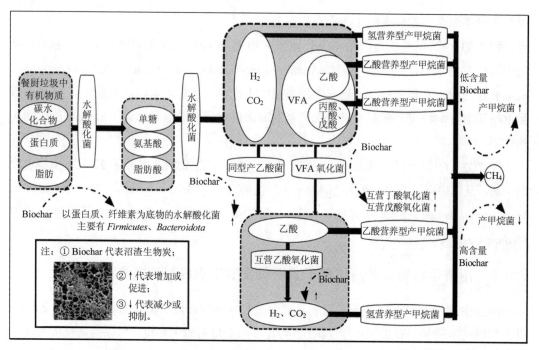

图 7.34　沼渣生物炭对餐厨垃圾干式厌氧发酵影响机制的推测

参考文献

Amin F R．2020．生物预处理提高生物质厌氧消化产甲烷的研究．北京：北京化工大学．

陈静文，张迪，吴敏，等．2014．两类生物炭的元素组分分析及其热稳定性．环境化学，33（3）：417-422.

陈钧辉，李俊，张太平．2008．生物化学实验．北京：科学出版社．

陈尚龙．2020．ATRP 法制备羧基化生物吸附剂及其对重金属离子的吸附．北京：中国矿业大学．

崔少峰．2018．添加吸附剂对鸡粪厌氧发酵产沼气特性的影响．上海：上海交通大学．

凡慧，马诗淳，王春芳，等．2017．产氢细菌 FSC-15 对稻草秸秆厌氧发酵产甲烷的影响．应用与环境生物学报，23（2）：251-255.

范晓亮．2019．不同温度制备的水稻废弃物生物炭吸附铅的机理研究及环境应用探索．呼和浩特内：蒙古大学．

高健，李娟，左晓宇，等．2020．沼渣制备生物炭添加对小麦秸秆厌氧消化产气性能及微生物群落的影响．中国沼气，38（6）：14-20.

国家环保总局．2002．水和废水监测分析方法．北京：中国环境科学出版社．

HJ 535—2009.2009 水质氨氮的测定纳氏试剂分光光度法．北京：中国环境科学出版社．

廖雨晴，Jaehac K，袁士贵，等．2020．污泥基生物炭对餐厨垃圾厌氧消化产甲烷及微生物群落结构的影响．环境工程学报，14（2）：523-534.

立本英机，安部郁夫，高尚愚．2002．活性炭的应用技术．南京：东南大学出版社．

李丹妮，张克强，梁军锋，等．2019．三种添加剂对猪粪厌氧干式厌氧发酵的影响．农业环境科学学报，38（8）：1777-1785.

李刚，杨立中，欧阳峰．2001．厌氧消化过程控制因素及 pH 和 Eh 的影响分析．西南交通大学学报，（5）：518-521.

李建昌，孙可伟，何娟，等．2011．应用 Modified Gompertz 模型对城市生活垃圾沼气发酵的拟合研究．环境科学，32（6）：1843-1850.

李剑英，姚嘉，肖应辉，等．2018．生物炭对土壤固氮微生物的影响研究．佳木斯大学学报（自然科学版），36（5）：750-753.

刘芳，王宇清，边喜龙，等．2020．生物炭介导市政污泥两相厌氧消化性能研究．工业水处理，40（3）：63-67.

柳婷．2020．铁粉和热水解组合对污泥厌氧消化的影响．北京：北京建筑大学．

刘伟，苏小红，王欣，等．2019．黄贮秸秆两相厌氧发酵系统微生物多样性研究．黑龙江科学，10（14）：1-5+9.

刘朝霞，牛文娟，楚合营，等．2018．秸秆热解工艺优化与生物炭理化特性分析．农业工程学报，34（5）：196-203.

李政伟，尹小波，李强，等．2016．氨氮浓度对餐厨垃圾两相发酵中产甲烷相的影响．中国沼气，34（1）：46-49.

马帅．2018．生物炭促进餐厨垃圾厌氧消化产气性能的研究．武汉：华中科技大学．

缪占银. 2019. 餐厨垃圾联产沼气和生物基燃料油的研究. 昆明：昆明理工大学.

任海伟, 姚兴泉, 李金平, 等. 2014. 玉米秸秆储存方式对其与牛粪混合厌氧消化特性的影响. 农业工程学报, 30 (18)：213-222.

沈州, 罗仙平, 周丹, 等. 2021. 生物炭对离子型稀土矿山尾水中氨氮的吸附特性研究. 中国稀土学报：1-14.

石笑羽, 王宁, 陈钦冬, 等. 2018. 生物炭加速餐厨垃圾厌氧消化的机理. 环境工程学报, 12 (11)：3204-3212.

孙媛媛. 2014. 芦竹活性炭的制备、表征及吸附性能研究. 济南：山东大学.

唐琳钦, 宿程远, 赵力剑, 等. 2020. 不同基质生物炭对厌氧处理餐厨垃圾效能及微生态的影响. 中国环境科学, 40 (11)：4831-4840.

唐涛涛, 李江, 杨钊, 等. 2020. 污泥厌氧消化功能微生物群落结构的研究进展. 化工进展, 39 (1)：320-328.

吴梦佳. 2014. 污泥混合菌种暗发酵与光发酵联合制氢. 天津：天津大学.

吴诗雪, 王欣, 陈灿, 等. 2015. 凤眼莲、稻草和污泥制备生物炭的特性表征与环境影响解析. 环境科学学报, 35 (12)：4021-4032.

吴志丹, 尤志明, 江福英, 等. 2015. 不同温度和时间炭化茶树枝生物炭理化特征分析. 生态与农村环境学报, 31 (4)：583-588.

熊静, 郭丽莉, 李书鹏, 等. 2019. 镉砷污染土壤钝化剂配方优化及效果研究. 农业环境科学学报, 38 (8)：1909-1918.

杨帆, 于鹏云, 赵娟, 等. 2015. 乙二醇的分子间氢键结构动力学的飞秒非线性红外光谱. 物理化学学报, 31 (7)：1275-1282.

袁帅, 赵立欣, 孟海波, 等. 2016. 生物炭主要类型、理化性质及其研究展望. 植物营养与肥料学报, 22 (5)：1402-1417.

袁悦, 彭永臻, 刘晔, 等. 2016. 发酵种泥的投加对新鲜剩余污泥发酵产酸的影响. 哈尔滨工业大学学报, 48 (8)：37-41.

喻尚柯. 2019 生物炭对剩余污泥与城市生物质废弃物联合厌氧消化的影响. 重庆：重庆大学.

余晓琴. 2017. 餐厨垃圾厌氧发酵产酸优化及蛋白质组分的产酸特性研究. 杭州：浙江工商大学.

张嘉雯, 郭亮, 李倨莹, 等. 2015. 初始 pH、ORP、振荡速率对剩余污泥厌氧酸化的影响. 中国给水排水, 31 (11)：97-101.

张杰, 陆雅海. 2015. 互营氧化产甲烷微生物种间电子传递研究进展. 微生物学通报, 42 (5)：920-927.

张振, 杨红, 尹芳, 等. 2020. 核桃壳生物炭对厌氧干式厌氧发酵的影响. 云南农业大学学报 (自然科学), 35 (5)：885-891.

赵云飞. 2012. 餐厨垃圾与污泥高固体浓度厌氧发酵产沼气研究. 无锡：江南大学.

郑杨清, 郁强强, 王海涛, 等. 2014. 沼渣制备生物炭吸附沼液中氨氮. 化工学报, 65 (5)：1856-1861.

甄月月. 2020. 利用复合纤维降解菌系预处理的尾菜厌氧消化工艺研究. 北京：中国农业科学院.

周红卫, 陈振焱, 胡超, 等. 2020. CO_2-N_2 气氛下热解工艺对稻秆生物炭吸附 Cd^{2+} 的影响. 农业环境科学学报, 39 (7)：1605-1612.

周沈格颖. 2018. 秸秆生物质炭吸附处理含铜废水研究. 温州：温州大学.

Amani T，Nosrati M，Mousavi S M，et al. 2011. Study of syntrophic anaerobic digestion of volatile fatty acids using enriched cultures at mesophilic conditions. International Journal of Environmental Science & Technology，8（1）：83-96.

Barua S，Dhar B R. 2017. Advances towards understanding and engineering direct interspecies electron transfer in anaerobic digestion. Bioresource Technology，244：698-707.

Cai J，He P，Wang Y，et al. 2016. Effects and optimization of the use of biochar in anaerobic digestion of food wastes. Waste Management & Research，34（5）：409-416.

Dandikas V，Heuwinkel H，Lichti F，et al. 2018. Correlation between hydrolysis rate constant and chemical composition of energy crops. Renewable Energy，118：34-42.

Dietrich G，Weiss N，Winter J. 1988. Acetothermus paucivorans，gen. nov.，sp. nov.，a Strictly Anaerobic，Thermophilic Bacterium from Sewage Sludge，Fermenting Hexoses to Acetate，CO_2 and H_2. Systematic and Applied Microbiology，10（2）：174-179.

Dridi B，Raoult D，Drancourt M. 2012. Matrix-assisted laser desorption/ionization time-of-flight mass spectrometry identification of Archaea：towards the universal identification of living organisms. APMIS，120（2）：85-91.

Fang W，Zhang P，Zhang T，et al. 2019. Upgrading volatile fatty acids production through anaerobic co-fermentation of mushroom residue and sewage sludge：Performance evaluation and kinetic analysis. Journal of Environmental Management，241：612-618.

Gallert C，Winter J. 2008. Propionic acid accumulation and degradation during restart of a full-scale anaerobic biowaste digester. Bioresource Technology，99（1）：170-178.

Gao L-Y，Deng J-H，Huang G-F，et al. 2019. Relative distribution of Cd^{2+} adsorption mechanisms on biochars derived from rice straw and sewage sludge. Bioresource Technology，272：114-122.

García-López M，Meier-Kolthoff J P，Tindall B J，et al. 2019. Analysis of 1,000 Type-Strain Genomes Improves Taxonomic Classification of Bacteroidetes. Frontiers in Microbiology，10（2083）：1-74.

Gaur R Z，Suthar S. 2017. Anaerobic digestion of activated sludge，anaerobic granular sludge and cow dung with food waste for enhanced methane production. Journal of Cleaner Production，164：557-566.

Giwa A S，Xu H，Chang F，et al. 2019. Effect of biochar on reactor performance and methane generation during the anaerobic digestion of food waste treatment at long-run operations. Journal of Environmental Chemical Engineering，7（4）：103067.

Grootscholten T I M，Steinbusch K J J，Hamelers H V M，et al. 2013. Improving medium chain fatty acid productivity using chain elongation by reducing the hydraulic retention time in an upflow anaerobic filter. Bioresource Technology，136：735-738.

Huang Z-Z，Wang P，Li H，et al. 2014. Community analysis and metabolic pathway of halophilic bacteria for phenol degradation in saline environment. International Biodeterioration & Biodegradation，94：115-120.

Hui M，Yinguang C，Naidong X. 2011. Effects of metal oxide nanoparticles（TiO_2，Al_2O_3，SiO_2 and ZnO）on waste activated sludge anaerobic digestion. Bioresource Technology，102（22）：10305-10311.

Jankowska E，Duber A，Chwialkowska J，et al. 2018. Conversion of organic waste into volatile fatty acids – The influence of process operating parameters. Chemical Engineering Journal，345：395-403.

Jiawen W，Tao W，Yongsheng Z，et al. 2019. The distribution of Pb（Ⅱ）/Cd（Ⅱ）adsorption mechanisms on biochars from aqueous solution：Considering the increased oxygen functional groups by HCl treatment. Bioresource Technology，291：121859.

Jia W，Wang C，Ma C，et al. 2019. Mineral elements uptake and physiological response of Amaranthus mangostanus（L.）as affected by biochar. Ecotoxicology and Environmental Safety，175：58-65.

Jing Y，Campanaro S，Kougias P，et al. 2017. Anaerobic granular sludge for simultaneous biomethanation of synthetic wastewater and CO with focus on the identification of CO-converting microorganisms. Water Research，126：19-28.

Jin H，Hanif M U，Capareda S，et al. 2016. Copper（Ⅱ）removal potential from aqueous solution by pyrolysis biochar derived from anaerobically digested algae-dairy-manure and effect of KOH activation. Journal of Environmental Chemical Engineering，4（1）：365-372.

Lee J Y，Park J H，Park H D. 2017. Effects of an applied voltage on direct interspecies electron transfer via conductive materials for methane production. Waste Management，68：165-172.

Lehmann J，Joseph S. 2009. Biochar for environmental management：an introduction. Biochar Environment Management Science Technology，25：15801-15811.

Leng L，Huang H. 2018. An overview of the effect of pyrolysis process parameters on biochar stability. Bioresource Technology，270：627-642.

Lim J W，Chiam J A，Wang J-Y. 2014. Microbial community structure reveals how microaeration improves fermentation during anaerobic co-digestion of brown water and food waste. Bioresource Technology，171：132-138.

Li Q，Xu M，Wang G，et al. 2018. Biochar assisted thermophilic co-digestion of food waste and waste activated sludge under high feedstock to seed sludge ratio in batch experiment. Bioresource Technology，249：1009-1016.

Li Y-H，Chang F-M，Huang B，et al. 2020. Activated carbon preparation from pyrolysis char of sewage sludge and its adsorption performance for organic compounds in sewage. Fuel，266：117053.

Lu T，Zhang J，Wei Y，et al. 2019. Effects of ferric oxide on the microbial community and functioning during anaerobic digestion of swine manure. Bioresource Technology，287：121393.

Kalemelawa F，Nishihara E，Endo T，et al. 2012. An evaluation of aerobic and anaerobic composting of banana peels treated with different inoculums for soil nutrient replenishment. Bioresource Technology，126：375-382.

Ma H，Hu Y，Kobayashi T，et al. 2020. The role of rice husk biochar addition in anaerobic digestion for sweet sorghum under high loading condition. Biotechnology Reports，27：e00515.

Ma K，Liu X，Dong X. 2006. Methanosaeta harundinacea sp. nov.，a novel acetate-scavenging methanogen isolated from a UASB reactor. International Journal of Systematic and Evolutionary Microbiology，56（1）：127-131.

Marris E. 2006. Black is the new green. Nature，442（7103）：624-626.

Mohan D，Sarswat A，Ok Y S，et al. 2014. Organic and inorganic contaminants removal from water with biochar，a renewable，low cost and sustainable adsorbent – A critical review. Bioresource Technology，160：191-202.

Mostafa N A. 1999. Production and recovery of volatile fatty acids from fermentation broth. Energy Conversion and Management，40（14）：1543-1553.

Nguyen D D，Chang S W，Jeong S Y，et al. 2016. Dry thermophilic semi-continuous anaerobic digestion of food waste：Performance evaluation，modified Gompertz model analysis，and energy balance. Energy Conversion and Management，128：203-210.

Oleszczuk P，Rycaj M，Lehmann J，et al. 2012. Influence of activated carbon and biochar on phytotoxicity of air-dried sewage sludges to Lepidium sativum. Ecotoxicology and Environmental Safety，80：321-326.

Pan J，Ma J，Liu X，et al. 2019. Effects of different types of biochar on the anaerobic digestion of chicken manure. Bioresource Technology，275：258-265.

Parameswaran P，Rittmann B E. 2012. Feasibility of anaerobic co-digestion of pig waste and paper sludge. Bioresource Technology，124：163-168.

Paritosh K，Vivekanand V. 2019. Biochar enabled syntrophic action：Solid state anaerobic digestion of agricultural stubble for enhanced methane production. Bioresour Technol，289：121712.

Park J-G，Kwon H-J，Cheon A I，et al. 2021. Jet-nozzle based improvement of dissolved H_2 concentration for efficient in-situ biogas upgrading in an up-flow anaerobic sludge blanket（UASB）reactor. Renewable Energy，168：270-279.

Parra-Orobio B A，Donoso-Bravo A，Ruiz-Sánchez J C，et al. 2018. Effect of inoculum on the anaerobic digestion of food waste accounting for the concentration of trace elements. Waste Management，71：342-349.

P O D，F P Y，S A J. 2013. Sorption of pesticides by amineral sand mining by-product，neutralised used acid（NUA）. Science of the Total Environment，442：255-262.

Poggi-Varaldo H M，Rodríguez-Vázquez R，Fernández-Villagómez G，et al. 1997. Inhibition of mesophilic solid-substrate anaerobic digestion by ammonia nitrogen. Applied Microbiology and Biotechnology，47（3）：284-291.

Qiu Y，Cheng H，Xu C，et al. 2008. Surface characteristics of crop-residue-derived black carbon and lead（II）adsorption. Water Research，42（3）：567-574.

Qi Q，Sun C，Zhang J，et al. 2021. Internal enhancement mechanism of biochar with graphene structure in anaerobic digestion：The bioavailability of trace elements and potential direct interspecies electron transfer. Chemical Engineering Journal，406：126833.

Sawayama S，Tada C，Tsukahara K，et al. 2004. Effect of ammonium addition on methanogenic community in a fluidized bed anaerobic digestion. Journal of Bioscience and Bioengineering，97（1）：65-70.

Sharma A，Jindal J，Mittal A，et al. 2021. Carbon materials as CO_2 adsorbents：a review. Environmental Chemistry Letters，19：875-910.

Sharma B，Suthar S. 2021. Enriched biogas and biofertilizer production from Eichhornia weed biomass in cow dung biochar-amended anaerobic digestion system. Environmental Technology & Innovation，21：101201.

Sharma P，Melkania U. 2017. Biochar-enhanced hydrogen production from organic fraction of municipal solid waste using co-culture of Enterobacter aerogenes and E. coli. International Journal of Hydrogen Energy，42（30）：18865-18874.

Shen J，Yan H，Zhang R，et al. 2018. Characterization and methane production of different nut residue wastes in anaerobic digestion. Renewable Energy，116：835-841.

Shen J，Zhao C，Liu Y，et al. 2019. Biogas production from anaerobic co-digestion of durian shell with chicken，dairy，and pig manures. Energy Conversion and Management，198：110535.

Shen Y，Linville J L，Urgun-Demirtas M，et al. 2015. Producing pipeline-quality biomethane via anaerobic digestion of sludge amended with corn stover biochar with in-situ CO_2 removal. Applied Energy，158：300-309.

Sokolova T G，Henstra Am Fau-Sipma J，Sipma J Fau-Parshina S N，et al. 2009. Diversity and ecophysiological features of thermophilic carboxydotrophic anaerobes. FEMS Microbiology Ecology，68（2）：131-141.

Spokas K A. 2010. Review of the stability of biochar in soils：Predictability of O:C molar ratios. Carbon Manage，1（2）：289-303.

Sugiarto Y，Sunyoto N M S，Zhu M，et al. 2021. Effect of biochar addition on microbial community and methane production during anaerobic digestion of food wastes：The role of minerals in biochar. Bioresource Technology，323：124585.

Sunyoto N M S，Zhu M，Zhang Z，et al. 2016. Effect of biochar addition on hydrogen and methane production in two-phase anaerobic digestion of aqueous carbohydrates food waste. Bioresource Technology，219：29-36.

Taskin E，De Castro Bueno C，Allegretta I，et al. 2019. Multianalytical characterization of biochar and hydrochar produced from waste biomasses for environmental and agricultural applications. Chemosphere，233：422-430.

Teghammar A. 2013. Biogas Production from Lignocelluloses：Pretreatment，Substrate Characterization，Co-digestion，and Economic Evaluation. Chalmers University of Technology.

Wang J，Zhao Z，Zhang Y. 2021. Enhancing anaerobic digestion of kitchen wastes with biochar：Link between different properties and critical mechanisms of promoting interspecies electron transfer. Renewable Energy，167：791-799.

Wang W，Bai J，Lu Q，et al. 2021. Pyrolysis temperature and feedstock alter the functional groups and carbon sequestration potential of Phragmites australis- and Spartina alterniflora-derived biochars. GCB Bioenergy，13（3）：493-506.

Watanabe R，Tada C，Baba Y，et al. 2013. Enhancing methane production during the anaerobic digestion of crude glycerol using Japanese cedar charcoal. Bioresource Technology，150：387-392.

Wei P，Lin M，Wang Z，et al. 2016. Metabolic engineering of Propionibacterium freudenreichii subsp.

shermanii for xylose fermentation. Bioresource Technology，219：91-97.

Wf F，H S，A H，et al. 2006. The genome sequence of Methanosphaera stadtmanae reveals why this human intestinal archaeon is restricted to methanol and H_2 for methane formation and ATP synthesis. Journal of Bacteriology，188（2）：642-658.

Wong C M，Klieve A V，Hamdorf B J，et al. 2003. Family of Shuttle Vectors for Ruminal Bacteroides. Microbial Physiology，5（2）：123-132.

Xu G，Wei L L，Sun J N，et al. 2013. What is more important for enhancing nutrient bioavailability with biochar application into a sandy soil：Direct or indirect mechanism? Ecological Engineering，52：119-124.

Yang Y，Yu K，Xia Y，et al. 2014. Metagenomic analysis of sludge from full-scale anaerobic digesters operated in municipal wastewater treatment plants. Applied Microbiology and Biotechnology，98（12）：5709-5718.

Zhao Z，Zhang Y，Woodard T L，et al. 2015. Enhancing syntrophic metabolism in up-flow anaerobic sludge blanket reactors with conductive carbon materials. Bioresource Technology，191：140-145.

Zhou R，Zhang M，Li J，et al. 2020. Optimization of preparation conditions for biochar derived from water hyacinth by using response surface methodology（RSM）and its application in Pb^{2+} removal. Journal of Environmental Chemical Engineering，8（5）：104198.

第8章
干式厌氧发酵关键技术与实用装备

8.1 干式厌氧发酵关键技术

8.1.1 高固含率有机物水解产酸调控技术

目前厌氧发酵工程应用主要为湿法厌氧，物料含水率在 10%以下，处理秸秆、生活垃圾、餐厨垃圾等固体废物时，需添加水分调低物料含固率，存在发酵后产物浓度低、脱水处理相对困难、易造成二次污染等问题。干式厌氧发酵一般无须添加水分可直接发酵，对于含固率 20%以上的有机固体废物，节约相当于物料 8～12 倍的水分，所占发酵罐容积降低到湿式发酵的 1/4 以下，发酵过程增温、保温需热量减少 75%以上，且沼液产生量少、无二次污染，为固体废物处理处置的有效技术。然而，相对于湿式厌氧发酵，干式厌氧发酵单位容积内水分含量降低 10%～35%，其中自由水的下降幅度更大，同时单位容积内有机物的含量增加 2 倍以上，导致传质困难、有机物水解效率和速率均出现下降。

因此研究团队发明和提供了一种有机物水解产酸系统和方法，以解决干式厌氧发酵传质困难、有机物水解效率和速率低的问题。

（1）系统和方法概况

有机物水解产酸系统包括粉碎装置、真空气爆装置、微波装置、水解液储罐、水解液回流装置、水解产物储罐和水解产物回流装置（图 8.1）。粉碎装置用于在物料进入真空气爆装置之前粉碎物料；真空气爆装置用于作为在抽真空后物料的水解产酸的容器；微波装置用于对真空气爆装置内的物料进行加热；水解液储罐用于储存真空气爆装置中产生的水解液；水解液回流装置用于将水解液储罐内水解液回流至真空气爆装置；水解产物储罐用于储存真空气爆装置中产生的固态水解产物；水解产物回流装置用于将水解产物储罐内固态水解产物回流至真空气爆装置。

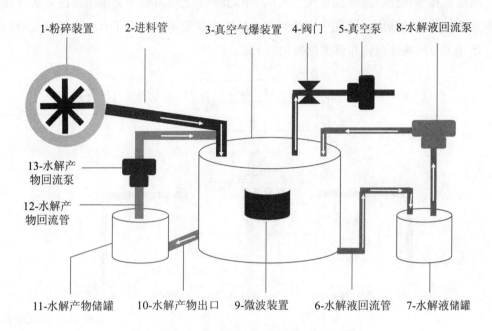

1-粉碎装置　2-进料管　3-真空气爆装置　4-阀门　5-真空泵　8-水解液回流泵

13-水解产物回流泵
12-水解产物回流管

11-水解产物储罐　10-水解产物出口　9-微波装置　6-水解液回流管　7-水解液储罐

图 8.1　高固含率有机物水解产酸系统的结构示意

水解产酸的方法流程如图 8.2 所示，将待处理的有机物料采用分批进料的方式进行发酵产酸，过程包括以下步骤。

①有机物经粉碎装置粉碎后进入真空气爆装置；进入粉碎装置内有机物料的含水率为 50%～90%，优选 70%～80%，粉碎后物料颗粒粒径为 0.3～5 cm，优选 0.8～2 cm。进入真空气爆装置内有机物料的进料量为真空气爆装置容积的 50%～90%，优选 75%～85%。在真空气爆装置内还加入有物料体积的 0.2～0.8 倍的表面活性剂。

②将真空气爆装置抽真空后密闭，静置 1～24 h，优选 6～8 h。

③将收集的前述各批进料水解产生的水解液回流入真空气爆装置进行发酵；回流进入真空气爆装置内的水解液的量以控制真空气爆装置内物料 pH 下降至 6.6 以下，优选 6.0 以下，之后自然发酵 1～12 h，优选 4～6 h。

④开启微波装置对物料进行加热发酵；控制微波加热的温度为 40～60℃，优选 40～45℃，发酵产酸时间为 12～48 h，优选 24～36 h。

⑤向真空气爆装置内添加前述各批进料水解产生的固态水解产物；回流的固态水解产物的量为真空气爆装置内物料容积的 1%～3%，优选 1.8%～2.2%。

⑥对物料进行恒温水解发酵，将水解产生的水解液收集至水解液储罐，将水解产生的固态水解产物收集至水解产物储罐。恒温发酵的温度为 20～80℃，优选 25～35℃和 50～80℃，最优选 35℃和 60℃。

与现有技术相比，通过强化厌氧发酵中的水解工艺，发酵中无须添加过多水分就可以解决传质困难的问题，提高了有机物的水解速率和效率，提高了有机物厌氧发酵的效率，增加了有机物能源化和资源化转化的水平。

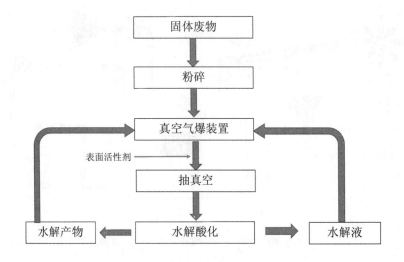

图 8.2　高固含率有机物水解产酸方法流程

（2）水解产酸系统实施案例

以图 8.2 为例，进入粉碎装置 1 内的物料含水率为 75%，粉碎后的物料颗粒粒径为 0.8～2 cm；经粉碎后的有机物料通过进料管 2 输送至真空气爆装置 3，进料量为真空气爆装置 3 容积的 80%，并注入物料容积 0.3 倍的表面活性剂。利用真空泵 5 对真空气爆装置 3 进行抽真空，随后关闭管道上的阀门 4，随后静置 7 h；将水解产生的水解液回流入真空气爆装置；该步骤利用水解液回流泵 8 将水解液储罐 7 中的酸化水解液泵入真空气爆装置 3 中，当真空气爆装置 3 的 pH 下降到 6.0 以下时，关闭水解液回流泵 8，并自然发酵 5 h；开启微波装置对物料进行加热，当自然发酵后，开启真空气爆装置 3 内的微波装置 9，当温度高于 40～45℃时，关闭微波装置 9，随后发酵 24 h；向真空气爆装置 3 内添加固态水解产物，回流量为真空气爆装置 3 内物料容积的 2%；对物料进行恒温水解发酵，该步骤主要是在步骤 8.2.1 中（5）后，将真空气爆装置 3 的物料进行恒温发酵，温度为 35℃。

自进料开始计时，本实施例的水解产酸工艺在运行 48 h 后，完成第一批进料的发酵产酸，真空气爆装置内的水解物中 VFA 含量为 64.1 mg/L，随后逐渐上升，96 h、144 h、192 h、240 h、288 h、480 h 后水解产物中 VFA 含量分别为 127.7 mg/L、159.2 mg/L、198.6 mg/L、206.1 mg/L、208.0 mg/L 和 206.4 mg/L，可知随着时间的增加，分批进料的水解产酸过程趋于稳定，水解速率和效率均有明显提高。

8.1.2　仿生干式厌氧发酵技术

仿生干式厌氧发酵系统（图 8.3）包括发酵容器和搅拌装置，发酵容器具有牛网胃的仿生结构，包含由柔性材料制成的外壁和具有仿网胃的凸起结构的内壁；搅拌装置包括设置于发酵容器外侧的挤压装置，挤压装置包括升降棒，通过伸缩动作挤压发酵容器以起搅拌的作用。升降棒有多个，横截面积为 $3\sim80$ cm^2，升降高度为 $10\sim100$ cm，相邻升降棒间的距离为 $5\sim30$ cm，以阵列形式分布。当发酵容器的容积为 $0.1\sim300$ m^3 时，升降棒的横截面积为 $3\sim20$ cm^2，升降高度为 $10\sim30$ cm，相邻距离为 $3\sim10$ cm；当发酵容器的容积为 $300\sim3\,000$ m^3 时，升降棒的横截面积为 $20\sim80$ cm^2，升降高度为 $30\sim100$ cm，相邻距离为 $10\sim30$ cm。挤压装置包括底板，升降棒分布于底板上，底板为长方体，长和宽分别为发酵容器与底板平行的中部截面上的长和宽的 $1.2\sim1.8$ 倍。挤压装置对称设置于发酵容器外侧，当发酵容器的容积为 $0.1\sim300$ m^3 时，阵列挤压装置对称设置于发酵容器的上下两侧；当发酵容器的容积为 $300\sim3\,000$ m^3 时，阵列挤压装置对称设置于发酵容器的水平两侧。

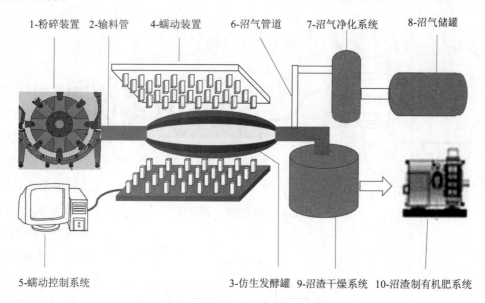

图 8.3　仿生干式厌氧发酵系统的结构示意

发酵系统还包括蠕动控制系统，挤压装置与蠕动控制系统连接，由蠕动控制系统控制升降棒的伸缩方式（图 8.4）。蠕动控制系统包括数据分析控制平台、数据传输系统和软件系统，数据分析控制平台根据软件系统设定的升降棒伸缩方式，通过数据传输系统将指令传递至相应升降棒。发酵容器内壁的凸起结构形成由内凹六边形组成的蜂巢式结构（图 8.5），六边形边长为 $0.5\sim1.2$ cm，凸起的高度为 $0.1\sim0.3$ cm。发酵系统还包括粉碎装置、输料管、沼气管道、沼气净化系统、沼气储罐、沼渣干燥系统和沼渣制有机肥系统。物料经粉碎装置粉碎后经输料管输送至发酵容器中，粉碎装置适宜的物料含水率为 50%～90%，粉碎后的物料颗粒粒径小于 0.3～5 cm，输料管管径为 10～30 cm。发酵容器内产生的沼气通过沼气管道输送至沼气净化系统，净化后的沼气储存于沼气储罐内；发酵容器内产生的沼渣通过输料管输送至沼渣干燥系统进行干燥，干燥后的沼渣通过沼渣制有机肥系统制成有机肥产品。具体包括以下步骤。

①物料经粉碎装置粉碎后输送至发酵容器；

②发酵容器仿网胃结构和搅拌装置相配合对发酵容器内物料进行搅拌发酵；

③发酵容器内产生的沼气经净化后储存，发酵容器内产生的沼渣经干燥后制成有机肥产品。

与现有技术相比，本技术基于利用仿生学原理，将干式厌氧发酵的全过程归类于不同生物发酵系统，构建智能的仿生生物发酵反应系统，并通过人工智能控制，实现对高固含率厌氧发酵全过程物质与能量代谢途径、关键节点、主要因素的优化调控，提高干式厌氧发酵的效率，强化有机物中碳素高效产 CH_4。

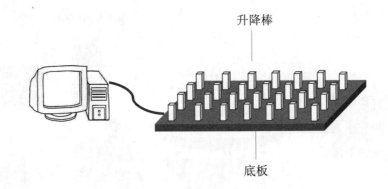

图 8.4　蠕动搅拌装置示意

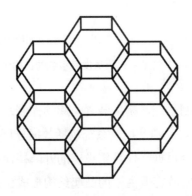

图 8.5　仿生发酵容器内壁蜂巢结构示意

8.2　干式厌氧发酵关键装备

8.2.1　有机垃圾自动破碎分选装置

有机垃圾自动破碎分选装置，包括外壳、动力传动机构和设置在外壳内的破碎机构。外壳上部具有可拆卸且内设有弧形内壁的移动外壳，外壳的前侧设有进料口，位于移动外壳的后部设有出料口，出料通道切向与出料口连接，外壳位于主轴下部设有钢筛网板，且外壳在钢筛网板的下部还具有浆料存储仓，浆料送料器安装在浆料存储仓内，且浆料存储仓的后部设有柔性浆料出口。动力传动机构包括安装在机架上的电机和传动机构，电机的输出端通过传动机构与主轴连接。破碎机构包括支承在外壳上的主轴、旋转时用于产生风力的至少一组叶轮和对物料进行破碎及旋转时产生离心力的多组破碎刀组，至少一组叶轮安装在主轴的进料一侧，多组破碎刀可安装在主轴上并位于螺旋叶片后侧；破碎刀组包括安装在主轴上的刀座和固定在刀座外周的至少两把破碎刀，至少一组破碎刀组设置在出料口一侧，用于将分选后的物料进行破碎和抛至出料通道。

其中，外壳在水平方向设有开口，外壳两端设有超过开口的连接板，移动外壳扣与在外壳上的开口处相接，移动外壳两侧的法兰连通过紧固件与外壳两端的连接板连接，外壳在开口端设有连接板，移动外壳上的法兰连通过紧固件与外壳上的连接板连接，外壳前部还具有进料外壳，进料外壳安装在外壳的前端并与外壳相通，且进料外壳上侧设有进料口，两支承座分别安装在进料外壳前端和外壳后端，主轴的两端通过轴承支承在支承座，外壳的下部通过弹性缓冲器安装在机架上。

每组叶轮包括内圈和沿其圆周方向等分为的 2～3 个叶片构成，叶轮的内圈安装在主轴上，或均分成 2 个或 3 个并通过紧固件连接后安装在主轴上，且主轴位于叶轮前部安装有螺旋推料叶片，螺旋推料叶片与进料口对应。

刀座沿其圆周方向等分成分体的 2～3 个，并通过紧固件连接后安装在主轴上，各刀座上焊接有至少一把破碎刀。破碎刀为条状的"V"形板，"V"形开口设置在外侧，破碎刀上的"V"形夹角 β 在 30°～90°，且破碎刀表面具有淬火层。

钢筛网板为半圆形设置于主轴下方，钢筛网板上的开孔孔径为 8～60 mm，开孔率为 40%～65%，钢筛网板由不锈钢或耐腐材质制成，或表面涂有耐腐材料。浆料存储仓下部为"V"形或"U"形，且浆料送料器设置在浆料存储仓的底部。出料通道上设有检查口。

进料输送机构包括沿输送方向向上斜置的进料管道和设置在进料管道上的第一螺旋送料器，进料管道的下部设有物料进口、上部设有物料出口，且进料管道底部设有集液管并与集液池相通，进料管道的物料出口通过柔性管与外壳上的进料口连接相通，第一螺旋送料器带有螺旋叶片的第一螺旋主轴支承在进料管道的两端封板上，用于驱动第一螺旋主轴转动的第一电机安装在进料管道的其中一个封板上，第一螺旋送料器的料槽底板上设置开孔率为 25%～35% 的外扩孔口，料槽底板上的外扩孔口其小端孔径为 8～50 mm。

出料输送机构包括两端封闭的出料管道和设置在出料管道上的第二螺旋送料器，出料管道在前部设有排料进口、后部设有排料出口，出料管道的上排料进口与外壳上的出料通道连接相通，第二螺旋送料器带有螺旋叶片的第二螺旋主轴支承在出料管道的两端封板上，用于驱动第二螺旋主轴转动的第二电机安装在出料管道的其中一个封板上。

具体结构如图 8.6 所示。

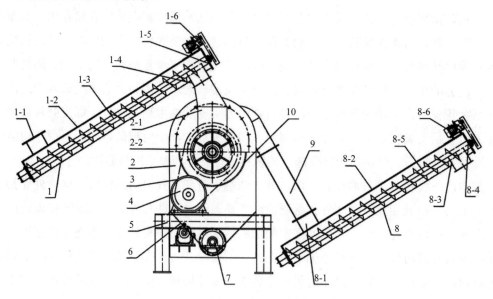

（a）有机垃圾自动破碎分选装置的结构示意

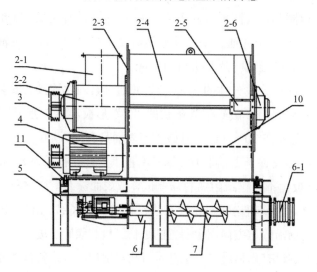

（b）去除进料输送机构和出料输送机构的侧视结构示意

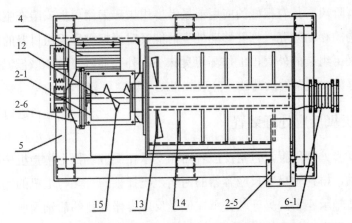

（c）去除进料输送机构、出料输送机构以及移动外壳的俯视结构示意

其中：1—进料输送机构，1-1—物料进口，1-2—进料管道，1-3—第一螺旋送器，1-4—物料出口，1-5—封板，1-6—第一电机，2—外壳，2-1—进料口，2-2—进料外壳，2-3—连接板，2-4—移动外壳，2-5—出料口，2-6—支承座，3—传动机构，4—电机，5—机架，6—浆料存储仓，6-1—柔性浆料出口，7—浆料送料器，8—出料输送机构，8-1—排料进口，8-2—出料管道，8-3—排料出口，8-4—封板，8-5—第二螺旋送器，8-6 第二电机，9—出料通道，10—钢筛网板，11—弹性缓冲器，12—主轴，13—叶轮，14—破碎刀组，14-1—破碎刀，14-2—刀座，15—螺旋推料叶片。

图 8.6　有机垃圾自动破碎分选装置示意

破碎机构中的主轴上安装有用于产生风力的至少一组叶片和对物料进行破碎及旋转时产用离心力的多组破碎刀组，在电机以及传动机构的带动下使主轴高速旋转，在外壳内产生离心力和风力，在有机物料进入外壳时，通过多组破碎刀组将有机物料（如骨头、蔬菜、肉块等）切割成小碎块后并透过钢筛网板进入下部的浆料存储仓内，而塑料、织物等较轻材质被破碎刀组切割成较大的碎片，并借助设置在主轴前部的叶片产生的风力及多组破碎刀组一起高速旋转所产生的离心力，被输送到设置在外壳后部的出料口附近，而堆积在出料口附近的塑料、织物等物料会被设置在出料口一侧的破碎刀组进行快速切割，使碎片借助风力及破碎刀组抛出输送至出料通道，而有机垃圾中的金属随物料在破碎过程中从进口一侧向出口一侧流动并被带至出料口一侧，在出料口一侧的破碎刀组作用下通过离心力随同塑料从出料口抛至出料通道内，无需外部风力条件可实现对塑料、织物及金属进行分选，同时可通过风力对抛出的塑料碎片等特料进行干燥，被选出的物料由于含水率很低、成色好，通过输送机输出后打包封装以便运输并进行回收利用，实现最大限度的资源化利用。

通过特有结构的破碎机构在动力下所产生离心力和风力，对有机物料进行破碎而通过钢筛网板进入下部的浆料存储仓内，同时自动对塑料、织物、金属等异物进行分选和输送，无须另外设置外部风力传输系统，劳动强度低，结构简单，而且节能，塑料、织物和金属等异物去除率超过 95%，最大限度地保证有机垃圾分选效果，其破碎率也达到 98%，而对分选出的塑料、金属等物料可以回收利用，能广泛适用于有机垃圾资源化处理的破碎分选处理阶段，具有很好的应用前景。多组破碎刀组可拆安装在主轴上，而外壳具有可拆卸结构的移动外壳，打开移动外壳后能及时更换破碎刀组以及叶片，非常方便更换易损件，采用组装的外壳，工作环境臭味小，外壳通过复数个减振组件连接在机架上，以平衡破碎分选装置的动荷载，分选装置工作稳定可靠。

8.2.2　干式厌氧反应处理装置

干式厌氧反应处理装置，包括反应容器和支承在反应容器上搅拌机构，搅拌机构包括电机和搅拌轴，搅拌轴贯穿反应容器的两侧，搅拌轴的一端与电机的输入轴连接并通过轴承支承在前轴承座上，另一端支承在位于反应容器外侧的后轴承座上，其特征在于反应容器的一侧设有进料机构，另一侧设有出料机构，顶部设有沼气收集口的反应容器外部设有保温层，且反应容器上还设有数个检测安装孔；反应容器从进料侧至出料侧分为至少 3 个加热区，两组换热器分别设置在反应容器的侧下部，换热器包括至少三组换热管组，每组换热管组从进料侧穿过反应容器并设置在对应的加热区域内，每组换热管组包括至少一个进水管、至少一个回水管以及三个以上的竖管，进水管与回水管之间通过竖管连接相通；搅拌轴对应每个加热区设有至少 4 个搅拌桨，且各搅拌桨沿搅拌轴的轴向方向在圆周方向相错设置，搅拌桨包括外侧具有开口的搅拌盒和与搅拌轴固定的搅臂。

干式厌氧反应处理装置在反应容器上设有搅拌机构，在进料、出料和搅拌机的作用下可形成推流式反应。搅拌桨的外侧采用搅拌盒结构，故当搅拌轴带动搅拌桨进行搅拌时，通过搅拌盒增加与物料的接触面积，对物料有一个较大的搅拌幅度，同时，将通过搅拌桨将物料在厌氧反应过程中所产生的沼气及时释放出，而提高反应装置的安全性。本装置可通过搅拌盒将反应容器下部的物料带起，并可自由抛撒在反应容器的另一个位置，因此搅拌机构能使发酵产物与新进物料充合混合而接种，确保微生物种群分布均匀，不仅能避免浮层产生，而且也能避免固体沉淀。在反应容器的侧下部设有两组换热器，换热器采用至少三组换热管组，各每组换热管组从进料侧穿入反应容器并设置在对应的加热区域内，可使反应容器前段区域的供热量依次大于反应容器后端的供热量，确保反应容器物料反应温度的均匀性，有利于有机垃圾的充分发酵，通过对反应容器内的物料进行均匀的温度补偿，能使物料快速进入高温厌氧发酵工况，使反应容器中的物料呈半流态，在进料、出料及搅拌的作用下，使物料能缓慢自进料侧向出料侧移动，保证有机垃圾在发酵反应容器内的充分降解，由于处理单元少，而且能降低污水处理成本，能提高厌氧处理效率，使有机物的降解率达到 80%左右。其具体结构如图 8.7 所示。

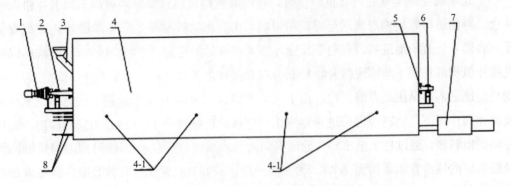

（a）干式厌氧反应处理装置的结构示意

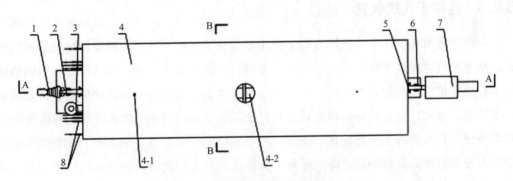

（b）干式厌氧反应处理装置的俯视结构示意

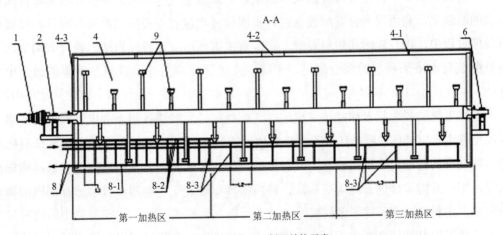

（c）图（b）的 A-A 剖视结构示意

其中，1—电机，2—前轴承座，3—进料机构，4—反应容器，4-1—检测安装孔，4-2—沼气收集口，4-3—保温层，4-4—观察孔，4-5—人孔，4-6—出渣口，5—搅拌轴，6—后轴承座，7—出料机构，8—换热器，8-1—回水管，8-2—进水管，8-3—竖管，9—搅拌桨，9-1—搅拌盒，9-2—固定件，9-3—搅拌臂，9-4—连接件。

图 8.7 干式厌氧反应处理装置示意

干式厌氧反应装置处理有机垃圾时，可将有机垃圾经过简单的破碎后，首先进入缓冲仓，再由进料螺旋输送机送至螺旋布料机，由其将物料布设在反应容器 4 内，以保证反应容器 4 一直均衡进料，有利于反应容器 4 产气量的稳定。当物料进入反应容器 4 后，在搅拌机构的作用下与回流接种物料充分混合接种，并经换热器 8 加热至 55℃左右，使物料快速进入高温厌氧发酵工况。由于反应容器 4 中的物料呈半流态，在进料、出料以及搅拌的作用下，物料缓慢自进料侧向出料侧移动，经过约 15～25 d 的发酵周期，物料移动到出料侧，通过柱塞泵出料并输送至沼渣脱水系统挤压脱水，再经过螺旋挤压脱水，使脱水后的残渣含水率约为 60%，送去填满处理或好氧稳定化处理或焚烧，反应容器 4 上部收集的沼气可作燃烧回用，而收集的沼液送往污水处理厂处理。

8.2.3　连续干式厌氧发酵装置

与湿式发酵相比，干式厌氧发酵工艺主要具有节约用水，节约管理沼气池所需的工时，池容产气率较高等优点，但干式厌氧发酵技术由于微生物活性等影响，物质的降解效率较蚯蚓堆肥和高温好氧发酵要差，特别是纤维素、木质素类物质的降解效率和降解程度较低。因此，设计针对有机固体废物，尤其是生活垃圾中的有机成分、果蔬垃圾、畜禽粪便、秸秆等的无害化处理、资源化处理利用的干式厌氧发酵装置，开发成本低、操作方便的降解难降解物质、降低物料中含水率的预处理技术，充分实现有机固体废物循环利用，对于有机固体废物的无害化、减量化和资源化尤为重要。

本研究提供了一种连续发酵装置，以求在干式厌氧发酵技术、理论发展及实际应用经验的基础上，利用同一台发酵设备对有机固体废物进行干式厌氧产沼发酵，在干式厌氧发酵过程中，进行连续式进料发酵，实现有机固体废弃物日产日清，通过太阳能装置与发酵装置水浴加热层的联合使用，实现干式厌氧发酵的低温启动及过程的增温保温作用。

连续发酵装置包括发酵罐体、出气口、制动环，发酵罐体由主仓室和保温层构成，保温层在主仓室外侧，制动环位于发酵罐体的外侧，主仓室可以随制动环的转动而转动。通过制动环的转动，实现主仓室内发酵物的搅拌。连续发酵装置还包括进料缓冲室和出料缓冲室；发酵罐体的一侧为进料端，进料缓冲室设置于进料端；发酵罐体的另一侧为出料端，出料缓冲室设置于出料端。

连续发酵装置还包括支架，分别连接至进料端和出料端，通过支架可以调节进料端与出料端之间的相对高度，从而改变罐体的倾斜角度。通过角度的改变，解决了进料端与出料端发酵产物的混合问题，使不同阶段的发酵物充分混合，提高了发酵效率。

发酵罐体还包括水浴加热层，在主仓室外侧。水浴加热层通过与加热器相连接而实现加热。加热器为太阳能装置、燃烧加热器或电加热器。加热器与水浴层之间还设有阀门，控制太阳能装置与水浴加热层之间的水流流通，从而控制温度。

发酵罐体的内壁上具有分布于主仓室和水浴层的多个温度探头。连续发酵装置下方设置有轮，使得可以移动连续发酵装置的位置。

发酵罐有：直径为 0.5～2 m，高度为 1.5～3 m 的小型装置；直径为 2～5 m，高度为 3～5 m 的中型装置；直径为 5～10 m，高度为 5～10 m 的大型装置。

保温层的厚度一般为 20 cm～1 m，水浴加热层的厚度一般为 20 cm～1 m。

进料缓冲室的体积一般为每日需要处理的有机固体废物体积的 120%～150%，出料缓冲室的体积为每日需要处理的有机固体废弃物体积的 60%～80%。

加热系统由太阳能装置及罐体内的水浴加热层共同组成，其中太阳能装置与加热层由管道相连通，管道上设置有阀门，由阀门控制太阳能装置与水浴层的水流流通，从而间接控制温度。

本连续发酵装置是在厌氧发酵技术、理论发展及实际应用经验的基础上，对发酵装置的关键部位进行创新设计，以解决固体废物的日产、日清的需求及厌氧发酵生产中出现的有待完善的问题，扩大固体废物实时实地处理的范围和水平。能够实现农村、城镇居民区、畜禽养殖场等地的生活垃圾及畜禽粪便等固体废物得到就地、及时、方便的处理处置。

其具体结构如图 8.8 所示。

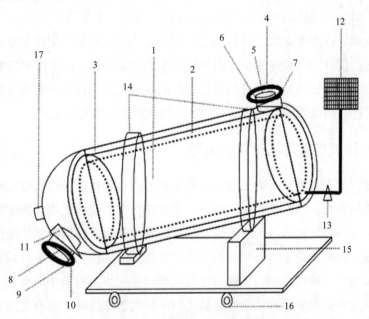

其中：1—主仓室，2—水浴加热层，3—保温层，4—进料口，5—进料盖，6—进料缓冲室，7—进料缓冲室阀门，8—出料口，9—出料盖，10—出料缓冲室，11—出料缓冲室阀门，12—太阳能装置，13—阀门，14—制动环，15—支架，16—轮，17—出气口。

图 8.8　连续厌氧发酵装置的结构示意

罐体由主仓室 1、水浴加热层 2、保温层 3 共三层组成，主仓室位于发酵罐的最内侧，中间层为保温层，在小型装置的情况下，发酵罐的直径为 0.5 m 至 2 m，高度为 1.5 m 至 3 m；在中型装置的情况下，发酵罐的直径为 2 m 至 5 m，高度为 3 m 至 5 m；在大型装置的情况下，发酵罐的直径为 5 m 至 10 m，高度为 5 m 至 10 m。中间层为水浴加热层 2，厚度一般为 5 cm 至 10 cm。最外侧为保温层 3，厚度一般为 5 cm 至 10 cm。

罐体的一端设立进料功能相关装置，体积一般为日处理有机固体废物体积的 120%～150%，该装置由进料口 4、进料盖 5、进料缓冲室 6、进料缓冲室阀门 7 构成，物料可通过进料口 4 添加到进料缓冲室 6，进料盖 5 的开启与关闭控制进料缓冲室与外界的连通和封闭，进料缓冲室阀门 7 控制进料缓冲室与主仓室间的连通和封闭。

罐体的另一端设立出料功能装置，体积为日处理有机固体废物体积的 60%～80%，该装置由出料口 8、出料盖 9、出料缓冲室 10、出料缓冲室阀门 11 构成，已经发酵完毕的物料可通过出料缓冲室阀门 11 控制流入出料缓冲室 10，出料缓冲室阀门 11 关闭后，打开出料盖，物料由出料口 8 取出。装置的加热系统由太阳能装置 12 及罐体内的水浴加热层 2 共同组成，其中太阳能装置与加热层由管道相连通，管道上设置有阀门 13，由阀门控制太阳能装置与水浴层的水流流通，从而间接控制温度。

罐体可以随制动环 14 的转动而转动，从而实现发酵罐中发酵物的搅拌混合。制动环 14 可以通过手动的方式进行转动，也可以在一种或多种动力源的作用下转动，动力源的实例包括但不限于电动机、内燃机、太阳能电机、风车、水车等。

可以对制动环底部的支架 15 的高度进行调节。当进料端的支架相对于出料端的支架的高度降低时，罐体的倾斜度变小，而当出料端的支架升高至高于进料端时，出料端高于进料端，可以使得出料端的发酵物与进料端的发酵物充分混合，实现不同发酵阶段菌群的混合。这样，可以有效地加速进料端加入的新鲜进料的发酵进程。

8.2.4 有机垃圾固渣有机质回收装置

有机垃圾固渣有机质回收装置包括回收主机、回收辅机以及连接在回收主机和回收辅机之间的连接管组。回收主机包括槽体、设置槽体上的搅拌机构，槽体顶部设有支承架和盖板、下部设有出料口；盖板上设有进料口和稀释水进口以及雷达液位计；搅拌机构包括安装在支承架上的电机、减速器和竖置在槽体内的搅拌轴，电机通过联轴器与减速器连接，减速器上的输出轴与搅拌轴连接，搅拌轴上固定有至少两头自上而下直径逐渐增大的螺旋叶片，且螺旋叶片边缘呈弧形，旋转时的螺旋叶片所产生的水力流使浆料沿螺旋叶片的叶面由上向下运动，再在槽壁的作用下而向上运动对浆料进行水力搓洗，搅拌轴底部设有至少两个外径大于螺旋叶片底部外径的推料底刀，推料底刀与槽体下部的出料口对应设置。

回收辅机包括罩壳和设置在罩壳内的转鼓以及转鼓电机,转鼓沿浆料流动方向向上倾斜,且罩壳前端设有进料口、尾部设有出渣口、底部设有集液箱,集液箱下部设有排口,转鼓的鼓壁上具有筛孔,安装在罩壳外部的转鼓电机通过输出齿轮与转鼓的齿圈啮合,转鼓内壁固定有用于推动渣料的无轴螺旋叶片,且罩壳上部设有至少一排用于冲洗转鼓筛孔的喷淋管;连接管组包括底管和溢流管,底管的前端与槽体上的出料口连接、后端与罩壳上的进料口连接,且底管沿浆料流动方向向下倾斜,底管上设有闸阀;溢流管呈"h"形,溢流管的进浆口和出浆口连接在底管并位于闸阀的两侧。

盖板为分体式设置在支承架的两侧,盖板通过紧固件安装在槽体上,盖板上还设有除臭收集口。槽体上部设有环绕并接近槽体内壁的清洗盘管,清洗盘管上的喷口或喷头对着槽体上的槽壁。转鼓的中心轴线与水平面之间的夹角 β 为 3°~7°,且罩壳的侧壁上设置 3~5 个快开门结构的检修口。转鼓的鼓壁上的筛孔孔径在 4~25 mm,无轴螺旋叶片焊接在转鼓内壁上,且无轴螺旋叶片沿送料方向逐步缩小,且螺距逐步增大。搅拌轴底部呈渐扩的喇叭形支柱,喇叭支柱的底部设有刀盘,刀盘沿圆周方向均布 2~5 把推料底刀。推料底刀与浆料接触的受力面的前倾角 α 为 3°~10°,且受力面经外侧的斜面与推料底刀的背面形成锐角。

其具体结构如图 8.9 所示。

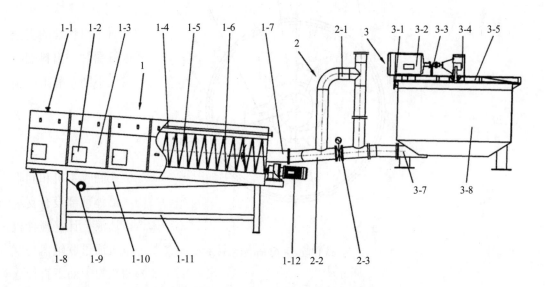

(a) 有机垃圾固渣有机质回收装置的结构示意

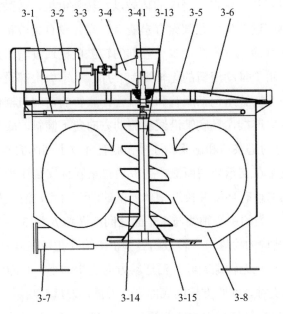

（b）回收主机的结构示意

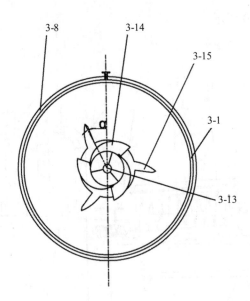

（c）回收主机的截面结构示意

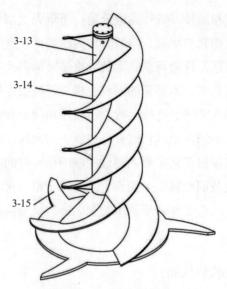

（d）搅拌轴和螺旋叶片的结构示意

其中：1—回收辅机，1-1—除臭收集口，1-2—检修口，1-3—罩壳，1-4—喷淋管，1-5—转鼓，1-6—无轴螺旋叶片，1-7—进料口，1-8—出渣口，1-9—排液口，1-10—集液箱，1-11—后机架，1-12—转鼓电机，2—连接管组，2-1—溢流管，2-2—底管，2-3—闸阀，3—回收主机，3-1—清洗盘管，3-2—电机，3-3—联轴器，3-4—减速器，3-41—输出轴，3-5—支承架，3-6—盖板，3-7—出料口，3-8—槽体，3-9—雷达液位计，3-10—稀释水进口，3-11—进料口，3-12—除臭收集口，3-13—搅拌轴，3-14—螺旋叶片，3-15—推料底刀。

图 8.9　有机垃圾固渣有机质回收装置

　　有机垃圾固渣有机质回收装置采用了回收主机和回收辅机，及用于连接回收主机和回收辅机的连接管组，回收主机上的槽体上设有搅拌装置，槽体顶部的盖板上设有加料口和稀释水口，通过加料口向槽体加入淋洗或蒸煮提取有机垃圾浆料中的有机物处理后的固相渣料，并将后段厌氧发酵出水通过稀释水口加入槽体内，使槽体内的固渣与稀释水混合成含固量为 5%～18% 的浆料，并通过安装在支承架上的电机和减速器驱动竖置在槽体内的搅拌轴旋转，通过搅拌轴上的螺旋叶片转动而产生水力流，发明搅拌轴上的螺旋叶片采用多头并自上而下直径逐渐增大设计，在螺旋叶片旋转时能产生的强烈的水力流，使浆液在该水力流作用下沿螺旋叶片的叶面由上到下运动并在槽壁的作用下再由下而上，使浆料沿槽体内壁向上运动，继而又重新被螺旋叶片带至底部，加之螺旋叶片的边缘呈弧形结构，螺旋叶片旋转时产生的水力流仅对浆料进行水力搓洗，同时促进物料之间的相互摩擦，将固渣中的有机物最大限度地疏解进入液相中，且螺旋叶片不对无机固渣及塑料碎片等被进行切碎，将流动至下部的无机固渣及塑料碎片通过推料刀片及时排出，故能对有机垃圾固渣中有机质最大限度地回收，提高系统资源化能力，减少系统外排固渣量。本装置搅拌轴将螺旋叶片与其底部多个推料底刀相配，不仅水力流态好，也方便使水力搓洗后的出料更加彻底。本装置回收辅机采用转鼓结构，被水力搓洗后的浆料在转鼓作用下被摔打和翻转并进行固液分离，而罩壳上部设置的喷淋管可对转鼓进行清洗，能有效防止转鼓筛孔的堵塞。本装置转鼓的鼓内设有无轴螺旋叶片，有利于将固液分离后的渣料向后输送，排渣可靠。本装置将转鼓倾斜式，能避免浆料短流，能进一步加强浆料的固液分离效果。本装置的回收主机与辅机的连接管组连接，而连接管组上设有溢流管，使整个回收装置能连续运行，不仅结构简单合理，运行成本低，连接管组的底管上设有闸阀，当系统停止运行时开启底管上的闸阀，将回收主机内的浆料能全部排入回收辅机内。也可根据工艺需要，通过控制闸阀实现回收主机的间歇运行和快速排料。本装置的回收主机及回收辅机上均设置除臭收集口，可在装置运行过程中对臭气进行收集，并集中处理，改善工作环境，本装置固渣有机质回收装置占地面积小，易操作，适用于工业化生产。

8.2.5　餐厨垃圾加热水解设备

　　餐厨垃圾加热水解设备包括反应仓、搅拌驱动机构、搅拌执行机构和蒸汽加热机构。反应仓包括具有一个中空的主体和连接在主体两端的端盖，主体前部设有进料口，后部的斜上方设有出料口，出浆管连接在出料口处，主体或/和出浆管在出料口处安装有温度传感器。搅拌驱动机构包括具有减速器的搅拌电机和传动主轴，具有密封机构的密封座安装在各自的端盖上，各密封座的外侧与轴承座连接，搅拌电机安装在其中一个轴承座上，传动主轴的两端穿过端盖和密封座并通过轴承支承在各自的轴承座上，搅拌电机的输出端与传动主轴连接。搅拌执行机构包括连接在传动主轴上的螺旋叶片和搅拌桨叶，螺旋叶片为间隔设置在传动主轴上的第一螺旋叶片、第二螺旋叶片和第三螺旋叶片，且螺旋叶片的外周与主体内壁的下部相接，第一螺旋叶片设置在主体的进料口处、第二螺旋叶片设置在主体的中部、第三螺旋叶片设置在主体的出料口处，第三螺旋叶片由两旋向相板的螺旋叶片构成，且出料口位于两旋向相反螺旋叶片之间，传动主轴在第一螺旋叶片与第二螺旋叶片之间及第二螺旋叶片与第三螺旋叶片之间安装有多个间隔设置的搅拌桨叶，且各搅拌桨叶沿传动主轴的圆周方向相错设置，搅拌桨叶的桨叶与传动主轴的截面之间的夹角 5°～45°。蒸汽加热机构包括蒸汽加热管及多个布气管和多个蒸汽喷嘴，蒸汽喷嘴沿主体的长度方向间隔设置在主体上，各蒸汽喷嘴通过设置在外部的各自的布气管与蒸汽加热管连接。搅拌桨叶包括带有连接轴的桨叶、固定套和紧固件，固定套包括上半套和下半套，下半套上设有对桨叶角度进行定位的凹槽，上半套和下半套设置在传动主轴上，桨叶上的连接轴穿过下半套以及传动主轴和上半套并用紧固件连接，且桨叶与传动主轴截面之间的夹角为 10°～35°。

　　装置主体在长度方向的两侧设有蒸汽喷嘴，且两侧的蒸汽喷嘴交错间隔布置，各蒸汽喷嘴出口处位于主体中心轴线的下部，蒸汽喷嘴的中心轴线与水平面之间夹角为 20°～70°。

　　主体前部两相邻蒸汽喷嘴的间距为 200～400 mm，主体后部两相邻各蒸汽喷嘴的间距为 600～1 000 mm。主体在进料口处设有缓冲料斗，出料口的中心线与水平面之间的夹角为 30°～60°。

　　其具体结构如图 8.10 所示。

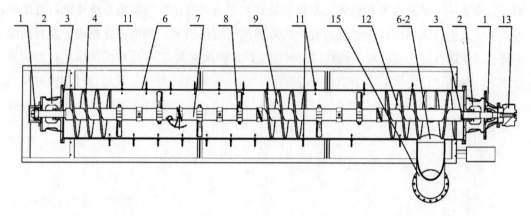

　　其中：1—轴承座，2—密封座，3—端盖，4—第一螺旋叶片，5—缓冲料斗，6—主体，6-1—进料口，6-2—出料口，7—传动主轴，8—搅拌桨叶，8-1—紧固件，8-2—上半套，8-3—下半套，8-4—凹槽，8-5—桨叶，9—第二螺旋叶片，10—蒸汽加热管，11—蒸汽喷嘴，12—第三螺旋叶片，12-1—正向螺旋叶片，12-2—反向螺旋叶片，13—搅拌电机，14—底座，15—出浆管，16—副罩壳，17—主罩壳，18—布气管，19—温度传感器，20—应急管，21—应急阀门。

图 8.10　餐厨垃圾加热水解设备

　　本装置的反应仓采用主体以及连接在主体两端的端盖以形成卧式结构，端盖通过密封座与轴承座连接，具有较好的维护性能。主体出料口位于斜上部，使出料口为类似溢流式结构，一方面可以使主体腔体内有足够的高温餐厨浆料停留空间，保证内部反应的水解温度，另一方面使浆料在主体腔体内具有一定的深度，而增加浆料与蒸汽的接触时间，充分提高水解效率。搅拌执行机构包括连接在传动主轴上的螺旋叶片和搅拌桨叶，将两种不同功能的螺旋叶片和搅拌桨叶间隔设置，推进作用较强的螺旋叶片分别设置在主体的进料口、出料口以及主体的中部，通过螺旋叶片能起到输送浆料、分隔加热区并阻隔蒸汽作用，利用搅拌桨叶推进作用相对螺旋叶片较弱，使浆料能在加热区域具有较长的停留时间，通过搅拌桨叶对浆料翻动搅拌，使浆料与蒸汽快速混合、均匀受热。

　　由于螺旋叶片和搅拌桨叶是间隔设置，在同一转速下得到不同的浆料移动速度，结构合理、紧凑，能达到简化设备结构的目的。由于螺旋叶片的外周与主体内壁的下部相接而能起到支承作用，在保护搅拌桨叶的同时，对传动主轴及轴承的强度要求降低，使得传动系统得以轻量化，也由于螺旋叶片的定位作用，使设备的装配及后期检修更加方便。装置主体上设有多个蒸汽喷嘴，采用蒸汽喷入方式对浆料进行加热，由于多个螺旋叶片能解决蒸汽穿过浆料层而出现短路的问题，保证蒸汽被充分利用，使水解反应温度能控制在 60～100℃，再在强力搅拌叶片的作用下，使浆料充分与蒸汽接触，降低能耗，提高水解加热效率，提高餐厨垃圾固相中的有机物液态化效率及油脂溶出效果，处理后的固渣受到蒸煮软化，亲水性有机质及油脂易于分离出去，有利于资源回收及整体工艺实施。装置的螺旋叶片及搅拌桨叶分布在整个轴长上，且螺旋叶片接近主体内腔的直径，不会造成主体内壁的结垢和焦化，在保证处理效率的同时，后期检修及清理比较方便。装置主体采用卧式结构，在特殊布置的叶片和蒸汽的作用下，能重点处理难于水解的固相浆料，能进行连续式处理，物料停留时间短，水解效率高。

第9章
厌氧发酵技术典型工程案例

9.1 丰台区生活垃圾循环经济园餐厨厨余垃圾处理厂

9.1.1 工程概况

9.1.1.1 工程名称及来源

丰台区生活垃圾循环经济园餐厨厨余垃圾处理厂项目（图9.1），先后于2014年6月及2015年9月由北京市丰台区环境保护局，分别对本项目及后续增加的废弃油脂预处理系统的环境影响报告书进行了批复。北京市丰台区发展和改革委员会于2015年9月批复了丰台区生活垃圾循环经济园餐厨厨余垃圾处理厂项目可行性研究报告。

图9.1 俯视厌氧发酵设施

9.1.1.2 工程地址

丰台区生活垃圾循环经济园位于永定河东岸，五环路东侧，京沪、京哈铁路西侧。餐厨厨余垃圾处理厂位于丰台区生活垃圾循环经济园内，属于园内的垃圾处理厂之一，临近正在建设的湿解处理厂，占用了部分北天堂生活垃圾填埋场（二）的填埋区。餐厨厨余垃圾处理厂的建构筑物部分位于现北天堂生活垃圾填埋场（二）的填埋区。

9.1.1.3 处理规模

（1）餐厨垃圾处理规模确定

为了使餐厨垃圾产量与常住人口关系对应，需要分析影响餐厨垃圾产量的因素。分析过程详见表 9.1。

表 9.1　餐厨垃圾产生影响因素分析

可使垃圾量增多因素	可使垃圾量减少因素
1．居民在餐馆就餐次数大于 1	1．学龄前儿童、退休人员在家中就餐
2．流动人口、外来人口涌入城市	
3．经济发展	2．本地人外出

目前，丰台区还没有开展大规模餐厨垃圾集中收集，也没有当前丰台区餐厨垃圾的产生量数据，因此，按照国内一般的餐厨垃圾产生量计算方法进行计算。参考我国城市餐厨垃圾产生量平均为 0.1 kg/（人·d），确定丰台区餐厨垃圾产生量为 0.1 kg/（人·d），丰台区 2014 年常住人口为 230 万，则 2014 年丰台区餐厨垃圾产生量为 230 万人×0.1 kg/（人·d）=230 t/d。根据《2015 年北京市丰台区人民政府工作报告》中丰台区确定的人口调控目标，到 2015 年，实现全区常住人口增长速度控制在 1.3%，总量控制在 233.16 万人以内；常住外来人口数量规模调整到 84 万。则预计丰台区 2015 年常住人口约为 230×（1+1.3%）=232.99 万，因此，预测 2015 年丰台区餐厨垃圾产生量为 232.99 万人×0.1 kg/（人·d）=232.99 t/d。

随着餐厨垃圾处理政策的出台、政府部门支持力度的不断加大以及人民群众环保意识的提高，餐厨垃圾的收集率应呈上升趋势，力求能逐步达到日产日清。

考虑到旅游业与餐饮业的不断发展，常住人口与流动人口的数量将平稳地向上增长，对丰台区的餐厨垃圾产生量及清运量做简单的预测。详见表 9.2。

表 9.2　丰台区餐厨垃圾产生量及清运量预测

年份	平均产量/（t/d）	增长率/%	平均清运率/%	平均清运量/（t/d）	统筹外运量/（t/d）
2014	230.00	—	—	—	—
2015	232.99	—	30	69.90	0.00
2016	242.31	3	35	84.81	0.00
2017	249.58	3	40	99.83	0.00
2018	257.07	3	45	115.68	0.00
2019	264.78	3	50	132.39	0.00

年份	平均产量/（t/d）	增长率/%	平均清运率/%	平均清运量/（t/d）	统筹外运量/（t/d）
2020	272.72	3	60	163.63	0.00
2021	280.90	2	70	196.63	0.00
2022	286.52	2	80	229.22	29.22
2023	292.25	1	90	263.03	63.03
2024	295.17	1	100	295.17	95.17
2025	298.13	1	100	298.13	98.13

从表 9.2 可以看出，到 2016 年（预计为本项目的投产期）的餐厨垃圾平均产生量为 242.31 t/d，平均清运量为 84.81 t/d。到 2021 年（预计为本项目的达产期），平均产量为 280.90 t/d，平均清运率达到 70%，清运量为 196.63 t/d，接近 200 t/d。此后呈缓慢增加趋势。结合北京市《城镇生活垃圾无害化处理设施建设"十二五"规划草案》和《北京市生活垃圾处理设施建设三年实施方案（2013—2015 年）》的相关规划确定该餐厨厨余垃圾处理厂的餐厨垃圾处理系统的设计规模为 200 t/d。当餐厨垃圾的收运量超过本餐厨厨余垃圾处理厂的处理能力时，按照市统筹多余的清运量送至指定地点进行处理。统筹外运量详见表 9.2。

由于丰台区尚未建立餐厨垃圾收运系统，由区环卫中心处收集的餐厨垃圾数量十分有限，因此，宜对该项目分步实施。对餐厨垃圾资源化利用项目来说，收集运输是关键，在国内很多城市尽管出台了餐厨垃圾管理办法，但事实上绝大多数城市的餐厨垃圾处理厂收集量都十分有限，正规的餐厨垃圾处理厂往往存在资源紧缺，生产无法正常进行，大部分的餐厨垃圾仍然由私人单位收走。这就需要丰台区政府规范餐厨垃圾的收集，以保障餐厨垃圾处理长期正常化。

（2）厨余垃圾处理规模确定

截至"十二五"末期，丰台区约有 750 个有物业管理的小区，按市里要求，80%完成垃圾分类，则分类小区有 600 个，按每个小区 800 户，2 400 人计算，约 144 万人。

2 014 丰台区垃圾清运量约为 2 550 t/d。考虑丰台区经济文化的快速发展，人口特别是流动人口将出现一定程度的增长，这将在一定时期内引起垃圾量的增长，按垃圾清运量每年以 1.5% 的增长速度，得出丰台区生活垃圾清运量预测表，如表 9.3 所示。

表 9.3　丰台区生活垃圾清运量预测

年份	平均清运量/（t/d）	增长率/%
2014	2 550	—
2015	2 588	1.5
2016	2 627	1.5

年份	平均清运量/（t/d）	增长率/%
2017	2 666	1.5
2018	2 706	1.5
2019	2 747	1.5
2020	2 788	1.5
2021	2 830	1.5
2022	2 873	1.5
2023	2 916	1.5
2024	2 959	1.5
2025	3 004	1.5

根据北京市"十二五"规划要求，截至"十二五"末，北京市的垃圾分类达标率需要达到 80%的要求，但是目前丰台区生活垃圾分类收集尚处于初期，考虑到垃圾分类工作及相关配套密闭压缩站、车等配套工作需要一定周期，厨余垃圾的量与收集配套设施、改造进度及分类收集率密切相关，分类收集率达到 80%的要求存在很大困难，估测到 2015 年居住小区垃圾分类达标率仅能达到 20%以上。到 2022 年厨余垃圾分类达标率达到 55%。按照厨余垃圾占原生活垃圾总量的 35%计算，则得出丰台区厨余垃圾产生量及收集量预测，如表 9.4 所示。

表 9.4　丰台区厨余垃圾产生量及收集量预测

年份	生活垃圾清运量/（t/d）	厨余垃圾产量/（t/d）	分类达标率/%	厨余垃圾收集率/%	厨余垃圾收集量/（t/d）
2014	2 550	892.5	—	—	—
2015	2 588	905.89	20	30	54.35
2016	2 627	919.48	25	35	80.45
2017	2 666	933.27	30	40	111.99
2018	2 706	947.27	35	45	149.19
2019	2 747	961.48	40	50	192.3
2020	2 788	975.9	45	55	241.53
2021	2 830	990.54	50	60	297.16
2022	2 873	1 005.39	55	65	359.43
2023	2 916	1 020.48	60	70	428.6
2024	2 959	1 035.78	70	75	543.79
2025	3 004	1 051.32	75	80	630.79

从表 9.4 可以看出，到 2016 年（预计为本项目的投产期）的厨余垃圾平均产生量为 919.48 t/d，分类达标率为 25%，厨余垃圾收集率为 35%，则厨余垃圾收集量为 80.45 t/d。到 2021 年（预计为本项目的达产期），平均产生量为 990.54 t/d，分类达标率为 50%，厨

余垃圾收集率为 60%，则厨余垃圾收集量为 297.16 t/d，接近 300 t/d。至 2025 年，厨余垃圾收集量预计能超过 600 t/d。因此，确定本餐厨厨余垃圾处理厂与餐厨垃圾协同处置的厨余垃圾处理系统的设计规模为 600 t/d，分两期实施，一期 300 t/d，二期 300 t/d。

（3）废弃油脂预处理规模确定

截至 2014 年 8 月 20 日，北京市餐饮业市场主体共计 4.22 万户。其中，丰台区餐饮业数量在 2 655 家左右，占餐饮业总量比重为 6.3%。据估算，北京每年产生的废弃油脂有 10 万～15 万 t，则丰台区的废弃油脂产生量约为 9 450 万 t/a，合 25.9 t/d。而据餐厨垃圾组分调研数据，丰台区餐厨垃圾中的油脂含量约为 2%，则 200 t/d 餐厨垃圾中含有油脂约 4 t/d，一般餐厨垃圾预处理过程中油脂的得率为 90%，故从 200 t/d 餐厨垃圾中分离出的油脂含量约为 4 t/d×90%=3.6 t/d。则丰台区废弃油脂的产生量为 25.9 t/d+3.6 t/d=29.5 t/d，因此，本项目废弃油脂预处理规模确定为 30 t/d。

（4）工程投资

只考虑近期投资，丰台区餐厨厨余垃圾处理厂占地面积 27 660.973 m^2，总投资 36 646.87 万元，其中土建约 5 552.22 万元，整体装备约 19 729.29 万元，工程总投资约 31 939.89 万元。丰台区生活垃圾循环经济园餐厨厨余垃圾处理厂主要技术经济指标详见表 9.5（指标只考虑近期）。

表 9.5　主要技术经济指标

序号	项目名称	单位	数量
1	设计规模（进厂垃圾量）	t/d	530
2	总图		
2.1	总用地面积	m^2	27 660.973
2.2	建构筑物占地面积	m^2	9 306.09
2.3	建筑面积	m^2	6 393.98
2.4	绿地率	%	28.74
3	"三废"处理规模		
3.1	残渣设计量	t/d	77.79
3.2	臭气设计处理量	m^3/h	40 000
4	产品产出量		
4.1	工业粗油脂	t/d	11.4
4.2	沼气	m^3/d	32 083
4.3	营养土	t/d	61.91
5	劳动定员		
5.1	收运系统	人	236（其中 104 人为劳务工）
5.2	处理厂	人	49
6	燃料及动力消耗		
6.1	电	万 kWh/a	872.89

序号	项目名称	单位	数量
6.2	水	万 m³/a	4.69
6.3	柴油	t/a	346.75
7	工程概算		
7.1	工程总投资	万元	31 939.89
7.2	工程费用	万元	27 246.69
7.3	土建工程费	万元	5 552.22
7.4	设备购置费	万元	19 729.29
7.5	设备安装费	万元	1 965.19
7.6	其他费用	万元	3 009.06
7.7	工程预备费	万元	907.67
7.8	铺底流动资金	万元	318.11
7.9	建设期贷款利息	万元	458.35
7.10	征地费	万元	4 669.22
7.11	防洪费	万元	37.76

（5）自然环境（当地）

北京的地势是西北高、东南低。西部是太行山余脉的西山，北部是燕山山脉的军都山，两山在南口关沟相交，形成一个向东南展开的半圆形大山弯，人们称之为"北京弯"，它所围绕的小平原即北京小平原。综观北京地形，依山傍水，形势雄伟。诚如古人所言："幽州之地，左环沧海，右拥太行，北枕居庸，南襟河济，诚天府之国"。

（6）地理位置

北京位于北纬 39°56′，东经 116°20′；西北毗邻山西、内蒙古高原，南与华北大平原相接，东近渤海；市中心海拔 43.71 m；总面积 16 808 km²，市区面积 1 040 km²。丰台区地处华北大平原北部（北纬 40°），西北靠山，东南距渤海 150 km。

（7）气候

西、北、东三面环山，主要河流有永定河、潮白河、北运河等。北京属暖温带半湿润气候区，四季分明，春秋短促，冬夏较长。年平均气温 13℃，1 月最冷，平均气温为 −3.7℃，7 月最热，平均气温为 25.2℃。

（8）降水量

年平均降水量 507.7 mm。无霜期 189 d。

（9）社会经济

2010 年，丰台区实现地区生产总值 705.5 亿元，比上年增长 12.5%。其中，第一产业增加值 1 亿元，第二产业增加值 171.4 亿元，第三产业增加值 533 亿元。城镇居民人均可支配收入 27 081 元，比上年增长 9%。全区完成地方财政收入 47.3 亿元。

丰台区传统工农业正在向都市型产业转化，高新技术产业正在成为丰台区经济的重要支柱，对外开放不断扩大，三资企业对全区的经济贡献率不断加大，以公有制为主体，各种经济成分共同发展的格局正在形成。以房地产、商贸业、服务业、旅游业为重点的第三产业迅速发展，已成为丰台区经济的主导产业。

9.1.1.4　处理类型和效果

（1）丰台区餐厨垃圾处理现状

根据北京零点市场调查与分析公司关于 2014 年丰台区餐饮企业普查项目报告。截至 2014 年 4 月 18 日普查结束，共走访了丰台区 21 个街道乡镇 3 674 家餐饮企业，包括注册餐饮服务许可证的合规经营餐饮企业 3 536 家，无餐饮服务许可证的非合规经营餐饮企业 138 家。在调查当日，合规经营的 3 536 家餐饮企业中，正常营业的餐饮企业 2 630 家，未正常营业餐饮企业 906 家。数据显示，丰台区 21 个街道乡镇中，正常营业的 2 630 家合规餐饮企业，餐厨垃圾日总产出量为 123 t，废弃油脂日产出量为 5 883 kg。

目前，丰台区没有专门的餐厨垃圾无害化及资源化处理厂，餐厨垃圾主要流向：一是成了"垃圾猪"的饲料，大部分宾馆、饭店等的"泔水"通过个人承包收运的方式流入城市周边的个体养猪场；二是倒入下水道，一些小饭店的剩汤、剩饭菜的垃圾桶，随满随倒；三是被提炼"垃圾油"，被不法商贩收走或与从下水道里收集来的"地沟油"一起提炼"垃圾油"；四是少部分餐厨垃圾由北京环卫集团运营有限公司收集后送至董村及南宫进行处理；五是混入生活垃圾，被环卫部门运往垃圾填埋场。

大部分餐厨垃圾运输由于缺乏专业的运输工具对其进行收集运输，简陋破烂的摩托车、三轮车运输过程中造成餐厨垃圾沿途漏洒，污染城市道路，运输途中散发出臭味，严重影响城市市容环境卫生。每日数量巨大的餐厨垃圾流入社会，为"地沟油""垃圾猪"提供了原料，严重威胁着北京市食品卫生安全；"垃圾猪"养殖场周围臭气熏天，周边居民怨声载道、苦不堪言；部分餐厨垃圾未经任何处理直接进入污水管道，在管道内冷凝堵塞，并发酵产生大量 CH_4 气体，影响了污水管网的正常功能甚至引发下水道爆炸事故；随意堆放的餐厨垃圾更会招引蝇虫，产生异味。

餐厨垃圾的危害一是导致人畜疾病共患，检测发现餐厨垃圾中有沙门氏菌、金黄色葡萄球菌、结核杆菌等菌落，这些细菌都是具有强烈感染性的致病菌，是畜禽疾病的主要来源之一；二是不法分子为获取暴利将"泔水"、废弃食用油脂、地沟油非法加工后，又被重新流向食用油脂进入市民日常生活，其危害十分严重；三是餐厨垃圾随处乱扔，导致细菌、病菌等大量快速繁殖，滋生和招引蚊、蝇、蟑螂等害虫，造成环境污染，危害人民健康；四是部分餐厨垃圾进入污水管道，造成管道堵塞，同时给污水的处理增加了成本。

（2）丰台区厨余垃圾处理现状

1993 年 9 月 17 日发布实施的《北京市市容环境卫生条例》第 22 条提出，"对城市生活废弃物,逐步实行分类收集、无害化处理和综合利用"。2000 年,北京市被建设部确定为垃圾分类试点城市之一。此后,北京市开始逐步推行生活垃圾分类收集,要求将生活垃圾分为厨余垃圾、其他垃圾和可回收物 3 类。狭义的厨余垃圾是有机垃圾的一种,分为熟厨余垃圾(包括剩菜、剩饭、菜叶)和生厨余垃圾(包括果皮、蛋壳、茶渣、骨、贝壳),泛指家庭生活饮食中的来源生料及成品(熟食)或残留物。但广义的厨余垃圾还包括用过的筷子、食品的包装材料等。

2010 年开展垃圾分类达标工作以来,截至 2014 年丰台区共创建 206 个达标试点小区(其中,2010 年 20 个、2011 年 90 个、2012 年 20 个、2013 年 43 个、2014 年 33 个)、45 所中学、9 个党政机关,创建 8 个零废弃试点单位。垃圾分类覆盖住户 243 058 户,覆盖人口 698 952 人。按照《北京市"十二五"时期城乡市容环境建设规划》,到 2012 年全市居住小区垃圾分类达标率达到 50%以上,2015 年全市居住小区垃圾分类达标率达到 80%以上,企事业单位全部实行垃圾分类,生活垃圾资源化率达到 55%。但是,目前丰台区生活垃圾分类收集尚处于初期,随着分类收集的逐步推广,垃圾分类的质量会越来越好。

据丰台区市政市容管理委员会统计,截至目前,丰台区已经实行生活垃圾分类收集的小区有 308 个,厨余垃圾的收集量为 30～40 t/d。

(3)丰台区废弃油脂处理现状

长期以来,北京市的餐厨废弃油脂收运组织"小、散、乱",同时监管薄弱,政出多门,仅发放收运许可的部门就有市政市容、环保、工商等多个部门。据估算,北京每年产生的餐厨废弃油脂有 10 万～15 万 t。其中,有资质企业只能收集其中的 3 万 t,出于利益驱动,其余至少七成的废弃油脂流入黑市,经过地下作坊处理后,回流到食用油市场,其中利益纠葛复杂。因此,北京市形成的政策思路是,政府主要承担监管之责,采用特许经营制度,以"规范收运主体,逐步提高其装备、管理等方面的水平,建立市场准入和退出机制","重点在于管住相关收运企业"。市政市容委要求在 2012 年年内,确定各区县的特许收运主体,但是目前只有朝阳和丰台两个区完成了招标。而在全市没有完成招标之前,统一的回收餐厨废弃油脂一事无法开展,因此,已经完成招标的丰台区也无法开展相关收运工作。目前市政市容委正考虑改变政策,督促一些完成招标的区县先把收运工作开展起来。

丰台区是第二个完成辖区内餐厨废弃油脂专业化收运特许经营招投标工作的,北京中京实华新能源科技有限公司(以下简称中京实华)与北京中京征和环保服务有限公司(以下简称中京征和)组成的联合体中标,成为丰台区餐厨废弃油脂特许收运的主体之一。但中标的中京征和,因为预处理设施未建成,而无法进行收运。截至 2012 年年底,在丰台区中标的中京实华正试图整合"地沟油"产业链,其联合体中的中京征和主要承担餐厨废弃油脂收运，而中京实华负责生物柴油生产，其年产能2万t的生物柴油厂一期项目正在进行前期建设（图9.2）。

图9.2 厌氧发酵工程实例

9.1.2 技术原理

本项目厨余垃圾采用制浆+高效挤压分离+干式高温厌氧发酵"的工艺。

经过预处理后的原料通过柱塞泵首先进入缓存箱（长4.5 m×宽2.5 m×高3.5 m），再由高效螺旋输送机将物料输送至干法厌氧发酵仓中，高效输送装置可实现间歇与连续相结合的"序批"式送料（图9.3）。

图9.3 干式厌氧发酵仓

干式厌氧发酵仓采用螺旋进料，螺杆泵出料方式。采用沼渣或沼液回流方式，将熟料和生料混合，可避免整个系统的酸化。搅拌采用分段搅拌工艺，进料时，第一根轴工作，30 min 后，第一根轴停止，启动第二根轴，依此循环往复工作，确保发酵仓内总是有一根轴处于搅拌状态，这样也可以避免酸化和结痂的发生。此外，由于预处理后的厨余垃圾固含量 25% 左右，且物料呈黏稠状，另外在挤压过程中确保重物质粒径不超过 20 mm，砂等重物质可通过出料泵随着沼渣排出发酵仓外。因此，该系统不需要增加除砂装置。

系统设有 4 座干式厌氧发酵仓，发酵温度保持在 55℃。同时，预留 4 座干式厌氧发酵仓，后期处理规模可达到 600 t/d。干法厌氧发酵仓为水平方式，设置有横向搅拌器控制流动形式，物料进入干法厌氧发酵仓后，以半连续的塞流式方式工作。为了保证出料的密闭性和安全性，在出料口外还设有自动液压出料阀门，出料装置与出料阀门是联动装置，当出料装置开启时，出料阀门也同样开启，当出料装置停止运动时，出料阀门也随之关闭，两道密封装置，可有效防止出料时沼气的泄漏和防止外界空气的进入。

9.1.3 工艺流程

由于餐厨垃圾及厨余垃圾预处理系统设置在同一个预处理车间内，且共用沼气利用系统及沼渣脱水系统，因此，在此将其工艺流程合并进行介绍（图 9.4）。

进厂餐厨垃圾送至底部带有螺旋输送及沥水装置的卸料槽内，经过自动分选后，再进入制浆分离一体机，浆液经除油除砂后送入均质池，最后送至湿式厌氧发酵罐；制浆分离一体机分离出的残渣送入高效挤压分离机进行挤压处理，挤压出的干组分送入填埋场处理。湿组分送至湿式厌氧发酵罐；发酵后所产沼渣连同干式厌氧发酵沼液进入叠螺脱水机，脱水后干组分进入干式发酵罐发酵，沼液进入沼液池，最终进入园区渗滤液处理厂。

进厂厨余垃圾直接倒至链板输送机，链板输送机底部设置均料机，可以对物料进行破袋。当出现车流高峰时可直接暂时卸到料坑中，由装载机举升至链板输送机，在输送设备上设置监察孔，去除不宜进入高效挤压分离机的垃圾，并经过磁选，选出可回收铁磁类，其余物料经过破碎后送入高效挤压分离机处理，将厨余垃圾分离成两部分，干组分外运填埋；湿组分送至干式厌氧发酵罐。发酵后剩余物进入螺压脱水机，脱水后沼渣进入厂内堆肥车间二次发酵区，沼液进入叠螺脱水机。

厌氧发酵产生的沼气部分净化提纯后供给湿解，部分用于蒸汽锅炉供给工艺用热和厂区采暖，非采暖季剩余沼气净化提纯后制取 CNG。

整个餐厨、厨余垃圾处理工艺包括预处理系统、厌氧发酵系统、沼气净化利用系统以及沼渣脱水系统，其中沼液及渗沥液一并送入园区渗沥液处理系统，脱水沼渣送入园区堆肥车间，残渣送入填埋场处理。

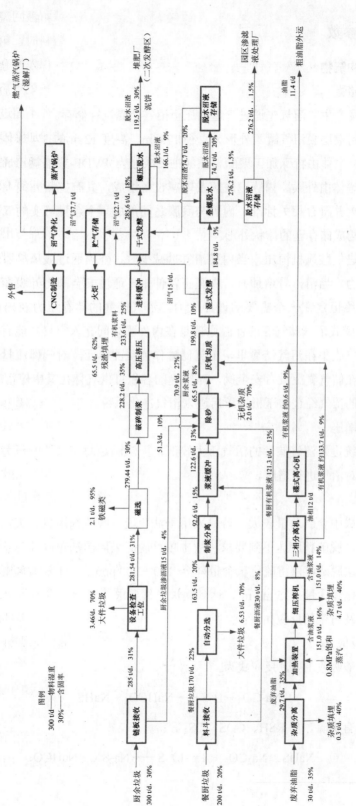

图 9.4 厌氧发酵技术流程

9.1.4　工程参数

9.1.4.1　主要构筑物

（1）沼气储囊

厌氧发酵罐产生的沼气先通过管道输送至沼气储囊进行储存。

储气囊选用双层膜沼气罐，外形为直径 17.6 m、高度 12 m 的 3/4 球体，由钢轨固定于水泥基座上。主体由特殊加工聚酯材质（主要成分为 PVDF-聚偏氟乙烯和特殊防腐蚀配方）制成，罐体由外膜、内膜、底膜及附属设备组成，具有抗紫外线及各种微生物的能力，高度防火并符合相关标准。内膜与底膜之间形成一个容量可变的气密空间用作储存沼气，外膜构成储存囊的球状外形。

利用外膜进气鼓风机恒压，当内膜沼气量减少时，外膜通过鼓风机进气，保持内膜沼气的设计压力，当沼气量增加时，内膜正常伸张，通过安全阀将外膜多余空气排出，使沼气压力始终恒定在一个需要的设计压力。沼气储囊的储存压力及出口压力为 0～1 kPa。可调节膜式沼气储气囊的保温原理是在内外膜之间充入空气，能有效阻挡外界冷空气进入。沼气收集在沼气储囊里，沼气储囊作为缓冲单元，对气体流量和压力波动情况进行抑制。在储气囊上设有安全阀，储气囊的容积可供气体在其中停留时间 1～2 h。从储气囊出来的沼气经过增压机增压后进入沼气净化系统。

（2）沼气增压

因厌氧系统进入沼气储囊的沼气压力较低，无法满足脱硫系统的压力降要求，因此采用罗茨风机对沼气进行增压。

1）脱硫

该沼气组成中含硫总量较大，若只采用干法脱硫，脱硫剂用量较大，不经济，若只采用湿法脱硫，脱硫精度达不到要求，故本项目脱硫采用湿法粗脱硫与干法精脱硫相结合的工艺。湿法脱硫可以将硫化氢含量降至 100～200 ppm[①]，干法脱硫对沼气进行深度脱硫，使得硫化氢含量＜15 mg/m³，达到锅炉进气要求。

湿法脱硫及再生的反应如下：

2）吸收反应

碱性水溶液吸收 H_2S，反应式为

$$Na_2CO_3 + H_2S \longrightarrow NaHCO_3 + NaHS \tag{9.1}$$

还能吸收有机硫，如 RSH、COS、CS_2 等：

$$NaHS + Na_2CO_3 + (x-1)S \longrightarrow Na_2SX + NaHCO_3 \tag{9.2}$$

---

① 1 ppm=10^{-6}。

3）再生反应

$$2NaHS + O_2 \longrightarrow 2S\downarrow + 2NaOH \tag{9.3}$$

$$H_2O + Na_2SX + 1/2O_2 \longrightarrow SX + 2NaOH \tag{9.4}$$

从上述反应可以看出，将 HS-氧化为单质 S，需要原子态氧；高效脱硫催化剂，具有很强的携氧能力，并将携带的氧由分子态转化为原子态，高活性的原子态氧能迅速将 HS-氧化为单质 S，从而实现了吸收—携氧—再生的循环，保证了脱硫的连续运行。该工艺能耗低，技术先进可靠，操作简单，维护简便，运行成本低。

4）干法脱硫

经湿法脱硫后的沼气中硫化氢浓度不满足压缩天然气气质指标要求，故还需进一步脱除其中的硫化氢及其他硫化物。湿法脱硫后的厌氧沼气首先由塔顶进入第一脱硫吸收塔，第一脱硫吸收塔装填的是 SQ104 脱硫催化剂，在第一脱硫吸收塔内脱除沼气中硫化氢、羰基硫和部分二硫化碳、二硫化物和噻吩等。然后进入第二脱硫吸收塔，第二脱硫吸收塔装填的是 SQ104 和 SQ108 脱硫催化剂，在第二脱硫吸收塔内主要脱除二硫化碳、二硫化物和噻吩等复杂硫化物。经过两级脱硫的沼气总硫可降低至 15 mg/m^3。

沼气中大部分硫化氢在催化剂的作用下和沼气中的氧反应生成单质硫并沉积在催化剂孔道内，少部分硫化氢和其他硫化物会以吸附的形式直接吸附在催化剂表面上。干法脱硫的反应如下：

$$2H_2S+O_2 \longrightarrow 2H_2O+2S \tag{9.5}$$

$$COS+O_2 \longrightarrow 2S+2CO_2 \tag{9.6}$$

$$CuO+H_2S \longrightarrow CuS+H_2O \tag{9.7}$$

$$CuO+R\text{-}SH \longrightarrow CuS\text{-}R+H_2O \tag{9.8}$$

采用改良 PDS 高效脱硫催化剂，具有很强的携氧能力，并将携带的氧由分子态转化为原子态，高活性的原子态氧能迅速将 HS-氧化为单质 S，从而实现了吸收—携氧—再生的循环，保证了脱硫的连续运行。该工艺能耗低，技术先进可靠，操作简单，维护简便，运行成本低。催化剂对硫化物的吸附有一定的饱和吸附容量，当吸附饱和时，必须对脱硫催化剂进行更换以保证其脱硫效果。

从沼气储囊出来的沼气，经沼气风机增压后，压力为 20 kPa，温度为常温，从湿法粗脱硫塔下部进入，与塔上喷淋的脱硫液逆流接触，原料气中 H$_2$S 被脱硫液吸收后从塔顶引出经气液分离器分离出夹带的液滴后进入干式精脱硫塔脱硫，脱硫后的沼气再进入脱碳工序。吸收了 H$_2$S 的富液从湿法粗脱硫塔底排出，经液封进入溶液反应槽，继续反应后用富液泵送往喷射器：从喷射器尾部出来的两相流体由再生槽下部上升，完成浮选过程。再生槽上部溢流出的硫泡沫进入熔硫釜，对硫泡沫中的硫进行一次分离、熔融与回收，熔硫釜中收集的脱硫液排出熔硫釜外回收至脱硫系统循环使用。由再生槽贫液出口处引出的贫液送回湿法粗脱硫塔循环使用。由再生槽贫液出口处引出的贫液送回湿法粗脱硫塔循环使用。使用改良 PDS 高效脱硫催化剂，生产过程中只需要少量蒸汽（若无蒸汽也可以用电加热），能耗低，工艺技术先进可靠，操作简单，维护简便，运行成本低。

（3）沼气压缩

本工程采用胺液吸收脱碳法对沼气进行脱碳处理。因胺液法设备对压力有较高要求，故此脱硫后沼气采用压缩机压缩处理，将其压力增至 1.2 MPa 左右。

1）脱碳

厌氧系统产生的沼气中 CH_4 浓度较低，为达到制取 CNG 的工艺要求，必须进行脱碳提纯，提高 CH_4 浓度。脱碳主要是去除沼气中的 CO_2 气体。本工程选择天然气工程中广泛采用的胺液吸收脱碳法，技术成熟稳定，脱碳效率高。

脱硫后的沼气经沼气压缩机加压至 1.0～1.5 MPa 后从下向上送入脱碳吸收塔，胺液从塔顶喷入，与由下至上的沼气逆向接触，胺液与 CO_2 发生复杂吸收反应，把 CO_2 降到净化要求的浓度，同时也能脱除部分 H_2S，使净化气中 H_2S 含量降到净化要求。吸收 CO_2 的配方溶液变成富液从塔底送出。脱碳后脱碳液进入闪蒸器，得到的闪蒸气大部分是 CH_4，闪蒸气返回压缩机，再次进行脱碳，提高 CH_4 的收率，闪蒸器内的富液进入解吸再生塔，在常压下进行解吸，高浓度的 CO_2 从解吸塔顶部出来进入大气排空，解吸后贫液由风冷循环机组冷却后经贫液泵输送至吸收塔循环使用。

KST 脱碳液碳负荷高且富液解析不需要蒸汽，能耗低，工艺流程短，投资省，收率高，能达到 98%。

脱碳主要设备：吸收塔、解吸再生塔、闪蒸器、塔顶冷凝器、风冷循环机组、贫液泵等。

2）脱水

净化后的沼气经变压吸附（TSA）工序脱水，将露点降至 –8℃以下，满足 CNG 制取要求。

TSA 变压吸附是利用吸附剂对吸附质在不同的分压下有不同的选择吸附的特性，加压吸附除去原料气中的杂质组分，减压脱附杂质而使吸附剂获得再生。

TSA 过程中无化学反应，又叫物理吸附。在沼气净化提纯工艺中利用装在立式压力容器内的分子筛等固体吸附剂，对发酵产生的沼气中的各种杂质进行选择性的吸附。沼气通过吸附剂床层，水分组分作为杂质被吸附剂选择性地吸附，而 CH_4 基本不被吸附，从而达到除去水分子的目的。当出口水分子浓度开始升高时，表明吸附剂吸附的水已经达到饱和，需要将吸附剂再生，换另一套备用吸附器，因此需设至少两个吸附器交替吸附、再生。系统采用自动控制阀门开关，自动实现升压吸附、降压解析的气体分离过程。其工艺特点为脱水净化度高，适合深度脱水工艺；工艺流程简单，操作方便；脱除天然气中水分的同时，还可以吸附部分酸性组分，提高气体净化度。

3）沼气制 CNG

净化后的沼气经过 CNG 压缩机压缩，制成成品 CNG，储存于压缩天然气储罐中。通过加气站系统将天然气产品装入槽车中。

储气系统用于储存高压压缩天然气，本项目设置水容积 $4\ m^3$ 的储气瓶组 1 组，可储存压缩天然气（标态）$2\ 000\ m^3$。

售气系统的主要设备为加气机，其主要作用用于计量充入天然气汽车及 CNG 长管拖车的压缩天然气，本项目设置加气机 1 台。

4）沼气火炬

本项目设置一个封闭式火炬。火炬系统的入口预留配对法兰（DN125）与外管线连接。火炬取气口位于预处理增压风机后，经过除尘、加压后的沼气通过电动调节阀调节流量，分两路进入封闭式火炬，一路为长明灯，另一路为主燃烧器，保证收集的气体进入系统后完全燃烧，并满足燃烧处理能力（标态）：$1\ 500\ m^3/h$ 的要求。性能参数如表 9.6 所示。

表 9.6 $1\ 500\ m^3/h$ 的封闭式沼气火炬性能参数

序号	项目	数值
1	处理能力	$1\ 500\ m^3/h$
2	负荷变化范围	$150 \sim 1\ 500\ m^3/h$
3	设计最小负荷	$30\ m^3/h$
4	CH_4 体积含量	$30\% \sim 70\%$
5	气体在塔内停留时间	$> 0.8\ s$
6	燃尽率	$> 95\%$

9.1.4.2 厌氧发酵过程

厌氧发酵是无氧环境下有机质的自然降解过程。在此过程中微生物分解有机物，最后产生 CH_4 和 CO_2。影响反应的环境因素主要有温度、pH、厌氧条件、C/N、微量元素（如 Ni、Co、Mo 等）以及有毒物质的允许浓度等。

厌氧发酵是在厌氧微生物作用下的一个复杂的生物学过程，在自然界内广泛存在。厌氧微生物是一个统称，包括厌氧有机物分解菌（或称不产甲烷厌氧微生物）和产甲烷菌。在一个厌氧反应器内，有各种厌氧微生物存在，形成一个与环境条件、营养条件相对应的微生物群体。这些微生物通过其生命活动完成有机物厌氧代谢过程。

9.1.4.3　发酵产品

本项目通过厌氧发酵系统产生的沼气和来自渗沥液处理厂的沼气一部分供湿解系统工艺用蒸汽及园区其他设施采暖，一部分供工艺用热、厌氧系统保温使用及厂区自身采暖，其余部分用于制取 CNG。收集的废弃油脂及餐厨有机浆液经过预处理成为工业粗油脂，在获得收益的同时，实现资源循环利用，保证食品安全和人民身体健康。沼渣脱水系统产出的含水率 70%的沼渣 119.50 t/d，送入园区堆肥处理厂的二次熟化区进行堆肥。生产的营养土可作为园林用土。

9.1.4.4　发酵过程污染控制

（1）污染来源

在餐厨、厨余垃圾及废弃油脂收集运输、卸料等处排放的恶臭污染物 H_2S、NH_3 等。餐厨、厨余垃圾及废弃油脂的收集车辆、螺旋输送机、制浆分离一体、渣浆分离机、高效挤压分离机、带式输送机、除尘除臭系统等产生的工作噪声。餐厨、厨余垃圾中的废水、车间地面冲洗废水、冲洗进料设备产生的污水及生活污水。

（2）治理措施

1）臭气和粉尘处理

餐厨、厨余垃圾预处理车间及废弃油脂预处理车间采用相对封闭设计，卸料槽处臭气短时间排放量比较大。因此，在卸料槽处和车间的相应高度处安装负压收集主管道，收集支管呈蝴蝶状展开，并直接与设备的接口相连，通过动力风机的作用下，将车间内产生的恶臭气体和设备定时排空的臭气通过负压收集管道送入末端除尘除臭系统，达标后排放。

配合负压收集除臭系统，设计正压输送天然植物液系统。天然植物除臭液通过液气转化器，使液态的植物液变为气态，通过动力风机的作用，将气态的植物液通过管道输送到车间，均匀地弥漫到车间内部，且由上至下均匀下降，使车间内的恶臭分子降解，并消除在车间内部，有效去除残余的、逃逸的臭气，达到更好地除臭效果。而卸料大厅及脱水机房则选用了正压输送天然植物液液气转化异味控制系统进行除臭。遵循标准《恶臭污染物排放标准》（GB 14554—93）。

负压收集主管道沿车间方向安装在设备中间部位。在主管道的左右侧延伸出支管呈蝴蝶状，与产生臭源的设备连接或在收集管道的下部开口直接与处理设备封闭罩相连，使中部微负压、臭源部位高负压，整个车间上、中部微负压、下部高负压。

正压管道布局是在车间顶部沿车间长度方向安装若干正压输送管道，在管道适当位置开设输气口。正、负压系统同时使用的特点为：a. 降低整个治理区域的换气风量；b. 有效降低风机的功率，显著降低直接投资和运行成本；c. 将恶臭气体消除在车间内，对外无影响；d. 整个车间恶臭物质浓度降低，新风增加，车间内环境得以改善；e. 控制方便，可通过调整风机风量、天然植物液浓度来调整除臭率。

2）污水处理

餐厨厨余垃圾处理厂内的污水包括生产废水和生活污水两部分。生活污水和生产废水统一送至渗沥液处理厂进行处理。

9.1.5　工程运行维护

该技术运行维护费用主要用于项目管理过程中几个重要节点，如是否稳定运行、事故率、运行过程中产生的噪声以及气味描述等。

9.1.6　工程特点

①本项目的实施能较好地实现丰台区餐厨厨余垃圾处理的可持续发展，能够较好地实现餐厨厨余垃圾的无害化、减量化和资源化。

②适用于我国国情，餐厨垃圾采用"预处理+中温湿式厌氧发酵"处理技术，厨余垃圾采用"预处理+高温干式厌氧发酵"处理技术。

③符合北京市生活垃圾分类收集、分类处理的政策，具有一定的前瞻性，且具有广泛的示范意义，对于提高市民的环保意识、推进垃圾分类收集具有重要作用。

④本项目的拟选厂址位于丰台区生活垃圾循环经济园内，且交通方便，水电等外界接入条件较好，处理过程节能环保，符合环境监测要求。

9.2　常州市餐厨废弃物综合处置一期工程

9.2.1　工程概况

（1）工程名称及来源

由常州市生活废弃物处理中心 2015 年承建的常州市餐厨废弃物综合处置一期工程（图 9.5），采用"预处理+生物柴油+厌氧发酵+沼气发电+污水处理"处理工艺。

（2）工程地址

工程地址位于江苏省常州市武进区雪堰镇常州市工业固体废物安全填埋场南侧。

（3）处理规模

工程设计规模为餐厨垃圾 200 t/d，废弃食用油脂 40 t/d，覆盖常州市主城区人口约330 万，服务对象为主要餐饮企业、食堂产生的有机垃圾、废弃食用油脂。

（4）工程投资

工程占地面积约 40.7 亩，总投资 14 871 万元，其中土建约 2 927 万元，整体装备约 7 461 万元，安装工程约 878 万元，其他费用 3 605 万元，工程建设时长 365 d。

（5）自然环境（当地）

常州地处江苏省南部、长江下游平原，北纬 31°09′~32°04′，东经 119°08′~120°12′。属北亚热带季风气候区，盛行东亚季风，气候温和湿润，雨量充沛，四季分明，夏季炎热湿润，秋季干湿相间。年平均气温 15.4 ℃，1 月平均气温 2.4 ℃，7 月平均气温 28.2 ℃，最低气温 −10.5 ℃，最高气温达 38.5 ℃，无霜期 225 d 左右；年平均降水量 1 100 mm 左右。降水在时间上分配不均，主要集中在 6—9 月，约占全年降水量的 40%，冬季降水较少，常出现冬旱。常年主导风向为东南风，地表水系发育，丰水期最高水位为 3.70 m（黄海高程，下同），最低水位 0.50 m，年平均水位 1.45 m。

（6）社会经济

常州现辖金坛、溧阳两个县级市和武进、新北、天宁、钟楼、戚墅堰五个行政区，全市总面积 4 375 km²，全市户籍总人口 354.7 万。常州有发达的产业基础。初步形成了工程机械车辆及配件制造、输变电设备制造、汽车及配件制造和新型纺织材料四大支柱产业和电子信息、新型材料、生物医药及精细化工三大新兴产业，并拥有软件、轨道交通车辆及部件、新型涂料、"三药"、新材料、精细化工等六个国家级特色产业基地。2013年全年实现地区生产总值（GDP）4 360.9 亿元，全市按常住人口计算的人均生产总值达 92 994 元，按平均汇率折算达 15 016 美元。全市实现农林牧渔业总产值 240.1 亿元，比上年增长 9.4%；规模以上工业企业 3 887 家，工业总产值突破万亿元大关。全市居民人均可支配收入 36 946 元，人均生活消费支出 23 090 元。

（7）处理类型和效果

根据本工程的功能定位，为实现餐厨垃圾处理处置资源化、减量化等目标。拟建设如下工艺系统：

1）餐厨废弃物预处理系统；

2）厌氧发酵及脱水系统；

3）沼气净化及利用系统；

4）废弃食用油脂及生物柴油系统。

除上述主体工艺外，还包括臭气处理等辅助配套工艺。各个处理工艺之间有机衔接，具有多种物质和能量的交换。

图 9.5　常州餐厨一期工程厌氧发酵工程实例

9.2.2　技术原理

采用湿式 CSTR 全混发酵工艺技术处理餐厨垃圾经预处理除杂除油的有机浆料，将其转化为沼气，厌氧发酵技术的核心原理就是利用厌氧微生物来使餐厨垃圾中的有机物加快降解。本项目厌氧系统由进料罐、换热系统、厌氧罐、出水罐及其配套搅拌机、管道和泵体等设备组成。该项目采用中温 CSTR 全混发酵技术和低速节能中心搅拌机，运行操作方便，发酵效率高。处理过程中所产生的沼气经脱硫净化后暂存于沼气储气柜，用于后续沼气发电、锅炉燃烧及火炬应急处理等；处理过程中产生的沼液会同其他生产污水进入垃圾填埋场渗滤液调节池进一步处理；处理过程中产生的沼渣进入经脱水后进入沼渣堆肥系统，实现其无害化和资源化的循环利用。

9.2.3　工艺流程

餐厨废弃物进场地磅称重后卸至接收料斗。料斗底部设有两组双螺旋输送机，不仅对大块废弃物及袋装废弃物有粗破碎功能，同时可挤压出废弃物中的水分，产生大量沥液，沥液进入油水分离系统，料斗中剩余物料经螺旋输送机输送至有机物分离机。进入有机物分离器的物料在转锤破碎和离心作用下，有机物浆化并经多孔板排到下部，分离出塑料纤维等轻物质则从尾部排出。分拣出的杂物以塑料、金属为主，资源回收。

有机物料浆液再经柱塞泵送入料浆缓冲罐缓冲暂存，再经两步换热及加热搅拌器中蒸汽的加热作用将物料温度至 70～80℃。同时通过搅拌保证物料与蒸汽快速混合升温，同时低速推进保证蒸汽和物料有充分的接触时间。升温后的物料送入螺旋挤压固液分离机，分离机下端打孔，孔径约 5 mm。液体物料从下部流出。而固相物料送入二次打浆除渣机再次进行打浆后继续进行螺旋挤压固液分离。液体与前段液体一并送入油分离系统。而二次打浆除渣后的固相物基本以纤维物料和硬质杂质为主，送入填埋场。

所有液相物泵入油分离系统的缓冲罐均质，液体自流进入卧螺除渣机进行固液分离后，液体经中间罐和中间提升泵送入立式离心提纯机进行提纯，提纯后的成品油纯度99.5%送入储罐储存。

油分离后的液体物料进入厌氧缓冲池储存均质，经提升泵送入 CSTR 反应器，进行厌氧发酵处理。CSTR 厌氧发酵产生的沼气送入双膜储气柜，该膜体设计为双层高强度PVC 纤维膜。发酵沼气经过脱硫、干燥、净化等处理后送入 CHP 热电联产系统。沼气发电部分为厂内自用。回收余热蒸汽用来加热物料。

发酵产生的沼渣进入脱水机房，脱水后进入好氧堆肥系统；脱水过程产生的污水会同其他污水一并进入填埋场调节池进一步处理。脱水后的沼渣进入好氧堆肥系统。

对接收料斗、有机物分离机等几处易散逸臭气工序，以及沼渣脱水车间、堆肥车间设有臭气收集设备，在风机的抽引下，通过管道送入生物滤池系统处理后达标排放（图9.6）。

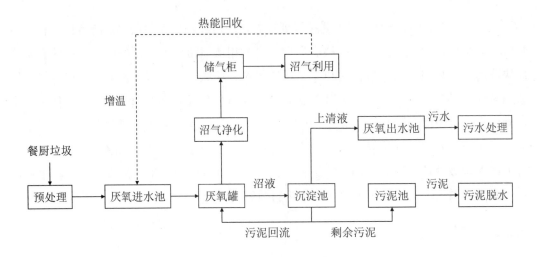

图 9.6 厌氧发酵技术流程

9.2.4 工程参数

（1）主要构筑物

进料罐：罐体容积 300 m³（单座有效容积）1 座；ϕ7.2 m×8.5 m（有效水深 7.5 m）；罐体为不锈钢材质，采用利浦罐结构形式，配套 5.5 kW 中心搅拌机。

厌氧罐：罐体容积 3 500 m³（单座有效容积）2 座；ϕ16.8 m×16.8 m（有效水深 15.8 m）；罐体气室部分及液面下 0.5 m 为不锈钢，液面下为碳钢，采用利浦罐结构形式，配套

11 kW 中心搅拌机。

沉淀罐：罐体容积 120 m³（单座有效容积）1 座，直径 6 m，圆筒高 4 m，锥斗高 4 m，中间设套筒，上部设溢流槽，下部锥斗；采用碳钢焊接罐结构形式。

沼气储柜：容积 2 000 m³，1 座，双层膜球形结构。

湿式脱硫系统：处理能力 600 m³/h，1 套，出口硫化氢含量 ≤200 ppm。

干式脱硫系统：处理能力 600 m³/h，塔体 Φ1.2 m×2.4 m，2 座，出口硫化氢含量 ≤15 ppm。

沼气预处理系统：处理能力 600 m³/h，出气杂质粒径 <3 μm，压力 19.6 kPa

火炬系统：处理能力 100~800 m³/h，压力 3~12 kPa，燃烧效率 >98%。

沼气发电机组：发电机功率 800 kW，1 台，余热蒸汽压力 0.7 MPa。

俯视图如图 9.7 所示，现场运行实物如图 9.8 所示。

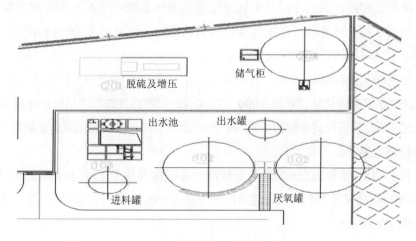

图 9.7 厌氧发酵设施俯视平面

图 9.8 厌氧发酵设施现场运行实物

（2）厌氧发酵过程

餐厨垃圾经收运车输送至项目现场预处理单元，经沥水，分选，除杂除砂，提油等工序后产生的有机浆料进入厌氧发酵单元到进料罐缓存调节。利用厌氧进水泵将进料罐内的有机浆料在换热至适宜的温度后泵入厌氧发酵罐进行中温 38℃发酵，厌氧罐设节能低速顶中心搅拌机，可满足厌氧菌种与餐厨有机浆料充分混合与均质传热，保证发酵效率。厌氧发酵停留时间约 30 d，同时有机物去除率达 80%以上。发酵结束后的物料经出水罐沉淀，上清液进入渗滤液调节池进一步处理，沉淀污泥进入污泥脱水系统，产生的沼渣进行沼渣堆肥。

（3）发酵产品

沼气产量 11 000～14 000 m³/d，CH$_4$浓度 58%～63%。

（4）发酵过程污染控制

项目厌氧发酵后产生的沼液、沼气净化塔定期排水统一排入常州市生活废弃物处理中心渗滤液污水站进行处理，尾水达标排入黄土沟河；项目产生的沼渣和沼气脱硫渣均送至常州市生活垃圾填埋场填埋处置。

（5）沼气净化及存储

项目产生的沼气硫化氢含量为 3 000～5 000 ppm，需经过脱硫净化处理才能满足后端沼气利用需求。项目采用湿式脱硫与干式脱硫相结合的工艺，出气硫化氢含量满足<15 ppm。

（6）处理效果评价

该项目于 2015 年年底投产试用，处理能力逐渐提高从 2016 年日均处理量 150 t 已提高至 2018 年日均处理量 245 t，已远超设计处理能力 20%以上，日均沼气产量 13 700 m³，月油脂产量达 250 t 以上。

项目于 2017 年 6 月 19 日一次性通过了国家餐厨废弃物资源化利用和无害化试点城市验收，并于 2019 年 1 月 8 日通过了住房和城乡建设部科技计划示范项目验收，树立了一座餐厨废弃物处理的"全国样板"和"常州样本"，运行过程相关指标如表 9.7 所示。

表 9.7　运行过程相关指标

序号	指标	单位	数值
1	实际处理量	t/d	240
2	设备运行周期时长	d/a	365
3	温度	℃	38
4	沼气产量	m³/d	14 000
5	有机物去除率	%	85

9.2.5　工程运行维护

该技术运行维护费用主要包括输送泵体易损配件，仪表探头，搅拌减速电机润滑油脂，压力保护器防冻液及滤网更换等事项；发酵系统运行稳定，发酵过程中火碱等化学药剂等的消耗。

本项目搅拌机为顶入式，维护方便无须停产；厌氧罐为利浦罐结构形式，产品结构安全可靠，罐底设排渣泵及管道，需定期进行排渣操作，如果维护良好，可长期使用。

9.2.6　工程特点

本工程采用厌氧发酵产沼气工艺处理餐厨废弃物，该处理技术能最大限度地将餐厨废弃物中可利用的资源进行回收与转化。项目整体工艺先进，技术成熟可靠，满足废物处理"减量化、资源化、无害化"的原则。

（1）操作简单，运行成本低

本项目设计自动化程度高，主要采用中央集控台操作，操作简单，全场定员仅 48 人，其中厌氧单元定员仅 10 人，调控便利，无须投加额外化学药剂，项目运行成本低。

（2）技术先进，运行可靠

项目预处理单元采用分选、制浆、除杂除砂及提油工艺，有机物损失率低，油脂回收及砂杂去除率高，厌氧单元选用成熟可靠的 CSTR 全混反应器类型，适用范围广，耐负荷冲击力强，耐高油脂耐盐，国内应用广泛。设备及其所有附属设备和电气、仪控设备，先进的和安全可靠的，做到技术先进、运行可靠、维修方便、经济合理。

（3）环保节能

项目对生产过程中产生的臭气、废水和噪声均采取了相应的控制措施，臭气经过生物除臭设备处理使其达标排放，废水与沼液一同进入渗滤液调节池一并处理至达标排放，噪声通过各类降噪措施等处理，均符合环保排放要求。

（4）能源回收效率高

项目实现吨垃圾产沼效率≥70 m^3/t 原生垃圾，吨垃圾油脂回收率 1% 以上，有效提升项目运行的经济效益。

9.3　绍兴市循环生态产业园餐厨垃圾资源化处理项目

9.3.1　工程概况

（1）工程名称及来源

绍兴市循环生态产业园餐厨垃圾资源化处理项目由绍兴维尔利餐厨废弃物再生利用有限公司投资、建设、运营。项目于 2018 年建成投运，依托维尔利环保集团的餐厨预处理技术及杭州能源环境工程有限公司的厌氧发酵制沼气技术。绍兴市餐厨垃圾处理厂的建设，不仅是循环经济园区的重要组成部分，是国家相关法律和行业发展政策的迫切要求，也是落实国家和浙江省"十二五"规划以及绍兴市环保决策的具体体现。对于绍兴市固体废物无害化、减量化和资源化循环利用具有重要的意义，是对国家餐厨垃圾试点城市的要求和绍兴市"十三五"期间固体废物处理建设要求的实际响应。

（2）工程地址

项目建设在绍兴市循环生态产业园内，产业园位于浙江省绍兴市柯桥滨海工业区北部临海地块，处在绍兴市域的西北边缘。地块南侧为规划滨海大道，东侧为柯海线，东距曹娥江约 4 km，北临杭州湾，西接萧山界，可用地面积约 2 150 亩①。西侧萧山界内为杭州大江东工业区，以污染企业为主。东临规划钱滨线，东南 2 km 处规划滨海大道南侧建有钱塘江渗滤液处理中心和浙能绍兴滨海热电公司。地块南侧为 12 m 宽的道路，东接柯海线，道路南侧为 50～60 m 宽的九七环塘河。地块内部为养殖塘和田地，地面平整，地平标高在 4.0 m 左右。

（3）处理规模

工程设计规模 400 t/d 餐厨垃圾，覆盖人口 200 多万。

（4）工程投资

绍兴市循环生态产业园餐厨垃圾资源化处理项目占地面积约 52 亩，工程建设时长 1 年（图 9.9）。

图 9.9　厌氧发酵工程实例

---

① 1 亩≈666.67 m²。

（5）自然环境（当地）

绍兴市地处亚热带季风气候区，风向的季节性比较明显，冬季，在蒙古冷高压控制下，全市以偏北风为主；夏季，受副热带高压及地形影响，绍兴市区以偏东风为主。绍兴市常年平均气温 16.5℃，极端最高气温 39.5℃，极端最低气温 –10.1℃，≥10℃的活动积温在 5 200℃以上，80%保证率为 4 800℃以上。常年降水量平均为 1 438.9 mm，且分布不均，降水年变化呈双峰形且年际变化较大，即 3—6 月和 9 月为两个多雨季，7—8 月和 10 月至翌年 2 月为两个少雨季，最多年降水与最少年降水相差达 895.2 mm；年降水日数平均为 156.2 d。年日照时数平均为 1 895.0 h；年日照百分率为 42.5%。

全境处于浙西山地丘陵、浙东丘陵山地和浙北平原三大地貌单元的交接地带，境内地貌类型多样，西部、中部、东部属山地丘陵，北部为绍虞平原，地势总趋势由西南向东北倾斜。绍兴市地貌可概括为"四山三盆两江一平原"，即会稽山、四明山、天台山、龙门山、诸暨盆地、新嵊盆地、三界—章镇盆地、浦阳江、曹娥江、绍虞平原。地表江河纵横，湖泊密布。在绍兴市境域面积构成中，按地域性质分：陆域面积 8 031 km^2，河流海域面积 225 km^2。

境内河道密布，湖泊众多，以"水乡泽国"享誉海内外。受山脉走向制约和亚热带季风气候影响，河流普遍具有流量丰富，水位季节变化大，一年有两个汛期，上游水力资源丰富，下游多受海潮顶托等特点。境内主要有汇入钱塘江的曹娥江、浦阳江、鉴湖水系；浙东运河东西横贯北部，与南北向河流沟通，交织成北部平原区河密率很高的河网水系。此外，上虞尚有部分河溪属甬江水系，诸暨尚有很小部分属壶源江，经富阳直接注入富春江。

（6）处理类型和效果

本项目采用"机械预处理+厌氧发酵技术"处理餐厨垃圾；该技术可靠性较高，同时符合国家产业政策和发展方向，产品为沼气或电力、生物柴油，能平稳销售，可保证餐厨垃圾的长期持续性处理；国内外成功应用案例较多；适合大规模连续化工厂生产；无二次环境污染。

9.3.2　技术原理

采用机械预处理+厌氧发酵技术处理餐厨垃圾，将其转化为沼气，厌氧发酵是近年来发展迅速的垃圾处理技术，由于其在无害化处理的同时，可以获得能源收益，符合节能减排和绿色能源政策，在世界上得到了广泛的应用，也越来越多地应用于餐厨垃圾的处理和资源化。厌氧发酵技术的核心原理就是利用微生物降解有机物，并将其转化为沼气。预处理过程中所产生的毛油可经提炼生产生物柴油，厌氧处理后的沼液可作为有机肥或进行进一步无害化处理，沼气发电并入电网，实现其无害化和资源化的循环利用。

9.3.3　工艺流程

餐厨垃圾预处理系统：餐厨垃圾（200 t/d）经运输车辆运至处理厂内，经汽车衡称重并记录，建立台账。称重后的垃圾由车辆运至餐厨预处理车间内的卸料平台，垃圾被卸入带料斗板式输送机内。通过以带料斗板式输送机和链板输送机为主要设备的垃圾接收装置输送。板式给料机下部设有集液槽，可收集餐厨垃圾渗沥液，并泵送至浆液预处理单元。

链板式输送机将餐厨垃圾提升至人工分拣平台，主要分拣对后续处理设备以及输送设备有干扰的大件杂物，如长条木块、床单等，经过人工粗分拣的餐厨垃圾进入破袋滚筒筛进行筛分。

本项目滚筒筛采用特殊设计的破袋刀结构，有效破除袋装垃圾。筛上物主要为塑料、纸张等高热值物料，送至本项目所在的园区内垃圾焚烧设施用于焚烧发电。筛下物主要为有机物，少量塑料、木竹等杂物，经人工分选、磁选挑出对后续生物水解和挤压脱水等设备运行有影响的干扰物后，筛下物送入生物水解反应器，同时回流部分气浮出水作为淋洗液。通过生物水解反应可将物料中的大部分可降解有机物转化至液相中，生物水解反应后的物料进入挤压脱水机进行固液分离。有机浆液进行除渣除砂预处理后输送至 CSTR 厌氧发酵系统。浆液预处理产生的栅渣和挤压脱水后的固渣含水率为 40%～45%，低位热值为 1 600～2 000 kcal/kg，送至本项目所在的园区内垃圾焚烧设施用于焚烧发电。

餐厨垃圾预处理系统：餐厨垃圾（200 t/d）经运输车辆运至处理厂内，经汽车衡称重并记录，建立台账。

称重后的物料由车辆运至餐饮预处理车间内的进料口处，物料被倒进料斗等接收装置内。本项目设置两套物料接收系统，主要的设备以接收料斗为主。考虑到餐饮垃圾中水分及杂质较多，每台料斗底部设置一台三螺旋给料机（两用一备）。料斗底板为多孔结构，并且在接收料斗底部设置沥水收集池，用于收集餐饮垃圾在输送过程中所沥出的有机浆液，收集到的有机浆液储存在沥水收集池，沥水收集池设搅拌器，以免固渣和砂砾在池内沉积和堵塞提升泵。沥水收集池通过沥水清液泵提升至惰性物分离装置去除浮渣、砂作为提油原料。

接收料斗中的餐饮垃圾，经螺旋输送机提升进入自动分选机，自动分选机的主要功能是对餐饮垃圾中的塑料、织物、木块等无机杂物进行分离，同时对餐饮垃圾中的食物残渣进行浆化处理产生有机粗浆料。餐饮垃圾进入自动分选机后，垃圾中的固体有机物（食品、骨头、木竹等）和易破碎的重物质（贝壳、玻璃、瓷片等）被自动分选机内特殊的转锤破碎并排出，而其中轻物质（塑料、织物等）和不易破碎的木块等杂质由于转锤的特殊设计则没有被完全粉碎，被输送至尾端排出，排出的塑料、织物、木块等杂物外运焚烧。

经过自动分选制浆作用后，物料呈浆料状，通过浆料输送泵送入湿热水解罐。湿热水解罐的主要作用有两点：首先对有机粗浆料加热后，有利于油脂回收工艺环节最大化回收油脂；其次，在高温和机械搅拌作用下，粗浆料中的固态有机质能最大化地分离，进入液相，同时也减少后续挤压脱水环节的固相量。

经过挤压脱水机分离后，有机料液进入惰性物分离装置，固渣进入沼渣及固形物处置系统。惰性物分离装置将浆液中浮渣和沉渣分离出来；浮渣回到挤压脱水机再次挤压分离，将固态有机物最大化分离进入液相；挤压后浮渣、沉渣和挤压脱水机固相一起作为及固形物处置系统堆肥原料；液相泵送至惰性物分离液相缓存罐中暂存，后经泵送入三相进料加热罐中，浆料被蒸汽加热到 80℃左右作为油脂回收与提纯单元原料，经过提油后的毛油进入毛油储罐暂存，外售作为生物柴油生产的原料。而提油过程中分离的有机料液及固料则暂存于三相提油出料固液混合箱，搅拌均匀后泵入厌氧系统。

本项目采用的厌氧发酵工艺为 CSTR 厌氧发酵工艺（图 9.10），其 COD 去除率可达到 85%以上，厌氧沼液进入后续沼液处理系统处理至污水排放标准。厌氧发酵产生的沼渣经脱水送至沼渣及固形物处置系统堆肥。厌氧发酵产生的沼气进入净化系统，然后一部分沼气进入沼气/燃油锅炉燃烧，产生的蒸汽向预处理车间提供工艺用蒸汽、加热等，另一部分沼气进入沼气发电机组进行发电上网销售。

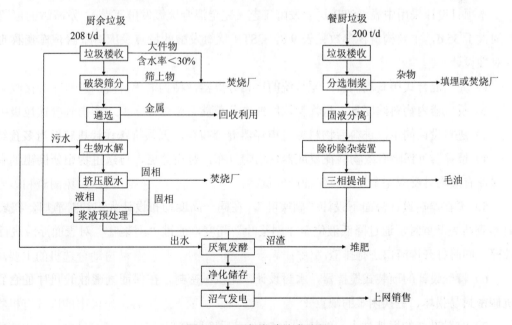

图 9.10　厌氧发酵技术流程

厌氧出水经过气浮预处理后排至出水排放池，最终排入绍兴市再生能源发展有限公司渗滤液处理中心，气浮的浮渣输送至厌氧发酵系统的脱水机，然后进入沼渣及固形物处置系统，形成营养土及含水率≤30%的残渣，营养土可以进行资源利用，残渣则外运焚烧处置。

9.3.4　工程参数

（1）主要构筑物

表 9.8　主要构筑物参数

序号	名称	规格（长×宽×高）	单位	数量
1	预处理车间	63.6 m×63.0 m×11.0 m	座	1
2	生物水解反应器基础	34.7 m×14.8 m×0.1 m	座	1
3	挤压脱水车间	15.0 m×21.0 m×13.0 m	座	1
4	浆液预处理车间	12.0 m×13.1 m×8.7 m	座	1
5	沥水收集池	132 m³	座	1
6	接收料斗	—	座	2
7	厌氧罐	3 500 m³	座	4
8	沼气储柜	2 000 m³	座	1

（2）厌氧发酵过程

本项目设计采用中温 CSTR 厌氧发酵工艺（完全混合厌氧发酵工艺），发酵罐的停留时间大于 35 d，主要构筑物参数见表 9.8。CSTR 厌氧发酵的特点及应对餐厨有机浆液的针对性设计：

1）完全混合式厌氧反应器，无传统的三相分离器，结构简单。

2）反应器内物料浓度高，耐物料浓度冲击负荷能力强。

3）进料设计简单，进料后物料经过搅拌器混合布料，无须特殊设计进料补水装置。

4）搅拌器可保障有效物料在反应器内均匀分布，避免分层，与微生物充分接触，从而保证有效物料反应完全，同时保证产气量。

5）搅拌器在设计液面下设计"副桨叶"，在同一高度均布设计大口径排渣口，在表面浮渣结壳严重时，通过降低液位至"副桨叶"高度，通过"副桨叶"对表面浮渣进行破碎，同时打开排渣口进行排渣。

6）特殊设计的顶装式搅拌器，水封设计，无机械密封，在保证气密性的同时避免了机械密封易损坏、更换困难的缺点。

7）高效节能的搅拌技术，能耗小于 5 W/m³ 反应器容积。

8）底部设计多点自动排渣装置，避免无机沉渣在厌氧反应器内富集累积。

9）CSTR 罐体采用 LIPP 罐成型技术，施工周期短，质量好。

CSTR 厌氧发酵工艺 COD 去除率可达到 85%，经过 CSTR 厌氧反应器充分发酵后产生的沼液进入厌氧出水罐，其作用是提高厌氧出水的品质，以及对沼渣进行回流，减少沼渣的产生量。厌氧出水罐出水进入后续污水处理系统处理至污水排放标准。厌氧发酵产生的沼渣经脱水送至沼渣及固形物处置系统堆肥。厌氧发酵产生的沼气进入净化系统，然后一部分沼气进入沼气/燃油锅炉燃烧，产生的蒸汽向预处理车间提供工艺用蒸汽，另一部分沼气进入沼气发电机组进行发电供厂区自用，实物见图 9.11。

本项目采用 4 座厌氧发酵罐，单罐有效容积为 $3\,815\ m^3$，罐内物料温度为 35℃，容积负荷 3.7 kg COD/（$m^3\cdot d$），含固率为 6%～10%，反应 pH 为 6.8～7.8，有机物的降解率≥85%。设计沼气产量为 $13\,940\ m^3/d$，沼气中 CH_4 浓度≥55%。

| 进料斗 | 螺旋输送+分选进料皮带 | 分选机 | 湿热水解+固液分离 |

| 浆液缓存罐 | 三相提油 | 三相浆液收集罐+毛油收集罐 |

| 餐厨垃圾进料 | 破袋滚筒筛 | 沼液淋滤反应装置 | 挤压脱水装置 |

图 9.11　厌氧发酵设施现场运行实物

（3）发酵产品

餐厨垃圾处理规模 200 t/d，产生沼气约 $9\,312\ m^3/d$，直接发电上网电能 18 624 kWh，回收金属 0.69 t/d。餐厨垃圾处理规模 200 t/d，可产生毛油 4.37 t/d，产生沼气约 $13\,940\ m^3/d$，一部分经锅炉燃烧给厂区工艺、采暖供热，剩余沼气进行热电联产，发电上网电能 19 880 kWh，沼渣好氧发酵可生产营养土 5.44 t/d。

（4）发酵过程污染控制

1）臭气处理

垃圾处理厂应采用封闭设计，废气处理遵循标准《恶臭污染物排放标准》（GB 14554—1993）。

2）废水处理

垃圾处理厂内的废水包括生产废水和生活污水两部分。污水通过管道集中送至园区渗滤液处理站处理达到中水回用相关标准后，用作园区绿化冲洗及部分工艺回用水。

3）噪声及蚊蝇控制

对于车辆产生的噪声主要通过限速、禁止鸣喇叭等措施控制。其他设备产生的噪声通过减震、隔声、吸声等措施控制。作业车间为封闭型设计，减少噪声对周围环境的影响。通过以上措施，将厂区中心区域的噪声峰值控制在 80 dB 以下，使厂区周边噪声昼间低于 55 dB，夜间低于 45 dB。遵循标准《工业企业厂界环境噪声排放标准》（GB 12348—2008）的相关规定。

本项目沿该处理厂周边车行道可种植阔叶乔木，可有效地屏蔽灰尘及噪声。

每天工作结束后，对作业区的厂地进行冲洗。在夏季蚊蝇高繁殖季节，应定时喷洒药水，将蚊蝇的产生量控制在最少。

4）其他措施

为保证垃圾处理的及时性，严格遵循以下措施：

①定时、定点收运。垃圾应做到日产日清；垃圾收运可按照作业服务要求以及与产生单位的约定，确定收运时间和频率。

②垃圾收运单位必须按照运输合同的约定，将垃圾运到指定的处置地点，并认真填写处置联单记录；不得擅自改变餐厨垃圾处置地点，任意处置餐厨垃圾。

③环卫管理部门对本区域内垃圾收运单位实施日常监管。

（5）处理效果评价

本项目的实施，对绍兴市解决和保护城市环境质量起重要作用，属于社会公益性项目。项目实施的主要效果包括以下方面：

本项目实施后，可以很好地改善和规范绍兴市的餐厨废弃物处理，鼓励市民进行生活垃圾分类，提高生活垃圾资源回收率，降低垃圾焚烧的隐患，改善居民的居住环境，具有巨大的社会效益。

厨余废弃物的资源化利用及无害化处理，使绍兴市的总体环境质量得到改善，有益于提高人们的生活质量，改善城市环境。

处理厂的建设与投产，可以安置一批富余劳动力，增加就业机会，促进劳动力的转移，产生良好的社会效益。

环境质量的提高，将会为绍兴市吸引更多投资，并促进旅游产业和其他第三产业的发展，其间接带来的经济效益是巨大的。

本工程采用先进的无害化处理技术，促进餐厨废弃物转变为可利用的资源化物质，提高餐厨废弃物资源化处理率，可在绍兴市域和浙江省内发挥良好的带动和示范作用，促进本省餐厨废弃物整体无害化处理水平的提高。

（6）资源环境效益分析

随着我国工业化和城镇化加速发展阶段，面临的资源和环境形势十分严峻。为抓住重要战略机遇期，实现全面建成小康社会的战略目标，国家大力倡导发展循环经济，以尽可能少的资源消耗和尽可能小的环境代价，取得最大的经济产出和最少的废物排放。

近年来，国家相关部门十分重视餐厨废弃物处理的问题，将餐厨废弃物处理纳入循环经济工作的重点环节来落实。2005 年出台的《国务院关于加快发展循环经济的若干意见》中明确将城市垃圾（包括餐饮和厨余废弃物）作为实施循环经济的重点环节；国务院《2009 年节能减排工作安排》也将餐厨废弃物处理作为国家工作重点，明确提出："大力发展循环经济，启动餐厨废弃物无害化处理试点"。

国家鼓励餐厨废弃物分类收集，规划在不同规模的城市建设餐厨废弃物处理设施示范项目。国家发展改革委、住房和城乡建设部、生态环境部等部门多次召开会议商讨促进餐厨和厨余废弃物处理的循环经济问题，将餐厨废弃物处理问题作为循环经济的重要组成部分来开展相关工作。因此，为了促进绍兴市的循环经济发展，促进节能减排，宜积极响应国家号召，建设绍兴市餐厨废弃物处理厂。通过餐厨废弃物处理厂的建设、运营，树立绍兴市循环经济示范项目。

通过绍兴市餐厨废弃物处理工程的建设，可以实现的资源环境效益主要如下：解决绍兴市每天 400 t 的餐厨废弃物对环境的污染和破坏（包括对水、大气环境、土壤、人体健康等的影响），改善了绍兴市人民工作和生活环境的质量；项目实施后，绍兴市的餐厨废弃物处理能够达到我国固体废物处理要求的"减量化、无害化、资源化"，产生的沼气、回收的金属均可以作为资源和能源回用于环境保护和环境建设中；项目实施后，所产沼气用于发电，减少项目能耗水平。在能源日益紧缺的今天，餐厨废弃物厌氧发酵产生的沼气是新能源的补充和支持，具有良好的环境效益；相关指标见表 9.9。

表 9.9　运行过程相关指标

序号	指标	单位	数值
1	实际处理量	t/d	400
2	设备运行周期时长	h/d	24
3	发酵温度	℃	38
4	设备使用寿命	a	10

综上所述，绍兴市餐厨废弃物厌氧发酵处理系统既实现了餐厨废弃物的资源化有效利用，也达到了低污染排放的目的。在餐厨废弃物综合处理过程中，餐厨垃圾不仅被有效分离并资源化利用，同时产物在焚烧过程中无二次污染的隐患，因此，绍兴市餐厨废弃物填埋处置项目具有良好的环境效益。

9.3.5　工程运行维护

该技术运行维护费用主要包括输送泵体易损配件、仪表探头、搅拌减速电机润滑油脂、压力保护器防冻液及滤网更换等事项；本项目搅拌机为顶入式，维护方便无须停产；厌氧罐为利浦罐结构形式，产品结构安全可靠，罐底设排渣泵及管道，需定期进行排渣操作，如果维护良好，可长期使用。

9.3.6　工程特点

本工程采用厌氧发酵产沼气工艺处理餐厨废弃物，该处理技术能最大限度地将餐厨废弃物中可利用的资源进行回收与转化。项目整体工艺先进，技术成熟可靠，满足废物处理"减量化、资源化、无害化"的原则。

（1）操作简单，运行成本低

本项目设计自动化程度高，主要采用中央集控台操作，节省人工，操作简单，调控便利；项目运行成本低。

（2）技术先进，运行可靠

项目预处理单元分别采用 EMBT 和分选、制浆、除杂除砂及提油工艺，有机物损失率低，油脂回收及砂杂去除率高，厌氧单元选用成熟可靠的 CSTR 全混反应器类型，适用范围广，耐负荷冲击力强，耐高油脂耐盐，国内应用广泛。设备及其所有附属设备和电气、仪控设备，先进的和安全可靠的，做到技术先进、运行可靠、维修方便、经济合理。

（3）环保节能

项目对生产过程中产生的臭气、废水和噪声均采取了相应的控制措施，臭气经过生物除臭设备处理使其达标排放，废水与沼液一同进入渗滤液调节池处理至达标排放，噪声通过各类降噪措施等处理，均符合环保排放要求。

（4）能源回收效率高

项目实现吨垃圾产沼效率$\geqslant 70 \text{ m}^3/\text{t}$ 原生垃圾，吨垃圾油脂回收率 1%以上，有效提升项目运行的经济效益。

9.4 重庆市洛碛餐厨垃圾处理厂工程

9.4.1 工程概况

（1）工程名称及来源

由重庆市环卫集团有限公司 2016 年承建的洛碛餐厨垃圾处理厂工程，来源于《重庆市洛碛垃圾综合处理场（洛碛静脉产业园）修建性详细规划》

（2）工程地址

重庆市渝北区洛碛镇桂湾村。

（3）处理规模

工程设计规模 1 000 t/d，覆盖人口重庆主城区 800 余万人。

（4）工程投资

该工程投资约 43 000 万元，工程建设时长约为 545 d。

（5）自然环境

重庆市位于中国西南部，长江上游。地跨东经 105°17′～110°11′，北纬 28°10′～32°13′，东西长 470 km，南北宽 450 km。辖区面积 8.24 万 km²。东邻湖北、湖南，南接贵州，西靠四川省泸州市、内江市、遂宁市，北连陕西省以及四川省广安市、达州市。重庆是大工业和大农业、大城市和大农村并存的复合型城市。中心区为三面环水的半岛，位于长江与嘉陵江汇合处，海拔为 168～400 m，城郭依山傍水，城中有山，山中有城，故以江城、山城闻名于华夏。重庆城区大地构造属"杨子准地台四川中台拗"，即"新华夏第三沉降褶皱带"，地跨川中、川东、川东南褶皱带，受大区域地质沉降褶皱带控制，城区地势南高北低。长江干流自西向东横贯重庆全境，在境内流程 665 km。以长江干流为轴线，汇集嘉陵江、乌江、綦江、大宁河及其他大小支流上百条，在山地中形成众多峡谷。

重庆市位于四川盆地东部，属东亚内陆季风区。区内热量充足，降水丰沛，湿度大，光照少，阴天、雾日多，平均雾日为 47.5 d，最大雾日能见度不及 20 m，无霜期长达 300 d 以上，夏季长达 103 d，气候炎热。2010 年平均气温 18.6℃，冬季最低气温平均在 6～8℃，夏季平均气温在 27～29℃。年平均日照时数为 1 000～1 200 h，是全国日照最少的地区之一，年平均相对湿度 77%，平均风速 1.49 m/s，平均气压 100 Pa，年降水量 1 000 mm 左右。

（6）社会经济

重庆市以直辖和西部大开发为契机，进一步加大了交通、通信、水利等基础设施建设的力度。直辖 18 年来，重庆市城市环境得到明显改善，城市面貌焕然一新。目前，重庆已形成以汽车、摩托车、天然气及医药化工、冶金工业为主体的支柱产业，是西南地区和长江上游最大的经济中心城市。

重庆市是中国西部重要经济增长值之一，经济综合实力在西部领先。据统计，2015年全年实现地区生产总值 15 719.72 亿元，比上年增长 11.0%。按产业分，第一产业增加值 1 150.15 亿元，增长 4.7%；第二产业增加值 7 071.82 亿元，增长 11.3%；第三产业增加值 7 497.75 亿元，增长 11.5%。三产业结构比为 7.3∶45.0∶47.7。

重庆市主城区包括渝中区、大渡口区、江北区、南岸区、沙坪坝区、九龙坡区、渝北区、巴南区和北碚区，面积达 5 473 km^2。根据《重庆市统计年鉴》（2015 年），主城区常住人口约 818.9 万（包括渝中区、大渡口区、江北区、南岸区、沙坪坝区、九龙坡区、渝北区、巴南区以及北碚区）。

（7）处理类型和效果

餐厨垃圾作为城市有机生活垃圾的主要成分，因其易腐发臭、易生物降解等特点，采用干式厌氧发酵技术，干式厌氧发酵技术不仅具有很高的废物处理效率，能够得到较高肥效的有机肥产物，而且可产生沼气作为能源利用。且不需要加水稀释，前处理工艺相对简单，减少了发酵残余物量，节约了能耗和运行费用。

厌氧发酵对象经过破碎、筛分和磁选后进入厌氧罐进行厌氧发酵。

9.4.2　技术原理

厌氧发酵技术主要利用微生物的厌氧发酵作用处理垃圾，垃圾在微生物的作用下主要经过水解、产氢产乙酸和产甲烷阶段，最终转化为 CH_4 含量高的气体。该过程不仅具有很高的废物处理效率，得到较高肥效的有机肥产物，而且可产生沼气作为能源利用。该技术的核心主要为厌氧发酵罐，厌氧发酵罐停留时间较短，仅 14～18 d。物料仅需简单预处理，通过分选、筛分，粒径＜8 cm 后即可进料，操作较方便，且系统可靠。

9.4.3　工艺流程

工艺流程为餐厨垃圾全量化预处理+厌氧发酵产沼+沼气在满足本厂用热后的富余沼气进行 CNG 利用+沼渣脱水后填埋的处理技术（图 9.12）。预处理工艺主要为受料坑接料+板式给料机输送+破袋机破袋+人工手选+滚筒破袋筛分机+磁选+弹跳选/风选+光电分选后，有机物进入缓冲暂存设施，通过皮带输送机进入混料箱，再通过柱塞泵将有物质送至卧式厌氧发酵罐的处理工艺。沼渣脱水采用螺旋挤压+振动筛+离心脱水工艺，螺旋挤压和振动筛脱除水分后的固相残余物通过车辆运送至填埋场填埋，离心脱水后的沼渣送至沼渣干化车间进行热干化处理，脱水后的污水进入污水处理系统。

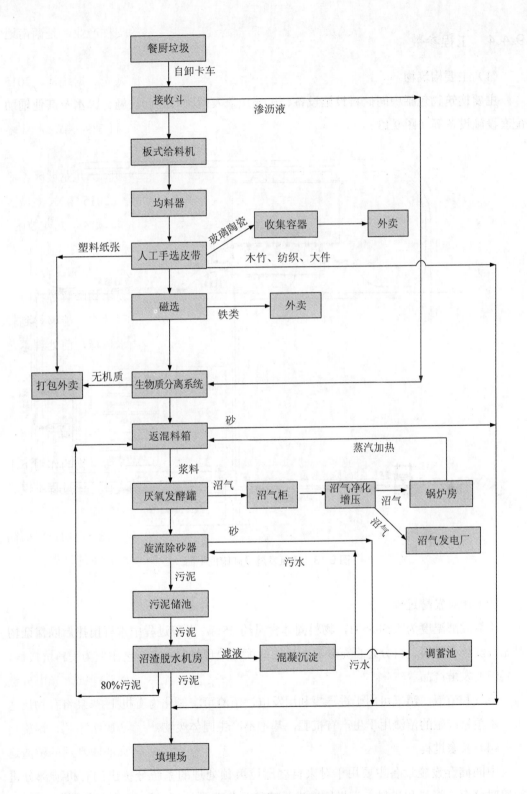

图 9.12　厌氧发酵技术流程

9.4.4   工程参数

（1）主要构筑物

主要构筑物包括中间储料设施设备、干式厌氧发酵罐及配套设施、脱水及其他辅助配套设施设备等（图9.13）。

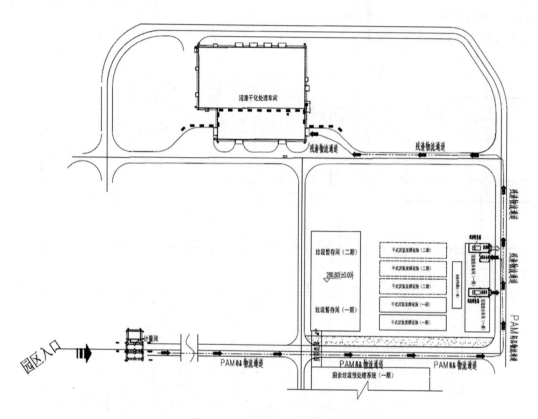

图9.13   厌氧发酵设施俯视平面

（2）厌氧发酵过程

厌氧发酵温度为大约55℃，物料固体含量约25%。发酵过程中进行搅拌，以保证物料无沉淀、无浮层、百分之百充分混合后的持续地处理物料。

（3）发酵产品

沼气和沼渣，沼气可用于进一步利用发电，沼渣可资源化为有机肥。

本项目产生的沼渣用于生产有机肥，基本不产生固体废物。

（4）其余过程

中间储存设施设备主要用于对来自餐厨垃圾预处理的系统分拣出的有机质部分进行暂时储存、混料和进料。有机垃圾进行破碎及分选预处理，以达到发酵罐进料要求。

预处理后的有机垃圾通过输送设备输送到中间储存池。储存池的容积根据预处理及发酵罐进料量进行设计，以保证发酵罐可以持续进行进料（全天 24 h，无节假日，全天候运转）。

（5）处理效果评价

本项目能有效处理餐厨垃圾，杜绝了餐厨垃圾对环境污染的风险，消除二次污染根源，同时生产出了沼气，产生了较好的社会、环境以及经济效益。本项目运行过程相关指标如表 9.10 所示。

表 9.10　运行过程相关指标

序号	指标	单位	数值
1	实际处理量	t	1 000
2	设备运行周期时长	d/a	365
3	温度	℃	55
4	设备使用寿命	a	20

表 9.11　核心构筑物干式厌氧发酵罐的相关参数

项目	指标
物料量/（t/d）	813
温度/℃	55
TS/%	15～20
挥发固体降解率/%	约 65
厌氧罐出气 CH_4 含量/%	52
沼气平均产量（标态）/（m³/d）	约 89 000
每吨垃圾产沼气量/（m³/t）	约 90
沼气密度/（kg/m³）	约 1.36
剩余污泥量/（t/d）	106（干重）

9.4.5　工程运行维护

该技术运行维护费用主要包括电费、气费、水费、药剂费等。本项目主体设备设施为厌氧发酵罐，及配套设施设备脱水机、输送机、起重机等，如果维护良好，可长期使用。

本工程管理过程的几个重要节点，均稳定运行，现有相关案例均为零事故率。

运行过程中产生的废水通过密闭管道排放至废水管网，统一排入污水处理厂经过处理后达标排放。产生的废气被统一收集，接入臭气处理管网，经臭气处理设施处理达标后排放。产生噪声的设备主要有泵以及脱水机等设备。其中，水泵选用高质量低噪声水泵，接口带软接头，可减小噪声和振动污染；脱水机采用基础减震及加装消声器等。经处理后的噪声较小。

9.4.6　工程特点

该技术充分考虑了重庆市的季节变化、垃圾量变化等方面因素；处理过程通过合理化的设计，可以达到后续运行管理的高效性和便捷性的控制要求。

主体工艺从欧洲引进，工艺先进，负荷变动的预测以及对策措施详细、应对灵活，且适应于重庆地区气候地质条件、垃圾特性，并能长期可靠运行。

工艺设备成熟可靠、节能环保。工艺设备质量可靠，主体设备选择欧洲进口，且自动化控制水平高，运营管理方便。根据工艺要求和设备配置选型，选择功率低的设备来实施节能控制。

工程运行维护方便。工艺系统易损件的拆装简单，便于检查、清理、润滑和维修及更换。